Uwe Hartmann
Nanostrukturforschung und Nanotechnologie
De Gruyter Studium

Weitere empfehlenswerte Titel

Nanostrukturforschung und Nanotechnologie.
Band 3/1: Materialien, Systeme und Methoden
Uwe Hartmann, 2019
ISBN 978-3-11-035216-0, e-ISBN (PDF) 978-3-11-036196-4,
e-ISBN (EPUB) 978-3-11-039644-7

Nanostrukturforschung und Nanotechnologie.
Band 2: Materialien und Systeme
Uwe Hartmann, 2015
ISBN 978-3-486-71782-2, e-ISBN (PDF) 978-3-486-85542-5,
e-ISBN (EPUB) 978-3-11-039886-1

Nanostrukturforschung und Nanotechnologie.
Band 1: Grundlagen
Uwe Hartmann, 2012
ISBN 978-3-486-57915-4, e-ISBN (PDF) 978-3-486-71487-6

Nanoscience and Nanotechnology.
Advances and Developments in Nano-sized Materials
Marcel Van de Voorde (Ed.), 2018
ISBN 978-3-11-054720-7, e-ISBN (PDF) 978-3-11-054722-1,
e-ISBN (EPUB) 978-3-11-054729-0

nano Online
Physics, Chemistry and Materials Science at the Nanoscale
https://www.degruyter.com/view/db/nano

Uwe Hartmann
Nanostrukturforschung und Nanotechnologie

Band 3/2: Materialien, Systeme und Methoden

DE GRUYTER

Physics and Astronomy Classification Scheme 2010
61.46.-w, 61.48.-c, 61.25.-g, 63.22.-m, 68.25.-k, 73.22.-f, 73.63.-b, 78.67.-n, 81.07.-b, 81.16.-c

Autor
Prof. Dr. Uwe Hartmann
Universität des Saarlandes
Naturwissenschaftlich-Technische Fakultät
Fachrichtung Physik
66123 Saarbrücken
u.hartmann@mx.uni-saarland.de

ISBN 978-3-11-063686-4
e-ISBN (PDF) 978-3-11-063684-0
e-ISBN (EPUB) 978-3-11-063749-6

Bibliographic information published by the Deutsche Nationalbibliothek
Die Deutsche Nationalbibliothek verzeichnet diese Publikation in der DeutschenNationalbibliografie; detaillierte bibliografische Daten sind im Internet über http://dnb.dnb.de abrufbar.

© 2019 Walter de Gruyter GmbH, Berlin/Boston
Druck und Bindung: CPI Books GmbH, Leck
Cover image: Uwe Hartmann – Nanocantilever an der Spitze eines konventionellen AFM-Cantilevers

www.degruyter.com

Vorwort

Nanostrukturforschung und Nanotechnologie sind zu einem dynamischen und viel beachteten Feld des wissenschaftlichen und technischen Fortschritts geworden. Die Begriffe sind Sammelbegriffe für multidisziplinäre Grundlagen und Anwendungen der unterschiedlichsten Art und damit naturgemäß nicht sonderlich präzise definitorisch zu erfassen. Von Bedeutung ist die grundlegende Erkenntnis, dass Nanoskaligkeit der Materie und daraus erschaffenen natürlichen und artifiziellen Objekten ganz besondere Eigenschaften verleiht, die teils Folgen eines Skalierungsverhaltens, teils Resultate eines vielfältigen und komplexen Wechselspiels zwischen klassischen und quantenphysikalischen Phänomenen sind. Damit umfassen aber die Grundlagen der Nanotechnologie zum einen fast alle naturwissenschaftlichen Erkenntnisse zum Verhalten kondensierter Materie und zum andern a priori praktisch alle bekannten analytischen, Präparations-, Herstellungs- und Bearbeitungsverfahren, die teils konventionellen Ursprungs sind, teils im Rahmen nanotechnologischer Ansätze neu entwickelt wurden.

So vielfältig die Grundlagen und Anwendungen der Nanotechnologie sind, so vielfältig ist auch der Bestand an einführenden, weiterführenden und hochgradig spezialisierten Lehrbüchern. Hinzu kommt eine beträchtliche Fülle populärwissenschaftlicher Darstellungen eines jeden Komplexitätsgrads. Je nach Interessenslage und Sichtweise von Autoren und Herausgebern haben die meisten Werke, die einen Überblick über das riesige Gebiet der Nanotechnologie geben wollen, mehr oder weniger stark ausgeprägte Schwerpunkte, etwa in den Bereichen nanostrukturierte Materialien, Nanoelektronik, Nanoanalytik, chemische Nanotechnologie oder auch Nanobiotechnologie. Zusätzlich gibt es in der spezialisierten Literatur ein umfangreiches Angebot an Werken, die von vornherein nur einzelne Bereiche behandeln. Einführungen in das Gebiet, die in ausgewogener Weise die multidisziplinären Grundlagen mit einem hinreichenden wissenschaftlichen und quantifizierenden Anspruch würdigen und die vielfältigen Anwendungen in angemessener Breite ohne spezifische Schwerpunktsetzung behandeln, sind die große Ausnahme, gleichzeitig aber unerlässlich im Rahmen der akademischen Ausbildung, in der Nanotechnologie entweder eine zentrale Rolle spielt oder für die eigene Kerndisziplin von erheblicher Bedeutung ist. Dieses Werk möchte die bestehende Lücke schließen und einen umfassenden Überblick über die naturwissenschaftlichen Grundlagen und die ingenieurwissenschaftlichen Anwendungen der Nanotechnologie bieten. Dabei werden elementare mathematisch-naturwissenschaftliche Kenntnisse – insbesondere grundlegender physikalischer Konzepte – zwar vorausgesetzt, aber die sich aus den Grundlagen ergebenden nanotechnologischen Implikationen ausführlichst und unter Betonung ihres Querschnittscharakters behandelt. Damit ist das Buch bestens geeignet für die universitäre Ausbildung im Rahmen von Bachelor- und Masterstudiengängen der Natur- und Ingenieurwissenschaften. Auch Doktoranden und forschende Wissenschaftler dürften von der umfassenden Darstellung profitieren. Darüber hinaus ist das Buch sicherlich für Lehrende im Bereich der Nanotechnologie und auch für die berufsbegleitende Weiterbildung industriell arbeitender Wissenschaftler nützlich.

Das Lehrbuch umfasst vier Bände. Band 1 beinhaltet eine ausführliche Diskussion der multidisziplinären Grundlagen und es werden die disziplinären Bezüge verschiedener wissenschaftlich-technischer Felder zur Nanotechnologie diskutiert. Es wird verdeutlicht, in welchen spezifischen Eigenschaften das Skalierungsverhalten klassischer Systeme resultiert und wie kritische Dimensionen dieses Skalierungsverhalten beeinflussen. Die relevanten quantenmechanischen Grundlagen unter Einbeziehung neuer Entwicklungen wie der Quanteninformationsverarbeitung oder der Spinelektronik werden ausführlich behandelt. Von großer Bedeutung für die Entstehung und Stabilität nanoskaliger Systeme sind einerseits Intermolekular- und Oberflächenwechselwirkungen und andererseits spezifische thermodynamische Eigenschaften, die nicht immer auf Gleichgewichtszustände beschränkt sind. Das Zusammenspiel zwischen Wechselwirkungen und Thermodynamik führt zu äußerst interessanten Selbstorganisations- und Strukturbildungsphänomenen, die eingehend dargestellt werden. Viele der behandelten Grundlagen der Nanostrukturforschung und Nanotechnologie werden in festkörperbasierten Systemen beobachtet, erforscht und zu Anwendungen entwickelt. Aus diesem Grund werden neben den „konventionellen" ein-, poly- und quasikristallinen sowie amorphen Konfigurationen auch Festkörper mit nanoskaligen Gitterbausteinen oder Poren als Gitterbausteine diskutiert.

Band 2 umfasst Materialien und Systeme, die in der Nanostrukturforschung und der Nanotechnologie relevant sind. Zu diesen Materialien und Systemen zählen die sehr vielfältige weiche kondensierte Materie inklusive der biologischen Materie und nanoskalige Grundbausteine in Form von monolagigen Filmen, Nanoröhrchen, Clustern oder bestimmten Molekültypen. Die behandelten Materialien und Systeme sind quasi Manifestationen vieler Grundlagen, die in Band 1 der Buchreihe diskutiert werden. So spielen Skalierungseffekte, kritische Dimensionen und Quanteneffekte, aber auch thermodynamische Aspekte und Wechselwirkungen eine dominante Rolle. Die Kenntnis dieser Grundlagen ermöglicht daher einen Zugang zu den teilweise spektakulären Eigenschaften der Materialien und Grundbausteine der Nanotechnologie. Neben physikalischen sind auch chemische und biologische Aspekte im Kontext dieses Bands von Bedeutung und der disziplinübergreifende Charakter von Nanostrukturforschung und Nanotechnologie wird besonders deutlich.

Der zweigeteilte Band 3 komplettiert die nanoskaligen Materialien durch Nanopartikel, niedrigdimensionale Systeme und Metamaterialien. Metamaterialien unterscheiden sich von den „gewöhnlichen" Materialien dadurch, dass sie quasi aus einer Aneinanderreihung von Bauelementen oder funktionellen Einheiten konstituiert sind und damit völlig neue Eigenschaften aufweisen können. Eine solche Eigenschaft ist beispielsweise eine negative effektive Permittivität. Dabei weisen Metamaterialien nicht zwingend eine Nanostrukturierung auf. Die weiterhin behandelten Methoden und Verfahren umfassen sowohl theoretische Konzepte zur Beschreibung der spezifischen Eigenschaften von Nanosystemen als auch experimentelle nanoanalytische Verfahren, unter denen die Rastersondenverfahren als *die* Wegbereiter der Nanotechnologie einen besonderen Stellenwert einnehmen.

Band 4 stellt weitere analytische Verfahren vor, die von besonderer Bedeutung für die Nanostrukturforschung und Nanotechnologie sind. Lithographische und Strukturierungsverfahren bilden hingegen in gewisser Weise das präparative Pendant zu den analytischen Verfahren und werden im Hinblick auf ihren Stellenwert ausführlich und vergleichend diskutiert. Darüber hinaus gibt Band 4 einen Überblick über die heute konkret existierenden Anwendungen der Nanotechnologie sowie über vielversprechende Anwendungspotentiale. Die Kategorisierung orientiert sich dabei einerseits an präparatorischen Kategorien, wie Oberflächen, Partikeln und Massivmaterialien. Diese können in den unterschiedlichsten Anwendungsbereichen eingesetzt werden. Andererseits liefern Nanostrukturforschung und Nanotechnologie in Anwendungsbereichen wie der Elektronik, der miniaturisierten elektromechanischen Systeme, der Fluidik, der Optik oder der Biotechnologie neuartige Problemlösungsstrategien, Materialien und Bauelemente, welche einen beachtlichen Einfluss auf die zukünftige Entwicklung dieser Gebiete haben dürften. Nanotechnologische Konzepte werden daher in Bezug auf jedes der genannten Anwendungsfelder diskutiert. Komplettiert wird diese Diskussion durch eine Darstellung der spezifischen Bedeutung der Nanotechnologie für einzelne Branchen, wie Werkstoff- und chemische Industrie, Pharmaindustrie, Automobilindustrie oder Informations- und Kommunikationsindustrie. Abschließend werden Gefahrenpotentiale, die mit der Nanotechnologie verbunden sind oder sein könnten, auf der Basis unseres derzeitigen Wissens diskutiert. Dies wiederum ist die Grundlage ethischer Implikationen, deren gegenwärtige Diskussion zusammenfassend dargestellt wird.

Saarbrücken, im April 2019 U. Hartmann

Inhaltsübersicht

Band 1: Grundlagen

1 Laterale und disziplinäre Bezüge
2 Skalierungsverhalten klassischer Systeme und kritische Dimensionen
3 Quantenphysikalische Grundlagen
4 Kräfte, Thermodynamik, Selbstorganisation und Strukturbildung
5 Konfigurationen nanostrukturierter Festkörper

Band 2: Materialien und Systeme

6 Komplexe Flüssigkeiten
7 Polymere
8 Kategorien mehrphasiger Systeme
9 Nanostrukturierte weiche Materie biologischen Ursprungs
10 Bewegung und Transport in biologischen Systemen
11 Biomolekulare Prozesse
12 Biomineralisation und biomimetische Synthese
13 DNA
14 Emergente Chiralität
15 Supramolekulare Chemie
16 Kohlenstoffgrundbausteine
17 Cluster

Band 3: Materialien, Systeme und Methoden

18 Nanopartikel
19 Niedrigdimensionale Systeme
20 Metamaterialien
21 Standardkonzepte der Theoriebildung
22 Rastersondenverfahren

Band 4: Applikationen und Implikationen

23 Sonstige nanoanalytische Verfahren
24 Nanolithographie und Strukturierung
25 Funktionelle Oberflächen
26 Gebundene Nanopartikel
27 Nanostrukturierte Massivmaterialien
28 Nano- und Molekularelektronik
29 Nanoelektromechanische Systeme und Nanofluidik
30 Nanooptik
31 Nanobiotechnologie
32 Branchenbezogene Relevanz der Nanotechnologie
33 Gefahrenpotential und ethische Aspekte

Vorwort zu Band 3/2

Materialien und Materialsysteme bilden das Fundament der Nanotechnologie und sind in ihren unterschiedlichen Ausprägungen Gegenstand der Nanostrukturforschung. Materialien und Systeme können insbesondere gleichsam die Materialisation völlig neuartiger Phänomene sein, wobei hier häufig die materielle Voraussetzung im nanostrukturierten Aufbau der entsprechenden Materialien und Systeme begründet liegt. Diesem Sachverhalt widmet sich in der Hauptsache Band 3 dieser Buchreihe. Wiederum sind viele der vorgestellten Materialien und Systeme quasi funktionelle Manifestationen vieler in Band 1 der Buchreihe behandelter Grundlagen und komplettieren die bereits in Band 2 behandelten Materialien und Systeme. Auch wenn die Bezüge zwischen allen Bänden der vorliegenden Lehrbuchreihe eng sind und Bezüge auch häufig explizit vermerkt werden, so ist ebenfalls Band 3/2 so konzipiert, dass er den enthaltenen Stoff in einer Weise vermittelt, dass ein detailliertes Studium der Bände 1 und 2 nicht zwingend vorausgesetzt wird. Materialien, Systeme und Methoden werden also umfassend erklärend und mit einem optionalen Bezug zu bereits behandelten Sachverhalten dargestellt. Wiederum werden theoretische, experimentelle und technische Aspekte gleichgewichtig und mit deutlichem Bezug zu allerneuesten Forschungsergebnissen behandelt.

Die theoretische Beschreibung von Nanostrukturen erfordert spezielle Konzepte der Theoriebildung. Im Allgemeinen müssen sowohl räumlich als auch zeitlich unterschiedliche Skalen in adäquater Weise miteinander kombiniert werden. Dies erfordert angemessene und in Bezug auf ihre Realitätsnähe und Genauigkeit wohlverstandene Näherungen. Diese Näherungen sind in der Regel Voraussetzung dafür, dass verwendete numerische Verfahren überhaupt konvergieren. Insbesondere die Beschreibung der Dynamik von Nanostrukturen erweist sich zuweilen als eine außerordentlich komplexe Aufgabenstellung. Im vorliegenden Band werden verschiedene Strategien zur Simulation von Nanostrukturen im Hinblick auf ihren skalenübergreifenden Charakter, die Effizienz von Algorithmen und im Hinblick auf die Präzision und das Ausmaß der Vorhersagbarkeit von Eigenschaften eingehend behandelt. Beispiele mit Querschnittsbedeutung umfassen Tight Binding-Ansätze, Dichtefunktionaltheorie, Monte Carlo-Simulationen und Molekulardynamiksimulationen.

Band 3/2 von Nanostrukturforschung und Nanotechnologie behandelt auch für das Gebiet wichtige experimentelle Methoden dezidiert. Zu den wichtigsten analytischen Methoden in den Nanowissenschaften, aber auch bei technologischen Anwendungen gehören sicherlich die Rastersondenverfahren, die zuweilen als die Wegbereiter der Nanotechnologie schlechthin angesehen werden. Zunächst werden in diesem Kontext die apparativen Gemeinsamkeiten aller Rastersondenverfahren dargestellt, um dann die drei wichtigsten Vertreter, die Rastertunnelmikroskopie, die Rasterkraftmikroskopie und die optische Rasternahfeldmikroskopie im Detail zu behandeln.

Die Rastertunnelmikroskopie hat sich als unschätzbar wertvolle Methode bei der Analyse elektronischer Eigenschaften auf Nanometerskala erwiesen, und in den letzten nahezu vierzig Jahren wurden zahllose bahnbrechende Ergebnisse, diverseste Anwendungsmöglichkeiten und viele spezielle Betriebsmodi vorgestellt. Die Diskussion umfasst neben Standardanwendungen der Rastertunnelmikroskopie und Rastertunnelspektroskopie auch speziellere Anwendungen wie die spinpolarisierte Tunnelmikroskopie oder die atomare Manipulation mit dem Tunnelmikroskop.

Da die Rasterkraftmikroskopie nicht die elektrische Leitfähigkeit der Proben voraussetzt, bietet sie a priori ein noch weiteres Anwendungsfeld als die Rastertunnelmikroskopie. Dieses Anwendungsfeld umfasst die Charakterisierung von Kraft-Abstands-Verläufen, die Abbildung lokaler Ladungsvariationen und magnetischer Domänen, den Nachweis der magnetischen Resonanz einzelner Spins sowie die atomare und molekulare Manipulation von Proben. Unter Bezug auf modernste Forschungsergebnisse werden die genannten Einsatzbereiche der Rasterkraftmikroskopie im Hinblick auf die theoretischen Grundlagen und experimentelle Aspekte detailliert vorgestellt.

Die optische Rasternahfeldmikroskopie erlaubt es, das Beugungslimit der konventionellen Lichtmikroskopie zu durchbrechen und alle konventionellen lichtmikroskopischen Verfahren mit Subwellenlängenauflösung zu realisieren. Daraus resultieren natürlich einige äußerst vielversprechende Anwendungen der optischen Nahfeldmikroskopie, nicht zuletzt auch bei der Charakterisierung biologischer Systeme. Diesbezüglich werden im vorliegenden Band zahlreiche Beispiele diskutiert. Das optische Rasternahfeldmikroskop kann aber nicht nur zur Abbildung sondern auch für die optische Nanolithographie verwendet werden, was bereits zu beeindruckenden Resultaten bei der Herstellung von Nanostrukturen geführt hat.

Das grundlegende Arbeitsprinzip der Rastersondenverfahren lässt sich auf weitere Methoden übertragen, bei denen bei Sonden-Proben-Abständen im Nanometerbereich die Wechselwirkung mit einer Probenoberfläche genutzt wird, um hochaufgelöst abzubilden oder um eine Probe auf Nanometerskala zu manipulieren. Als diesbezügliche Beispiele werden die Ionenleitfähigkeitsmikroskopie, die Thermographie, die SQUID-Mikroskopie und der ungeheuer vielversprechende Bereich der Mikroskopie mit NV-Zentren vorgestellt.

Eine so ausgesprochen umfangreiche und detaillierte Darstellung der Nanostrukturforschung und Nanotechnologie auf der Basis modernster Forschungsergebnisse wäre nicht denkbar, wenn nicht zahlreiche Kolleginnen und Kollegen weltweit ihre Forschungsergebnisse zur Verfügung gestellt hätten. Insbesondere ist die Vielzahl der vorgestellten Ergebnisse aus Grundlagenforschung, angewandter Forschung und Anwendung die Basis dafür, dass das vorliegende Buch wie auch die anderen Bände der Reihe einen ausgesprochen interdisziplinären Charakter besitzt. Ich möchte mich daher bei allen Kolleginnen und Kollegen, die im Zusammenhang mit den entsprechenden Ergebnissen zitiert wurden, explizit für ihre spannenden Ergebnisse bedanken.

Auch im vorliegenden Fall war für die Bearbeitung oder Herstellung der zahlreichen Abbildungen in diesem Buch Frau Gabriele Kreutzer-Jungmann verantwortlich, bei der ich mich für ihre außerordentlich professionelle Arbeit und für ihr großes Maß an Geduld sehr bedanken möchte. Die Lösung der vielen komplexen Formatierungsprobleme und die Erstellung des druckfertigen Manuskripts lag erneut bei Frau Stefanie Neumann, ohne deren umfangreiche Expertise, große Akribie und erhebliche Geduld die Realisierung dieses Buches in der vorliegenden Form nicht möglich gewesen wäre. Dafür bedanke ich mich herzlich. Zur Reduzierung der Anzahl der Fehler des Buches haben eine Reihe von Personen beigetragen. Für einen ganz erheblichen Beitrag möchte ich an dieser Stelle erneut Herrn Harro Hartmann danken.

Von unschätzbarer Bedeutung für mich war die geduldige und sachkundige Begleitung durch den DeGruyter-Verlag, der die gesamte Buchreihe nun schon seit einigen Jahren betreut. Stellvertretend für das gesamte Team möchte ich hier insbesondere die angenehme Kooperation mit Frau Nadja Schedensack und Frau Kristin Berber-Nerlinger nennen.

Saarbrücken, im April 2019 U. Hartmann

Inhalt

Vorwort —— V

Inhaltsübersicht —— IX

Vorwort zu Band 3/2 —— XI

21	**Standardkonzepte der Theoriebildung** —— 1	
21.1	Allgemeine Rahmenbedingungen —— 2	
21.2	Konvergenz experimenteller und theoretischer Verfahren —— 6	
21.3	Nanostrukturen und ihre Dynamik —— 8	
21.3.1	Nanoskalige Bausteine und funktionale Einheiten —— 9	
21.3.2	Komplexe Nanostrukturen und Grenzflächen —— 13	
21.3.3	Dynamik von Nanostrukturen —— 14	
21.4	Strategien bei der Simulation von Nanostrukturen —— 15	
21.4.1	Skalenübergreifende Ansätze —— 15	
21.4.2	Bedeutung effizienter Algorithmen —— 17	
21.4.3	Präzision und Ausmaß der Vorhersagbarkeit von Eigenschaften —— 19	
21.5	Beispiele mit Querschnittsbedeutung —— 21	
21.5.1	Allgemeines —— 21	
21.5.2	Tight Binding-Ansatz —— 22	
21.5.3	Dichtefunktionaltheorie —— 26	
21.5.4	Monte Carlo-Methoden —— 34	
21.5.5	Molekulardynamiksimulationen —— 42	

Literaturverzeichnis —— 50

22 Rastersondenverfahren —— 55
22.1   Grundlagen —— 55
22.2   Rastertunnelmikroskopie —— 58
22.2.1 Entwicklung der Tunnelmikroskopie —— 58
22.2.2 Grundlagen der Rastertunnelmikroskopie —— 59
22.2.3 Hochaufgelöste STM-Abbildungen —— 70
22.2.4 Rastertunnelspektroskopie —— 81
22.2.5 Nanoskalige Variationen der Zustandsdichte —— 88
22.2.6 Spinpolarisiertes Tunneln —— 100
22.2.7 Atomare Manipulationen —— 118
22.2.8 Weitere STM-Betriebsmodi —— 131
22.3   Rasterkraftmikroskopie —— 138
22.3.1 Aufbau und Betriebsmodi von Kraftmikroskopen —— 138
22.3.2 Kräfte —— 152

22.3.3	Höchstauflösung —— 172	
22.3.4	Molekulare Erkennung —— 178	
22.3.5	Magnetische Austauschkraftmikroskopie und spinabhängige Reibung —— 182	
22.3.6	Elektrische und Kelvin-Sonden-Rasterkraftmikroskopie —— 187	
22.3.7	Magnetische Rasterkraftmikroskopie —— 193	
22.3.8	Magnetresonanzkraftmikroskopie —— 201	
22.3.9	Atomare und Oberflächenmanipulationen —— 210	
22.4	Optische Rasternahfeldmikroskopie —— 219	
22.4.1	Grundlagen —— 219	
22.4.2	Theoretische Grundlagen —— 222	
22.4.3	SNOM-Sonden —— 230	
22.4.4	Anwendungen —— 233	
22.5	Weitere Rastersondenverfahren —— 243	
22.5.1	Generelles —— 243	
22.5.2	Rasterthermomikroskopie —— 244	
22.5.3	Ionenleitfähigkeitsmikroskopie —— 246	
22.5.4	Raster-SQUID-Mikroskopie —— 251	
22.5.5	Mikroskopie mit NV-Zentren —— 254	

Literaturverzeichnis —— 269

Stichwortverzeichnis —— 291

21 Standardkonzepte der Theoriebildung

Anhand des bisher Diskutierten lässt sich feststellen, dass Nanostrukturforschung und Nanotechnologie aufgrund ihrer intrinsischen Multidisziplinarität auf eine Vielzahl von Konzepten der Theoriebildung zurückgreifen, die in den einzelnen Disziplinen entwickelt wurden, ohne dass dabei die Nanowissenschaft als quasi übergeordnete Metadisziplin explizit eine Rolle gespielt hätte.

Ein grundlegendes Konzept zur Bestimmung des quantenmechanischen Grundzustands eines Vielektronensystems ist die Dichtefunktionaltheorie (DFT). Ergebnisse hatten wir im Rahmen der bisherigen Ausführungen in den verschiedensten Kontexten zitiert, da die DFT Grundlage für die Berechnung unterschiedlichster Materialeigenschaften ist. Ein weiteres grundsätzliches Konzept zur Theoriebildung auf einer quasiklassischen Ebene ist beispielsweise das Konzept des Mikromagnetismus, das es uns erlaubt, die Magnetisierungskonfiguration ferromagnetischer Materialien auf Nanometerskala zu berechnen. Beispiele dafür wurden in Abschn. 2.2.3 behandelt. Auch die Boltzmannsche Transporttheorie zur klassischen Beschreibung des elektronischen Transports, wie in Abschn. 3.6.2 behandelt, oder etwa die Molekulardynamiksimulation in klassischer oder quantenmechanischer Ausprägung – ein Beispiel hatten wir in Abschn. 6.5 behandelt – beinhalten fundamentale Konzepte der Theoriebildung, welche in den unterschiedlichsten Kontexten Anwendung finden können. Die Reihe an Beispielen ließe sich fortsetzen, wobei die unterschiedlichen Konzepte höchst unterschiedliche Grade an Gültigkeit und Fundamentalismus aufweisen, aber alle ihre Berechtigung für eine qualitative und/oder quantitative Beschreibung entsprechender Systeme haben. Im vorliegenden Kontext stellt sich die Frage, inwieweit Nanostrukturforschung und Nanotechnologie nach speziellen Konzepten für die Theoriebildung verlangen und inwieweit die etablierten Konzepte auf Probleme der Nanowissenschaften anwendbar sind oder modifiziert werden müssen.

Im Hinblick auf die Anwendbarkeit heute etablierter theoretischer Methoden ist zu berücksichtigen, dass Nanoobjekte im Allgemeinen zu groß sind für ab initio-Methoden der Theorie und der Numerik. Fluktuationen spielen nicht selten eine entscheidende Rolle und erfordern eine räumlich-zeitliche Behandlung. Häufig lässt eine Problemstellung eine Charakterisierung im Rahmen statistischer Methoden nicht zu, weil es sich bei einem Ensemble von Nanoobjekten um ein nach den Maßstäben der statistischen Mechanik zu kleines handelt. Andererseits sind experimentell häufig keine Daten von einzelnen Nanoobjekten verfügbar, da nur Kollektive vermessen werden können.

In Anbetracht der genannten spezifischen Rahmenbedingungen erhebt sich die Frage, ob etablierte Konzepte der Theoriebildung an diese Rahmenbedingungen angepasst werden können und welche Strategie im Hinblick auf eine derartige Anpassung gegebenenfalls zu verfolgen wäre. Ausgehend von dem durchaus absehbaren Bedarf an Methoden der Theoriebildung lassen sich allgemeine Rahmenbedingungen ableiten, die zur Orientierung bei der weiteren Entwicklung theoretischer Methoden in Nanostrukturforschung und Nanotechnologie beitragen können.

21.1 Allgemeine Rahmenbedingungen

Generell ist im Kontext der Theoriebildung zwischen der eigentlichen Theorie, der Modellierung und der Simulation zu unterscheiden, obwohl die Begriffe in ihrer Verwendung nicht generell scharf voneinander abgegrenzt werden. Als Theorie soll im vorliegenden Kontext ein System begründeter Aussagen, welche dazu dienen, bestimmte Aspekte des Verhaltens von Nanosystemen und zugrunde liegende Gesetzmäßigkeiten zu erklären, verstanden werden. Dabei spielt die Modellierung oder Modellbildung eine entscheidende Rolle. Sie reduziert ein komplexes Nanoobjekt in definierter Weise im Sinn eines Abbilds der Wirklichkeit soweit, dass eine theoretische Beschreibung der Eigenschaften des Modells möglich ist und möglichst umfangreiche Rückschlüsse auf das Verhalten des Nanoobjekts oder des Systems von Nanostrukturen möglich sind. Dabei spielen häufig Grenzfälle wie eine quasistatische Näherung oder ein klassisches statt eines quantenmechanischen Verhaltens eine wichtige Rolle. Das Modell wiederum simuliert das reale Nanoobjekt in einer möglichst umfassenden Weise. Entsprechende Simulationen, also theoretisch abgeleitete Aussagen über das Verhalten des entsprechenden Modellobjekts oder Modellsystems erlauben dann einen Erkenntnisgewinn zum Verhalten des realen Nanoobjekts oder des realen nanoskaligen Systems. Im Folgenden werden jeweils Aspekte der Theorie, Modellierung und Simulation gemeinsam im Kontext der Theoriebildung zur Beschreibung von Nanostrukturen und nanoskaligen Systemen subsumiert.

Fortschritte in der Theoriebildung in den vergangenen Jahrzehnten sind ganz wesentlich auf die Verfügbarkeit ständig wachsender Rechenleistung und verbesserter Algorithmen zurückzuführen, nicht aber auf die Entstehung völlig neuartiger Theorien in den Nanowissenschaften. Im Gegenteil, grundlegende Theorien und Ansätze wie etwa die Dichtefunktionaltheorie [21.1], die Theorie des Mikromagnetismus [21.2], die Molekulardynamiksimulation [21.3] oder auch die Nichtgleichgewichtsthermodynamik [21.4] haben ihre Ursprünge vor längerer Zeit. Bei der Beschreibung von Nanostrukturen spielen aufgrund der Interdisziplinarität des Gebiets eine Vielzahl etablierter mehr oder weniger umfassender Theorien eine wichtige Rolle. In den meisten Fällen ermöglicht ihre numerische Implementierung in Form geeigneter Algorithmen in Kombination mit einer ausreichenden Rechenleistung rasche Fortschritte in den Nanowissenschaften. Völlig neuartige „Nanotheorien", die aus den Nanowissenschaften hervorgegangen wären, sind indessen nicht zu verzeichnen.

Modellierung und Simulation von Nanostrukturen sind von wachsender Bedeutung für die Synthese neuer Materialien. Wir hatten hier insbesondere in Kap. 19 auf das „High-Throughput Materials Engineering" verwiesen. Sie sind von Bedeutung für die Konzeption nanoskaliger Bauelemente aus neuen Materialien, für eine Steigerung der Zuverlässigkeit und Vorhersagbarkeit der Funktionalität neuartiger Bauelemente sowie auch für die Entwicklung und Optimierung neuer nanoskaliger Technologien. In den Nanowissenschaften sind theoretische Ansätze unerlässlich für einen weiteren Erkenntnisgewinn in zahlreichen unzureichend verstandenen Bereichen. Dabei geht es teilweise um ein Verständnis experimenteller Befunde, teilweise aber auch um Analysen vor dem Hintergrund nicht verfügbarer experimenteller Ergebnisse.

Die Nanowissenschaften haben spezifische Bedürfnisse im Hinblick auf Methoden der Theoriebildung, die durch die charakteristischen Längenskalen bedingt sind. So müssen häufig quantenmechanische und klassische Ansätze miteinander kombiniert werden. Ein diesbezügliches Beispiel stellt die ab initio-Molekulardynamiksimulation dar [21.5]. Aber auch rein klassische Ansätze, die sich separat voneinander entwickelten, müssen häufig in einem neuen Kontext gesehen implementiert werden. Ein diesbezügliches Beispiel wäre etwa die Nichtgleichgewichts-Molekulardynamiksimulation. Genauso kann die Kombination rein quantenmechanischer Ansätze geboten sein. Als ein Beispiel wäre die Kombination von elektronischem Quantentransport mit quantenoptischen Phänomenen zu nennen.

Speziell wenn Nanostrukturen in Wechselwirkung mit ihrer Umgebung betrachtet werden, benötigt man skalenübergreifende Theorien oder besser, skalenübergreifende Kombinationen von Theorien. Diese müssen im Extremfall ein atomistisches Verständnis mit dem Verhalten eines ganzen Bauelements oder sogar größeren Systems verknüpfen. Genauso können unterschiedliche Zeitskalen involviert sein, und Fluktuationen sind häufig nicht vernachlässigbar.

Speziell bei numerischen Verfahren in der theoretischen Beschreibung von Nanostrukturen müssen Belange der Komplexitätstheorie [21.6] mit einbezogen werden. Die Komplexität algorithmisch behandelter Probleme bestimmt den Ressourcenverbrauch in Form von Rechenleistung, Rechenzeit oder Speicherbedarf. Betrachtet man beispielsweise ein Ensemble von N Partikeln, so skaliert der zur Beschreibung des zeitlichen Verhaltens nötige Zeitraum mit $O(N)$, derjenige zur räumlichen Charakterisierung aber beispielsweise mit $O(\ln N)$. Speziell bei Vorgaben zu einer gewünschten Genauigkeit muss der Ressourcenfaktor kritisch mit einbezogen werden.

Ein praktischer Aspekt der generellen Bedarfe der Nanotechnologie gegenüber der numerischen Simulation besteht darin, dass Material-, Bauelement- oder Systemdesigner im Einzelnen nicht mit allen Details der theoretischen Grundlagen vertraut sein können und müssen. Das wiederum erfordert geeignete Schnittstellen zwischen Theorie und technischer Umsetzung einerseits und zwischen mathematisch-numerischen Grundlagen und der realen Designumgebung andererseits. Erste Beispiele für solche Schnittstellen finden sich in Form von DFT-Programmen zum Design neuer Materialien, wie besonders in Kap. 19 behandelt, oder auch in Form von Bandstruktur-Berechnungsalgorithmen oder auch von „Solvern" für Maxwell- oder Schrödinger-Gleichungen. Im Hinblick auf eine breite Etablierung von maßgeschneiderten Solvern für die unterschiedlichsten Belange der Nanotechnologie gibt es allerdings noch großen Entwicklungsbedarf.

Entscheidend für die Qualität, ja sogar für die grundsätzliche Durchführbarkeit von Simulationen ist das Skalierungverhalten in den numerischen Rechnungen. Dieses entscheidet darüber, ob realitätsnahe Modellierungen überhaupt möglich sind, welches rechnerischen Aufwands sie bedürfen und welche Genauigkeit erreichbar ist [21.7]. Maßgeblich ist dabei die konkret zur Verfügung stehende Rechenleistung und nicht die Tatsache, dass vielleicht wenige Rechner oder Rechnernetzwerke weltweit verfügbar sein mögen, die für die gewünschten Simulationen geeignet wären. Abbildung 21.1 zeigt räumlich-zeitliche Skalen, die für Simulationen in den Nanowissen-

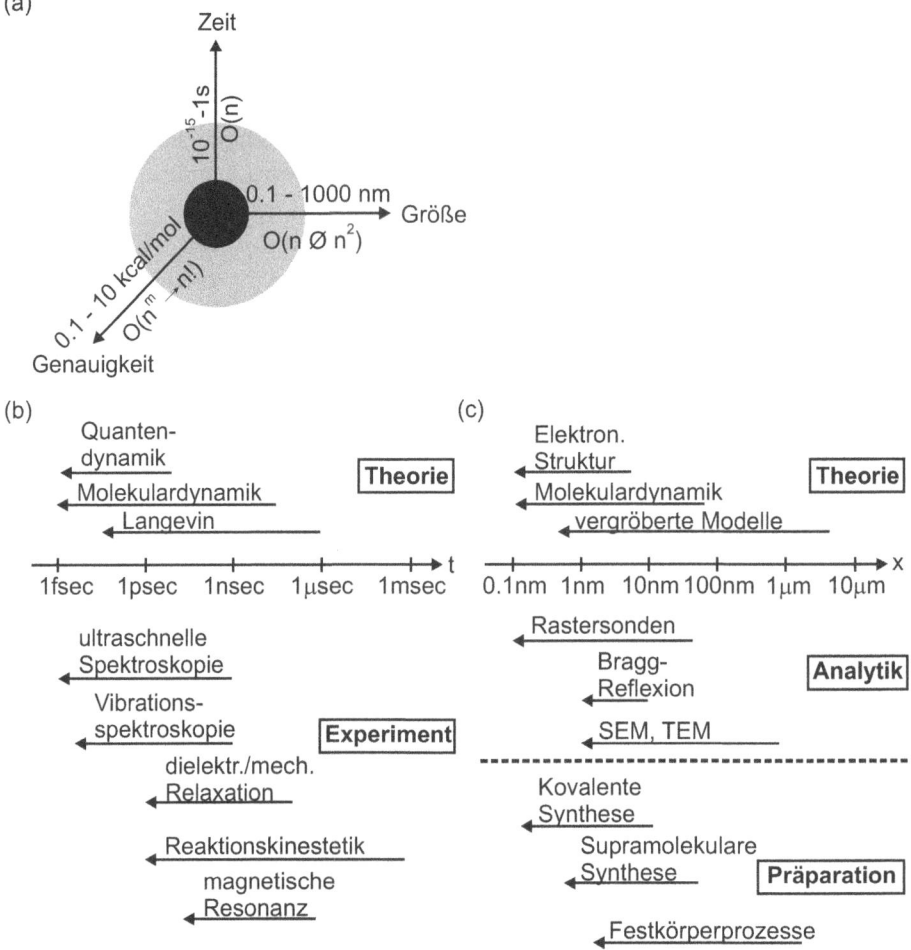

Abb. 21.1. Komplexität in der Simulation molekularer Eigenschaften von Nanopartikeln [21.8].
(a) Einfluss von Raum, Zeit und Präzision. (b) Methoden zur Charakterisierung dynamischer Phänomene. (c) Methoden zur Herstellung und Charakterisierung von Nanostrukturen.

schaften und der Nanotechnologie relevant sind sowie Aspekte des Skalierungsverhaltens. Für das Skalierungsverhalten von Simulationen im Sinn der Komplexitätstheorie sind drei orthogonale Achsen, dargestellt in Abb. 21.1(a), von Belang. Generell reicht die räumliche Skala von etwa der Größe eines Atoms zu derjenigen eines größeren Nanopartikels oder Nanobauelements. Viele quantenchemische Berechnungen skalieren mit $O(N)$ oder $O(N^2)$ und, wie bereits erwähnt, verwendet man häufig $O(N \ln N)$ [21.8]. Zeitliche Skalierungen für viele Simulationen dynamischer Effekte skalieren mit $O(N)$. Allerdings reicht der dynamische Bereich generell von 1 fs für atomare Bewegungen bis in den s-Bereich, der für manche makroskopischen Phänomene eher noch als schnell anzusehen ist. Die dritte Achse umfasst die Präzision der Simulationen. Im Rahmen chemischer und materialwissenschaftlicher Modellrechnungen ist häufig eine Präzision von 1 kcal/mol ein Ziel [21.8]. Aus Sicht der Nanowissenschaften wird nicht selten eine größere Präzision angestrebt. Dies führt durchaus zu einem problematischen Skalierungsverhalten des Typs $O(N^m)$ mit $m = 7$ bei einer Präzision von 0,1–1 kcal/mol und $m = 5$ für 5–10 kcal/mol. Andere Rechnungen zeigen bei großer Präzision ein Verhalten von $O(N!)$, was ebenfalls erhebliche Ressourcen nötig macht. Abbildung 21.1(b) zeigt den dynamischen Bereich, der für das Verhalten von Nanopartikeln interessant sein kann nebst einigen theoretischen und experimentellen Methoden. Dabei wird deutlich, dass skalenübergreifende Methoden benötigt werden. So können zwar dynamische Phänomene auf lokaler, kurzreichweitiger und kurzzeitiger Skala beispielsweise mittels Molekulardynamikansätzen charakterisiert werden, ein Relaxationsprozess in kondensierter Phase, beispielsweise eines Polymersystems, kann aber Picosekunden oder auch Stunden umfassen. Dies erfordert dann beispielsweise Modelle, welche die Brownsche Molekularbewegung oder die Langevin-Dynamik betrachten, was wiederum mit Standard-Molekulardynamikmethoden nicht möglich ist. Wie Abb. 21.1(c) zeigt, gilt Entsprechendes für die räumliche Skala.

Abbildung 21.2 zeigt exemplarisch, wie das Ergebnis einer räumlich-zeitlichen Simulation aussehen kann. Dargestellt sind „Schnappschüsse" eines DNA-Strangs aus 3000 Basenpaaren innerhalb von 6 ms. Man erkennt hier große Zufallsbewegungen, die insbesondere deutlich werden anhand der Abstandsfluktuationen zweier Segmen-

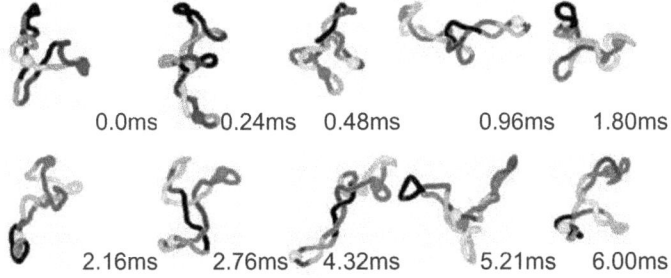

Abb. 21.2. Brownsche Bewegung eines DNA-Strangs aus 3000 Basenpaaren [21.9].

te in Juxtaposition, 1200 Basenpaare voneinander entfernt. Mittels derartiger Simulationen kann man beispielsweise analysieren, inwieweit Torsionsdeformationen, elektrostatische Abschirmung oder hydrodynamische Wechselwirkungen die Konformationsflexibilität der DNA-Stränge beeinflussen. Entsprechende Simulationen können heute eine noch bedeutend größere Zahl von Basenpaaren umfassen als in Abb. 21.2.

21.2 Konvergenz experimenteller und theoretischer Verfahren

In den Nanowissenschaften stehen heute die unterschiedlichsten präparativen und analytischen Verfahren zur Verfügung, um Materie über Top down- oder Bottom up-Ansätze nanoskalig zu strukturieren und zu funktionalisieren und um die resultierenden Eigenschaften auf vielfältige Weise experimentell zu charakterisieren. Manche der Verfahren sind tauglich für einen Hochdurchsatz und damit für technologische Anwendungen. Im Hinblick auf Theorien, Modellierung und Simulation von Nanosystemen wurden in den vergangenen Jahren grundlegende theoretische Ansätze verfeinert, die Modellbildung an die Bedürfnisse der Nanowissenschaften angepasst und die Leistungsfähigkeit von Simulationen bezüglich Systemgröße, Dynamik und Genauigkeit erheblich gesteigert. Diese Entwicklung ist fortlaufend mit einigen ausgesprochenen Schwerpunkten.

Die Dichtefunktionaltheorie implementiert Aspekte der theoretischen Chemie, der Oberflächen- und Materialphysik und eröffnet Möglichkeiten zur Simulation einer Vielzahl von Material- oder Moleküleigenschaften für die unterschiedlichsten Systemgrößen. Die Anzahl atomarer oder molekularer Bausteine kann je nach Komplexität des Systems und Präzision der Simulation beträchtlich sein, wobei einige Tausend Atome als typisch anzusehen sind. Abbildung 21.3 zeigt eine typische Anwendung für DFT-Simulationen. Molekulardynamiksimulationen unter Einbindung schneller Multipolmethoden erlauben die Simulation interatomarer Wechselwirkungen auf unterschiedlichen Längenskalen. Damit lassen sich Einblicke in das dynamische Verhalten von Systemen mit 10^9 oder mehr Atomen gewinnen. Monte Carlo-Methoden wiederum dienen zur Charakterisierung von Relaxationen und Übergängen in Gleichgewichtszustände. Hier dienen neuartige Ansätze wie beispielsweise paralleles Tempern dazu, auch sehr langsame Relaxationsprozesse befriedigend zu charakterisieren. Eine Reihe mesoskopischer Methoden wie beispielsweise die feldtheoretische Polymersimulation dient ebenfalls dazu, Systeme auf großen Längenskalen zu beschreiben. Im Hinblick auf die Implementierung quantenmechanischer Aspekte sind die Quanten-Monte Carlo-Methoden und die Car-Parinello-Methode zu nennen. Sie erlauben die ab initio-Charakterisierung der elektronischen Eigenschaften auch größerer Moleküle und kleinerer Nanosysteme und die Charakterisierung interatomarer Kräfte bei gleichzeitigem Einblick in die Wellenfunktionen, was besonders relevant ist für eine Beschreibung der Dynamik von Molekülen in kondensierten Medien und von komplexen Grenzflächen.

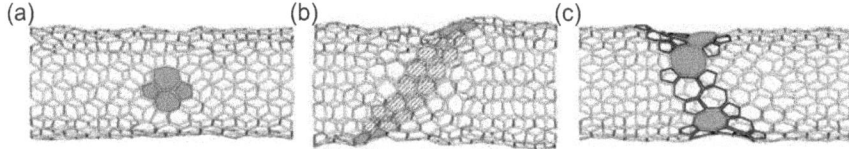

Abb. 21.3. DFT-Simulation eines Kohlenstoffnanoröhrchens unter axialer Spannung [21.11]. (a) Stone-Wales-Defekt bei 1000 K und 10 % Dehnung. (b) Plastisches Verhalten bei 3000 K, 3 % Dehnung und 2,5 ns nach Applikation der Spannung. (c) Große Ringdefekte bei 1000 K, 15 % Dehnung und nach 1 ns.

Verbesserte Simulationen werden möglich durch Verfeinerung der Theorie, Optimierung der Modellbildung und Implementierung in Form geeigneter Algorithmik bei ausreichender Rechenleistung. Gerade die stetige Steigerung der Rechenleistung und ihre omnipräsente Verfügbarkeit haben erheblich zu den Entwicklungen der vergangenen Jahre beigetragen. Die Steigerung der Rechenleistung durch Optimierung von Algorithmen und weitere Entwicklung der Hardware lässt sich insbesondere an den Gordon Bell-Preisen für die höchste erzielte Rechenleistung [21.10] ablesen. Erreichte Leistungen betrugen 1988 1 Gflop/s, 2011 11 Tflop/s und 2016 8 Pflop/s. Für eine weitere Entwicklung der theoretischen Grundlagen der Nanowissenschaften in der vollen Breite des Gebiets ist aber nicht so sehr die verfügbare Spitzenrechenleistung entscheidend. Vielmehr ist von Bedeutung, dass eine ausreichende Rechenleistung vielerorts zur Verfügung steht und Programmcodes allgemein zugänglich sind.

Aus den bislang schon diskutierten Bereichen der Nanowissenschaften einerseits und den bis heute erzielten Ergebnissen andererseits ergeben sich einige hervorzuhebende Aktivitätsfelder für die Theorie, die Modellierung und die Simulation. Dazu gehören definitiv verschiedene Transportphänomene. Entsprechende Aspekte des Elektron- und Spintransports hatten wir in Abschn. 3.6 behandelt. Aber auch der in Abschn. 3.8 behandelte Informations- und Energiefluss in nanoskaligen Systemen beinhaltet noch eine Reihe theoretischer Herausforderungen. Aspekte des molekularen Transports wiederum bedürfen einer besseren theoretischen Analyse in vielen Kontexten, die in Kap. 6 behandelten komplexen Flüssigkeiten und den in Kap. 10 behandelten Transport in biologischen Systemen eingeschlossen. Eine weitere Herausforderung ist die theoretische Beschreibung optischer Eigenschaften von Nanostrukturen, insbesondere diejenigen der in Abschn. 19.6 behandelten Quantenpunkte unter Berücksichtigung von Resonatoren. Hier weichen die optischen Eigenschaften von denen von Massivmaterialien in dramatischer Weise ab. Ein völlig anderer Bereich mit Bedarf an verbesserter Theoriebildung sind nanoskalige Grenzflächen im Allgemeinen. Besonders komplex sind hier diejenigen der in Abschn. 5.2 behandelten nanostrukturierten Festkörper, aber auch diejenigen mehrphasiger Systeme wie in Abschn. 8.1 diskutiert.

Komplexe Nanostrukturen mit großer Heterogenität in Form einer Vielzahl molekularer oder atomarer Spezies oder in Form weicher oder harter Bestandteile beinhalten gleichsam immanente Herausforderungen für die theoretische Charakterisierung. Ein wichtiger Anwendungsbereich sind hier Grenzflächen zwischen biologischen und anorganischen Medien, etwa bei Implantaten und Prothesen oder auch im Rahmen der in Kap. 12 angesprochenen Aspekte der Biomineralisation und Biomimetik. Selbstorganisationsphänomene, die wir in vielen Kontexten gestreift haben, beinhalten typisch verschiedene räumliche und zeitliche Skalen. Ihre theoretische Beschreibung involviert damit direkt die in Abschn. 20.1 formulierten Herausforderungen.

Aufgrund der großen Bedeutung der Quanteninformationsverarbeitung und des Quantum Computings, wir hatten diese Bereiche in Abschn. 3.4 ausführlich behandelt, sind insbesondere die theoretische Behandlung kohärenter Zustände und die Behandlung von Effekten, die zur Dekohärenz führen, von ebenfalls sehr großer Bedeutung. Dekohärenzphänomene sind eines der Hauptprobleme bei der Konstruktion von Quantencomputern [21.12]. Da aber bei der Realisierung der Quanteninformationstechnologie nanoskalige Komponenten und Bauelemente beispielsweise auf Basis von Supraleitern zum Einsatz kommen, ist die Theorie der Kohärenz und Dekohärenz auch relevant für die Nanotechnologie. Überraschenderweise könnte die Quantenkohärenz aber auch Bedeutung für molekularbiologische Prozesse etwa bei der Photosynthese, der Funktion des Geruchssinns oder der Wahrnehmung des Erdmagnetfelds haben [21.13]. Weitere spezielle Bereiche mit einer großen Entwicklungsdynamik der Theoriebildung ließen sich ergänzen.

21.3 Nanostrukturen und ihre Dynamik

Wie diskutiert ist eine umfangreiche Reihe unterschiedlichster Nanostrukturen und Nanosysteme Gegenstand der Nanowissenschaften. Dabei kommen innerhalb des sehr dynamischen Forschungsfelds ständig neue Bereiche hinzu. Beispielhaft seien etwa die in Abschn. 19.1 behandelten zweidimensionalen graphenanalogen Materialien genannt, die vor wenigen Jahren noch keinesfalls ein erwähnenswertes Beispiel der Nanowissenschaften darstellten. Einige Nanostrukturen sind von großer Bedeutung für technische Anwendungen, wenn man etwa an die in Kap. 18 diskutierten Nanopartikel an sich oder an die in Abschn. 19.6.2 behandelten Halbleiterquantenpunkte denkt. A priori bedeutet das für die Standardverfahren der Theoriebildung, dass nicht nur die Charakterisierung gegebener Nanoobjekte von Bedeutung ist, sondern auch diejenige ihrer Entstehung oder Produktion und diejenige ihrer Wechselwirkung mit der Außenwelt oder untereinander. Dabei sind jeweils statische und dynamische Aspekte zu berücksichtigen. Hinzu kommt die große Variabilität der aus genereller Sicht interessierenden Objekte und Systeme. Es ist damit evident, dass eine Vielzahl etablierter theoretischer Ansätze in den Nanowissenschaften zum Tragen kommt und an die spezifischen Bedürfnisse anzupassen ist. Wie bereits diskutiert, kommen dabei keine gänzlich neuen Theorien zum Tragen. Vielmehr sind die Anpassung bekannter Verfahren und die Leistungssteigerung dieser Verfahren von großer Bedeutung. Die

Anpassung der Verfahren beinhaltet häufig eine Kombination historisch separat behandelter Methoden und die skalenübergreifende Ausdehnung. Eine elektronische Transporttheorie, beispielsweise in Form der in Abschn. 3.6.2 behandelten Boltzmannschen Transportgleichung, hat methodisch gesehen keine Gemeinsamkeiten mit einer Theorie der Bewegung und des Transports in biologischen Systemen wie in Abschn. 10.1 behandelt. Dennoch könnten beide Bereiche der völlig unterschiedlichen Theoriebildung in einem komplexen Nanosystem eine Rolle spielen. Die Entstehung und Funktionalität von Nanostrukturen und Nanosystemen orientiert sich natürlich nicht an der Art der Theorie, der Modellierung oder der Simulation, sondern es müssen umgekehrt diejenigen theoretischen Ansätze herangezogen werden, die in ihrer Kombination die interessierende Nanostruktur im Hinblick auf Entstehung und Funktionalität in Summe beschreiben. Es ist daher sinnvoll, die nanospezifischen Arten der Theoriebildung anhand exemplarischer systemischer Anwendungsbereiche zu erläutern.

21.3.1 Nanoskalige Bausteine und funktionale Einheiten

Im vorliegenden Kontext wollen wir unter nanoskaligen Bausteinen Entitäten verstehen, die uns in verschiedenen, wenn nicht in den verschiedensten Kontexten begegnen. Diese Kontexte müssen nicht zwangsläufig technologische Anwendungen umfassen. In diesem Sinn sind nanoskalige Bausteine beispielsweise Nanopartikel, Nanoröhrchen, Quantenpunkte, Cluster, aber auch Proteine oder DNA-Moleküle. Nanoskalige Bausteine können als im Allgemeinen gut charakterisiert angesehen werden, wenn das für eine Kategorie auch nicht in toto gelten mag. So sind natürlich nicht die Struktur und Funktion aller Proteine geklärt. Auch ist beispielsweise nicht das Phononenspektrum eines jeden synthetisierten Nanoröhrchens berechnet worden. Besonders wenn nanoskalige Bausteine oder funktionale Einheiten für medizinisch-therapeutische oder diagnostische Anwendungen oder für technologische Anwendungen bedeutsam sind oder sein könnten, sind sie in der Regel besonders gut experimentell und/oder theoretisch analysiert worden. Im Kontext des reinen Erkenntnisgewinns, aber auch von konkreten Anwendungsperspektiven lassen sich im Zusammenhang mit nanoskaligen Bausteinen klar einige Stoßrichtungen identifizieren, in denen weiter entwickelte theoretische Ansätze aus heutiger Sicht besonders wichtig erscheinen.

Ein vergleichsweise großes Feld ist der Transport in Nanostrukturen und aus Transportphänomenen abgeleitete Bauelemente, die uns als Konzepte oder erste Realisierung in der bisherigen Diskussion von Nanostrukturforschung und Nanotechnologie vielfach begegneten. Hier sind quantenmechanische Phänomene zu berücksichtigen, häufig sogar dominant und die Funktionalität ausmachend. Zu nennen wären etwa das Tunneln von Ladung, Quantenfluktuationen, Confinement-Effekte, eine reduzierte Dimensionalität und die Ladungsdiskretisierung. Insbesondere die

Modellbildung wird stark erschwert durch die Bedeutung realer, imperfekter Oberflächen für die Systeme. Häufig spielen hier komplexe Rekonstruktionen, wie wir sie in Abschn. 2.2.1 vorgestellt hatten, eine entscheidende Rolle. Auch müssen in einigen Fällen transportinduzierte Veränderungen der Nanostruktur mit einbezogen werden.

Ein mit dem elektronischen Transport eng zusammenhängendes Feld ist der Spintransport. Dieser ist beispielsweise von großer Bedeutung für Ansätze, in denen der Spin Informationsträger ist. Zu nennen ist hier vorrangig die Quanteninformationsverarbeitung, deren Realisierung mit der Kohärenz von Spinzuständen steht und fällt, wie in Abschn. 3.4.3 diskutiert. Aber auch im Rahmen anderer Phänomene, bei denen die Spinpolarisation eine Rolle spielt, sind Kohärenzlängen und Dekohärenzprozesse von großer Bedeutung und bedürfen einer optimalen experimentellen und theoretischen Charakterisierung.

Betrachtet man den Spintransport unter Einbeziehung ferromagnetischer Materialien, wir hatten dies beispielsweise in Abschn. 3.6.5 getan, so kommt es zu einem komplizierten Wechselspiel zwischen Magnetisierung und elektronischem Transport: Die Magnetisierung hat einen Einfluss auf die Transporteigenschaften, was beispielsweise zu den Magnetowiderstandseffekten führt, und gleichzeitig kann der elektronische Transport über den Spin-Torque-Effekt die Magnetisierung modifizieren. Eine möglichst präzise Simulation dieser Effekte, Abb. 21.4 zeigt ein mikromagnetisches Beispiel, ist notwendig, um Konzepte der Spintronic und der Quanteninformationsverarbeitung weiter zu treiben.

Abb. 21.4. Komplexes Magnetisierungsvektorfeld im Querschnitt eines Permalloyfilms als Ergebnis einer mikromagnetischen Simulation. Findet ein elektronischer Transport durch den Film statt, so wechselwirkt die lokal variierende Magnetisierung sowohl mit der Ladung als auch mit dem Spin.

Auch supraleitende Nanostrukturen, Abb. 21.5 zeigt ein Beispiel, zeigen beim Transportverhalten im Allgemeinen deutliche Abweichungen von den entsprechenden Massivmaterialien. Wir hatten in Abschn. 3.6.6. diskutiert, dass maßgebliche Längenskalen durch die Kohärenzlänge und die Londonsche Eindringtiefe gegeben sind. Zusätzlich ist die für Nanosysteme große Bedeutung von Ober- und Grenzflächen in realitätsnahen Simulationen zu berücksichtigen, was insbesondere die ohnehin schon komplexe Beschreibung von Hochtemperatursupraleitern noch weiter verkompliziert.

Transportphänomene im Kontext von Bauelementen, bei denen explizite quantenmechanische Effekte das Verhalten dominieren, wie es bei weiter fortschreitender Miniaturisierung der Fall sein wird, und Transportphänomene im Kontext der Quanteninformationsverarbeitung erfordern eine Modellierung, die im Allgemeinen einem

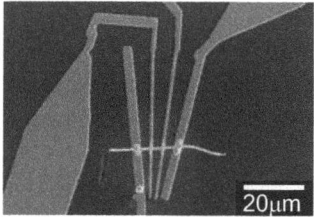

Abb. 21.5. Filament des Hochtemperatursupraleiters $BiSr_2CaCu_2O_8$ mit einem Durchmesser von 300 nm in einer Transportmessung. Das Verhalten weicht von demjenigen des Massivmaterials deutlich ab.

Wechselspiel klassischer und quantenmechanischer Effekte Rechnung tragen muss. Insbesondere sind häufig die Quantenkohärenz und damit auch Dekohärenzmechanismen von Bedeutung.

Im Hinblick auf die optischen Eigenschaften nanoskaliger Bausteine und funktionaler Strukturen ist allgemein zu berücksichtigen, dass Confinement-Effekte dramatische Abweichungen gegenüber ausgedehnten Medien zur Folge haben. Beispielsweise ist Silizium aufgrund seiner intrinsischen Eigenschaften im Allgemeinen nicht für optolektronische Anwendungen etwa in Lasern geeignet. Nanoskalige Siliziumstrukturen besitzen aber stark modifizierte Eigenschaften. Die Energielücke ist blauverschoben und kann sich statt im infraroten im optischen Bereich des Spektrums befinden. Nanoporöses Silizium zeigt bei Raumtemperatur eine Lumineszenz. Optische Effekte in Nanostrukturen sind aus theoretischer Sicht eine Herausforderung, da Standardmethoden der Theoriebildung wie beispielsweise die Dichtefunktionaltheorie a priori nicht gut geeignet sind, angeregte Zustände zu beschreiben. Gleichzeitig besitzen Vielkörpereffekte in der Regel in Nanostrukturen eine große Bedeutung, was auf das Confinement der Exzitonen zurückzuführen ist.

Funktionale Nanostrukturen werden im Bereich der Nanobiotechnologie häufig im Umfeld weicher Materie oder sogar komplexer biologischer Systeme experimentell betrieben. Zahlreiche Beispiele für Grenzflächen zwischen harter und weicher Materie hatten wir in den verschiedensten Kontexten diskutiert. So spielen derartige komplexe Grenzflächen bei Biosensoren eine maßgebliche Rolle. Aus theoretischer Sicht stellen Grenzflächen zwischen harter und biologischer Materie und ihre diversen Funktionalitäten eine besondere Herausforderung dar. Vielfältige Wechselwirkungen und ihre Selektivität sind bedeutsam, genauso wie häufig nanofluidische Eigenschaften oder Reaktionskinetiken.

Die Simulation der Funktionalität individueller nanoskaliger Bausteine in Wechselwirkung mit ihrer Umgebung ist in der Regel numerisch aufwändig und erfordert häufig eine Optimierung etablierter Algorithmen. Ab initio-Methoden eignen sich häufig für die Simulation von Systemen bis zu einigen Tausend Atomen. Empirische Methoden eignen sich auch für größere Systeme, beschreiben Nanostrukturen aufgrund der für sie typischen Kausalität zwischen Größe und Eigenschaften aber häufig nicht befriedigend. Es gibt daher einen Bedarf an skalierbaren und auf die Hardware-Verfügbarkeit abgestimmten Algorithmen. Ein diesbezügliches Beispiel ist ein Algorithmus zur Lösung der *Bethe-Salpeter-Gleichung* [21.15]. Diese Gleichung ist ein Standardinstrument der Quantenfeldtheorie und Anwendungen lassen sich praktisch in allen Bereichen finden, in denen quantenfeldtheoretische Methoden verwendet werden. Im vorliegenden Kontext wären das beispielsweise exzitonische Zustände in nanoskaligen Bausteinen [21.16]. Die Bethe-Salpeter-Gleichung zur Beschreibung gebundener Zustände, im vorliegenden Kontext gebundene Zustände eines Elektron-Loch-Paars, kann zwar exakt formuliert, aber in der Regel nicht gelöst werden. Häufig kann aber beispielsweise eine Klassifikation von Zuständen auch ohne exakte Lösung erhalten werden. Zur Beschreibung exzitonischer Zustände von nanoskaligen Bausteinen ist es erforderlich, bisherige Algorithmen zur Lösung der Bethe-Salpeter-Gleichung zu optimieren und an die Systeme, bestehend aus einigen zehntausend Atomen oder mehr, anzupassen. Ähnliches gilt beispielsweise für *GW-Näherung*. Diese wird verwendet, um die Eigenenergie eines elektronischen Vielteilchensystems zu berechnen [21.17]. Die Näherung besteht darin, dass die Eigenenergie als Funktion der Einzelteilchen-Green-Funktion und des abgeschirmten Coulomb-Potentials nur in erster Näherung betrachtet wird. Auch diese Näherung lässt sich nicht in trivialer Weise zur Beschreibung von Nanosystmen skalieren.

Eine besondere Herausforderung für die theoretische Beschreibung stellen auch Phänomene der Nichtgleichgewichts- und Quantendynamik dar. Beispielsweise liefern Simulationen des elektronischen Transports in molekularen Systemen oft korrekte Trends, aber keine quantitativ korrekten Resultate. Dabei besteht häufig allerdings auch ein Problem bei der Verifikation experimentell erhaltener Daten aufgrund der komplexen experimentellen Bedingungen. Dies erschwert natürlich eine Beurteilung der Qualität der Simulation. Eine Möglichkeit besteht darin, auf hinreichend einfach zu handhabende, aber gleichzeitig nanoskalige Modellsystme zurückzugreifen, welche eine systemunabhängige Bewertung der Leistungsfähigkeit von Theorie und Algorithmik erlaubt.

Auch eine Simulation der atomaren oder molekularen Struktur nanoskaliger Bausteine beinhaltet zuweilen nichttriviale Aspeke. Wir hatten dies im Kontext der noch vergleichsweise einfachen zweidimensionalen Graphenanaloga gesehen. Hier ist eine Beurteilung der Stabilität teilweise trivial, wie in Abschn. 19.1 diskutiert. Ungleich komplizierter gestaltet sich die Simulation beliebiger Nanostrukturen bei vielleicht nur geringen inhärenten Symmetrien. Hier gibt es zwar Methoden wie die simulierte Wärmebehandlung (Simulated Annealing) oder „genetische" Algorithmen, aber häufig erhält man keine zuverlässigen quantitativen Aussagen über Nanostrukturen, so dass weitere experimentelle Daten erforderlich sind. In der Simulation von Wachstumsprozessen, Oberfächenmorphologie und Diffusionsprozessen müssen seltene oder vielleicht sogar singuläre, statistisch kaum relevante Ereignisse mit einbezogen werden, um beispielsweise Nukleationen und Defektbildungen richtig zu reproduzieren. Da eine ab initio-Beschreibung aller interessierenden Nanobausteine und funktionaler Struktruen in absehbarer Zeit unrealistisch ist, müssen pragmatische „Brücken" zwischen klassischer und quantenmechanischer Beschreibung etabliert werden. Beispiele für solche Brücken sind die Einbeziehung quantenmechanischer Kraftfelder in klassische inneratomare Potentiale oder die Berücksichtigung von Hybridisierung und Ladungstransfer innerhalb ansonsten klassischer Wechselwirkungen.

21.3.2 Komplexe Nanostrukturen und Grenzflächen

Im Vergleich zu herkömmlichen kristallinen, aber auch amorphen Materialien sind nanostrukturierte Materialien bei allgemeiner Betrachtung recht komplex aufgebaut. Die Bestandteile sind heterogen in ihrer Form und Zusammensetzung. Häufig prägen nanoskalige Grenzflächen die Eigenschaften. Abbildung 21.6 gibt diesbezüglich einen Eindruck. Es ist evident, dass Grenzflächen innerhalb eines Materials experimentell im Allgemeinen schlecht zugänglich sind. Gleichzeitig haben Grenzflächen und Komplexität aber in der Regel einen erheblichen Einfluss auf das Verhalten ei-

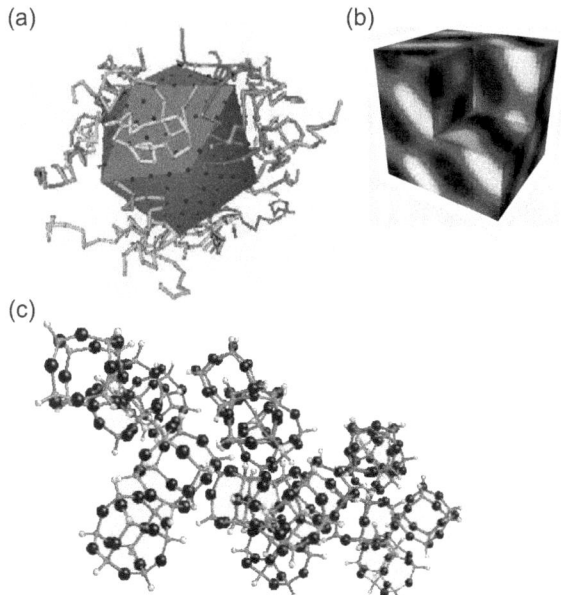

Abb. 21.6. Aufbau komplexer Nanostrukturen und Grenzflächen. (a) Halbleiterquantenpunkt mit organischen Oligomeren an der Oberfläche [21.18]. (b) Nanostrukturierte Domänen eines Polymerblends [21.19]. (c) Nanostruktur aus Silsesquioxanen mit oligomeren Käfigstrukturen [21.20].

nes nanostrukturierten Materials auf makroskopischer Skala. Der theoretischen Charakterisierung komplexer strukturierter Materialien und Grenzflächen und der aus ihnen resultierenden makroskopischen Eigenschaften kommt damit eine große Bedeutung zu. Mikroskopische Fragestellungen beinhalten die Geometrie und Topologie von Grenzflächen, durch Grenzflächen verursachte Wechselwirkung und Bindungen, die Dynamik an oder in der Nähe der Grenzfächen, den Transport über Grenzflächen, Confinement-Effekte an Grenzflächen, Deformationen von Grenzflächen sowie grenzflächenmodifizierte chemische Reaktionen. Bei der theoretischen Behandlung all dieser grenzflächen- und komplexitätsbezogenen Phänomene kommt der sorgfältigen Formulierung der Thermodynamik und statistischen Mechanik eine Schlüsselrolle zu. Insbesondere der zweite Hauptsatz der Thermodynamik muss unter Berücksichtigung der speziellen Rahmenbedingungen an einer nanostrukturierten Grenzfläche angewendet werden, da er für hinreichend kleine Systeme und kurze Zeitskalen verletzt sein kann [21.21]. Auch ist grundsätzlich zu hinterfragen, ob das Konzept des Temperaturbegriffs in jedem Fall auf komplexe Nanostrukturen und Grenzflächen übertragbar ist.

21.3.3 Dynamik von Nanostrukturen

Im Allgemeinen umfasst die Dynamik von Nanostrukturen sowohl die Dynamik der Nukleation und Entstehung als auch dynamische Phänomene, die sich in existenten Nanostrukturen abspielen. Bei der Entstehung von Nanostrukturen sind Selbstorganisationsphänomene die primäre theoretische Herausforderung. Ein typischer Selbstorganisationsprozess ist in Abb. 21.7 dargestellt. Selbstorganisation involviert viele zeitliche und räumliche Skalen, was eine besondere Herausforderung darstellt.

Die Elemente zur theoretischen Beschreibung der Dynamik von Nanostrukturen beinhalten Methoden zur Berechnung der elektronischen Struktur, atomistische Simulationen und meso- sowie makroskalige Methoden. Spezifika umfassen Hybridmethoden zur Charakterisierung elektronischer und struktureller Eigenschaften während der Entstehung von Nanostrukturen. Vergrößerungsstrategien und zeitumfassende Konzepte sind notwendig, um Selbstorganisationsprozesse zu beschreiben, die sich über große mikro- oder mesoskopische Zeitdomänen erstrecken. Da im Allgemeinen mehrere Selbstorganisationsprozesse parallel ablaufen, muss der Selektivität Rechnung getragen werden. Auch templatbasierte Selbstorganisationsprozesse stellen eine besondere Herausforderung dar. Allgemein finden Selbstorganisationsprozesse statt in Lösung, in Lösung auf Basis biologischer oder bioinspirierter Prozesse oder ohne Anwesenheit von Lösungen.

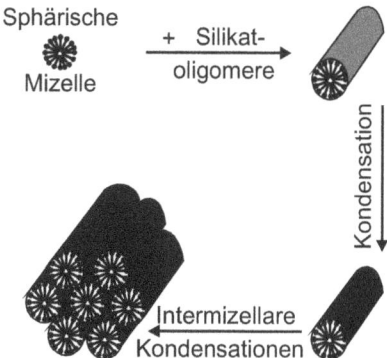

Abb. 21.7. Templatbasierte Selbstorganisation eines nanoporösen Materials aus Mizellen.

21.4 Strategien bei der Simulation von Nanostrukturen

21.4.1 Skalenübergreifende Ansätze

Wie bereits diskutiert, müssen im Allgemeinen bei der Modellierung von Nanostrukturen verschiedene Längen- und Zeitskalen berücksichtigt werden. Im Extremfall könnte sich die Wechselwirkung mit der Umgebung bis in den Makroraum über typisch makroskopische Zeitskalen erstrecken, die dezidierten Eigenschaften sich aber nur mittels einer ab initio-Behandlung auf atomarer Skala charakterisieren lassen. Im Allgemeinen zu berücksichtigende Zeitskalen reichen von etwa 10^{-15} s für Quantenoszillationen über 10^{-6} s für die Proteinfaltung bis in den Sekundenbereich oder länger bei Betrachtung von Materialermüdungen. Auch probabilistische Phänomene definieren spezielle Zeitskalen. Längenskalen erstrecken sich mindestens vom atomaren bis in den μm-Bereich. Die Charakterisierung funktionaler Eigenschaften, für die eine Längenskala relevant ist, die größer ist als diejenige der feinsten Details, die kollektiv zu den zu charakterisierenden Eigenschaften führen, erfolgt über eine mathematische Homogenisierung. Betrachen wir dazu exemplarisch nur zwei Skalen, eine feine und eine grobe. Dann resultiert eine 2×2-Matrix für alle möglichen Wechselwirkungen: grob-grob, grob-fein, fein-grob und fein-fein. Dabei benenne jeweils die erste Skala diejenige, die für ein Ausgangsverhalten relevant ist und die zweite diejenige für die Eingangsgrößen, die kollektiv das Ausgangsverhalten determinieren. Die 2×2-Matrix definiert ein Gleichungssystem, in dem die fein-fein-Wechselwirkung formal eliminiert werden kann. Sind alle Wechselwirkungen linear, so kann dies mit dem Gaußschen Verfahren erfolgen. Als Ergebnis erhält man ein Schur-Komplement für den grob-grob-Block, wobei die Wechselwirkungsmatrix aus dem ursprünglichen grob-grob-Block und einem Dreifachprodukt mit dem Inversen der fein-fein-Wechselwirkung in der Mitte besteht. Dieses Dreifachprodukt kann häufig sinnvoll approximiert werden, was zu einem Modell auf grober Skala führt, welches Elemente der feinen Skala beinhaltet. Das Verfahren kann rekursiv angewendet werden und führt dann zu einer realitätsnahen Modellierung, wenn es eine gute Separation der Längenskalen für eine inhomogene Struktur gibt, die auf diese Weise mathematisch homogenisiert werden soll. Schwierig wird es hingegen, wenn es zwischen den Längenskalen erhebliche Wechselwirkungen gibt und die grob-fein- und fein-grob-Wechselwirkungen entsprechend groß sind. Die umrissene Vorgehensweise wird als *Multi-Level-Renormierung* bezeichnet.

Ein weiteres häufig angewandtes Konzept der Skalenüberbrückung wird als „Raumteilung" (Space Sharing) bezeichnet. Dabei kommen unterschiedliche Modelle mit unterschiedlichen räumlichen Auflösungsanforderungen zum Einsatz. So kann die Ausbreitung von Mikrorissen in mechanisch beanspruchten Materialien im Fernfeld mittels adaptiver finite Elemente charakterisiert werden, während das unmittelbare Umfeld der Rissspitze mittels Molekulardynamik charakterisiert wird. Ein anderes bekanntes Beispiel betrifft die *Richtmyer-Meshkov-Instabilität*, die auftreten kann, wenn zwei Flüssigkeiten unterschiedlicher Dichte impulsartig beschleunigt werden. Diese Instabilität lässt sich im Fernfeld mittels konventioneller numerischer Analyse der Flüssigkeitsdynamik charakterisieren, wobei die Navier-Stokes-Gleichung die theoretische Basis darstellt. In der Umgebung der Grenzflächen beider Flüssigkeiten erfolgt die Charakterisierung hingegen mittels Monte Carlo-Simulation. Auch verschiedene kontinuumstheoretische Ansätze lassen sich so kombinieren. Diese haben, wenn sie sich auf unterschiedliche Längenskalen beziehen, häufig unterschiedliche asymptotische Formen. Wichtig ist dann, dass die dualen Modelle ein Regime beinhalten, in dem es einen Überlapp der Lösungen und die Möglichkeit einer Angleichung gibt. Die Raumteilungsstrategie ist damit gewissermaßen komplementär zur Homogenisierungsstrategie.

Eine spezielle Situation ist gegeben, wenn ein physikalisches Modell skalenübergreifend gilt. Aber selbst in diesem Fall ist in der Regel eine Variation der mathematischen Repräsentanz des Modells notwendig im Interesse einer effizienten numerischen Simulation. So dienen finite Elemente dazu, die aus den Maxwell-Gleichungen resultierenden Differentialgleichungen in unmittelbarer Umgebung eines nanoskaligen Streuers zu lösen, während Randelemente zur Lösung der Integralgleichungen im Fernfeld herangezogen werden.

Nebem Raumteilungsstrategien gibt es auch Zeitteilungsstrategien. Dabei wird eine kurze Zeitskala in den Simulationen gleichsam ab- und angeschaltet, je nachdem, ob die hohe Dynamik einen Einfluss auf die zu simulierenden Aspekte hat oder nicht. Bei der „impliziten Integration" beispielsweise überschreitet man kurze Zeitskalen, die nicht explizit relevant sind für das zu erzielende Resultat. Für die kurze Zeitskala wird in diesem Sinn ein über kurzzeitige Ereignisse mittelndes Gleichgewicht angenommen.

Eine besondere Bedeutung kommt *Mehrgitterverfahren (Multigrid Approach)* zu. Sie bilden in der numerischen Mathematik eine Klasse von effizienten Algorithmen zur näherungsweisen Lösung von Gleichungssystemen, die aus der Diskretisierung partieller Differentialgleichungen stammen. Sie erlauben es, jede Skala mathematisch individuell zu behandeln. Dabei wählt man eine häufig pragmatische Aufteilung der Skalen und konstruiert Intergitter-Transferoperatoren und so gröbere Versionen der Operatoren auf feiner Skala.

Die *Hauptkomponentenanalyse (Principal Component Analysis)* ist ein Basisverfahren der multivarianten Statistik. Dabei wird eine Vielzahl stochastischer Variablen durch eine geringe Zahl an Hauptkomponenten in Form von Linearkombinationen ersetzt. Dies kann zu einer wesentlichen Erleichterung numerischer Simulationen führen oder sie sogar erst ermöglichen. Insbesondere bei der Analyse dynamischer Phänomene ist das von Bedeutung, um das Gewicht einzelner dynamischer Moden angemessen zu wählen. Dabei müssen die im Allgemeinen vergleichsweise wenigen dynamischen Moden, die für ein Ergebnis maßgeblich sind, von den viel zahlreicheren Unwesentlichen unterschieden werden.

Die Notwendigkeit der skalenübergreifenden Simulation lässt sich sicherlich am besten durch ein konkretes Beispiel belegen [21.22]. Betrachten wir dazu einen Biosensor, der einzelne biologisch wirksame Moleküle detektieren soll. Auf kleinster räumlicher und zeitlicher Skala ist die Photolumineszenz des Moleküls zu seiner Detektion von Bedeutung. Diese kann mittels Quanten-Monte Carlo-Simulationen charakterisiert werden. Auf der nächsten Skala wird die Wechselwirkung des Moleküls mit der Detektoroberfläche charakterisiert. Zur Charakterisierung von Bindungsphänomenen werden die Dichtefunktionaltheorie und ab initio-Molekulardynamikmethoden eingesetzt. Auf der nächstgröberen Skala wird der Transport des zu detektierenden Moleküls zum Detektor mittels eines Lösungsmittels analysiert. Dabei finden Methoden der klassischen Molekulardynamiksimulation und klassische Monte Carlo-Methoden bei endlicher Temperatur Anwendung. Makroskopisch könnte das Strömungsverhalten der Flüssigkeiten durch den Detektorchip noch von Bedeutung sein. Bei dessen Charakterisierung wird man auf Kontinuumsmethoden, basierend auf der Navier-Stokes-Gleichung, und finite Elemente zurückgreifen.

21.4.2 Bedeutung effizienter Algorithmen

Im allgemeinen Fall sind Nanostrukturen hochkomplex und lassen besondere Eigenschaften wie hohe Symmetrien, einfache atomare oder molekulare Anordnungen oder auch Homogenität der Materialien vermissen. Stattdessen bestehen häufig geometrische Unregelmäßigkeiten, komplexe atomare oder molekulare Anordnungen wie in Abb. 21.6(c) oder heterogene Materialkombinationen. Die Theorie der Nanostrukturen involviert daher im Allgemeinen numerische Simulationen, um den Abstand zwischen Modell und Realität nicht aus Vereinfachungsgründen zu groß werden zu lassen. Dies ist keineswegs ein Widerspruch zu der Tatsache, dass dennoch zahlreiche Nanostrukturen, insbesondere Nanobausteine, auf der Basis vergleichsweise einfacher Modelle durchaus in einer teilweise sogar analytischen Weise theoretisch beschreibbar sind. Die nötigen numerischen Simulationen sind aber teilweise recht rechenaufwändig, und so kommt effizienten Algorithmen eine große Bedeutung zu. Eine hohe Effizienz ist in vielerlei Hinsicht wünschenswert. Bei gegebener Rechenleistung ermöglicht sie die Simulation größerer Systeme oder eine Charakterisierung eines Systems über einen längeren Zeitraum oder die Erzielung einer größeren Genauigkeit als eine geringere Effizienz. Skalenübergreifende Ansätze sind bei höherer algorithmischer Effizienz leichter zu realisieren. Auch der Umfang der Aussagen über ein physikalisches, chemisches oder biologisches Verhalten wächst mit wachsender Effizienz der Algorithmen. Schnelle Algorithmen erlauben aber auch theoretische Charakterisierungen, die ohne sie gänzlich unmöglich wären. Schnelle lineare Solver ermöglichen auch die Lösung nichtlinearer Probleme. Die effiziente Lösung von „Vorwärtsproblemen" ermöglicht überhaupt erst die Durchführung von „Rückrechnungen" oder die Behandlung inverser Probleme. Auch große Statistiken lassen sich nur mittels hocheffizienter Algorithmen in Form geeigneter Kenngrößen auswerten.

Viele Schlüsselalgorithmen wie Transformationsmethoden oder Methoden zur Lösung von Eigenwertproblemen kommen aus ganz anderen Anwendungsbereichen als der Nanotechnologie. Aber die Nanowissenschaften bedürfen bei vielen der etablierten Schlüsselalgorithmen einer konsequenten Weiterentwicklung, um der vorliegenden Komplexität Rechnung zu tragen. Die nanotechnologisch stimulierte Entwicklung gänzlich neuer Methoden ist bislang nicht zu beobachten. Vielmehr werden etablierte Algorithmen, beispielsweise zur Durchführung von Dichtefunktionalrechnungen, auf die speziellen Bedürfnisse der Nanotechnologie angepasst, was zu einer Reihe sehr großer Erfolge geführt hat. Ein diesbezügliches Beispiel ist sicherlich die Hochdurchsatzmaterialforschung im Bereich der graphenanalogen Monolagen, die ohne leistungsfähige DFT-Algorithmen so nicht hätte realisiert werden können. Lineare Skalierungsmethoden elektronischer Strukturberechnungen sind ein anderes sehr erfolgreiches Beispiel.

Was eine verbesserte Algorithmik qualitativ bewirken kann, lässt sich leicht an einem konkreten Beispiel illustrieren. Ab initio-DFT-Rechnungen skalieren typischerweise mit der Systemgröße N gemäß $\sim N^3$. Dies limitiert die Anzahl betrachtbarer Atome N. Verwendet man zur Berechnung größerer Systeme aber auf ebenen Wellen basierende Codes unter Verwendung von Algorithmen zur schnellen Fourier-Transformation zur Berechnung elektronischer Konfigurationen, so erreicht man ein $\sim N^2 \ln N$-Komplexitätsverhalten. Bei manchen Problemstellungen kann man unter Verwendung lokaler Betrachtungen sogar ein lineares Skalierungsverhalten realisieren, was die maximale Systemgröße entsprechend heraufsetzt.

Auch bei Molekulardynamikrechnungen haben algorithmische Weiterentwicklungen zu grundsätzlicher Weiterentwicklung der Theoriebildung geführt. Der Einsatz schneller Multipol-Codes hat zu einer Komplexitätsreduktion von N^2 zu $N \ln N$ oder sogar N bei der Berechnung Coulombscher oder sonstiger langreichweitiger Kräfte geführt. Damit lässt sich die betrachtbare physikalische Zeit für die Systeme entsprechend ausdehnen.

Effiziente Algorithmen sind in der Regel komplexer als weniger effiziente. Ihre Effizienz kann darüber hinaus auch deutlich von der Systemgröße abhängen und nur für sehr große Systeme hoch sein. In diesem Kontext ist die *asymptotische Komplexität* relevant. Für viele Probleme hängt die Effizienz eines Algorithmus auch mit dem Ausmaß der Parallelisierbarkeit des Problems zusammen. Darüber hinaus sind Implementierbarkeit und Robustheit wesentliche effizienzbestimmende Eigenschaften.

21.4.3 Präzision und Ausmaß der Vorhersagbarkeit von Eigenschaften

Maßgeblich für den Erfolg von Theorie, Modellierung und Simulation ist eine genaue Kenntnis inhärenter Näherungen und Fehlerquellen. Speziell die Nanowissenschaften involvieren viele Problemstellungen, die eine sehr große Detailgenauigkeit verlangen und gleichzeitig ein großes Maß dynamischer Komplexität aufweisen. Diese Komplexität beinhaltet häufig weitreichende, nicht separierbare Skalen in Raum und Zeit. Angepasste Theorien, eine adäquate Modellierung und optimierte Simulationen führen zu einem verbesserten Verständnis von Nanostrukturen, zu besseren Vorhersagemöglichkeiten bezüglich der zahlreichen relevanten funktionalen Eigenschaften, zu einem besseren Design technisch verwendeter Nanosysteme und zu einer größeren Zuverlässigkeit der erhaltenen Resultate.

Zahlreiche der zu behandelnden Probleme gehören in die Kategorie der Optimierungsprobleme. So ist beispielsweise sowohl für quantenmechanische als auch für klassische Systeme der Grundzustand eines Systems von fundamentalem Interesse. Auf der Basis eines Hamilton-Operators oder Energiefunktionals ist das systemische Energieminimum durch Variation der Konfiguration des Systems zu berechnen. Dies liefert dann die Grundzustandskonfiguration. Komplexe Nanosysteme involvieren allerdings zahlreiche Freiheitsgrade oder beispielsweise eine enorm große Anzahl zu berücksichtigender Partikel. Dies führt zwangsläufig zu umfangreichen Optimierungsproblemen mit sehr vielen dicht beieinander lokalisierten Energieminima nahe dem systemischen Grundzustand. Gängige Optimierungsalgorithmen können daher in der Regel nicht unangepasst zum Einsatz kommen, sondern das Problem verlangt nach einer spezifischen und im Allgemeinen sehr sensiblen Anpassung solcher Algorithmen. In eine derartige Anpassung fließt häufig ein bereits umfangreiches systemisches Wissen ein. Ein typisches diesbezügliches Problem ist die Analyse der Proteinfaltung, wie wir sie in Abschn. 11.1 und speziell in Abb. 11.4 behandelten. Die zahlreichen lokalen Minima, die energetische Konfigurationen des Nanosystems Protein aufweisen, machen ein Auffinden der Grundzustandsfaltungskonfiguration mittels einfacher Energieminimierungsalgorithmen unmöglich. Erst die Erkenntnis, dass gewisse Aminosäuresequenzen innerhalb des ungefalteten Moleküls praktisch immer in einer Standardform wie beispielsweise einer α-Helix, behandelt in Abschn. 9.1, resultieren, hat Fortschritte im theoretischen Verständnis des Faltungsprozesses ermöglicht. Durch Einbeziehung des entsprechenden Optimierungspfads kann die

Komplexität des Optimierungsproblems wesentlich reduziert werden und Präzision und Vorhersagefähigkeit der Simulationen nehmen zu. Die Einbeziehung von speziellen Randbedingungen, abgeleitet aus bereits vorhandenem Wissen über entsprechende Nanosysteme, ist von enormer Bedeutung für eine entsprechende Anpassung etablierter Algorithmen.

Das Gesagte lässt sich auch auf weitere Kategorien der Theorie, Modellierung und Simulation beziehen. Soll beispielsweise ein bislang nicht synthetisiertes Material, etwa ein graphenanaloges zweidimensionales System, simuliert werden, so ist es hilfreich, nicht einfach einen DFT-Algorithmus zu implementieren, sondern ein Wissen über strukturelle und energetische Eigenschaften verwandter Materialien in diesen Algorithmus zu inkorporieren. Dies konzentriert zum Teil aufwändige numerische Rechnungen auf relevante Teile des Zustandsraums. Die Effizienz gegenüber verallgemeinerten Optimierungsalgorithmen steigt so beträchtlich, die Spezifität des spezialisierten Algorithmus aber natürlich auch.

Ein weiteres Beispiel für die Notwendigkeit, den Zustandsraum und damit evolutionäre Pfade in der systemischen Entwicklung durch Wissen über das System und daraus abgeleitete Randbedingungen einzuschränken, ist die Selbstorganisation. Subsysteme und Bausteine eines selbstorganisierten Systems formieren sich entlang thermodynamischer oder auch kinetischer Evolutionspfade von allein. Auf Basis eines Verständnisses dieser vergleichsweise einfachen Organisationsprozesse kann sehr viel an Vorwissen über die ungleich komplexere Organisation des Gesamtsystems gewonnen werden. Die Simulation des Gesamtsystems kann dann auf Basis drastisch reduzierter Optimierungsprobleme erfolgen. Auch in diesem Fall erfordert eine enorme Vielfalt energetisch dicht benachbarter Niveaus eine sorgfältige Einschränkung der Evolutionspfade über entsprechende Randbedingungen.

Zur Erarbeitung skalenübergreifender Theorien, Modellierungen und Simulationen liegt es nahe, eine Hierarchie von Einzelmodellen zu entwickeln. Dabei werden Parameter, beispielsweise Energieniveaus, auf einer Modellebene aus der darunter liegenden räumlich-zeitlichen Ebene übernommen. Hier finden bestimmte Parametrisierungsverfahren Anwendung. Das Optimierungsproblem kann so skalenübergreifend formuliert werden, ist aber numerisch betrachtet entsprechend komplex. Durch die Hierarchie zum Teil zahlreicher Ebenen ist eine konsequente Betrachtung inhärenter Präzision oder Fehler hier von sehr großer Bedeutung für die Zuverlässigkeit einer skalenübergreifenden Simulation. Häufig werden in diesem Zusammenhang spezielle Wahrscheinlichkeitsindikatoren benutzt, die subtiler sind als diejenigen von statischen Standardalgorithmen.

Viele, insbesondere die skalenübergreifenden Optimierungsprobleme manifestieren sich mathematisch in Systemen gekoppelter partieller Differentialgleichungen. Dabei kann es sich durchaus um sehr umfangreiche gekoppelte Systeme handeln. Lösungsalgorithmen verlieren beträchtlich an Komplexität, wenn die gekoppelten Gleichungssysteme nicht bei jedem Optimierungsschritt rigoros erfüllt werden. Letztlich muss nur die endgültige Lösung mit Anspruch auf Beschreibung der Realität das Gleichungssystem simultan lösen.

Die Lösung von Optimierungsproblemen ist auch das wichtigste Element für Vorhersagen im Sinn einer größten Wahrscheinlichkeit. Aber auch andere etablierte Methoden der Statistik kommen zum Einsatz. Quellen der Unsicherheiten liegen zum einen in der Imperfektion der Modelle und zum anderen in der endlichen Genauigkeit numerischer Ansätze. Dabei sind sowohl Diskretisierungsfehler als auch Rundungsfehler in den eigentlichen Rechnungen kritisch zu bewerten. Imperfektionen der Modelle resultieren häufig aus fehlerbehafteten experimentellen Daten, die als Grundlage für die Konzeption der Modelle dienen. Auch Fehler bei der Interpretation solcher Daten machen Modelle imperfekt. Bei skalenübergreifenden Theorien propagieren Fehler, die auf einer Skala bestehen, durch den entsprechenden Importmodus auch in die nächste Skala, häufig auf eine komplexe und schwer zu überschauende Weise.

Von praktischer Bedeutung ist die Abschätzung oberer Grenzen von Fehlern und Unsicherheiten. In diesem Kontext ist auch der Bayessche Wahrscheinlichkeitsbegriff von Bedeutung, der sich von den objektivistischen Wahrscheinlichkeitsauffassungen wie beispielsweise dem frequentistischen Wahrscheinlichkeitsbegriff unterscheidet. Der Bayessche Wahrscheinlichkeitsbegriff interpretiert Wahrscheinlichkeit als Grad persönlicher Überzeugung [21.23]. Diese Interpretation ist von Bedeutung, um die Plausibilität einer Aussage im Licht neuer Erkenntnisse neu zu bewerten. Dabei spielen Vorwissen und a priori-Annahmen eine große Rolle bei der Ermittlung von Wahrscheinlichkeitsverteilungen.

21.5 Beispiele mit Querschnittsbedeutung

21.5.1 Allgemeines

In den Nanowissenschaften kommen a priori viele Querschnittstheorien und Querschnittsalgorithmen zum Einsatz, aber auch viele hochspezielle und nur sehr eingeschränkt einsetzbare theoretische Verfahren. Es würde dem Gesamtgebiet nicht gerecht werden, diese Verfahren mit dem Anspruch auf Vollzähligkeit aufführen zu wollen. Wie aber aus dem gesamten bislang behandelten Stoff hervorgeht, sind einige Theorien und theoretische Ansätze von sehr großer Querschnittsbedeutung. Aber selbst eine halbwegs vollständige Behandlung dieser ausgewählten Bereiche der Theoriebildung würde den Rahmen des vorliegenden Werks sprengen. Deshalb sollen einige wenige Aspekte weniger vielfach verwendeter Theorien und Ansätze exemplarisch herausgegriffen werden.

Von ganz besonderer Bedeutung sind Methoden zur Beschreibung der elektronischen Eigenschaften von Nanostrukturen, weil elektronische Eigenschaften viele weitere Eigenschaften wie die strukturelle Stabilität, Transporteigenschaften, optische

Eigenschaften und vielfach die fragliche Funktionalität schlechthin bestimmen. In den Nanowissenschaften ist besonders von Bedeutung die Vorhersage struktureller und elektronischer Eigenschaften ohne jede Kenntnis experimenteller Resultate dazu. Zumeist bestehen darüber hinaus auch keinerlei empirische Kenntnisse. Gleichzeitg sind die Strukturen von Interesse vergleichsweise groß aus Sicht klassischer ab initio-Ansätze. In diesem Kontext sind Tight Binding- und DFT-Rechnungen zu nennen.

Zur Charakterisierung molekularer Ensembles und häufig zur Charakterisierung von Selbstorganisationsprozessen werden Molekulardynamiksimulationen und Monte Carlo-Methoden eingesetzt. Ihre Bedeutung ist ähnlich universell wie diejenige der genannten Methoden zur Berechnung struktureller und elektronischer Eigenschaften.

Viele weitere Theorien und Beschreibungsansätze könnten ähnlich wie die besonders hervorgehobenen als Theorien mit Querschnittsbedeutung bezeichnet werden. Im vorliegenden Kontext ist aber statt einer vollständigen Behandlung eher eine exemplarische Illustration der gegenseitigen Bezüge von Theorie, Modellierung und Simulation von Bedeutung.

21.5.2 Tight Binding-Ansatz

Die *Tight Binding-Methode* ist ein Verfahren zur Berechnung der elektronischen Bandstruktur von Festkörpern. Sie basiert auf einer Superposition von angenäherten Wellenfunktionen isolierter Atome auf jeder Position des Gitters. Damit ist die Methode eng verwandt mit der *LCAO-Methode (Linear Combination of Atomic Orbitals Method)* der Chemie. Tight Binding-Modelle liefern qualitative Resultate, sind aber deutlich weniger ressourcenaufwändig als DFT-Modelle. Sie dienen häufig als Ausgangsbasis für die Erstellung genauerer Modelle, beispielsweise mittels DFT-Rechnungen. Obwohl es sich um einen Einzelelektronenansatz handelt, liefert die Tight Binding-Theorie häufig die Basis für genauere Behandlungen von Vielteilchenproblemen und Quasiteilchenansätze, wie in Abschn. 2.2.4 umrissen.

Strategisch gesehen lehnt das Tight Binding-Modell die Wellenfunktionen innerhalb eines Festkörpers so eng wie möglich an die Wellenfunktionen des Einzelatoms an. Der Hamilton-Operator beinhaltet drei Kategorien von Matrixelementen, von denen zwei häufig vernachlässigt werden können. Ein Matrixelement charakterisiert die interatomaren Bindungen und könnte als Bindungsenergie bezeichnet werden [21.24]. Die unterschiedlichen Orbitale, die berücksichtigt werden müssen, verursachen die eigentliche Komplexität des Ansatzes. Die Orbitale gehören zu unterschiedlichen Punktgruppen. Gleichzeitig gehört häufig das reziproke Gitter und damit die Brillouin-Zone zu einer anderen Raumgruppe als der entsprechende Festkörper. Diese Voraussetzungen führen dann zu komplexen Bandstrukturen. Auf Basis von Tight Binding-Ansätzen können diese dann aber mit anderen Verfahren genauer analysiert werden [21.25]. In diesem Kontext ist insbesondere das Zufallsphasenmodell zu nennen [21.26].

Wenn der Hamilton-Operator des freien Atoms durch $\hat{H}$ gegeben ist, dann würde der Hamilton-Operator eines aus entsprechenden Atomen aufgebauten Festkörpers durch

$$\hat{H}(\mathbf{r}) = \sum_{\mathbf{R}_n} \hat{H}(\mathbf{r} - \mathbf{R}_n) + \Delta U(\mathbf{r}) \tag{21.1}$$

gegeben sein. ΔU charakterisiert Abweichungen zum Potential des freien Atoms und wird als klein angenommen. Die Lösung der Einteilchen-Schrödinger-Gleichung wird als Linearkombination atomarer Orbitale $\varphi_m(\mathbf{r} - \mathbf{R}_n)$ angesetzt:

$$\psi_m(\mathbf{r}) = \sum_{\mathbf{R}_n} b_m(\mathbf{R}_n) \varphi_m(\mathbf{r} - \mathbf{R}_n) \, . \tag{21.2}$$

m bezeichnet das m-te atomare Energieniveau und n das jeweilige Atom. Das in Abschn. 3.5.4 erläuterte Bloch-Theorem besagt, dass in einem Kristall

$$\psi_m(\mathbf{r} + \mathbf{R}_l) = \exp(i\mathbf{k} \cdot \mathbf{R}_l) \psi(\mathbf{r}) \tag{21.3}$$

gelten muss. Damit gilt für die Koeffizienten b_m

$$\sum_{\mathbf{R}_n} b_m(\mathbf{R}_n) \varphi_m(\mathbf{r} - \mathbf{R}_n + \mathbf{R}_l) = \exp(i\mathbf{k} \cdot \mathbf{R}_l) \sum_{\mathbf{R}_n} b_m(\mathbf{R}_n) \varphi_m(\mathbf{r} - \mathbf{R}_n) \tag{21.4a}$$

und mit $\mathbf{R}_p = \mathbf{R}_n - \mathbf{R}_l$ entsprechend

$$b_m(\mathbf{R}_p + \mathbf{R}_l) = \exp(i\mathbf{k} \cdot \mathbf{R}_l) b_m(\mathbf{R}_p) \, . \tag{21.4b}$$

Dies führt auf

$$b_m(\mathbf{R}_l) = \exp(i\mathbf{k} \cdot \mathbf{R}_l) b_m(0) \, . \tag{21.4c}$$

Aus der Normierung $\int d^3r |\psi_m(\mathbf{r})|^2 = 1$ folgt

$$|b_m(0)|^2 = \frac{1}{N} \frac{1}{1 + \sum_{\mathbf{R}_p \neq 0} \exp(i\mathbf{k} \cdot \mathbf{R}_p) \alpha_m(\mathbf{R}_p)} \, . \tag{21.5}$$

$\alpha_m(\mathbf{R}_p)$ quantifizieren den atomaren Überlapp. In einem typischen Tight Binding-Ansatz nimmt man $\alpha_m \approx 0$ an, so dass $b_m(0) \approx 1/\sqrt{N}$ gilt. Somit erhalten wir für die Kristallwellenfunktionen

$$\psi_m(\mathbf{r}) = \frac{1}{\sqrt{N}} \sum_{\mathbf{R}_n} \exp(i\mathbf{k} \cdot \mathbf{R}_n) \varphi_m(\mathbf{r} - \mathbf{R}_n) \, . \tag{21.6}$$

Nehmen wir nun an, dass für das m-te Band des Festkörpers nur das m-te Energieniveau e_m des freien Atoms relevant ist, so erhalten wir für die Bloch-Energien

$$\begin{aligned} E_m &= \int d^3r\, \psi^*(\mathbf{r} - \mathbf{R}_n)) \hat{H}(\mathbf{r}) \psi(\mathbf{r}) \\ &\approx e_m + b^*(0) \sum_{\mathbf{R}_n} \exp(i\mathbf{k} \cdot \mathbf{R}_n) \int d^3r\, \psi^*(\mathbf{r} \cdot \mathbf{R}_n) \Delta U(\mathbf{r}) \psi(\mathbf{r}) \, . \end{aligned} \tag{21.7a}$$

Vernachlässigt man nun Terme mit dem Hamilton-Operator der freien Atome abseits der Zentrierung dieser Atome, so folgt schließlich

$$E_m = e_m - \frac{\beta_n + \sum\limits_{\mathbf{R}_n=0}\sum\limits_{l} \exp(i\mathbf{k}\cdot\mathbf{R}_n) y_{ml}(\mathbf{R}_n)}{1 + \sum\limits_{\mathbf{R}_n \neq 0}\sum\limits_{l} \exp(i\mathbf{k}\cdot\mathbf{R}_n) \alpha_{ml}(\mathbf{R}_n)} \;. \tag{21.7b}$$

α_{ml}, β_n und y_{ml} sind die drei Tight Binding-Matrixelemente.

Das Element

$$\beta_n = -\int d^3r\, \varphi_n^*(\mathbf{r})\, \Delta U(\mathbf{r})\, \varphi_n(\mathbf{r}) \tag{21.8a}$$

beschreibt den Einfluss der Nachbaratome auf die Energieniveaus eines gegebenen Atoms im Festkörper. Dieser Einfluss ist in vielen Fällen klein.

$$y_{ml}(\mathbf{R}_n) = -\int d^3r\, \varphi_m(\mathbf{r})\, \Delta U(\mathbf{r})\, \varphi_l(\mathbf{r} - \mathbf{R}_n) \tag{21.8b}$$

ist das interatomare Matrixelement für die Orbitale m und l benachbarter Atome. Man kann y_{ml} mit der Bindungsenergie assoziieren.

$$\alpha_{ml}(\mathbf{R}_n) = \int d^3r\, \varphi_m^*(\mathbf{r})\, \varphi_l(\mathbf{r} - \mathbf{R}_n) \tag{21.8c}$$

ist das Überlappintegral für die benachbarten Orbitale m und l.

Wenn nun β_n nicht hinreichend klein ist, so ist der Tight Binding-Ansatz ungeeignet zur Beschreibung der Bandstruktur, weil benachbarte Atome stark miteinander wechselwirken und die einzelnen Atome dadurch zunehmend die Eigenschaften der freien Atome verlieren. y_{ml} könnte berechnet werden, wenn atomare Wellenfunktionen und Potentiale bis ins Letzte bekannt wären. Das ist in der Regel nicht der Fall. Daher fließen häufig experimentell gewonnene Daten zur Bindungsenergie ein. Energien und Eigenzustände an Symmetriepunkten der Brillouin-Zone können häufig ermittelt werden und dienen dann über eine Anpassung der Bandstruktur zu einer Optimierung der Tight Binding-Rechnungen. Auch der interatomare Überlapp α_{ml} muss hinreichend klein sein, wenn der Tight Binding-Ansatz realitätsnahe Ergebnisse liefern soll. Das ist keinesfalls immer der Fall und bei Metallen und Übergangsmetallen mit breiten s- und sp-Bändern muss teilweise sogar ein Überlapp mit übernächsten Nachbarn berücksichtigt werden. Gute Ergebnisse liefert der Tight Binding-Ansatz in der Regel für schmale Bänder und vergleichsweise stark lokalisierte Elektronen, beispielsweise im Fall von d- und f-Bändern. Auch bei offenen Kristallstrukturen wie bei Silizium oder Diamant werden gute Resultate erzielt.

Moderne Ansätze zur Charakterisierung der elektronischen Eigenschaften von Festkörpern basieren auf dem Tight Binding-Ansatz [21.27]. Bei der Ableitung bietet sich eine Formulierung in Form der in Abschn. 3.5.3 eingeführten zweiten Quantisierung an:

$$\hat{H} = -t \sum_{ij,\sigma} \left(\hat{c}_{i,\sigma}^\dagger \hat{c}_{j,\sigma} + \text{h.c.}\right) \;. \tag{21.9}$$

$\hat{c}^\dagger$ und $\hat{c}$ sind die Erzeugungs- und Vernichtungsoperatoren, t ist das Hopping-Integral und σ bezeichnet die Spinpolarisation. i, j bezeichnet die benachbarten Atome. t ist eng mit dem Transferintegral y aus dem Tight Binding-Ansatz verbunden. Für $t = 0$ liegen isolierte Atome ohne gegenseitige Wechselwirkung vor.

Bei stark korrelierten Elektronensystemem muss die Elektron-Elektron-Wechselwirkung berücksichtigt werden:

$$\hat{H}_{ee} \sim \sum_{nm,\sigma} \left\langle n_1 m_1, n_2 m_2 \left| \frac{e^2}{\mathbf{r}_1 - \mathbf{r}_2} \right| n_3 m_3, n_4 m_4 \right\rangle$$
$$\hat{c}^\dagger_{n_1 m_1 \sigma_1} \hat{c}^\dagger_{n_2 m_2 \sigma_2} \hat{c}^\dagger_{n_4 m_4 \sigma_2} \hat{c}^\dagger_{n_3 m_3 \sigma_1} \,. \tag{21.10}$$

Dieser Hamiltonian berücksichtigt die Coulomb- und die Austauschwechselwirkung zwischen den Elektronen. Die Berücksichtigung dieser Wechselwirkung ist beispielsweise von Bedeutung bei Metall-Isolator-Übergängen, für die Hochtemperatursupraleitung und für Quantenphasenübergänge.

Aus dem Tight Binding-Ansatz hervorgegangen ist das *Hubbard-Modell* [21.28]. Es beschreibt insbesondere Übergänge zwischen leitfähigen und isolierenden Systemen. Das Modell beschreibt die Wechselwirkung von Atomen oder Molekülen in einem Festkörper auf Basis eines Hamiltonians, der nur zwei Komponenten beinhaltet: Einen kinetischen Term, der das Tunneln oder Hopping-Prozesse zwischen den Gitterbausteinen beschreibt und einen Potentialterm, der die Wechselwirkung benachbarter Bausteine beschreibt. Das Modell kann sowohl auf Fermionen als auch in Form des *Bose-Hubbard-Modells* auf Bosonen angewendet werden. Im Jahr 1963 propagierte *J. Hubbard* (1931-1980) das Modell zur Beschreibung von Elektronen in Festkörpern. Heute spielt das Hubbard-Modell eine sehr wichtige Rolle bei der Erklärung der Hochtemperatursupraleitung. Aber auch ultrakalte Atome in optischen Gittern werden mit Hubbard-Modellen charakterisiert [21.29]. Durch Einbeziehung des Hopping-Terms kann das Hubbard-Modell für Elektronen in Festkörpern als ein verbessertes Tight Binding-Modell betrachtet werden. Bei Berücksichtigung langreichweitiger Wechselwirkungen kann das Hubbard-Modell Ergebnisse liefern, die aus einem Tight Binding-Ansatz nicht resultieren. Ein diesbezügliches Beispiel wäre die Existenz von Mott-Isolatoren.

Die besondere Stärke des Hubbard-Modells ist, dass es einen Coulomb-Term berücksichtigt, der sich für Elektronen in denselben Orbitalen am Ort eines Gitterbausteins ergibt. Die Coulomb-Abstoßung (*On-Site Repulsion*) führt zu einer Balance mit dem Hopping-Integral, welches eine Funktion der Distanz und der Bindungswinkel zwischen benachbarten Gitterbausteinen ist. Diese Balance zwischen Repulsion und Attraktion wird in anderen Bändertheorien nicht berücksichtigt. Damit könne bestimmte Metall-Isolator-Übergänge beschrieben werden, die dadurch zustande kommen, dass sich in bestimmten Metalloxiden beim Erwärmen die Abstände zu den nächsten Nachbarn vergrößern, wodurch der Hopping-Term reduziert und der

Coulomb-Term dominant wird. Auch Metall-Isolator-Übergänge durch Änderung der atomaren Ordnungszahl bei Selten-Erd-Metallen können mittels der Hubbard-Theorie erklärt werden.

In Anlehnung an Gl. (21.10) ist der typische Hubbard-Hamiltonian gegeben durch

$$\hat{H} = -t \sum_{ij,\sigma} \left(\hat{c}_{i,\sigma}^\dagger \hat{c}_{j,\sigma} + \hat{c}_{j,\sigma}^\dagger \hat{c}_{i,\sigma} \right) + U \sum_i \hat{n}_{i\uparrow} \hat{n}_{i\downarrow} \,. \qquad (21.11)$$

Es gilt $t, U > 0$. $\hat{n}_{i,\sigma} = \hat{c}_{i,\sigma}^\dagger \hat{c}_{i,\sigma}$ ist der Spindichteoperator für den Spin σ auf dem i-ten Gitterplatz. Der Dichteoperator ist dann $\hat{n}_i = \hat{n}_{i\uparrow} + \hat{n}_{i\downarrow}$. Die Besetzung der i-ten Gitterposition ist entsprechend $n_i = \langle \phi | \hat{n}_i | \phi \rangle$. Der zweite Term in Gl. (21.11) definiert die Abweichung zwischen Hubbard- und Tight Binding-Ansatz.

Lässt man den ersten Term in Gl. (21.11) außer Acht, so beschreibt das Hubbard-Modell eine Anordnung magnetischer Momente. Fällt jetzt zunehmend der Hopping-Term ins Gewicht, bleibt jedoch das Material isolierend, so beschreibt Gl. (21.11) Austauschwechselwirkungen zwischen benachbarten magnetischen Momenten und charakterisiert Korrelationen wie die ferromagnetische oder die antiferromagnetische.

Das eindimensionale Hubbard-Modell wurde mittels eines Bethe-Ansatzes rigoros gelöst [21.30]. Bereits dieses Modell erlaubt das Erkennen komplexer Phänomene wie einer verborgenen Symmetrie sowie die Ableitung der Streumatrix, der Korrelationsfunktionen sowie der thermodynamischen und quantenmechanischen Verschränkung [21.31].

Da das Hubbard-Modell nicht exakt für beliebige Dimensionen gelöst werden konnte, forcierte man numerische Lösungsansätze besonders für stark korrelierte Elektronensysteme [21.32]. Dabei spielt der Lanczos-Algorithmus eine wichtige Rolle [21.33]. Dieser Algorithmus ist jedoch nicht sonderlich gut geeignet für eine große Anzahl von Gitterbausteinen.

Eine weitere Querverbindung des Hubbard-Modells besteht zur dynamischen Effektivfeldtheorie (*Dynamic Mean-Field Theory, DMFT*). Diese erlaubt die Berechnung der lokalen Green-Funktion für gegebene Werte von U in Gl. (21.11) bei gegebener Temperatur.

Eine quasi spezielle Variante des Hubbard-Modells und damit eine Weiterentwicklung der Tight Binding-Theorie stellt das tJ-Modell dar, welches speziell in der Beschreibung von Hochtemperatursupraleitern eine wichtige Rolle spielt. Es basiert auf einem Hamiltonian ähnlich demjenigen in Gl. (21.11). Bedeutsam ist hier neben dem Hopping-Integral t eine Kopplungskonstante $J = 4t^2/U$ [21.34].

21.5.3 Dichtefunktionaltheorie

Die Dichtefunktionaltheorie (Density Functional Theory, DFT) ist eine rechnergestützte quantenmechanische Modellierungsmethode zur Berechnung der elektronischen Struktur, insbesondere des Grundzustands von Vielteilchensystemen mit weiter Verbreitung in Festkörperphysik, Chemie und Materialwissenschaften. Die Eigenschaften der Vielelektronensysteme werden durch Funktionale beschrieben, speziell durch Funktionen der örtlich variierenden Elektronendichteverteilung. Mit zunehmender Verfügbarkeit von Rechenleistung wurde die DFT in den 1970er Jahren zunehmend populär. In den 1990er Jahren wurden wesentliche Verbesserungen durch eine deutlich bessere Modellierung von Austausch- und Korrelationswechselwirkungen erzielt. DFT-Rechnungen sind recht effizient und kostengünstig, wenn man sie mit traditionellen Methoden wie der Hartree-Fock-Theorie unter Einbeziehung elektronischer Korrelationen betrachtet.

Die Stärke von ab initio-DFT-Rechnungen ist, dass sie ausgehend von elementaren quantenmechanischen Betrachtungen die Prognose von Materialeigenschaften erlauben, ohne dass bestimmte globale Materialeigenschaften oder Parameter höherer Ordnung bereits bekannt wären. Ausgangspunkt für die Berechnung der elektronischen Struktur ist das DFT-Potential, welches auf die Elektronen des Systems wirkt. Dieses setzt sich zusammen aus externen Potentialen, die durch die Struktur und Zusammensetzung des Systems gegeben sind und einem effekiven Potential, welches die interatomaren oder intermolekularen Wechselwirkungen repräsentiert. Eine repräsentative Superzelle eines Materials mit n Elektronen wird behandelt in Form von n Schrödingerartigen Einelektrongleichungen, den *Kohn-Sham-Gleichungen* [21.35]. Grundlage dafür sind die von *W. Kohn* (1921-2016, Nobelpreis für Chemie 1998) und *P. Hohenberg* abgeleiteten *Hohenberg-Kohn-Theoreme* [21.36].

Das erste H-K-Theorem besagt, dass die Grundzustandseigenschaften eines Vielelektronensystems nur durch eine von drei Raumkoordinaten abhängende Elektronendichteverteilung bestimmt werden. Die Verwendung von Funktionalen der Elektronendichte reduziert damit das Vielkörperproblem von N Elektronen mit $3N$ Ortskoordinaten auf eines mit nur drei Ortskooridinaten. Eine Ausweitung des Theorems auf die Zeitdomäne erlaubt die Formulierung einer zeitabhängigen DFT (*Time-Dependent DFT, TDDFT*), welche die Behandlung angeregter Zustände erlaubt. Das zweite H-K-Theorem definiert ein Energiefunktional des Systems so, dass die korrekte Grundzustands-Elektronendichteverteilung dieses Energiefunktional minimiert.

Kohn und *L.J. Sham* (Nobelpreis für Chemie 1998) entwickelten die DFT so weiter, dass sich das an sich unlösbare Vielkörperproblem wechselwirkender Elektronen in einem externen Potential zurückführen lässt auf das lösbare Problem nicht wechselwirkender Elektronen in einem effektiven Potential. Dieses beinhaltet das externe Potential und die Coulomb-Wechselwirkungen zwischen den Elektronen, also Austausch- und Korrelationswechselwirkungen. Die realitätsnahe Modellierung dieser Wechselwirkungen ist die eigentliche Schwierigkeit innerhalb der Kohn-Sham-Theorie. Der einfachste Ansatz besteht in der *Lokale-Dichte-Approximation (Local Density Approximation, LDA)*. Diese basiert auf einer exakten Lösung für die Austauschenergie eines gleichförmigen Elektronengases, die aus dem *Thomas-Fermi-Modell* erhalten wird und in Anpassungen an die Korrelationsenergie des gleichförmigen Elektronengases. Für nicht wechselwirkende Teilchensysteme wie für das gleichförmige Elektronengas erhält man in einfacher Weise Lösungen, da sich die Wellenfunktion als *Slater-Determinante* von Orbitalen darstellen lässt. Ferner ist das Funktional der kinetischen Energie exakt bekannt. Der Austausch-Korrelations-Anteil des Funktionals der Gesamtenergie ist hingegen unbekannt und muss in Form von Näherungen behandelt werden.

In der Born-Oppenheimer-Näherung[1] muss ein stationärer Zustand die zeitabhängige Vielelektronen-Schrödinger-Gleichung erfüllen, deren Hamiltonian gegeben ist durch

$$\hat{H} = \sum_i \left(-\frac{\hbar^2}{2m} \Delta_i + V(\mathbf{r}_i) + U(\mathbf{r}_i, \mathbf{r}_j) \right) . \qquad (21.12)$$

V ist hier das externe Potential der Atomkerne und U charakterisiert die Elektron-Elektron-Wechselwirkung. Der erste und letzte Term in Gl. (21.12) sind universell, da sie identisch sind für alle Vielelektronensysteme, während der mittlere Term systemabhängig ist. Der letzte Term verhindert es, dass Gl. (21.12) in Einteilchengleichungen separiert werden kann. Lösungen der Vielelektronen-Schrödinger-Gleichung basieren auf einer Entwicklung der Wellenfunktion in Slater-Determinanten. Die einfachste wird durch die Hartee-Fock-Methode gegeben. Ausgefeiltere Methoden werde als „*Post-Hartree-Fock-Methoden*" kategorisiert. Der numerische Aufwand für diese Methoden ist häufig immens, was ihre Anwendbarkeit auf große Systeme begrenzt. DFT bietet nun einen interessanten Ansatz zur Vermeidung eines übergroßen numerischen Aufwands bei der Lösung der durch Gl. (21.12) gegebenen Vielteilchen-Schrödinger-Gleichung. Dabei wird das Vielteilchenproblem mit der Elektron-Elektron-Wechselwirkung $\hat{U} = \sum_{i<j} U(\mathbf{r}_i, \mathbf{r}_j)$ auf ein Einteilchenproblem ohne $\hat{U}$ abgebildet. Dabei kommt der Elektronendichteverteilung

$$n(\mathbf{r}) = N \int d^3 r \ldots \int d^3 r_N |\psi(\mathbf{r}_1, \mathbf{r}_2, \ldots, \mathbf{r}_N)|^2 \qquad (21.13)$$

eine Schlüsselrolle zu. Gleichung (21.13) kann umgekehrt werden: Aus der Grundzustandsdichteverteilung $n_0(\mathbf{r})$ lässt sich die Grundzustandswellenfunktion $\psi_0(\mathbf{r}, \ldots, \mathbf{r}_n)$ ableiten. ψ_0 ist also ein eindeutiges Funktional von n_0, $\psi_0 = \psi(n_0)$. Damit ist auch der Grundzustandserwartungswert einer Observablen O ein Funktional von n_0: $O(n_0) = \langle \psi(n_0)|\hat{O}|\psi(n_0)\rangle$. Für die Grundzustandsenergie gilt damit $E_0 = E(n_0) = \langle \psi(n_0)|\hat{T} + \hat{V} + \hat{U}|\psi(n_0)\rangle$. Hier sind $\hat{T}$, $\hat{V}$ und $\hat{U}$ die drei Anteile aus dem Hamiltonian aus Gl. (21.12). Während $V(n) = \int d^3 r V(\mathbf{r}) n(\mathbf{r})$ ein systemisches Funktional ist, sind $T(n)$ und $U(n)$ universell, wie zuvor bereits erwähnt. Den Grundzustand erhält man durch Minimierung von $E(n)$. Daraus folgen dann andere Grundzustandsobservablen.

---

[1] Atomkerne werden als ortsfest behandelt und konstituieren ein statisches Potential, in dem sich die Elektronen aufhalten.

Das Variationsproblem der Minimierung von $E(n)$ löst man mittels des *Lagrange-Formalismus* für unbestimmte Multiplikatoren [21.35]. Zunächst betrachtet man ein Energiefunktional, welches keine explizite Elektron-Elektron-Wechselwirkung umfasst: $E_S(n) = \langle \psi_S(n)|\hat{T} + \hat{V}_S|\psi_S(n)\rangle$. Damit gilt $n_S(\mathbf{r}) = n(\mathbf{r})$ per definitionem. Eine Lösung der auxiliären Kohn-Sham-Gleichungen $(\hat{T} + \hat{V}_s)\phi_i(\mathbf{r}) = \varepsilon_i \phi_i(\mathbf{r})$ liefert nun gerade diejenigen Orbitale $\phi_i(\mathbf{r})$, welche in Summe $n(\mathbf{r})$ des ursprünglichen Vielteilchenproblems reproduzieren: $n(\mathbf{r}) = \sum_i |\phi_i(\mathbf{r})|^2$. Das effektive Einteilchenpotential ist dann durch

$$V_S(\mathbf{r}) = V(\mathbf{r}) + \frac{e^2}{4\pi\varepsilon_0} \int d^3 r' \frac{n_S(\mathbf{r}')}{|\mathbf{r} - \mathbf{r}'|} + V_{XC}[n_S(\mathbf{r})] \tag{21.14}$$

gegeben. Hier beschreibt der *Hartree-Term* die Coulomb-Wechselwirkung und V_{XC} ist das Austausch-Korrelations-Potential, welches alle Vielteilchenwechselwirkungen beinhaltet. Da die beiden hinteren Terme in Gl. (21.14) von $n(\mathbf{r})$ abhängen und die Dichte von ϕ_i, das wiederum von V_S abhängt, muss die Kohn-Stam-Gleichung selbstkonsistent gelöst werden. Dabei startet man mit einer Annahme für $n(\mathbf{r})$, berechnet dann V_S und löst die Kohn-Sham-Gleichung für ϕ_i. Mittels ϕ_i berechnet man dann erneut $n(\mathbf{r})$ und wiederholt iterativ die Prozedur bis die Lösungen konvergieren.

Von großem Einfluss für die Qualität von DFT-Rechnungen ist die Tatsache, dass die exakten Funktionale für Austausch und Korrelation nicht bekannt sind, außer für das freie Elektronengas. Dennoch gestattet die DFT die Berechnung mancher physikalischer Eigenschaften in sehr präziser Weise [21.37]. Grundlage dafür ist häufig die bereits zuvor erwähnte LDA. In dieser Näherung wird angenommen, dass ein Funktional ausschließlich auf der Elektronendichteverteilung an jenem Ort im Raum basiert, an dem es berechnet werden soll. Die Austausch-Korrelations-Energie ist in diesem Fall gegeben durch $E_{XC}^{LDA}(n) = \int d^3 r \; n((\mathbf{r}) \; \varepsilon_{XC}(n)$. ε_{XC} ist hier die Austausch-Korrelations-Energie pro Partikel für ein homogenes Elektronengas der Dichte n. Dabei nimmt der Austauschterm ε_X eine einfache analytische Form an, während der Korrelationsterm ε_C nur für Grenzfälle bekannt ist. Verwendung finden daher zahlreiche unterschiedliche Näherungen für ε_C. Damit ist die LDA auch Grundlage für ausgefeiltere Näherungen von ε_C, etwa in Form der *verallgemeinerten Gradientenapproximation (Generalized Gradient Approximation, GGA)* oder von *Hybridfunktionalen*.

Für das Austauschfunktional liefert die LDA $E_X^{LDA} \sim \int d^3 r \; n^{4/3}(\mathbf{r})$ [21.38]. Die Korrelationsenergie des homogenen Elektronengases ist für den Grenzfall großer Dichte und den Grenzfall kleiner Dichte exakt quantifizierbar [21.38]. Analytische Ausdrücke für beliebige Dichten n wurden mittels Vielteilchenstörungstheorie abgeleitet. Diese Ergebnisse sind in guter Übereinstimmung mit Resultaten aus Quanten-Monte Carlo-Rechnungen. Ein Beispiel ist das *Chachiyo-Funktional* [21.38], welches im Vergleich zu früheren kompizierteren Funktionalen [21.39] exaktere Ergebnisse liefert. Anpassungsparameter ergeben sich aus den exakteren Grenzfällen sowie durch Anpassung an die Resultate von Quanten-Monte Carlo-Rechnungen [21.40]. Weitere klassische Funktionale $\varepsilon_C(n)$ haben mit zu den Erfolgen der LDA-Näherung beigetragen [21.41].

Dichtefunktionale können problemlos auch für spinpolarisierte Systeme formuliert werden. Für den Austauschterm ist das exakte Resultat durch $E_X(n_\uparrow, n_\downarrow) = [E_X(2n_\uparrow) + E_X(2n_\downarrow)]/2$ gegeben [21.42]. Die Spinabhängigkeit der Korrelationsenergie wird durch die Spinpolarisation $\varrho(\mathbf{r}) = [n_\uparrow(\mathbf{r}) - n_\downarrow(\mathbf{r})]/[(n_\uparrow \mathbf{r}) + n_\downarrow(\mathbf{r})]$ quantifiziert. $\varrho = 0$ entspricht dem paramagnetischen und $\varrho = \pm 1$ dem ferromagnetischen Fall. Die Spin-Korrelations-Energiedichte ist dann allgemein durch $\varepsilon_C(n, \varrho)$ gegeben und wird im Rahmen unterschiedlichster LDA-Funktionale angenähert [21.43].

Von großer Bedeutung für die LDA und damit auch für die DFT ist also das homogene Elektronengas, welches auch als *Jellium* bezeichnet wird. Das Jellium entspricht einem quantenmechanischen Modell interagierender Elektronen in einem Festkörper. Die positiv geladenen Atomrümpfe werden als gleichmäßig im Raum verteilt angenommen. Die Elektronendichte ist im Raum konstant. Das Modell erlaubt eine Analyse von Phänomenen, bei denen die Elektron-Elektron-Wechselwirkung eine Rolle spielt, ohne dass eine genaue Verteilung der Atompositionen angenommen werden muss. Vielmehr konzentriert sich das Modell auf delokalisierte Elektronen, wie sie in Metallen vorkommen. Zumindest qualitativ lassen sich mit dem Jellium-Modell Phänomene wie elektronische Abschirmung, Plasmonen, die Wigner-Kristallisation oder auch Friedel-Oszillationen beschreiben. Der Begriff „Jellium-Modell" wurde von *W.C. Herring* (1914–2009) eingeführt [21.44].

Bei verschwindender Temperatur werden die Eigenschaften des homogenen Elektronengases ausschließlich durch die konstante Elektronendichte bestimmt. Dies ist Grundlage für die LDA und ihre Implementierung in die DFT. Die Elektron-Elektron-Wechselwirkung wird dabei rigoros behandelt. Die modellhaft angenommene Hintergrundladung wechselwirkt elektrostatisch mit sich selbst und mit den Elektronen. Befinden sich N Elektronen in einem Volumen V, so ist die Hintergrundladungsdichte durch $\varrho(\mathbf{R}) = N/V$ gegeben und die Elektronendichte durch $n(\mathbf{r})$. Der *Jellium-Hamiltonian* ist dann gegeben durch $\hat{H} = \hat{H}_+ + \hat{H}_- + \hat{H}_\pm$ [21.45] mit

$$\hat{H}_+ = \frac{1}{8\pi\varepsilon_0}\left(\frac{eN}{V}\right)^2 \int_V d^3R \int_V d^3R' \frac{1}{|\mathbf{R} - \mathbf{R}'|}, \tag{21.15a}$$

$$\hat{H}_- = \frac{1}{2m}\sum_i p_i^2 + \frac{e^2}{4\pi\varepsilon_0}\sum_{i<j} \frac{1}{|\mathbf{r}_i - \mathbf{r}_j|} \tag{21.15b}$$

und

$$\hat{H}_\pm = -\frac{1}{4\pi\varepsilon_0}\frac{e^2 N}{V}\sum_i \int_V d^3R \frac{1}{|\mathbf{r}_i - \mathbf{R}|}. \tag{21.15c}$$

$\hat{H}_+$ erweist sich als Konstante, die im Grenzfall eines unendlichen Volumens divergiert. Ebenso tut dies $\hat{H}_\pm$. Diese Divergenz wird gleichsam kompensiert durch einen Anteil der Elektron-Elektron-Wechselwirkung, was dazu führt, dass die kinetische Energie der Elektronen und ihre Wechselwirkung untereinander die Systemeigenschaften bestimmen.

Vernachlässigen wir die elektronische Wechselwirkung, so ist das Modell des freien Elektronengases gegeben. Die kinetische Energie pro Elektron ist in diesem Fall $\varepsilon_{\text{kin}} = 3E_F/5$ mit der Fermi-Energie E_F. Die Elektron-Elektron-Wechselwirkungen werden mit dem mittleren Abstand r_{12} zwischen den Elektronen skalieren, wie Gl. (21.15b) zeigt. Betrachten wir diese Wechselwirkungen als kleine Korrektur der kinetischen Energie, so bietet es sich an, ε_{kin} in der Einheit Rydberg unter Verwendung des Wigner-Seitz-Radius auszudrücken: $\varepsilon_{\text{kin}} = 3\sqrt[3]{(9\pi/4)^2}/[5(r_{WS}/a_0)^2]$ Ry. a_0 ist hier der Bohrsche Radius. Damit erhalten wir für das freie Elektronengas $\varepsilon_{\text{kin}} \approx 2,21/(r_{SW}/a_0)^2$ Ry. Eine erste Korrektur resultiert für die Focksche Austauschwechselwirkung aus dem Hartree-Fock-Modell [21.46]: $\varepsilon = [2,21/(r_{WS}/a_0)^2 + 0,916(r_{WS}/a_0)]$ Ry. Unter Berücksichtigung weiterer Korrekturen erhält man dann das bereits erwähnte Chachiyo-Funktional mit $\varepsilon = \{2,21/(r_{WS}/a_0)^2 + 0,916/(r_{WS}/a_0) + a\ln[1 + b/(r_{WS}/a_0) + b/(r_{WS}/a_0)^2]\}$ Ry, welches bei Anpassung von a und b sehr gut mit den Ergebnissen aus Quanten-Monte Carlo-Rechnungen übereinstimmt [21.47].

Bei verschwindender Temperatur wird das Phasenverhalten des Jellium-Modells bestimmt durch eine Konkurrenz von kinetischer Energie und Elektron-Elektron-Wechselwirkung. Der Hamiltonian für die kinetische Energie skaliert mit $\sim 1/r_{WS}^2$ und derjenige für die Elektron-Elektron-Wechselwirkung mit $\sim 1/r_{WS}$. Damit dominiert die kinetische Energie bei hinreichend hohen Dichten n und die Elektron-Elektron-Wechselwirkung bei niedrigen Dichten. Im Limes hoher Dichte liegt ein freies Elektronengas vor. Die Zustände sind durch delokalisierte ebene Wellen gegeben. Die Zustände niedriger Energie sind dabei mit jeweils beiden Spinrichtungen besetzt, so dass eine paramagnetische Fermi-Flüssigkeit vorliegt. Bei abnehmender Dichte n wird es irgendwann für das Elektronengas energetisch günstiger, eine Spinpolarisation aufzuweisen. Es entsteht also *itineranter Ferromagnetismus*, und es liegt jetzt eine ferromagnetische Fermi-Flüssigkeit vor.

Bei weiter sinkender Dichte vergrößert sich die kinetische Energie, und es werden Zustände mit größerem Impuls der Elektronen besetzt. Dieser Energiezuwachs wird aber mehr als kompensiert durch ein Absinken der Wechselwirkungsenergie, speziell des Austauschanteils. Eine weitere Reduktion der Wechselwirkungsenergie zulasten der kinetischen Energie führt zur Ausbildung eines Wigner-Kristalls, bei dem die Einteilchenorbitale mit Gaußartiger Form an den Positionen eines Kristallgitters zentriert sind. Dadurch entsteht zum einen eine Bandlücke. Zum anderen sind die verschiedensten Phasenübergänge zwischen Kristallstrukturen und magnetischen Ordnungen möglich.

Auf Basis der Hartree-Fock-Näherung sollte die Wigner-Kristallisation für $r_{WS}/a_0 = 4,5$ in drei Dimensionen und $r_{WS}/a_0 = 1,44$ in zwei Dimensionen erfolgen [21.48]. Quanten-Monte Carlo-Methoden erlauben eine explizite Berücksichtigung von elektronischen Korrelationen. Sie liefern die präzisesten Resultate zum Phasendiagramm des Jellium-Modells bei verschwindender Temperatur. Danach sollte in drei Dimensionen ein Phasenübergang zweiter Ordnung von einem paramagnetischen in einen teilweise spinpolarisierten Zustand bei $r_{WS}/a_0 = 75$ und eine Wigner-Kristallisation bei

$r_{WS}/a_0 = 100$ stattfinden [21.49]. In zwei Dimensionen sollten entsprechende Übergänge für $30 < r_{WS}/a_0 < 40$ stattfinden [21.50].

Das Jellium-Modell oder Modell des homogenen Elektronengases ist Grundlage der LDA. Diese wiederum ist ein Bestandteil unter mehreren bei der Ableitung spezieller Funktionale zur Beschreibung der Austausch-Korrelations-Energie innerhalb des DFT-Ansatzes. Durch die Anpassung von Ergebnissen, die unter Verwendung des Jellium-Modells erzielt werden, an die Ergebnisse von Quanten-Monte Carlo-Rechnungen im Rahmen des Jellium-Modells erhält man exakte Resultate zur Korrelationsenergie für verschiedene Werte der Elektronendichteverteilung [21.49]. Mithilfe dieser lassen sich dann semiempirische Korrelationsfunktionale für die unterschiedlichsten mittels DFT behandelten Ergebnisse konstruieren [21.51].

Eine Komplikation der DFT besteht darin, dass das Modell seine Gültigkeit verliert bei Anwesenheit eines Vektorpotentials, also eines Magnetfelds. In diesem Fall kann das Austausch-Korrelations-Potential nicht ausschließlich die Elektronendichte enthalten. Das bedeutet, dass das Jellium-Modell und die LDA nicht ausschließlich Grundlage eines DFT-Ansatzes sein können. Vor diesem Hintergrund werden Erweiterungen vorgeschlagen, bei denen das Energiefunktional neben der Elektronendichte noch magnetfeldabhängige Größen beinhaltet [21.52].

Wir haben im Rahmen der Behandlung von Problemen der Nanostrukturforschung und Nanotechnologie zahlreiche Resultate diskutiert, die mittels DFT-Methode erhalten wurden. Es handelt sich also um eine Theorie mit geradezu unvergleichlicher Querschnittsbedeutung zur Interpretation und Vorhersage des elektronischen und strukturellen Verhaltens komplexer Systeme. Eine zunehmende Bedeutung der DFT besteht darin, dass Syntheseparameter optimiert werden können, indem zahlreiche Szenarien in einem Präsynthesestadium analysiert werden. Dies ist auch die Basis des High-Throughput Materials Screening oder Engineering.

Bei festkörperphysikalischen Anwendungen bildet die LDA zusammen mit einer Basis ebener Wellen im Allgemeinen die Grundlage für die Konstruktion der DFT-Funktionale. Bei molekularen Rechnungen benötigt man kompliziertere Funktionale und es wurde eine große Anzahl von Austausch-Korrelations-Funktionalen für Anwendungen in der numerischen Chemie vorgeschlagen. Einige dieser Funktionale sind durchaus inkonsistent mit dem Jellium-Modell. Eine Konsistenz muss allerdings im Grenzfall des homogenen Elektronengases auch von diesen Funktionalen erwartet werden, was wiederum die Festlegung freier Parameter ermöglicht. Verbreitete Funktionale sind das *Perdew-Burke-Enzerhof-Funktional* in der Festkörper-DFT und das *Becke-Lee-Yang-Parr-Funktional (BLYP-Funktional)* sowie das daraus abgeleitete *B3LYP-Hybrid-Funktional* bei chemischen Anwendungen.

Im Lauf der Zeit wurden zahlreiche Verfeinerungen der DFT entwickelt. Eine betrifft die zugrunde liegende LDA. Diese ist eine schlechte Näherung, wenn sich die Dichte $n(\mathbf{r})$ räumlich stark ändert. Dies ist insbesondere der Fall bei der Berechnung von Molekülen. Die bereits erwähnte Gradientennäherung GGA bezieht die Variation von $n(\mathbf{r})$ explizit mit ein: $E_{XC} = E_{XC}[n(\mathbf{r}), \nabla n(\mathbf{r})]$ [21.53]. Auch in diesem Kontext wurden universell einsetzbare Austausch-Korrelations-Potentiale konstruiert [21.54].

Eine weitere Verbesserung besteht in der Annahme geeigneter Pseudopotentiale. Zur Vereinfachung der Vielteilchen-Schrödinger-Gleichung werden die Elektronen eines Systems in zwei Kategorien eingeteilt: in Valenzelekronen und innere Elektronen. Die stark gebundenen inneren Elektronen schirmen die Kerne ab und tragen zu der Hintergrundladung bei, können aber häufig in einer expliziten Behandlung vernachlässigt werden. Die Valenzelektronen bestimmen alleinig die Bindungseigenschaften, speziell diejenigen von Metallen und Halbleitern. *Pseudopotentiale* beschreiben die Wechselwirkung zwischen positiv geladenen Atomrümpfen und Valenzelektronen. Die Annahme dieser Potentiale vereinfacht die Behandlung von Problemen beträchtlich. Heute verwendet man *ab initio-Pseudopotentiale*, die so gewählt werden, dass sie die Dichte der Valenzelektronen exakt beschreiben [21.55].

Aufgrund der grundlegenden Annahmen des DFT-Modells besetzen Elektronen immer die niedrigsten *Kohn-Sham-Eigenzustände*. Dadurch ist die stufenförmige Fermi-Dirac-Gleichung für $T = 0$ gegeben. Gibt es allerdings viele entartete oder eng benachbarte Zustände nahe dem Fermi-Niveau E_F, so treten häufig Konvergenzprobleme oder Oszillationen der Lösungen auf. Um dies zu vermeiden kann die Elek-

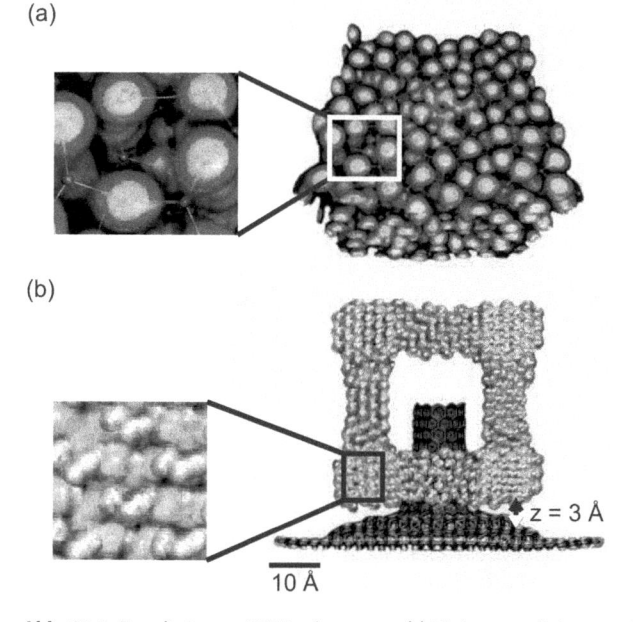

Abb. 21.8. Resultate von DFT-Rechnungen. (a) Elektronendichteverteilung in Lithiumperoxid-Nanopartikeln [21.58]. (b) Hypothetisches System aus einem Rhodiumrahmen und einer Graphen-Nanoröhrchen-Säule mit Isoflächen der Elektronendichte $n(\mathbf{r})$ [21.59].

tronendichteverteilung künstlich leicht verschmiert werden, indem man fraktionale Besetzungen [21.56] oder kumulative Gauß-Profile der Gesamtbesetzung annimmt.

Für die Nanowissenschaften ist die DFT wohl die wichtigste Querschnittstheorie, was Grund für ihre hier hervorgehobene Behandlung ist. Modellierung und Simulation auf Basis der DFT finden in Form numerischer Rechnungen statt. Dazu stehen zahlreiche Programmpakete zur Verfügung, die entweder für Zwecke der Quantenchemie oder der Festkörperphysik optimiert sind und teilweise weitere Methoden der Theoriebildung beinhalten. Desweiteren ist häufig der Hartee-Fock-Ansatz Grundlage, in manchen Fällen auch Post-Hartree-Fock-Ansätze. Viele der Codes sind über Jahre evolutionär entstanden und ausgesprochen umfangreich [21.57]. Mittels solcher Programmpakete lassen sich komplexe Systeme analysieren und elektronische sowie strukturelle Eigenschaften prognostizieren. Abbildung 21.8 zeigt typische Beispiele.

21.5.4 Monte Carlo-Methoden

Monte Carlo-Methoden sind in vielen Bereichen der Nanowissenschaften von großer Bedeutung, ja geradezu unersätzlich, weil sie ein Zufallselement in Simulationen realisieren. Zufallselemente werden dabei nicht nur eingesetzt zur Analyse zufälliger Prozesse, sondern ebenfalls zur Analyse deterministischer Probleme. Die Einsatzbereiche liegen in der Optimierung, in der numerischen Integration und in der Auswertung von Wahrscheinlichkeitsverteilungen [21.60]. Im vorliegenden Kontext kommen für den Einsatz von Monte Carlo-Methoden insbesondere Systeme mit vielen gekoppelten Freiheitsgraden in Betracht. Offensichtlich gehören Systeme wechselwirkender Teilchen dazu.

Grundsätzlich können Monte Carlo-Methoden immer dann verwendet werden, wenn die Theoriebildung eine probabilistische Komponente umfasst. Grundlage dafür sind die *Gesetze großer Zahlen*. Diese haben zum Gegenstand die Konvergenz des arithmetischen Mittelwerts von Zufallsvariablen. Je nach Konvergenz unterscheidet man zwischen „starken" und „schwachen" Zahlen.

Das schwache Gesetz für relative Häufigkeiten repräsentiert den einfachsten Fall. Dazu betrachtet man ein Bernoulli-Experiment mit zwei möglichen Resultaten A und B. Das Experiment werde N mal wiederholt und p mit $0 \le p \le 1$ sei die Wahrscheinlichkeit für das Eintreten von A in jedem einzelnen Experiment. Die Gesamtzahl n der Ereignisse A ist binomial verteilt und der Erwartungswert ist $\langle n \rangle = Np$. Die Varianz ist dabei $Var\langle n \rangle = np(1-p)$. Die relative Häufigkeit ist gegeben durch $\eta = n/N$. Nach der *Tschebyscheff-Ungleichung* gilt dann $P(|\eta - p| \ge \varepsilon) \le p(1-p)/(N\varepsilon^2)$ und $\varepsilon > 0$. Daraus folgt $\lim_{N \to \infty} P = 0$. Dies bedeutet, dass die Wahrscheinlichkeit dafür, dass die relative Häufigkeit des Eintretens von A nicht im Intervall $(\langle \eta \rangle - \varepsilon)$ liegt, beliebig klein wird, wenn N nur hinreichend groß wird.

Eine Folge von Zufallsvariablen $x_1, x_2, \ldots, x_N$ genügt dem schwachen Gesetz der großen Zahlen, wenn für $\overline{x}_N = (1/N) \sum_{i=1}^{N}(x_i - \langle x_i \rangle)$ gilt $\lim_{N \to \infty} P(|\overline{x}_N| > \varepsilon) = 0$ für $\varepsilon > 0$.
Das arithmetische Mittel der Abweichungen der Zufallsvariablen verschwindet also in Wahrscheinlichkeit. Das starke Gesetz großer Zahlen sichert hingegen ein fast sicheres Verschwinden zu: $P(\lim_{N \to \infty} sup|\overline{x}_N| = 0) = 1$, wobei sup für das Supremum steht.

In Monte Carlo-Simulationen wird nun versucht, analytisch nicht oder nur extrem aufwändig lösbare Probleme mit Hilfe der Wahrscheinlichkeitstheorie numerisch zu lösen. Die Gesetze großer Zahlen geben nun vor, wie viele zufällige Ereignisse benötigt werden, um vorgegebene Genauigkeiten zu erreichen oder auch, wie groß die Fehler erzielter numerischer Resultate sind. Zufällige Ereignisse werden dabei mittels geeigneter Algorithmen erzeugt. Monte Carlo-Methoden sind eng an die Verfügbarkeit von Rechenleistung gebunden und damit in ihrer Entwicklung eng an diejenige der Informatik. Pioniere waren *S. Ulam* (1909–1984), *N. Metropolis* (1915–1999) und *J. von Neumann* (1903–1957). Die Bezeichnung „Monte Carlo-Methoden" geht auf von Neumann zurück [21.61].

Neben den Gesetzen der großen Zahlen sind für die Monte Carlo-Methoden *Markow-Ketten* von großer Bedeutung. Bei einer solchen nach *A.A. Markow* (1856–1922) benannten „Kette" handelt es sich um einen stochastischen Prozess. Dieser ist dadurch gekennzeichnet, dass Prognosen über zukünftige Entwicklungen weitestgehend unabhängig von einer Kenntnis der Vorgeschichte möglich sind. Man unterscheidet Markow-Ketten unterschiedlicher Ordnung. Im Fall der ersten Ordnung wird die Zukunft eines Systems nur durch die Gegenwart definiert, nicht aber durch die Vergangenheit. Sind also x_n Zufallsvariablen, die Werte aus einem Zustandsraum $S = \{s_1, s_2, \ldots\}$ annehmen können, dann bilden die x_n eine Markow-Kette erster Ordnung, wenn $P(x_{n+1} = s_{i_{n+1}} | x_n = s_{i_n}, x_{n-1} = s_{i_{n-1}}, \ldots) = P(x_{n+1} = s_{i_{n+1}} | x_n = s_{i_n})$. Dies bedeutet, dass die Übergangswahrscheinlichkeiten nur von der Gegenwart, aber nicht von vergangenen Zuständen abhängen. Wichtig für Monte Carlo-Rechnungen ist zuweilen noch die Zeitabhängigkeit. Diese ist hier durch die Aufeinanderfolge $n = 0, 1, 2 \ldots$ gegeben. Sind die Einzelübergangswahrscheinlichkeiten durch die Übergangsmatrix $p_{ij}(n) = P(x_{n+1} = s_j | x_n = s_i)$ gegeben, so ist die Kette homogen, wenn die Matrix stationär ist: $p_{ij}(n) = p_{ij}$ für $n = 0, 1, 2, \ldots$.

Bei Markow-Ketten höherer Ordnung hängt der zukünftige Zustand von m vorherigen Zuständen ab: $P(x_{n+1} = s_{i_{n+1}} | x_n = s_{i_n}, x_{n-1} = s_{i_{n-1}}, \ldots) = P(x_{n+1} = s_{i_{n+1}} | x_n = s_{i_n}, \ldots, x_{n-m+1} = s_{i_{n-m+1}})$. Dieser Fall ist aber im vorliegenden Kontext weniger relevant.

Markow-Ketten-Monte Carlo-Methoden subsumieren eine Klasse von Algorithmen zur Analyse von Wahrscheinlichkeitsverteilungen basierend auf der Konstruktion einer Markow-Kette, welche die fragliche Verteilung als Gleichgewichtsverteilung besitzt. Der Zustand der Kette nach einer gewissen Anzahl von Zufallsereignissen wird dann als Ergebnis für die Entwicklung der eigentlichen Verteilung verwendet. *Zufallsweg-Monte Carlo-Methoden (Random Walk Monte Carlo Methods)* stellen hier eine bedeutende Unterkategorie dar. Markow Ketten-Monte Carlo-Methoden werden primär für die numerische Approxiation multidimensionaler Integrale eingesetzt. In der zuvor erwähnten Bayesschen Statistik sind sie Grundlage für die Berechnung großer hierarchischer Modelle, welche zum Teil die Integration über tausende unbekannter Paramater erfordern [21.62]. Ein weiteres wichtiges Einsatzgebiet ist die Analyse sehr seltener Ereignisse. Hier generieren die Algorithmen Zufallsverteilungen, die allmählich die Regionen seltener Ereignisse bevölkern.

Bei der Approximation multidimensionaler Integrale wird ein Ensemble von „Wanderern" („Walker") benutzt, um den entsprechenden Raum durch Zufallsbewegungen abzutasten. An jedem Ort eines Walkers wird der Integrand bestimmt und so in die numerische Berechnung des Integrals mit einbezogen. Der Walker sucht insbesondere auch nach Punkten, an denen der Integrand besonders große Werte annimmt, die also ein hohes Gewicht bei der Berechnung des Integrals besitzen. Auf diese Weise beschreiben die Walker gleichsam selektive Zufallswege. Während in der konventionellen Monte Carlo-Integration die zufällig bestimmten Werte eines Integranden unkorreliert sind, so sind sie bei Markow-Ketten-Monte Carlo-Methoden korreliert. Die Markow-Kette wird wiederum so konstruiert, dass der Integrand ihre Gleichgewichtsverteilung darstellt.

Es gibt verschiedene häufig eingesetzte Zufallsweg-Monte Carlo-Methoden. Der *Metropolis-Hastings-Algorithmus* generiert einen Zufallsweg auf Basis einer Vorschlagsdichte und einer Methode zum Verwerfen einiger Vorschläge [21.63]. Die *Gibbs-Analyse* benötigt eine Analyse aller Konditionalverteilungen der Zielverteilung. Allerdings gibt es weitere „Gibbs-Sampler" die nicht auf Verfügbarkeit dieser vollständigen Informationen basieren [21.64]. Die Scheibenanalyse (*Slice Sampling*) basiert darauf, dass man statt der Verteilung auch ihre Dichtefunktion analysieren kann. Statt gleichmäßig in vertikaler Richtung zu analysieren, tut man dies in einer horizontalen „Scheibe", die durch die jeweilige Vertikalposition definiert ist. Der *Multi-Try-Metropolis-Algorithmus* ist eine Variation des zuvor genannten Metropolis-Hastings-Algorithmus. Allerdings sind bei dieser speziellen Form Dimensionalitätsveränderungen des Raums erlaubt [21.66].

Schauen wir uns zur Illustration des Vorgehens den Metropolis-Algorithmus als die Grundlage weiterer daraus abgeleiteter Algorithmen genauer an. Der Algorithmus wurde 1953 von N. Metropolis publiziert [21.67]. Er dient dazu, eine Markow-Kette und damit die durch die Boltzmann-Verteilung gegebenen Zustände eines Systems zu generieren. Wir wollen eine Markow-Kette erster Ordnung annehmen. x_{i+1} hängt also nur von x_i ab. Nehmen wir ferner an, dass $\mathbf{X}_i$ einen mehrdimensionalen Ort beschreibt und kontinuierlich ist. Ein neuer Ort $\mathbf{Y} = \mathbf{X}_i + r\mathbf{q}$ wird so ausgewählt, dass $\mathbf{q}$ ein Zufallsvektor mit $-1 \leq q_x, q_y, q_z \leq 1$ ist und r ein fester Suchradius. Damit ist $\mathbf{Y}$ ein zufälliger Ortsvektor in definierter Umgebung von $\mathbf{X}_i$. Die Energiedifferenz $\Delta E = E(\mathbf{Y}) - E(\mathbf{X}_i)$ dient zur Berechnung der Wahrscheinlichkeit $p_A = min[1, exp(-\Delta E/[k_B T])]$ mit der die neue Konfiguration auftritt. Gilt nun $\Delta E \leq 0$, so ist die neue Position auf jeden Fall durch $\mathbf{X}_{i+1} = \mathbf{Y}$ gegeben. Ist $\Delta E > 0$, so ist $\mathbf{X}_{i+1} = \mathbf{Y}$ nur mit der Wahrscheinlichkeit p_A

gegeben. Dazu bestimmt man eine Zufallszahl mit $0 \leq n \leq 1$. Gilt nun $n < p_A$, so gilt auch $\mathbf{X}_{i+1} = \mathbf{Y}$. Gilt hingegen $n \geq p_A$, so gilt $\mathbf{X}_{i+1} = \mathbf{X}_i$.

Für kleine Werte von r wird vergleichsweise schnell ein neuer Ort $\mathbf{X}_{i+1} \neq \mathbf{X}_i$ gefunden. Allerdings ist die Autokorrelation $\tau = \sum_{i=0}^{\infty} \langle (A_0 - \langle A \rangle)(A_i - \langle A \rangle) \rangle$ hoch. Für große Werte von r ist τ klein, aber die Ortsakzeptanzrate ebenfalls. In der Praxis muss r daher sorgfältig gewählt werden.

Der zuvor erwähnte Metropolis-Hastings-Algorithmus [21.68] generalisiert nun den Metropolis-Algorithmus derart, dass eine beliebige Verteilung vorliegen kann. An jedem Ort $\mathbf{X}$ muss allerdings die Dichte berechenbar sein. Eine Vorschlagsdichte $P(\mathbf{X}|\mathbf{Y})$ beeinflusst nun die Wahrscheinlichkeit des Auftretens von $\mathbf{Y}$, wobei der Vorschlag $\mathbf{Y}$ zufällig erzeugt wird: $p_A = min(1, W(\mathbf{Y})P(\mathbf{X}|\mathbf{Y})/[W(\mathbf{X})P(\mathbf{X}|\mathbf{X})])$. Für eine symmetrische Vorschlagsdichte $P(\mathbf{X}|\mathbf{Y}) = P(\mathbf{Y}|\mathbf{X})$ und die Boltzmann-Verteilung als Wahrscheinlichkeitsverteilung W folgt aus dem Metropolis-Hastings-Algorithmus der Metropolis-Algorithmus.

Verwendet man nun den Metropolis-Algorithmus als Markow-Ketten-Monte Carlo-Methode in Simulationen, so werden mittels dieses Algorithmus Mittelwerte oder Erwartungswerte erzeugt:

$$\langle A \rangle = \frac{1}{Z} \int A(x) \exp\left(\frac{E(x)}{k_B T}\right) dx \, . \tag{21.16a}$$

Hier gilt

$$Z = \int \exp\left(\frac{E(x)}{k_B T}\right) dx \, . \tag{21.16b}$$

Dazu werden so viele Metropolis-Iterationsschritte durchgeführt, bis sich das System nahe am thermischen Gleichgewicht befindet. Dann entspricht gerade die Wahrscheinlichkeitsverteilung der Boltzmann-Verteilung. Damit ist die Wahrscheinlichkeit einer Konfiguration durch $W(x) = \exp(-E(x)/[k_B T])/Z$ gegeben. Nun muss nur noch über Messwerte im konstanten Abstand gemittelt werden: $\langle A \rangle = \lim_{n \to \infty} \sum_{i=1}^{n} A(x_i)/n$.

Der Metropolis-Algorithmus eignet sich auch als stochastisches Optimierungsverfahren, mit dem sich ein globales Minimum in einer Wertelandschaft finden lässt. Eine hohe Temperatur T erlaubt den Besuch eines großen Bereichs der Wertelandschaft. Senkt man nun die Temperatur ab, so erhöht man die Wahrscheinlichkeit der Annäherung an ein Minimum. Ein Metropolis-Algorithmus mit zeitabhängiger Temperatur wird als „simulierte Abkühlung" (*Simulated Annealing*) bezeichnet.

Neben den Gesetzen der großen Zahlen ist noch die *Ergodentheorie* von expliziter Bedeutung für die Monte Carlo-Methoden. Die Ursprünge der Ergodentheorie entstammen der statistischen Physik. Der Bezug zu den Gesetzen der großen Zahlen wird insbesondere in Form des *Birghoffschen Ergodensatzes* [21.69] deutlich, der mathematisch gesehen eine Variante der Gesetze der großen Zahlen ist. Grundsätzlich wird die Ergodentheorie der Maßtheorie und Stochastik sowie der Theorie dynamischer Systeme zugeordnet.

Im vorliegenden Kontext ist *Ergodizität* eine spezielle Eigenschaft dynamischer Systeme. Der Begriff selbst wurde durch L. Boltzmann (1844–1906) geprägt, der diese Eigenschaften im Kontext der statistischen Theorie der Wärme fand. Die Ergodizität bezieht sich auf das mittlere Verhalten eines Systems. Die zeitliche Entwicklung eines Systems kann dabei ermittelt werden, wenn das System über einen langen Zeitraum betrachtet und dann ein Zeitmittelwert gebildet wird. Man kann aber auch alle möglichen Zustände parallel betrachten und dann einen Ensemblemittelwert bilden. Ein System ist nun streng ergodisch, wenn der Ensemblemittelwert mit dem Zeitmittel immer übereinstimmt. Dies ist der Fall, wenn während der zeitlichen Entwicklung der Zustandsraum des Systems vollständig ausgefüllt wird. Damit ist der fragliche Erwartungswert nicht vom Anfangszustand des Systems abhängig. Ein System ist hingegen schwach ergodisch, wenn jeweils nur der Erwartungswert und die Varianz bei der Mittelung übereinstimmen. In diesem Fall gilt für $E(x_t) = \mu$ und $V(x_t) = \sigma^2$

$$\lim_{T \to \infty} E\left(\left[\frac{1}{T}\sum_{t=1}^{T} x_t - \mu\right]^2\right) = 0 \tag{21.17a}$$

und

$$\lim_{T \to \infty} V\left(\left[\frac{1}{T}\sum_{t=1}^{T} (x_t - \mu)^2 - \sigma^2\right]^2\right) = 0 . \tag{21.17b}$$

Damit ein stochastischer Prozess ergodisch sein kann, muss er sich in einem statistischen Gleichgewicht befinden. Er muss stationär sein.

Betrachten wir ein anschauliches Beispiel: Die Brownsche Molekularbewegung, die wir in Abschn. 3.3.3 behandelten, eines Teilchens in einem abgeschlossenen Volumen. Dieses Volumen ist dann der Zustandsraum, und die Bewegung in diesem Raum kann durch eine Zufallsfunktion, nämlich durch einen *Wiener-Prozess* [21.70], beschreiben werden. Nach hinreichend langer Zeit hat das Teilchen über seine Bahnkurve jeden Punkt des Volumens passiert. Damit kann eine gemittelte Eigenschaft durch Mittelung über die Zeit oder über den Raum erhalten werden: Das System Teilchen innerhalb eines abgeschlossenen Volumens ist ergodisch. Zumeist lässt sich die Ergodizität nur unterstellen, aber nicht ableiten. Die Ergodenhypothese ist damit zentraler Bestandteil für die Ableitung makroskopischer Größen mittels Methoden der statistischen Mechanik und damit Grundlage für Monte Carlo-Simulationen.

Es gibt in der Literatur keine einheitliche Definition für Monte Carlo-Rechnungen, -Methoden oder -Simulationen in Abgrenzung zu anderen statistischen Ansätzen. So wird teilweise der Oberbegriff *statistische Simulation* verwendet und Monte Carlo reserviert für die *Monte Carlo-Integration* und Monte Carlo-Tests [21.71]. Aber auch die Unterscheidung zwischen Simulation, Monte Carlo-Methode und Monte Carlo-Simulation ist nicht unüblich [21.72]. Diese Unterscheidung lässt sich aber nur schwerlich konsequent durchhalten [21.73].

Zwei Elemente sind charakteristisch für Monte Carlo-Ansätze: Eine geeignete Kodierung des zu lösenden Problems und die Realisierung von Zufallselementen oder -zahlen. Soll beispielsweise die Häufigkeit zweier gleich wahrscheinlicher Zustände untersucht werden, so können Zufallszahlen im Intervall [0,1] generiert werden. Alle Zahlen $0 \leq x < 0,5$ repräsentieren einen Zustand und alle $0,5 < x \leq 1$ den anderen. Dies wäre eine geeignete Kodierung des Problems. Nicht ganz so einfach ist die Generierung von echten Zufallszahlen. Allerdings benötigt man für viele Monte Carlo-Ansätze keine völlig zufälligen Sequenzen, sondern eher „pseudozufällige", die deterministisch generiert werden können. Um das Ausmaß der Zufälligkeit zu qualifizieren, gibt es verschiedene Statistiktests. Verbreitet ist der Nachweis einer Gleichverteilung von Zahlen bei einer hinreichend großen Sequenz oder derjenige einer anderen gewünschten Verteilung im Rahmen einer angenommenen Genauigkeit. Manchmal sind auch schwache Korrelationen zwischen aufeinanderfolgenden Ereignissen erwünscht. Es gibt Algorithmen, die eine gleich verteilte Folge pseudozufälliger Zahlen in eine andere erwünschte Wahrscheinlichkeitsverteilung pseudozufälliger Zahlen transformieren. Es gibt heute durchaus sowohl spezielle Hard- wie auch Software, die das Erzeugen von Pseudozufallszahlen perfektionieren [21.74]. Auf diese Weise können Monte Carlo-Ansätze realisiert werden, die aus Wahrscheinlichkeitsverteilungen den Ausgang individueller Ereignisse ermitteln, derart, dass eine Vielzahl Variablen bestimmt werden, die ihrerseits wiederum hunderte oder tausende von Output-Konfigurationen liefern. Die Stärke von Monte Carlo-Ansätzen gegenüber anderen Ansätzen wie beispielsweise den „was, wenn-Ansätzen" besteht dabei darin, dass aufgrund der zugrunde liegenden Wahrscheinlichkeitsverteilung eine richtige Gewichtung der Ereignisse und insbesondere seltener Ereignisse vorgenommen wird [21.75].

Monte Carlo-Methoden haben diverse Anwendungen in den Nanowissenschaften und in der Nanotechnologie. So lassen sich beispielsweise die Trajektorien wechselwirkender Partikel berechnen. Ein Beispiel zeigt Abb. 21.9. Monte Carlo-Methoden stellen die Alternative zu den im Folgenden diskutierten Molekulardynamiksimulationen dar und dienen der Analyse von Teilchensystemen [21.77], auch Polymersystemen [21.78]. Im Bereich der Nanobiotechnologie setzt man Monte Carlo-Methoden ein

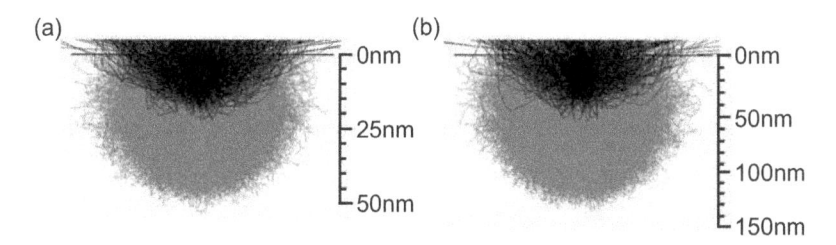

Abb. 21.9. Monte Carlo-Simulationen der Trajektorien von 10^4 Elektronen in einer Probe [21.76]. (a) 1,5 keV-Elektronenstrahl. (b) 3 keV-Elektronenstrahl.

sowohl zur Analyse einzelner Biomoleküle [21.79] wie auch kompletter biologischer Membranen [21.80].

Zur detaillierten Veranschaulichung der Vorgehensweise bei einem typischen Monte Carlo-Ansatz betrachten wir noch einmal Gl. (21.16). Das Integral erstreckt sich über den gesamten *Phasenraum*.

Ein Zustand dieses Phasenraums ist definiert durch einen Vektor $x \to \mathbf{x} = (x_1, x_2, \ldots, x_n)$. Die Komponenten x_i repräsentieren alle Freiheitsgrade. Eine offensichtliche Möglichkeit zur Lösung der Vielfachintegrale aus Gl. (21.16) besteht darin, alle möglichen Konfigurationen des Systems exakt zu berechnen, um daraus den Mittelwert $\langle A \rangle$ zu erhalten. Das ist nur in Ausnahmefällen möglich. Für nanotechnologisch interessante Systeme wird generell stattdessen die Monte Carlo-Integration angewendet. Bei der Monte Carlo-Integration wird das Integral aus Gl. (21.16a) angenähert durch

$$\langle A \rangle \approx \frac{1}{NZ} \sum_{j=1}^{N} A(\mathbf{x}_j) \exp\left(-\frac{E(\mathbf{x}_j)}{k_B T}\right). \tag{21.18}$$

Die x_i werden gleichmäßig über den Phasenraum gesammelt und N ist die Anzahl der so erhaltenen Zustände. Nun sind nicht alle Zustände des Phasenraums gleich wichtig bei der Berechnung von $\langle A \rangle$. Vorteilhaft ist es, jene zu identifizieren, deren Summand auch in Gl. (21.18) vergleichsweise groß ist. Dies gelingt mit der statistischen Bedeutungsanalyse (*Importance Sampling*). Wenn die Verteilung $p(x)$ die bedeutungsvollen Phasenraumpositionen für den Integranden in Gl. (21.16a) adressiert, so resultiert aus Gl. (21.18)

$$\langle A \rangle \approx \frac{1}{NZ} \sum_{j=1}^{N} p^{-1}(\mathbf{x}_j) \tilde{A}(\mathbf{x}_j) \exp\left(-\frac{E(\mathbf{x}_j)}{k_B T}\right). \tag{21.19}$$

$\tilde{A}(\mathbf{x}_j)$ sind nun diejenigen Werte, welche die Wahrscheinlichkeitsverteilung $p(\mathbf{x}_j)$ berücksichtigen. $\mathbf{x}_j$ wird nur aus den Teilen des Phasenraums zufällig generiert, in denen $p(\mathbf{x}_j)$ entsprechende Werte besitzt. Wenn es nicht ohne Weiteres möglich ist, entsprechende Zustände zu generieren, so kann der Metropolis-Algorithmus verwendet werden.

Da die Boltzmann-Verteilung bei Problemen der statistischen Mechanik die Zustände ergibt, welche mit größter Wahrscheinlichkeit vorliegen, kann die kanonische Verteilung im Rahmen der Bedeutungsanalyse gewählt werden: $p(\mathbf{x}) = \exp[-E(\mathbf{x})/(k_B T)]/Z$. In diesem Fall resultiert aus Gl. (21.19) $\langle A \rangle = \sum_{j=1}^{N} \tilde{A}(\mathbf{x}_j)/N$. Der Metropolis-Algorithmus generiert nun durch $p(\mathbf{x})$ gegebene Zustände, die so eine Berechnung des gewichteten Mittelwerts von $\tilde{A}(\mathbf{x})$ erlauben. Dabei muss sichergestellt werden, dass der so generierte Vektor $\mathbf{x}_j$ nicht korreliert ist mit dem vorherigen Zustand. Für manche Systeme führt die kanonische Verteilung zu sehr langen Dekorrelationszeiten. Für diese Systeme mit zumeist gröberen energetischen „Landkarten" eignet sich besser eine multikanonische Verteilung $p(\mathbf{x}) = 1/\Omega[E(\mathbf{x})]$. $\Omega[E(\mathbf{x})]$ ist die Zustandsdichte im Phasenraum. Damit sind die Zustände in Bezug auf die Energie gleich verteilt. Bei Anwendung des Metropolis-Algorithmus spielt nun die tatsächliche energetische Landkarte keine Rolle, da die Zustände zu einem jeden Energiewert gleich behandelt werden. Für die meisten Systeme ist $\Omega(E)$ nicht bekannt. In diesem Fall kann beispielsweise der *Wang-Landau-Algorithmus* zur Bestimmung herangezogen werden [21.81].

Quanten-Monte Carlo-Methoden repräsentieren eine umfangreiche Kategorie numerischer Verfahren zur Analyse komplexer Quantensysteme. Dazu gehören Vielteilchenquantensysteme. Die Rolle der Monte Carlo-Verfahren besteht darin, Grundlage für die Lösung der multidimensionalen Integrale in der Formulierung der Vielteilchenprobleme zu sein. Dabei ist man nicht auf Effektivfeldtheorien (*Mean Field Theories*) angewiesen und bestimmte Vielteilchenprobleme lassen sich sogar exakt lösen.

Vielteilchenquantensysteme werden durch eine Vielteilchen-Schrödinger-Gleichung beschrieben. Eine Lösung dieser das System konstituierenden Gleichung erfordert eine Kenntnis der Vielteilchenwellenfunktion auf dem Vielteilchen-Hilbert-Raum. Diese hat typischerweise einen exponentiell von der Anzahl wechselwirkender Teilchen abhängigen Umfang. Daher sind exakte Ableitungen der Vielteilchenwellenfunktion in aller Regel völlig unmöglich. Einen Ausweg stellen Einteilchennäherungen dar, die aber den Nachteil besitzen, und dies hatten wir speziell im vorangegangenen Abschnitt diskutiert, dass Vielteilchenquantenkorrelationen verloren gehen. Ein diesbezügliches Beispiel ist die *Hartree-Fock-Näherung*. Quanten-Monte Carlo-Rechnungen erlauben eine Umgehung dieser Nachteile der Einteilchenansätze. Heute ist es möglich, nicht frustrierte Bosonische Systeme exakt zu lösen und Systeme wechselwirkender Fermionen mit hoher Genauigkeit. Die meisten Quanten-Monte Carlo-Methoden zielen ab auf eine Bestimmung der Grundzustandswellenfunktion des Systems. *Pfadintegral-Monte Carlo-Methoden* und *Hilfsintegral-Monte Carlo-Methoden* erlauben allerdings eine Berechnung der Dichtematrix des Systems. Die *zeitabhängige Monte Carlo-Variationsmethode* erlaubt eine Lösung der zeitabhängigen Schrödinger-Gleichung. Mathematisch gesehen basiert die Lösung der Schrödinger-Gleichung auf einer numerischen Lösung eines Feynman-Kac-Pfadintegralproblems [21.82]. Sequentielle Monte Carlo-Ansätze und Effektivfeldintegration besitzen einen direkten Bezug zu *Feynman-Kac-Teilchenabsorptionsmodellen* [21.83].

Zusammenfassend stellen Monte Carlo-Methoden eine wichtige Komponente der Theoriebildung zu nanoskaligen Systemen dar. Sie finden Anwendung bei der Bestimmung statischer und dynamischer Eigenschaften klassischer Vielteilchensysteme. Ein diesbezügliches Beispiel wäre die Selbstorganisation. Quanten-Monte Carlo-Methoden erlauben die Analyse kooperativer Phänomene in nanoskaligen Festkörpern und haben damit einen direkten Bezug zu den unmittelbar zuvor behandelten DFT-basierenden Verfahren. Methodisch betrachtet kommt der Monte Carlo-Integration eine große Bedeutung bei der Simulation diversester Eigenschaften von

Nanosystemen zu. Es ist offensichtlich, dass der Querschnittscharakter der Monte Carlo-Methoden ein beachtliches Ausmaß besitzt.

21.5.5 Molekulardynamiksimulationen

Molekulardynamiksimulationen (MD-Simulationen) basieren auf der numerischen Berechnung der Bewegung von Atomen und Molekülen unter dem Einfluss ihrer gegenseitigen Wechselwirkungen. Damit erhält man insbesondere Informationen über die dynamische Entwicklung von Vielteilchensystemen. In der Regel werden durch Lösung der Newtonschen Bewegungsgleichungen die Trajektorien der wechselwirkenden Teilchen berechnet, wobei die Kräfte zwischen den Teilchen und ihre potentiellen Energien auf Basis interatomarer Potentiale oder molekularmechanischer Kraftfelder einbezogen werden. Seit den Anfängen in den 1950er Jahren [21.84] sind MD-Methoden zu wichtigen Standardwerkzeugen der chemischen Physik, der Materialwissenschaften und besonders auch der molekularen Biophysik geworden. Für Systeme, die der Ergodenhypothese genügen, kann eine MD-Simulation herangezogen werden, um makroskopische thermodynamische Eigenschaften eines Systems abzuleiten. Die zeitlichen Mittelwerte eines ergodischen Systems entsprechen mikrokanonoschen Ensemblemittelwerten.

Die Anwendungsbereiche der MD-Methoden in der Nanotechnologie sind sehr umfangreich. In der Regel besteht das Interesse darin, die Dynamik in der Entwicklung von Systemen auf atomarer oder molekularer Skala zu analysieren. Dabei können die entsprechenden Phänomene in der Regel nicht direkt experimentell beobachtet werden. Ein typisches Beispiel zeigt Abb. 21.10 in Form des Schmelzens eines NaCl-Kristalls. Der Schmelzvorgang ließe sich nicht ohne Weiteres mit atomarer Auflösung beobachten. Speziell in den Nanowissenschaften werden MD-Simulationen auch genutzt, um das Verhalten von Strukturen oder Systemen zu analysieren, die nicht oder noch nicht herstellbar sind.

Ein wichtiges Anwendungsgebiet für MD-Simulationen ist die Proteinfaltung, auf die wir ja in Abschn. 11.1 eingegangen waren. Pionierarbeiten wurden hier durch *M. Levitt, M. Karplus* und *A. Warshel* (gemeinsamer Nobelpreis für Chemie 2013) geleistet [21.86]. Abbildung 21.11 zeigt die Struktur eines in eine Membran eingebetteten Rhodopsinproteins. Rhodopsin fungiert als Photorezeptor und Sehpigment in der Augennetzhaut von Wirbeltieren.

Limitierungen in der Aussagekraft von MD-Simulationen resultieren daraus, dass die Wechselwirkung der Teilchen untereinander häufig in Form phänomenologischer oder empirischer Potentiale angenommen werden muss. Um die MD-Simulationen im Rahmen der zur Verfügung stehenden Rechenleistung bewältigen zu können, bedarf es wiederum leistungsfähiger Algorithmen [21.89]. Insbesondere sind bei großen Systemen keine ab initio-Ansätze möglich, welche vollumfänglich die quantenmechanischen Grundlagen berücksichtigten. Auch die Berücksichtigung dielektrischer Eigen-

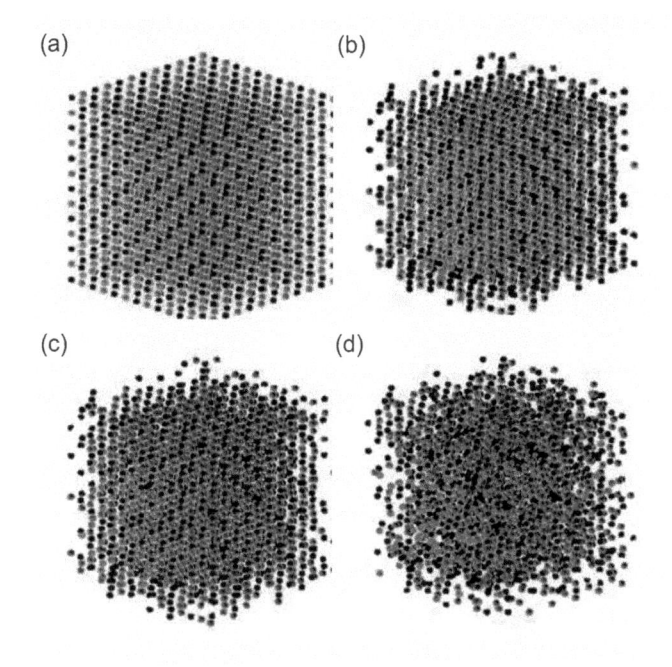

Abb. 21.10. MD-Simulation des Schmelzens eines NaCl-Kristalls [21.85]. Berücksichtigt werden 1014 NaCl-Ionenpaare und eine Maxwell-Boltzmann-Geschwindigkeitsverteilung bei 1800 K. (a) Ausgangskonfiguration. (b) Nach 0,48 fs. (c) Nach 0,97 fs. (d) Nach 1,45 fs.

schaften auf atomarer Ebene ist zuweilen nur in Form von empirischen Annahmen möglich. Neben der Wahl geeigneter interatomarer und intermolekularer Potentiale und Kraftfelder wird die Präzision einer MD-Simulation natürlich durch die zur Verfügung stehende Rechenleistung bestimmt. Diese hat insbesondere Einfluss auf die

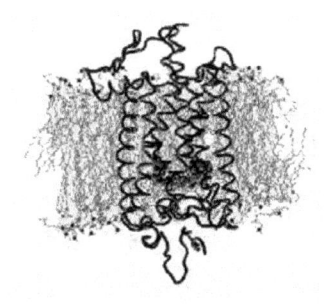

Abb. 21.11. MD-Simulation der Konfiguration von Rhodopsin in einer Membran [21.87]. Die Simulation umfasst 40.000 Atome.

Anzahl der Teilchen, auf das Zeitintervall und auf die betrachtete Zeitdauer. Andererseits müssen diese Größen natürlich an die Kinetik des betrachteten Prozesses angepasst werden. Und diese kann sehr unterschiedlich aussehen. So erstrecken sich beispielsweise MD-Simulationen zur Dynamik von Proteinen oder DNA typisch über 1 ns bis zu 1 μs [21.88]. Um die MD-Simulationen im Rahmen der zur Verfügung stehenden Rechenleistung bewältigen zu können, bedarf es wiederum leistungsfähiger Algorithmen [21.89].

Der rechnerisch aufwändigste Teil einer MD-Simulation ist die Ermittlung der Potentiale als Funktion der jeweiligen Teilchenkoordinaten. Dabei wiederum am aufwändigsten ist die Berücksichtigung nicht kovalenter Anteile an den interpartikulären Wechselwirkungen. Berücksichtigt man alle elektrostatischen und van der Waals-Wechselwirkungen explizit paarweise, so skaliert der Aufwand mit $O(N^2)$. Die *Ewald-Summation* [21.90] sowie *Teilchennetz-Ewald-Methoden* können die Komplexität auf $O(n \log n)$ oder sogar auf $O(n)$ reduzieren [21.91].

Zeitintervalle für konsekutive Rechenschritte müssen so gewählt werden, dass sie der Dynamik der Prozesse Rechnung tragen, die Simulation gleichzeitig aber nicht unrealistisch aufwändig machen. Es muss also beispielsweise die größte Vibrationsfrequenz eines Systems noch berücksichtigt werden, um keine zu großen Diskretisierungsfehler zu machen. Für klassische MD-Simulationen ist 1 fs typisch. Eine Reihe von Algorithmen erlaubt die selektive Verlängerung von Zeitspannen oder das Arbeiten mit multiplen Zeitskalen [21.92].

Lösungsmittel können explizit, aber auch implizit berücksichtigt werden. Bei expliziter Behandlung werden die Moleküle der Flüssigkeit wie darin gelöste Moleküle behandelt. Abbildung 21.12 zeigt das Ergebnis einer MD-Simulation, in der eine Flüssigkeit explizit berücksichtigt wird. Implizit wird die Flüssigkeit oder das Lösungsmittel berücksichtigt, wenn die Beschreibung in Form eines gemittelten Kraftfelds stattfindet.

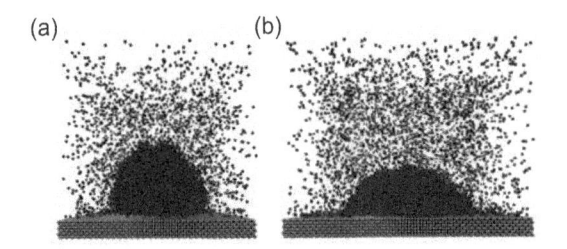

Abb. 21.12. MD-Simulation der Benetzung einer Oberfläche mit einer Flüssigkeit [21.93]. (a) Geringe Dispersionswechselwirkung zwischen Flüssigkeit und Oberfläche. (b) Größere Dispersionswechselwirkung.

Für eine MD-Simulation ist natürlich entscheidend, unter welchen Randbedingungen sich das Teilchenensemble befindet. Um ein *mikrokanonisches Ensemble* handelt es sich, wenn es keinen Austausch von Partikeln oder Energie mit der Umgebung sowie keine Volumenänderungen gibt. Diese Randbedingungen schließen insbesondere adiabatische Prozesse ein. In einem mikrokanonischen Ensemble kann es nur zu einem Austausch zwischen kinetischer und potentieller Energie kommen, während die Gesamtenergie ja eine Konstante ist. Eine Teilchentrajektorie ist dann durch die Newtonschen Bewegungsgleichungen gegeben: $\mathbf{F}(\mathbf{r}) = -\nabla u(\mathbf{r}) = m\, d\mathbf{v}(\mathbf{r})/dt$. Die potentielle Energie hängt von der Wechselwirkung eines Teilchens mit allen anderen in seiner Umgebung ab. Besonders in der chemischen Literatur bezeichnet man $u(\mathbf{r})$ als „Kraftfeld". Bei jedem Iterationsschritt werden für jedes Teilchen $\mathbf{r}$ und $\mathbf{v}(\mathbf{r})$ durch Integration ermittelt, wozu sich *symplektische Integratoren* anbieten [21.94]. Ein diesbezügliches Beispiel wäre eine *Verlet-Integration* [21.95]. Als Trajektorie bezeichnet man die zeitliche Entwicklung von $\mathbf{r}$ und $\mathbf{v}$. Wenn die Positionen $\mathbf{r}_i$ und alle Geschwindigkeiten $\mathbf{v}_i$ zu einem Zeitpunkt t_0 bekannt sind, können alle zukünftigen oder vergangenen $\mathbf{r}(t)$- oder $\mathbf{v}(t)$-Werte berechnet werden. Für die Anfangsverteilung macht man Annahmen wie etwa eine Gauß-Verteilung der Geschwindigkeiten.

Eine besondere Bedeutung kommt der Berücksichtigung der Temperatur zu. In realiter verteilt sich die kinetische Energie auf eine sehr große Anzahl von Atomen und Molekülen und auf ihre Freiheitsgrade n gemäß $E = nk_BT/2$. Berücksichtigt man nun aus numerischen Gründen bei einer MD-Simulation deutlich weniger Teilchen als das reale System aufweist, und das ist praktisch immer der Fall, so erhalten die berücksichtigten Teilchen einen zu hohen Energiebeitrag und eine unrealistisch hohe Temperatur als statistische Größe.

Bei einem *kanonischen Ensemble* sind die Anzahl der Teilchen, das Volumen und die Temperatur konstant. Dafür gibt es aber einen Energieaustausch mit der Umgebung. Für den Energietransfer bei endothermen oder exothermen Prozessen sorgen *Thermostatalgorithmen*, welche die Konstanz der Systemtemperatur realisieren sollen. Häufig verwendete diesbezügliche Ansätze sind das Reskalieren der Teilchengeschwindigkeiten, der *Nosé-Hoover-Thermostat* [21.96], *Nosé-Hoover-Ketten*, der *Berendsen-Thermostat* [21.97], der *Andersen-Thermostat* [21.98] und die *Langevin-Dynamik* [21.99]. Weitere Randbedingungen schließen isotherm-isobares Verhalten oder auch anisotrope oder andere komplexe Systemeigenschaften ein [21.100].

Essentiell für die Güte einer MD-Simulation ist die Struktur der Potentiale $u(\mathbf{r}_i)$. Potentiale können die Wechselwirkung zwischen Teilchen mit sehr unterschiedlichem Detaillierungsgrad widergeben. In chemischen Kontexten verwendet man häufig Potentiale, die eine Wechselwirkung von Teilchen entsprechend der klassischen Mechanik in Form einer „molekularen Mechanik" annehmen. Solche Potentiale reproduzieren zwar strukturelle oder konformationelle Prozesse, aber keine chemischen Reaktionen. Die a priori quantenmechanischen Wechselwirkungen werden im Rahmen von zwei Näherungen in klassische transferiert. Die Born-Oppenheimer-Näherung erlaubt eine von den Atomkernen unabhängige Behandlung der Elektronenkonfiguration. Im Rahmen der zweiten Näherung nimmt man dann an, dass die schweren Atomkerne ohne Berücksichtigung der Elektronen die Newtonsche Mechanik bestimmen.

Empirische Potentiale werden sehr häufig angenommen. Wie bereits erwähnt, bezeichnet man sie in der chemischen Literatur in der Regel als *Kraftfelder* (*Force Fields*). Häufig werden sie durch Addition von Bindungskräften und van der Waals- sowie elektrostatischen Kräften abgeleitet. Quantenmechanischen Phänomenen kann nur implizit Rechnung getragen werden, indem freie Parameter wie Bindungsenergien, Bindungslängen und Winkel, der atomare Radius oder auch Parameter der van der Waals-Wechselwirkung, die wir in Abschn. 4.2 ausführlich behandelt hatten, an Ergebnisse von ab initio-Rechnungen angepasst werden. Gerade im Hinblick auf langreichweitige Wechselwirkungen müssen adäquate Näherungen implementiert werden, weil ihre Berücksichtigung kapazitätskritisch ist. Einige empirische Potentiale, beispielsweise diejenigen, die auf *Bindungsordnungspotentialen* basieren, erlauben die Berücksichtigung unterschiedlicher Koordinationszustände und das Aufbrechen von Bindungen [21.101]. Häufig verwendete Bindungsordnungspotentiale sind das *Brenner-Potential* [21.102], das *Tersoff-Potential* [21.103], das *Finnis-Sinclair-Potential* [21.104] oder auch bestimmte *Tight Bindung-Potentiale* [21.105].

Die konkrete Wahl der interatomaren Potentiale ist sehr kritisch [21.106]. Für ein System aus N Teilchen ist die potentielle Energie gegeben durch

$$U = \sum_{i=1}^{N} U_1(\mathbf{r}_i) + \sum_{\substack{i,j=1 \\ i<j}}^{N} U_2(\mathbf{r}_i, \mathbf{r}_j) + \sum_{\substack{i,j,k=1 \\ i<j<k}}^{N} U_3(\mathbf{r}_i, \mathbf{r}_j, \mathbf{r}_k) + \dots \quad (21.20a)$$

U_n ist der *n*-Körperterm. Der Einkörperterm spielt natürlich nur eine Rolle im Fall externer Felder, ansonsten verschwindet die Abhängigkeit von der absoluten Atomposition und nur relative Positionen sind relevant. In der Abwesenheit externer Felder folgt

$$U = \sum_{\substack{i,j=1 \\ i<j}}^{N} U_2(\mathbf{r}_{ij}) + \sum_{\substack{i,j,k=1 \\ i<j<k}}^{N} U_3(\mathbf{r}_{ij}, \mathbf{r}_{ik}, \theta_{ijk}) + \dots \quad (21.20b)$$

wobei $\mathbf{r}_{ij}$ interatomare Distanzen sind und θ_{ijk} Winkel charakterisieren. U_n mit $n \geq 3$ bezeichnet man zusammenfassend als *Vielkörperpotentiale*. In realiter verwendet man „Abschneidedistanzen" r_0 und $U(r_{ij}) = 0$ für $r_{ij} > r_0$. Mit Hilfe effizienter Algorithmen kann man darüber hinaus den Komplexitätsgrad auf $O(N)$ reduzieren.

Die Kraft auf das Teilchen i erhält man über $\mathbf{F} = -\nabla_{\mathbf{r}_i} U$. Für U_2 reduziert sich der Gradient auf eine einfache Differentiation nach r_{ij} wegen der Symmetrie bei Vertauschen von i und j. Für U_n mit $n \geq 3$ wird die Gradientenberechnung zunehmend komplizierter, da die Symmetrie gegenüber Vertauschung und i und j entfällt [21.106].

A priori sind interatomare Wechselwirkungen quantenmechanischen Ursprungs, und es müssen alle involvierten Elektronen und Atomkerne berücksichtigt werden.

Dies führte zu einem Satz komplexer Schrödinger-Gleichungen, die in Gl. (21.20a) zu berücksichtigen wären. Der Lösungsaufwand für ein großes System und viele Entwicklungssequenzen wäre viel zu groß. Die interatomaren Wechselwirkungen müssen daher adäquat genähert werden. Eine weithin etablierte Näherung ist das *Lennard-Jones-Potential* $U_{LJ}(r) = e\varepsilon[(\sigma/r)^{12} - (\sigma/r)^6]$ [21.107]. Hier quantifiziert ε die Tiefe eines Potentialtopfs und σ den Nulldurchgang des Potentials. Der attraktive Teil des Potentials $\sim 1/r^6$ lässt sich durch eine klassische oder quantenmechanische Behandlung der Wechselwirkung zwischen induzierten Dipolen motivieren [21.108]. Das Potential beschreibt recht gut Edelgasatome und wird auch als Kraftfeld zur Beschreibung intermolekularer Wechselwirkungen genutzt. Ein weiteres empirisches Potential ist das *Morse-Potential* $U_M(r) = D_e[\exp(-2a[r - r_e]) - 2e\exp(-a[r - r_e])]$ [21.109]. D_e ist hier die Gleichgewichtsbindungsenergie und r_e die Bindungslänge. Das Morse-Potential wird eingesetzt zur Charakterisierung molekularer Vibrationsmoden und in der Festkörperphysik [21.110].

Ionische Wechselwirkungen werden häufig charakterisiert durch eine Kombination aus dem *Buckingham-Potential* $U_B(r) = A\exp(-Br) - c/r^6$ [21.111] und dem Coulomb-Potential. Dabei kann der kurzreichweitige Anteil durchaus auch Vielteilchencharakter haben [21.112]. A, B und c in U_B sind Konstanten.

Alle explizit genannten Potentiale sind Paarpotentiale. Diese beschreiben aber nur eingeschränkt die Realität. So lassen sich beispielsweise unter ausschließlicher Berücksichtigung von Paarpotentialen elastische Konstanten mancher Festkörper schlecht beschreiben [21.113]. In der Regel verwendet man daher in MD-Simulationen Vielkörperpotentiale. Das *Stillinger-Weber-Potential* beinhaltet die in Gl. (21.20b) explizit aufgeführten Zwei- und Dreikörperterme. Der Dreikörperterm beschreibt insbesondere Bindungsdeformationen [21.114].

Metalle beschreibt man häufig durch Potentiale, die denjenigen des Modells eingebetteter Atome *(Embedded Atom Modell, EAM)* entsprechen:

$$U = \sum_{i=1}^{N} F_i \sum_{\substack{j=1 \\ j<i}}^{N} \varrho\left(r_{ij}\right) + \sum_{\substack{i=1 \\ j<i}}^{N} U_2\left(r_{ij}\right) . \tag{21.21}$$

Hier ist F_i die *Einbettungsfunktion* und U_2 ein repulsives Paarpotential. Die Elektronendichte $\varrho(r_{ij})$ wird aus realen atomaren Dichtefunktionen gewonnen [21.115]. EAM-Potentiale existieren in tabellierter Form [21.116].

Kovalent gebundene Atome beschreibt man in der Regel durch Bindungsordnungspotentiale, die Paarpotentialen ähneln: $U_{BOP}(r_{ij}) = U_r(r_{ij}) + b_{ijk}U_a(r_{ij})$. Hier ist U_r ein repulsiver und U_a ein attraktiver Anteil. Diese Anteile werden meistens durch Exponentialfunktionen repräsentiert. Das relative Gewicht von U_r und U_a wird durch einen Umgebungsterm b_{ijk} moduliert.

Eine besondere Herausforderung stellt die Modellierung der Repulsion bei äußerst geringen interatomaren Distanzen dar. Hier verwendet man beispielsweise abgeschirmte Coulomb-Potentiale des Typs $U(r_{ij}) = Z_1 Z_2 e^2 \varphi(r/a)/(4\pi\varepsilon_0 r_{ij})$. Z_1 und Z_2 sind die Kernladungen. Für $\varphi(r/a)$ gibt es einschlägige Modelle [21.117].

Von enormer Wichtigkeit für die Relevanz von MD-Simulationen ist die Anpassung der interatomaren Potentiale, also die Festlegung der freien Parameter. Für einfache Potentiale wie für das Lennard-Jones-Potential ist das vergleichsweise einfach, weil Bindungsenergien und Bindungslängen aus Messungen und quantenmechanischen Rechnungen verfügbar sind. Vielkörperpotentiale beinhalten aber eine sehr große Zahl adjustierbarer Parameter. Referenzwerte entnimmt man DFT-Simulationen. Die so konkretisierten Potentiale müssen transferierbar sein. Das bedeutet, dass die Potentiale auch Eigenschaften beschreiben sollten, die nicht zur Anpassung der freien Parameter verwendet wurden [21.118].

Semiempirische Potentiale nutzen zwar die Matrixdarstellung der Quantenmechanik, die Matrixelemente werden aber empirisch durch Approximation des Grads an Überlappung von Orbitalen ermittelt. Diagonalisierung der Wechselwirkungsmatrix führt dann zu einer Bewertung der Relevanz verschiedener Orbitale. Grundlagen sind dabei zumeist Tight Bindung-Orbitale. Für viele Anwendungen ist es wichtig, induzierte Polarisationen in den interatomaren und intermolekularen Wechselwirkungen zu berücksichtigen. Dies ist von besonderer Bedeutung, wenn Ionen oder permanente Dipolmomente involviert sind. So gelang es insbesondere, Wasser mit großer Präzision zu beschreiben [21.119]. Auch bei der Beschreibung von Proteinen spielen Polarisierbarkeiten eine Rolle [21.120].

Sollen MD-Simulationen auch die Möglichkeit chemischer Bindungen oder die Existenz angeregter Zustände mit einbeziehen, so muss man sich jenseits der Born-Oppenheimer-Näherung bewegen. Informationen über elektronische Freiheitsgrade lassen sich nur aus quantenmechanischen ab initio-Rechnungen gewinnen. Hier wäre beispielsweise die im Detail diskutierte DFT zu nennen. Eine entsprechende Kombination aus quantenmechanischem und klassischem Ansatz wird als *ab initio-* oder *Quanten-MD-Simulation* bezeichnet. Wegen des großen numerischen Aufwands sind solche Simulationen nur für vergleichsweise kleine Systeme und/oder kurze Sequenzen realisierbar. Andererseits erlauben ab initio-MD-Rechnungen aber vollumfänglich die Berücksichtigung entstehender oder aufbrechender chemischer Bindungen.

Hybrid-MD-Simulationen kombinieren Aspekte rein klassischer und ab initio-MD-Simulationen. Relevant ist dabei, dass in der Regel klassische Simulationen einen Komplexitätsgrad von $O(N^2)$ und in Ausnahmefällen von $O(N)$ besitzen, ab initio-MD-Simulationen aber einen von mindestens $O(N^3)$. Hybridverfahren reduzieren einerseits Komplexität und beseitigen andererseits gewisse Limitationen klassischer MD-Simulationen.

Vergröberunsmodelle (*Coarse Grained Models*) verwendet man zur Charakterisierung sehr großer Systeme und/oder sehr langer Zeitspannen [21.121]. Sie nutzen „Pseudoatome" um atomare Ensemble zu repräsentieren. Vergröberungsmodelle kommen insbesondere bei der Charakterisierung biologischer Moleküle zum Einsatz. Freie Parameter der empirischen Potentiale werden durch Vergleich mit experimentellen Daten oder mit Daten aus atomaren MD-Simulationen angepasst. Gelenkte oder gesteuerte MD-Simulationen (*Steered Molecular Dynamics, SMD*) lassen auf eine atomare oder molekulare Struktur gezielt Kräfte wirken, um Konformationsänderungen zu untersuchen [21.122]. Beispiele wären die Ausbreitung von Defekten in kristallinen Strukturen oder die Entfaltung eines Proteins. Im Allgemeinen hält man entweder die Kraft oder eine Zuggeschwindigkeit konstant. Als Ergebnis wird dann häufig ein *Potential der mittleren Kraft* abgeleitet [21.123]. Abbildung 21.13 zeigt zwei Beispiele.

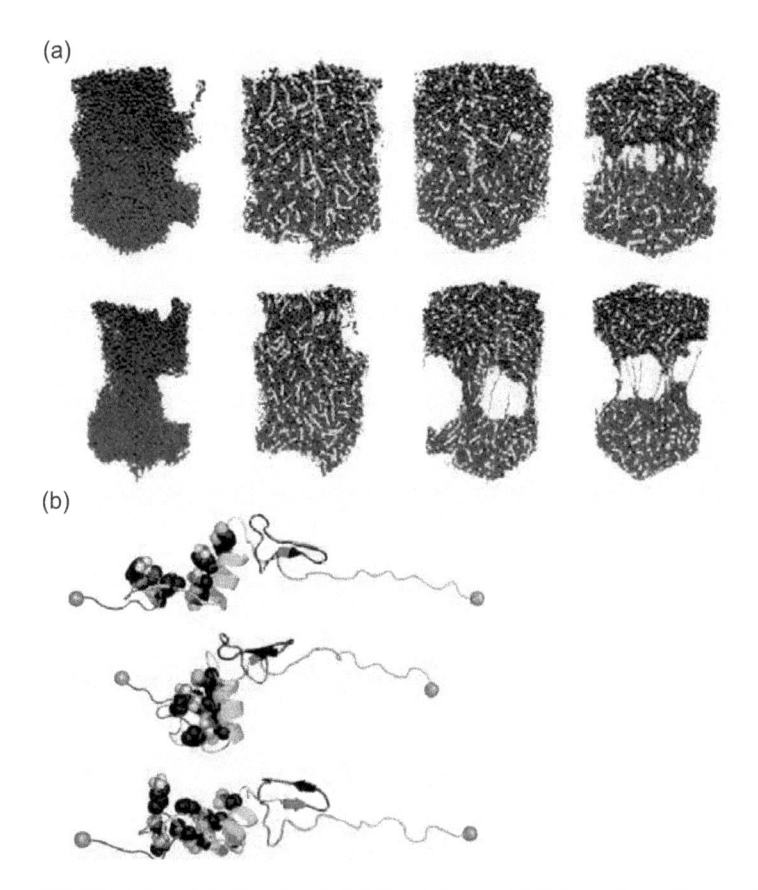

Abb. 21.13. Beispiele für gelenkte MD-Simulationen. (a) Polymer-Nanostäbchen-Komposit bei mittlerer (oben) und hoher (unten) Zugbelastung für das reine Polymersystem (links) und Komposite mit zunehmender Polymer-Nanostäbchen-Wechselwirkung (von links nach rechts) [21.124]. (b) Längenfluktuation von Ubiquitin unter Einfluss einer Zugkraft [21.125].

Es ist evident, dass MD-Simulationen im Bereich der Nanostrukturforschung und Nanotechnologie vielfältigste Anwendungen finden und damit ihre explizite Erwähnung bei den Schlüsselmethoden der Theoriebildung gerechtfertigt ist. Die Anwendungen liegen in allen Bereichen einschließlich der Synthese und Präparation von Nanosystemen, der Wirkungsweise nanoanalytischer Methoden und dem physikalischen, chemischen oder biologischen Verhalten von Nanosystemen. Die Verfügbarkeit einer ständig wachsenden Rechenleistung ermöglicht die Simulation zunehmend größerer Systeme und/oder zunehmend größerer zeitlicher Sequenzen. Biophysikalische Anwendungen mit 10^4–10^6 oder mehr berücksichtigten Atomen umfassen insbesondere Proteinfaltungsaspekte [21.126] oder auch das Verhalten kompletter Viren [21.127]. Teilweise werden zeitliche Sequenzen von bis zu 1 ms betrachtet [21.128].

Literatur

[21.1] M. Levy, Proc. Natl. Acad. Sci. USA **76**, 6062 (1979).
[21.2] W.F. Brown, Jr., *Micromagnetics* (Wiley, New York, 1963).
[21.3] M.P. Allen and D.J. Tildesby, *Computer Simulations of Liquids* (Oxford Univ. Press, Oxford, 1989).
[21.4] G. Lebon, D. Jou and J. Casas-Vázques, *Understanding Non-equilibrium Thermodynamics; Foundations, Applications, Frontiers* (Springer, Berlin, 2008); D. Jou, J. Casas-Vázques and G. Lebon, *Extended Irreversible Thermodynamics* (Springer, Berlin, 1993).
[21.5] D. Frenkel and B. Smit, *Understanding Molecular Simulation: From Algorithms to Applications* (Academic Press, San Diego, 2002).
[21.6] S. Arora and B. Barak, *Computational Complexity: A Modern Approach* (Cambridge Univ. Press, Cambridge, 2009).
[21.7] D. Dixon, P. Cummings and K. Hess, *Investigative Tools: Theory, Modelilng and Simulation*, in: M.C. Roco, R.S. Williams and A.P. Alivisatos (Eds), *Nanotechnology Research Directions* (Springer Science + Business Media, Dodrecht, 2000).
[21.8] A.P. Alivisatos, P.F. Barbara, A.W. Castleman, J. Chang, D.A. Dixon, M.L. Klein, G.L. McLendon, J.S. Miller, M.A. Ratner, P.J. Rossky, S.I. Stupp and M.E. Thompson, Adv. Mat. **10**, 1297 (1998).
[21.9] H. Jian, T. Schlick and A. Vologodskii, J. Mol. Biol. **284**, 287 (1998).
[21.10] awards.acm.org/bell/award-winners.
[21.11] M.B. Nardelli, B.I. Yakobson and J. Bernholc, Phys. Rev. Lett. **81**, 4656 (1998).
[21.12] B. Duplantier, *Quantum Decoherence* (Birkhäuser, Basel, 2007); V.M. Akulin, *Decoherence, Entanglement and Information Protection in Complex Quantum Systems* (Springer, Dodrecht, 2005; M.A. Schlosshauer, *Decoherence and the quantum to Classical Transition* (Springer, Berlin, 2008).
[21.13] S. Lloyd, J. Phys. Conf. Ser. **302**, 012037 (2011).
[21.14] M.R. Koblischka, X.L. Zeng, Th. Karwoth, Th. Hauet and U. Hartmann, AIP Advances **6**, 635115 (2015); IEEE Trans. Appl. Supercond. **26**, 1800605 (2016); Supercond. Sci. Technol. **30**, 35014 (2017).
[21.15] H. Bethe and E. Salpeter, Phys. Rev. **84**, 1232 (1951).
[21.16] M.S. Dresselhaus, G. Dresselhaus, R. Saito and A. Jorio, Ann. Rev. Phys. Chem. **58**, 719 (2007).
[21.17] L. Hedin, Phys. Rev. **139**, A 796 (1965).
[21.18] S.C. Glotzer and J.A. Warren, Comp. Sci. Eng. **2**, 67 (2001).
[21.19] S.C. Glotzer, E. Di Narzio and M. Muthukumar, Phys. Rev. Lett. **74**, 2034 (1995).
[21.20] C.G. Zhen, U. becker and J. Kieffer, J. Phys. Chem. A**113**, 9707 (2009).

[21.21] G.M. Wang, E.M. Sevick, E. Mittiag, D.J. Searles and D.J. Evans, Phys. Rev. Lett. **89**, 050601 (2002).
[21.22] C.W. McCurdy, E. Stechel, P. Cummings, B. Hendrickson and D. Keyes (Eds), *Theory and Modeling in NanoScience*, Workshop Report, US Department of Energy, 2002.
[21.23] D. Howie, *Interpreting Probability, Controversies and Developments in the Early Twentieth Century* (Cambridge Univ. Press, Cambridge, 2002); E.T. Jaynes and G.L. Brettthorst, *Probability Theory. The Logic of Science: Principles and Elementary Applications* (Cambridge Univ. Press, Cambridge, 2003); D. McKay, *Information Theory, Inference and Learning Algorithms* (Cambridge Univ. Press, Cambridge, 2003); D.S. Sivia, *Data Analyis: A Bayesian Tutorial* (Oxford Science Publishers, Oxford, 2006); J. Weisberg, *Varieties of Bayesianism*, in: D. Gabbay, S. Hartmann and J. Woods (Eds), *Handbook of the History of Logic* (North Holland, Amsterdam, 2011).
[21.24] J.C. Slater and G.F. Foster, Phys. Rev. **94**, 1498 (1954).
[21.25] W.A. Harrison, *Electronic Structure and the Properties of Solids* (Dover Publications, New York, 1989).
[21.26] D. Bohm and D. Pines, Phys. Rev. **82**, 625 (1951); Phys. Rev. **85**, 338 (1952); Phys. Rev. **92**, 609 (1953).
[21.27] A. Altland and B. Simons, *Condensed Matter Field Theory* (Cambridge Univ. Press, Cambridge, 2006).
[21.28] J. Hubbard, Proc. R. Soc. London, **276**, 238 (1963).
[21.29] J. Quintanilla and C. Hooley, Phys. World **22**, 32 (2009).
[21.30] D. Baeriswyl, D.K. Campbell, J.M.P. Carmelo, F. Guinea and E. Louis, *The Hubbard Model: Its Physics and Mathematical Physics* (Springer, Boston, 1995).
[21.31] F.H.L. Essler, H. Frahm, F. Gröhmann, A. Klümper and U.E. Korepin, *The One-Dimensional Hubbard Model* (Cambridge Univ. Press, Cambridge, 2005).
[21.32] D. Scalapino, *Numerical Studies of the 2D Hubbard Model*, in: J.R. Schrieffer and J.S. Brooks (Eds), *Handbook of High-Temperature Superconductivity: Theory and Experiment* (Springer, New York, 2007).
[21.33] C. Lanczos, J. Res. Nat. Bur. Stud. **45**, 255 (1956).
[21.34] J. Spalek, Acta Phys. Pol. A **111**, 409 (2007).
[21.35] W. Kohn and L.J. Sham, Phys. Rev. **140**, A 1133 (1965).
[21.36] P. Hohenberg and W. Kohn, Phys. Rev. **136**, B864 (1964)
[21.37] K. Burke and L.O. Wagner, Int. J. Quant. Chem. **113**, 96 (2013).
[21.38] R.O. Parr and W. Yang, *Density Functional Theory of Atoms and Molecules* (Oxford Univ. Press, Oxford (1994).
[21.39] S.H. Vosko, L. Wilk and M. Nusair, Can. J. Phys. **58**, 1200 (1980).
[21.40] D.M. Ceperley and B.J. Alder, Phys. Rev. Lett. **45**, 566 (1980).
[21.41] E. Wigner, Phys. Rev. **46**, 1002 (1934); J. Perdew and A. Zunger, Phys. Rev. B **23**, 5048 (1981); L.A. Cole and J.P. Perdew, Phys. Rev. A **25**, 1265 (1982); J.P. Perdew and Y. Wang, Phys. Rev. B **45**, 13244 (1992).
[21.42] G.L. Oliver and J.P. Perdew, Phys. Rev. A **20**, 397 (1979).
[21.43] U. von Barth and U. Hedin, J. Phys. C: Sol. State Phys. **5**, 1629 (1972).
[21.44] R.I.G. Hughes, Persp. Sci. **14**, 457 (2006).
[21.45] G. Guiliani and G. Vignale, *Quantum Theory of the Electron Liquid* (Cambridge Univ. Press, Cambridge, 2005).
[21.46] J.Ch. Cramer, *Essentials of Computational Chemistry* (Wiley, Chichester, 2002); A. Szabo and N.S. Ostlund, *Modern Quantum Chemistry* (Dover Publisher, Mineola, 1996).
[21.47] T. Chachiyo, J. Chem. Phys. **145**, 021101 (2016).
[21.48] J.R. Trail, M.D. Towler and R.J. Needs, Phys. Rev. B **68**, 045107 (2003).

[21.49] F.H. Zang, C. Lin and D.M. Ceperley, Phys. Rev. E **66**, 036703 (2002); N.D. Dummond and Z. Radnai, Phys. Rev. B **69**, 085116 (2004).
[21.50] B. Tanatar and D.M. Ceperley, Phys. Rev. B **39**, 5005 (1989); F. Rapisarda and G. Senatore, Aust. J. Phys. **49**, 161 (1996).
[21.51] J.P. Perdew, E.R. McMullen and A. Zunger, Phys. Rev. A **23**, 2785 (1981).
[21.52] G. Vignale and M. Rasolt, Phys. Rev. Lett. **59**, 2360 (1987); Ch. Grayce and R. Harris, Phys. Rev. A **50**, 3089 (1994); X.-Y. Pan and V. Salini, Phys. Rev. A **86**, 042502 (2012).
[21.53] A. St.-Amant, W.D. Cornell, P.A. Kollman and T.A. Halgren, J. Comput. Chem. **16**, 1483 (1995).
[21.54] J.P. Perdew, J.A. Cavary, S. Vosko, K.A. Jackson, M.R. Pederson, D.J. Singh and C. Fiolhais, Phys. Rev. B **46**, 6671 (1992).
[21.55] W.C. Topp and J.J. Hopfield, Phys. Rev. B **7**, 1295 (1973).
[21.56] M.C. Michelini, R. Pis Diez and A.H. Jubert, Int. J. Quant. Chem. **70**, 694 (1998).
[21.57] J.M. Seminaro and P. Politzer (Eds), *Modern Density Functional Theory: A Tool for Chemistry* (Elsevier, Amsterdam, 2011).
[21.58] ALCF, Argone, USA; www.alcf.anl.gov/projects/perdictive-materials-modeling-li-air-battery-systems-0.
[21.59] Beckstein Lab, ASU, Tempe, USA; becksteinlab.physics.asu.edu/learning/53/density-funktional-theory-simulation-of-rhodium-nanoframes-and-carbon-nanotube-graphene-pillars.
[21.60] P.D. Kroese, T. Brereton, T. Taimre and Z.I. Botev, WIREs Comput. Stat. **6**, 386 (2014).
[21.61] H.C. Anderson, Los Alamos Science **14**, 96 (1986).
[21.62] S. Banergee, P.B. Carlin and P.A. Geljund, *Hierarchical Modeling and Analysis of Spatial Data* (CRC Press, Boca Raton, 2015).
[21.63] G. Altekar, S. Dwarkadas, J.P. Huelsenbeck and F. Ronquist, Bioinformatics **20**, 407 (2004).
[21.64] W.R. Gilks and P. Wild, J. Roy. Stat. Soc. C **41**, 337 (1992); W.R. Gilks, N.G. Best and U.K.C. Tan, J. Roy. Stat. Soc. C **44**, 455 (1995); L. Marbino. J. Read and D. Luenjo, IEEE Trans. Sign. Process. **63**, 3123 (2015).
[21.65] J.S. Liu, F. Liang and W.H. Wong, J. Am. Stat. Assoc. **95**, 121 (2000); L. Martino and J. Read, Comput. Stat. **28**, 2797 (2013).
[21.66] P.J. Green, Biometrika **82**, 711 (1995).
[21.67] A. Metropolis, A. Rosenbluth, M. Rosenbluth, A. Teller and E. Teller, J. Chem. Phys. **21**, 1087 (1953).
[21.68] W.K. Hastings, Biometrika **57**, 97 (1970).
[21.69] G.D. Birkhoff, Proc. Natl. Acad. Sci. USA **17**, 656 (1931).
[21.70] R.C. Schilling and L. Partzsch, *Brownian Motion: An Introduction to Stochastic Processes* (DeGruyter, Berlin, 2012).
[21.71] B.D. Ripley, *Stochastic Simulation* (Wiley, New York, 1987).
[21.72] S.S. Sawilowsky, J. Mod. Appl. Stat. Methods **2**, 218 (2003).
[21.73] M.H. Kalos and P.A. Whitlock, *Monte Carlo Methods* (Wiley-VCH, Weinheim, 2008).
[21.74] M. Ronte, Astrophys. J. **845**, 66 (2017).
[21.75] D. Vose, *Risk Analysis: A Quantitative Guide* (Wiley, Chichester, 2008).
[21.76] J.C. Bower, T.J. Deerinck, E. Bushong, V. Astakhov, R. Raniachandra, S.T. Peltier and M.H. Ellisman, Adv. Struct. Chem. Imag. **2**, 11 (2016).
[21.77] M.N. Rosenbluth and A.W. Rosenbluth, J. Chem. Phys. **23**, 356 (1955).
[21.78] S.A. Baeurle, J. Math. Chem. **46**, 363 (2009).
[21.79] P. Ojeda, M. Garcia, A. Londono and N.Y. Chen, Biophys. J. **96**, 1076 (2009).
[21.80] M. Milik and J. Skolnik, Proteins **15**, 10 (1993).

[21.81]   F. Wang and D.P. Landau, Phys. Rev. Lett. **86**, 2050 (2001).
[21.82]   M. Caffarel and P. Claverie, J. Chem. Phys. **88**, 1088 (1988); A. Korzeniowski, J.L. Fry, D.E. Orr and N.G. Fazleev, Phys. Rev. Lett. **69**, 893 (1992).
[21.83]   P. Del Moral and A. Donced, Stoch. Aal. Appl. **22**, 1175 (2004); P. Del Moral, *Mean Field Simulations for Monte Carlo Integration* (CRC Press, Boca Raton, 2013); P. Del Moral, *Feynman-Kac Formulae: Genealogical and Interacting Particle Systems with Applications* (Springer, Berlin, 2004).
[21.84]   B.J. Alder and T.E. Wainwright, J. Chem. Phys. **31**, 459 (1959); A. Rahman, Phys. Rev. **136**, A405 (1964); T. Schick, *Pursuing Laplace's Vision on Modern Computers*, in: J. Mesirov, K. Schulten and D.W. Summers (Eds), *Mathematical Applications to Biomolecular Structures and Dynamics* (Springer, New York, 1996).
[21.85]   Griebel research group, Bonn University, Bonn, Germany; wissrech.ins.uni-bonn.de/research/projects/caglar/md/md_e.html.
[21.86]   R. Van Noorden, Nature **502**, 280 (2013); H. Hodak, J. Mol. Biol. **426**, 1 (2014); A.R. Fersht, Proc. Natl. Acad. Sci. USA **110**, 19656 (2013); A. Raval and S. Piana, Proteins **80**, 2071 (2012); K.A. Beauchamp, Y.S. Liu, R. Das and V.S. Pande, J. Chem. Theory Comput. **8**, 1409 (2012); S. Piana, J.C. Klepeis and D.E. Shaw, Cur. Opt. Struct. Biol. **24**, 98 (2014).
[21.87]   J. Saam, E. Tagkhorshid, S. Hayashi and K. Schulten, Biophys. J. **83**, 3097 (2002).
[21.88]   F.J.A.L. Cruz, J.J. de Publo and J.P.B. Mota, J. Chem. Phys. **140**, 225103 (2014); F.J.A.L. Cruz and J.P.B. Mota, J. Phys. Chem. C **120**, 20357 (2016).
[21.89]   S.J. Plimpton, J. Comp. Phys. **117**, 1 (1995); W.M. Brown, P. Wang, S.J. Plimpton and A.N. Tharrington, Comp. Phys. Comm. **183**, 449 (2012); R.M. Mukherjee, P.S. Crozier, S.J. Plimpton, K.S. Anderson, Int. J. Nonl. Mech. **43**, 1045 (2008); S.J. Plimpton and B. Hendrickson, Am. Chem. Soc. Symp. Ser. **592**, 114 (1995); S.J. Plimpton and B. Hendrickson, J. Comp. Chem. **17**, 326 (1996); S.J. Plimpton, Comp. Mat. Sci. **4**, 361 (1995).
[21.90]   P. Ewald, Ann. Phys. **369**, 253 (1921).
[21.91]   J. Kolafa and J.W. Perram, Mol. Sim. **9**, 351 (1992); M. Di Pierro, R. Elber and B. Leimkuhler, J. Chem. Theo. Comput. **11**, 5624 (2015); H.D. Herce, A.E. Garcia and T. Darden, J. Chem. Phys. **126**, 124106 (2007).
[21.92]   W.B. Streett, D.J. Tildesley and G. Saville, Mol. Phys. **35**, 639 (1977); M.E. Tuckerman, B.J. Berne and G.J. Martyna, J. Chem. Phys. **94**, 6811 (1991); M.E. Tuckerman, B.J. Berne and G.J. Martyna, J. Chem. Phys. **97**, 1990 (1992).
[21.93]   S. Becker, H.M. Krabassek, M. Horsch and H. Hasse, Langmuir **30**, 13606 (2114).
[21.94]   B. Lehmkuhler and S. Reich, *Simulating Hamiltonian Dynamics* (Cambridge Univ. Press, New York, 2005); E. Hairer, Ch. Lubich and G. Wannier, *Geometric Numerical Integration: Structure-Preserving Algorithms for Ordinary Differential Equations* (Springer, Heidelberg, 2006).
[21.95]   L. Verlet, Phys. Rev. **169**, 98 (1967); W.H. Press, S.A. Teukolsky, W.T. Vetterling and B.P. Flannery, *Numerical Recipes: The Art of Scientific Computing* (Cambridge Univ. Press, New. York, 2007).
[21.96]   S. Nosé, J. Chem. Phys. **81**, 511 (1984); W.G. Hoover, Phys. Rev. A **31**, 1695 (1985); W.G. Hoover and B.L. Holian, Phys. Lett. A **211**, 253 (1996).
[21.97]   M.J.C. Berendsen, J.P.M. Postma, W.F. van Grunsteren, A. DiNola and J.R. Haak, J. Chem. Phys. **81**, 3684 (1984).
[21.98]   H.C. Andersen, J. Chem. Phys. **72**, 2384 (1980).
[21.99]   T. Schlick, *Molecular Modeling and Simulation* (Springer, Heidelberg, 2002).
[21.100] Y. Sugita and O. Yuko, Chem. Phys. Lett. **314**, 141 (1999).
[21.101] S.B. Sinnot and D.W. Brenner, MRS Bulletin **37**. 469 (2012); K. Albe, K. Nordlund and R.S. Aversback, Phys. Rev. B **65**, 195124 (2002).

[21.102] M.Z. Brazant, E. Kraxiras and J.F. Justo, Phys. Rev. B **56**, 8542 (1997); J.F. Justo, M.R. Brazant, E. Kraxiras, V. Bulatov and S. Yip, Phys. Rev. B **58**, 2539 (1998).
[21.103] J. Tersoff, Phys. Rev. B **37**, 6991 (1988).
[21.104] F. Cleri and V. Rosato, Phys. Rev. B **48**, 22 (1993).
[21.105] R. Lesar, *Introduction to Computational Materials Science* (Cambridge Univ. Press, New York, 2013).
[21.106] K.M. Meardmore and N. Grønbeck-Jensen, Phys. Rev. B **60**, 12610 (1999); K. Albe, J. Nord and K. Nordlund, Phil. Mag. A **89**, 3477 (2009).
[21.107] J.E. Lennard-Jones, Proc. R. Soc. Lond. A **106**, 463 (1924).
[21.108] Ch. Kittel, *Introduction to Solid State Physics* (Wiley, New York, 1996).
[21.109] P.M. Morse, Phys. Rev. **34**, 57 (1929).
[21.110] L.A. Girifalco and U.G. Weizer, Phys. Rev. **114**, 687 (1959).
[21.111] R.A. Buckingham, Proc. R. Soc. Lond. A **168**, 264 (1938).
[21.112] B.P. Fenston and S.H. Garofalini, J. Chem. Phys. **89**, 5818 (1988).
[21.113] M.S. Daw, M. Foiles and M.I. Baskes, Mat. Sci. Rep. **9**, 251 (1993).
[21.114] M. Ichimura, Phys. Stat. Sol. A **153**, 431 (1996); H. Ohta and S. Hamaguchi, J. Chem. Phys. **115**, 6679 (2001).
[21.115] S.M. Foiles, I. Baskes and M.S. Daw, Phys. Rev. B **33**, 7983 (1986); Phys. Rev. B **37**, 10378 (1998).
[21.116] National Institute of Standards and Technology, Gaithersburg, MD, USA; www.atoms.nist.gov./potentials/.
[21.117] J.F. Ziegler, P. Biersack and U. Littmark, *The Stopping and Range of Ions in Matter* (Pergamon, New York, 1985); K. Nordlund, N. Runeberg and D. Sundholm, Nucl. Inst. Meth. Phys. Res. B **132**, 45 (1997).
[21.118] U. Swaning and J.D. Gale, Phys. Rev. B **62**, 5406 (2000); A. Agnado, L. Bernasconi and P.A. Maddon, Chem. Phys. Lett. **356**, 437 (2002); H. Balamane, T. Halicioglu and W.A. Tiller, Phys. Rev. B **46**, 2250 (1992).
[21.119] G. Lamoureux, E. Harder, I.V. Vorubyov, B. Roux and A.D. McKarell, Chem. Phys. Lett. **418**, 245 (2006); V.P. Sokham, A.P. Jones, F.S. Cipcigan, J. Crain and G.J. Martyna, Proc. Natl. Acad. Sci. USA **112**, 6341 (2015); F.S. Cipcigan, V.P. Jones, J. Crain and G.J. Martyna, Phys. Chem. Chem. Phys. **17**, 8660 (2015).
[21.120] S. Patel, A.D. McKerell, I. Brooks and K. Charles, J. Comput. Chem. **25**, 1504 (2004).
[21.121] S. Kmiecik, D. Gront, M. Kolinski, L. Wieteska, L. Lukasz, E. Aleksandra and A. Kolinski, Chem. Rev. **116**, 7898 (2016); A. Smith and C.K. Hall, Proteins **44**, 344 (2001); F. Ding, J.M. Borreynero, S.V. Buldyrey, H.E. Stanley and N.V. Dokholyan, J. Am. Chem. Soc. **53**, 220 (2003); E. Paci, M. Vendruscolo and M. Karplus, Biophys. J. **83**, 3032 (2002); A. Chakrabaty and T. Cagri, Polymer **51**, 2786 (2010).
[21.122] G.N. Nienhaus (Ed.), *Protein-Ligand Interactions: Methods and Applications* (Springer, Berlin, 2005).
[21.123] J. Leszczynski (Ed.), *Computational Chemistry: Reviews of Current Trends*, Vol. 9 (World Scientific, Singapore, 2005).
[21.124] Y. Gao, J. Lin, J. Shen, D. Cao and L. Zhang, Phys. Chem. Chem. Phys. **16**, 18483 (2014).
[21.125] F. Graeter and H. Grubmueller, J. Struct. Biol. **157**, 557 (2007).
[21.126] K. Lindorff-Larsen, S. Piana, R. Dror and D.E. Shaw, Science **334**, 517 (2011).
[21.127] J.R. Perilla, J.A. Hadden, B.C. Goh, Ch.G. Mayne and K. Schulten, J. Phys. Chem. Lett. **7**, 1836 (2016).
[21.128] D.E. Shaw, P. Maragabis, K. Lindorff-Larsen, S. Piana, R. Dror, M.P. Eastwood, J.A. Bank, J.M. Jumper, J.K. Salmon, Y. Shan and W. Wriggers, Science **330**, 341 (2010).

22 Rastersondenverfahren

Für die Nanowissenschaften sind analytische Verfahren, die im Ortsraum eine Auflösung bieten, die übereinstimmt mit den relevanten Längenskalen, von sehr großer Wichtigkeit. A priori erstrecken sich diese Längenskalen vom atomaren bis etwa in den Mikrometerbereich. Neben einer hinreichenden Ortsauflösung ist es von Bedeutung, dass die unterschiedlichsten physikalischen Eigenschaften erfassbar sind und dass entsprechende nanoanalytische Verfahren unter den unterschiedlichsten Umgebungsbedingungen einsetzbar sind. Die genannten Voraussetzungen erfüllen die Rastersondenverfahren, deren bekannteste Repräsentanten das Rastertunnelmikroskop, das Rasterkraftmikroskop und das optische Rasternahfeldmikroskop sind. Die Verfahren eint, dass in jedem Fall eine Festkörpersonde über die Probenoberfläche bewegt wird und durch lokale Wechselwirkung mit dieser Oberfläche unterschiedliche Eigenschaften bei teilweise sehr hoher Ortsauflösung erfasst werden können. Die genannten Mikroskoptypen erlauben dazu dutzende unterschiedlicher Betriebsmodi und unterschiedliche Umgebungsbedingungen. Die daraus resultierenden Möglichkeiten haben die Rastersondenmikroskopie über die vergangenen mehr als dreißig Jahre zu wichtigen Wegbereitern der Nanotechnologie gemacht und sind heute unverzichtbar in vielen Forschungs- aber auch Anwendungsbereichen. Im Folgenden sollen gemeinsame Grundlagen, individuelle Spezifika, Möglichkeiten und Limitierungen der Verfahren diskutiert und exemplarische Anwendungsmöglichkeiten aufgezeigt werden.

22.1 Grundlagen

In Abb. 4.1 zeigten wir schematisch eine Festkörpersonde und durch sie bedingte Wechselwirkungen mit der Umgebung. Dabei wurde deutlich, dass eine Oberfläche im Hinblick auf ihre Kontur keineswegs scharf ist. Nehmen wir als am schärfsten definierte Referenzebene die Lage der zuvorderst liegenden Atomkerne, so besitzen die inneren gebundenen Elektronen gegenüber dieser Referenzebene eine Ausdehnung im pm-Bereich in Richtung des umgebenden Vakuums. Die äußeren Valenzelektronen dehnen sich in Form ihrer Aufenthaltswahrscheinlichkeit bis in den Å-Bereich aus. Bis in den nm-Bereich reichen elektromagnetische Fluktuationen, die für van der Waals-Kräfte verantwortlich sind. Statische, elektrische oder magnetische Felder oder auch elektromagnetische Wellen können sich bin in den Mikrometerbereich erstrecken oder sogar weiter. Damit wird deutlich, dass eine hohe Ortsauflösung, die bis in den atomaren oder vielleicht sogar subatomaren Bereich reicht, nur erreichbar ist, wenn entsprechend kurzreichweitige Wechselwirkungen, die Eigenschaften einzelner Atome reflektieren, die Grundlage sind. Offensichtlich kommen hier primär innere gebundene, gegebenenfalls auch Valenzelektronen in Frage. Van der Waals-, elektrostatische oder magnetostatische Wechselwirkungen wären aufgrund ihres kooperativen Ursprungs nicht geeignet. Eine geeignete Sonde müsste außerdem so lokal sein, dass nicht Eigenschaften mehrerer Atome erfasst und örtlich gemittelt werden. Das bedeutet aber, dass die Sonde ihrerseits im Idealfall aus nur einem einzelnen Atom oder einer subatomaren Struktur, etwa einem Orbital, bestünde.

Ein analytisches Experiment besteht darin, eine Probe mittels eines geeigneten Stimulus zu stimulieren. Sodann schaut man sich die „Antwort" (Response) der Probe auf diese Stimulanz an. In Lichtmikroskopen bestrahlt man beispielsweise die Probe mit Photonen und sieht sich dann die Absorption, Streuung, Transmission oder Reflexion an. Aber in entsprechenden Fällen könnte auch eine Fluoreszenz oder eine Veränderung der elliptischen Polarisation das Signal von Interesse generieren. In einem Elektronenmikroskop erfolgt die Stimulation durch einen Elektronenstrahl.

Nicht alle analytischen Verfahren eignen sich für eine mikroskopische Abbildung. Bei einem Indentationsexpmeriment etwa ist der Stimulus eine lokale Kraft und man sieht sich die elastische oder plastische Antwort der Probe an ausgewählten Orten an. Nanoanalytische Experimente, die gleichzeitig oder sequentiell über einen Ausschnitt aus einer Probenoberfläche durchgeführt werden, eignen sich für eine Abbildung der Probe quasi im Licht der gewählten Wechselwirkung. Dies ist der Grundgedanke bei den Rastersondenverfahren, bei denen mit einer Festkörpersonde sukzessive eine Probenoberfläche abgerastert und gleichsam Punkt für Punkt ein analytisches Experiment durchgeführt wird. Die Probe kann dann nach Datenverarbeitung im Licht dieser örtlichen Experimente abgebildet werden.

Führt der lokale Stimulus zu einer temporären oder permanenten Veränderung der Probe, die nachweisbar ist, so spricht man von einer Manipulation. Im vorliegenden Kontext sind insbesondere Nanomanipulationen oder atomare Manipulationen von Interesse. Kommt es durch die Wechselwirkung zwischen Sonde und Probe nicht zu induzierten Modifikationen der Probe, so handelt es sich um eine lokale nanoanalytische Messung oder um eine Abbildung der Probe, welche Probeneigenschaften widerspiegelt, die im Idealfall nicht durch die Sonde beeinflusst sind.

Abbildung Abb. 22.1 zeigt schematisch den Aufbau eines typischen Rastersondenmikroskops. Ein piezoelektrischer Positionierer, unterstützt durch eine Grobpositionierung, erlaubt eine dreidimensionale Positionierung von Sonde und Probe relativ zueinander sowie das horizontale Abrastern der Probe. Maximale Rasterbereiche liegen häufig im μm-Bereich. Gleichzeitig kann der Piezoantrieb mit atomarer Präzision betrieben werden. Unterschiedliche Antriebskonfigurationen und Piezomotoren sind etabliert. Die einfachste Antriebskomponente besteht in einem Piezoröhrchen, das außen vier Segmentelektroden hat und auf der Innenseite eine Gegenelektrode. Schon damit sind dreidimensionale Positionierungen möglich.

In Abb. 22.1 sorgt ein Regelkreis (Feedback Loop) dafür, dass die Sonde in einem Modus konstanter Wechselwirkung über die Probenoberfläche geführt werden kann. Dies ist in der Regel erforderlich, da es ja keine unabhängige Information über den Sonden-Proben-Abstand gibt, dieser aber gleichzeitig nur wenige Nanometer oder

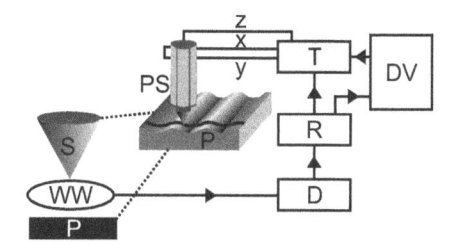

Abb. 22.1. Typischer Aufbau eines Rastersondenmikroskops. WW: Wechselwirkung, S: Sonde, P: Probe, PS: Piezoscanner, D: Detektor, R: Regelkreis, T: Treiber, DV: Datenverarbeitung.

sogar atomare Abmessungen umfasst. Schwankende Wechselwirkungen aufgrund von Abstandsschwankungen können so ausgeregelt werden, indem ständig die Piezospannung für die Vertikalposition nachgeregelt wird. Ein Rechner mit geeigneter Peripherie steuert die Positionierung und führt die Datenverarbeitung durch, die schließlich zu einem Abbild einer Probe im Licht der gewählten Wechselwirkung und des gewählten Betriebsmodus führt.

Abbildung 22.2 zeigt den Modus konstanter Wechselwirkung des Rastersondenmikroskops im Vergleich zum Modus konstanten Abstands, der allerdings nur bei atomar glatten Oberflächen und Abwesenheit äußerer Störungen möglich ist.

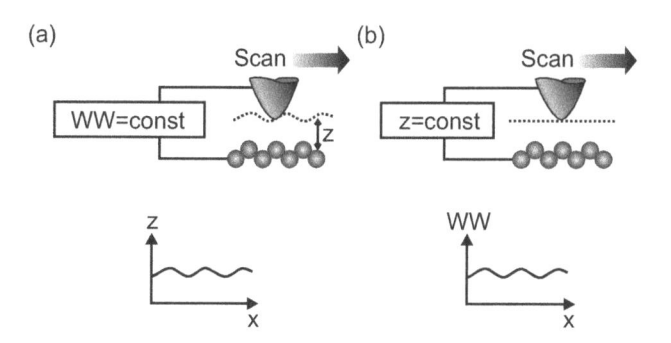

Abb. 22.2. Betriebsmodi eines Rastersondenmikroskops. (a) Konstante Wechselwirkung mit lokalen Schwankungen des Abstands. (b) Konstaner Abstand bei Variation der Wechselwirkung.

Der inverse piezoelektrische Effekt weist eine Hysterese im $x(V)$-Verlauf auf. Diese führt dazu, dass bei gegebener Piezospannung V die tatsächliche Auslenkung x von der Vorgeschichte und von der Position auf der $x(V)$-Kennlinie abhängig ist. Zur Vermeidung von Nichtlinearitäten und Krieheffekten wird zum einen mit hinreichend kleinen Spannungen gearbeitet und zum anderen gegebenenfalls die absolute Position x mittels eines geeigneten Verfahrens erfasst. Hierzu eignet sich beispielsweise ein optisches Interferometer.

22.2 Rastertunnelmikroskopie

22.2.1 Entwicklung der Tunnelmikroskopie

In der Entwicklung der *Rastertunnelmikroskopie* sind zwei übergeordnete Konzepte von grundlegender Bedeutung: Die Erzeugung und Nutzung eines Tunnelstroms sowie die rasterförmige Bewegung einer Sonde über eine Probenoberfläche. Die Realisierbarkeit eines Tunnelstroms mit einer exponentiellen Abhängigkeit des Stroms von der Barrierenweite ist ein Resultat der Quantenmechanik, welches seit langem bekannt ist und welches auf vielfältige Weise erforscht und auch genutzt wurde [22.1]. Wir haben die Grundlagen in Abschn. 3.2.2 behandelt. Auch das rasterförmige Bewegen einer Festkörpersonde über die Probenoberfläche zur mikroskopischen Erfassung der Topographie wurde schon genutzt, bevor das Rastertunnelmikroskop erfunden wurde. Sie fand Anwendung im *Topografiner* [22.2]. Dieses zehn Jahre vor dem Tunnelmikroskop konzipierte Instrument hatte eine sehr große konzeptionelle Ähnlichkeit mit dem Rastertunnelmikroskop [22.3]. Der Aufbau des Topografiners ist in Abb. 22.3 dargestellt. Zur Positionierung einer Wolframspitze über einer leitfähigen Probe wurden bereits Piezos eingesetzt. Allerdings erfolgten stabile Oberflächenabbildungen, indem die Spitze als Feldemitter genutzt wurde. Die Potentialdifferenz zwischen Sonde und Probe betrug einige kV. Während des Rasterbetriebs konnte der Feldemissionsstrom bereits durch einen Regelkreis konstant gehalten werden. Die erreichte Auflösung lag deutlich im Submikrometerbereich. Der Entwicklung des Topografiners gingen seit 1966 verschiedene Geräteentwicklungen voraus, die als Feldemissionsultramikrometer bezeichnet wurden [22.4]. Wie eng der Topografiner mit dem Rastertun-

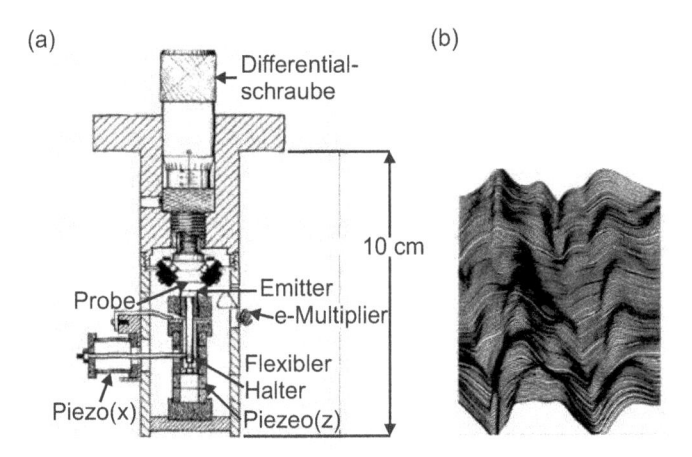

Abb. 22.3. Topografiner [22.2]. (a) Aufbau. (b) Topographie eines Beugungsgitters.

nelmikroskop konzeptionell verwandt ist, wird daran deutlich, dass im Zusammenhang mit diesem Gerät bereits der Tunnelmodus diskutiert wurde [22.5].

Das Rastertunnelmikroskop *(Scanning Tunneling Microscope, STM)* wurde von *G. Binnig* und *H. Rohrer* (gemeinsamer Nobelpreis für Physik 1986) seit Ende der 1970er Jahre in Kenntnis des Topografiners entwickelt [22.3]. Im Jahr 1981 wurden erste Oberflächentopographien im Tunnelmodus aufgenommen [22.6]. Kurz darauf konnte dokumentiert werden, dass sich mit dem STM atomare Auflösung erzielen lässt [22.7]. Die historische Aufnahme ist in Abb. 22.4 dargestellt.

Abb. 22.4. Erste STM-Aufnahme der 7 × 7-Rekonstruktion der Si(111)-Oberfläche [22.7].

22.2.2 Grundlagen der Rastertunnelmikroskopie

Ausgehend vom prinzipiellen Aufbau eines Rastersondenmikroskops in Abb. 22.1 kommt man unmittelbar zu dem in Abb. 22.5 dargestellten Aufbau des STM. Hier besteht die Wechselwirkung zwischen Sonde und Probe in einem Tunnelstrom zwischen beiden, der fließt, wenn eine Spannung appliziert wird, die typisch im mV- bis V-Bereich liegt. Die Grundlagen des quantenmechanischen Tunneleffekts hatten wir in Abschn. 3.2.2 behandelt. Allerdings macht eine adäquate Beschreibung der Funktionsweise des Tunnelmikroskops eine genauere Behandlung erforderlich.

Abbildung 22.6 zeigt schematisch die Verhältnisse für einen Vakuumtunnelkontakt. Bereits vor der Entwicklung von STM wurden derartige Vakuumtunnelkontakte mit adjustierbarem Elektrodenabstand realisiert [22.8]. Eine adäquate Beschreibung

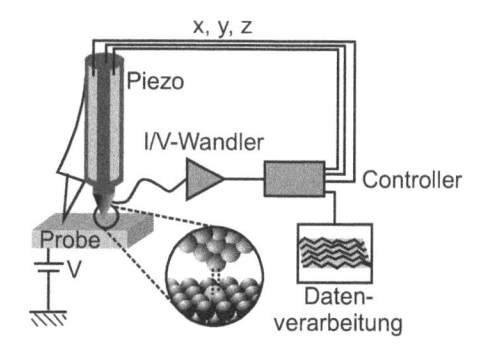

Abb. 22.5. Aufbau eines STM.

des STM erhält man durch Anpassung von *J. Bardeens* (1908–1991, Nobelpreis für Physik 1956 und 1972) elementarer Theorie des Tunneleffekts [22.9]. Diese Anpassung erfolgte durch *J. Tersoff* und *D.R. Hamann* [22.10]. Im Folgenden sollen die wesentlichen Zusammenhänge reproduziert werden. Weitere Aspekte der Theorie des STM lassen sich aus speziellen Arbeiten entnehmen [22.11].

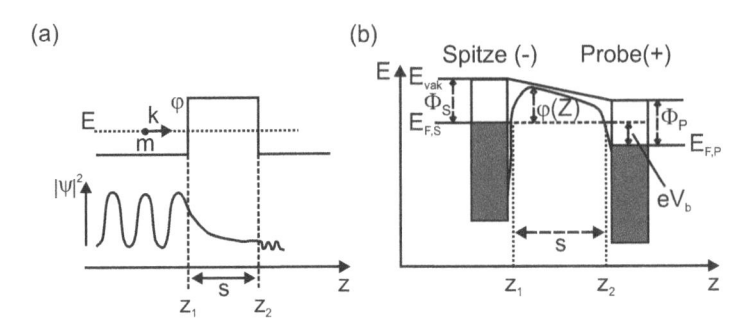

Abb. 22.6. Vakuumtunnelkontakt. (a) Rechteckige Barriere mit auftreffenden Elektronen einer Energie $E < \varphi$. Die Aufenthaltswahrscheinlichkeit ist ebenfalls dargestellt. (b) Realer Barrierenverlauf aufgrund von Bildladungen.

Bardeens Tunneltheorie fußt auf einigen grundsätzlichen Annahmen: Schwaches Tunneln macht Näherungen erster Ordnung möglich. Die Zustände von Sonde und Probe sind weitestgehend orthogonal. Die Elektron-Elektron-Wechselwirkung kann vernachlässigt werden. Die Besetzungswahrscheinlichkeiten von Sonde und Probe sind in einem elektrochemischen Gleichgewichtszustand. Diese Voraussetzungen führen unter anderem dazu, dass sich eine stationäre Einteilchen-Schrödinger-Gleichung gemäß Gl. (3.8) ansetzen lässt. Allerdings ist eine Behandlung des Einzelelektronentunnelns, das wir in Abschn. 3.2.3 diskutierten, mittels der Bardeenschen Theorie nicht möglich, da dabei Elektron-Elektron-Wechselwirkungen eine entscheidende Rolle spielen.

Gemäß der Bardeenschen Theorie wird das STM in drei räumliche Bereiche gegliedert: in die Sondenregion, die Barrierenregion und die Probenregion. Für die Potentiale gilt dabei $U_S(\mathbf{r}) = U(\mathbf{r})$ außerhalb der Probe und $U(\mathbf{r}) = 0$ innerhalb der Probe sowie $U_P(\mathbf{r}) = U(\mathbf{r})$ außerhalb der Sonde und $U_P(\mathbf{r}) = 0$ innerhalb der Sonde. Die Grenzen zwischen den drei Regionen können beliebig verlaufen. Die Eigenfunktionen von Sonde und Probe werden als Sonden- und Probenzustände bezeichnet. Der Tunnelstrom ist dann das Resultat eines Transfers zwischen Sonden- und Probenzuständen.

Betrachten wir jetzt ein Elektron, welches sich zunächst in einem Probenzustand der Energie E befindet: $\hat{H}_P \psi = E\psi$. Die zeitliche Entwicklung der Wellenfunktion sollte aufgrund der gemachten Voraussetzungen annähernd durch $\psi(t = 0)\exp(-itE/\hbar)$

22.2 Rastertunnelmikroskopie

gegeben sein, wenn t klein genug ist. Für schwaches Tunneln setzt man an

$$\psi(t) = \psi_0 \exp\left(-i\frac{tE}{\hbar}\right) + \sum_k a_k(t)\phi_k \tag{22.1}$$

mit $\psi_0 = \psi(t = 0)$. Die Summation erstreckt sich über alle gebundenen Sondenzustände ϕ_k mit $\hat{H}_S\phi_k = E_k\phi_k$. Dabei gilt $a_k(t) = \langle\phi_k|\psi(t) - \psi_0 \exp(-itE/\hbar)\rangle$. Damit ist der Term rechts in Gl. (22.1) die Projektion von $\psi(t) - \psi_0\exp(itE/\hbar)$ auf den Raum, der durch die gebundenen Sondenzustände aufgespannt wird. Da diese Zustände aber nicht den vollständigen Raum aufspannen, ist Gl. (22.1) eine Näherung. Das Problem besteht jetzt in der Ableitung von $a_k(t)$, wobei $a_k(0) = 0$ für alle k gilt.

Verwendet man $\psi(t)$ aus Gl. (22.1) in der zeitabhängigen Schrödinger-Gleichung, so folgt

$$\begin{aligned}
i\hbar\frac{\partial}{\partial t}\psi(\mathbf{r},t) &= \hat{H}\psi(\mathbf{r},t) = \hat{H}\left(\psi_0 \exp\left[-i\frac{tE}{\hbar}\right]\right) + \sum_k a_k(t)\hat{H}\phi_k \\
&= \exp\left(-i\frac{tE}{\hbar}\right)\left[\hat{H}_P + \left(\hat{H} - \hat{H}_P\right)\right]\psi_0 \\
&\quad + \sum_k a_k(t)\left[\hat{H}_S + \left(\hat{H} - \hat{H}_S\right)\right]\phi_k \\
&= \exp\left(-i\frac{tE}{\hbar}\right)\left[E\psi_0 + \left(\hat{H} - \hat{H}_P\right)\psi_0\right] \\
&\quad + \sum_k a_k(t)\left[E_k\phi_k + \left(\hat{H} - \hat{H}_S\right)\phi_k\right].
\end{aligned} \tag{22.2}$$

Andererseits gilt nach Gl. (22.1)

$$i\hbar\frac{\partial}{\partial t}\psi(\mathbf{r},t) = E\exp\left(-i\frac{tE}{\hbar}\right)\psi_0 + i\hbar\sum_k \frac{da_k(t)}{dt}\phi_k. \tag{22.3}$$

Aus Gl. (22.2) und (22.3) folgt

$$\begin{aligned}
i\hbar\sum_k \frac{da_j(t)}{dt} &= \exp\left(-i\frac{tE}{\hbar}\right)\left(\hat{H} - \hat{H}_P\right)\psi_0 \\
&\quad + \sum_k a_k(t)\left[E_k\phi_k + \left(\hat{H} - \hat{H}_S\right)\phi_k\right].
\end{aligned} \tag{22.4}$$

Für die inneren Produkte ergibt das

$$\begin{aligned}
i\hbar\frac{da_j(t)}{dt} &= \exp\left(-i\frac{tE}{\hbar}\right)\langle\phi_j|\hat{H} - \hat{H}_P|\psi_0\rangle + E_j a_j(t) \\
&\quad + \sum_k a_k(t)\langle\phi_j|\hat{H} - \hat{H}_S|\phi_k\rangle.
\end{aligned} \tag{22.5}$$

Jetzt kann Gebrauch davon gemacht werden, dass eine Näherung erster Ordnung legitim ist. Dazu nimmt man an, dass diejenigen Koeffizienten $a_k(t)$, für die zu Beginn $a_k = 0$ gilt, eine Weile relativ klein bleiben. Damit ergibt sich aus Gl. (22.5)

$$i\hbar \frac{da_j(t)}{dt} = \exp\left(-i\frac{tE}{\hbar}\right) \langle \phi_j | \hat{H} - \hat{H}_P | \psi_0 \rangle + E_j a_j(t) . \qquad (22.6)$$

Mit $a_j(0) = 0$ ergibt das

$$a_j(t) = \frac{\exp(-itE/\hbar) - \exp(-itE_j/\hbar)}{E - E_j} \langle \phi_j | \hat{H} - \hat{H}_P | \psi_0 \rangle \qquad (22.7\text{a})$$

oder

$$|a_j(t)|^2 = \frac{4 \sin^2\left(t[E_j - E]/[2\hbar]\right)}{(E_j - E)^2} \langle \phi_j | \hat{H} - \hat{H}_P | \psi_0 \rangle . \qquad (22.7\text{b})$$

Nun muss $|a_j(t)|^2$ in Relation gesetzt werden zu den Übergangswahrscheinlichkeiten $|\langle \phi_j | \psi(t) \rangle|^2$:

$$\langle \phi_j | \psi(t) \rangle = a_j(t) + \langle \phi_j | \psi_0 \rangle \exp\left(-i\frac{tE}{\hbar}\right) . \qquad (22.8)$$

Wenn nun $\langle \phi_j | \psi_0 \rangle$ klein ist im Vergleich zu $a_j(t)$, dann macht $|a_j(t)|^2$ den wesentlichen Anteil an der Übergangswahrscheinlichkeit $|\langle \phi_j | \psi(t) \rangle|^2$ aus und $d/dt \sum_j |a_j(t)|^2$ ist näherungsweise die Rate, mit der ein Elektron aus einem Probenzustand in einen Sondenzustand gestreut wird. Die Gesamtstreurate ist gegeben durch

$$\frac{d}{dt} \sum_k |a_k(t)|^2 = 4 \frac{d}{dt} \sum_k \frac{\sin^2\left(t[E_k - E]/[2\hbar]\right)}{(E_k - E)^2} \left|\langle \phi_k | \hat{H} - \hat{H}_P | \psi_0 \rangle\right|^2 . \qquad (22.9)$$

Dies ist gleichzeitig auch die Rate, mit der Elektronen aus Sondenzuständen in einen bestimmten Probenzustand ψ_0 gestreut werden, was auf die formale Symmetrie von Sonde und Probe in der Beschreibung der Gesamtanordnung zurückzuführen ist.

Die nahezu vollständige Orthogonalität von Sonden- und Probenzuständen ist die wesentliche Annahme, die es erlaubt, die Übergangswahrscheinlichkeit $|\langle \phi_j | \psi(t) \rangle|^2$ durch $|a_j(t)|^2$ zu approximieren. Eine entsprechende Strategie wurde bereits in der Oppenheimer-Störungstheorie gewählt [22.12].

Die Summe in Gl. (22.9) kann mittels Fermis Goldener Regel approximiert werden, da es sehr viele Sondenzustände gibt [22.13]. Fermis Goldene Regel setzt voraus, dass Zeiten t betrachtet werden, die so groß sind, dass die Dichte der Sondenzustände auf einer Energieskala von h/t konstant ist [22.14]. Typische STM-Sonden zeigen konstante Zustandsdichten auf einer Skala von 10 meV [22.15]. Damit erhält man einen Gültigkeitsbereich von ps.

Fermis Goldene Regel besteht darin, die Summe in Gl. (22.9) durch ein Energieintegral zu ersetzen. Die Summe auf der rechten Seite ist gegeben durch $\sum_k P_t(E_k - E) M^2(\phi_k, \psi_0)$ mit $M^2(\phi, \psi_0) = |\langle\phi|\hat{H} - \hat{H}_P|\psi_0\rangle|^2$ und $P_t(x) = \sin^2(tx/[2\hbar])/x^2$. Bei der Integration von $P_t(x)$ über x resultieren die wesentlichen Beiträge aus dem Intervall $-2h/t < x < 2h/t$. Wenn t groß genug ist, wird das Energieintervall $-2h/t < E < 2h/t$ so schmal, dass die Zustände E_k mit konstanter Dichte über das Intervall verteilt sind. Wenn $N_\mathcal{E}$ die Anzahl der Sondenzustände im Interval $-2h/t - \mathcal{E} < E < 2h/t + \mathcal{E}$ ist und

$$M^2(\psi_0) = \frac{1}{N_\mathcal{E}} \sum_{\substack{k \\ |E_k - \mathcal{E}| < 2h/t}} M^2(\phi_k, \psi_0), \tag{22.10}$$

dann folgt aus Gl. (22.9)

$$\begin{aligned}
\sum_k P_t(E_k - \mathcal{E}) M^2(\phi_k, \psi_0) &\approx \sum_{\substack{k \\ |E_k - \mathcal{E}| < 2h/t}} P_t(E_k - \mathcal{E}) M^2(\phi_k, \psi_0) \\
&\approx M^2(\psi_0) \sum_{\substack{k \\ |E_k - \mathcal{E}| < 2h/t}} P_t(E_k - \mathcal{E}) \\
&\approx M^2(\psi_0) \varrho_S(\mathcal{E}) \int_{-2h/t}^{2h/t} P_t(E) dE \\
&\approx M^2(\psi_0) \varrho_S(\mathcal{E}) \int_{-\infty}^{\infty} P_t(E) dE \\
&\approx M^2(\psi_0) \varrho_S(\mathcal{E}) \frac{\pi t}{2\hbar}. \tag{22.11}
\end{aligned}$$

$\varrho_S(\mathcal{E})$ ist hier die Dichte der Sondenzustände bei der Energie $\mathcal{E}$. Aus Gl. (22.9) resultiert also mittels Gl. (22.11)

$$\frac{d}{dt} \sum_k |a_k(t)|^2 \approx \frac{2\pi}{\hbar} \frac{d}{dt}\left(t M^2(\psi_0) \varrho_S(\mathcal{E})\right) = \frac{2\pi}{\hbar} M^2(\psi_0) \varrho_S(\mathcal{E}). \tag{22.12a}$$

Diese Gleichung quantifiziert die Rate der Elektronen, welche aus Probenzuständen ψ_0 in Sondenzustände kompatibler Energie gestreut würden, wenn all diese Zustände unbesetzt wären. Allerdings sind die Zielzustände gemäß einer Fermi-Dirac-Statistik, die wir in Abschn. 3.5.1 im Detail behandelten, besetzt. Damit wird aus Gl. (22.12a)

$$\frac{d}{dt} \sum_k |a_k(t)|^2 = \frac{2\pi}{\hbar} \left[1 - f(\mathcal{E})\right] \varrho_S(\mathcal{E}) M^2(\psi_0). \tag{22.12b}$$

Hier ist $f(\mathcal{E})$ die durch Gl. (3.258) gegebene Fermi-Verteilung. Gleichung (22.12a) gibt aufgrund der gewählten Symmetrie ebenfals die Rate an Elektronen an, welche aus allen Sondenzuständen der Energie $\mathcal{E}$ in Probenzustände ψ_0 gestreut werden, wenn alle entsprechenden Sondenzustände besetzt wären. Allerdings ist nur ein durch die Fermi-Dirac-Statistik gegebener Anteil der Sondenzustände besetzt, so dass in diesem Fall folgt:

$$\frac{d}{dt}\sum_k |a_k(t)|^2 = \frac{2\pi}{\hbar}\varrho_S(\mathcal{E})M^2(\psi_0) \,. \tag{22.12c}$$

Zusammenfassend liefert also Gl. (22.12b) die Streurate für Elektronen, die aus einem speziellen Probenzustand ψ_n mit der Energie $\mathcal{E}$ in Sondenzustände gestreut werden und Gl. (22.12c) liefert die Streurate für Elektronen, die aus allen Sondenzuständen in den speziellen Probenzustand gestreut werden.

Um nun einen Tunnelstrom zwischen Sonde und Probe zu quantifizieren, muss bekannt sein, welche Probenzustände besetzt und welche unbesetzt sind. Besetzte Zustände tragen nach Gl. (22.12b) zu einem Strom von Elektronen aus der Probe in die Sonde bei, während unbesetzte Probenzustände nach Gl. (22.12c) zu einem Strom von Elektronen aus der Sonde in die Probe beitragen. Der Gesamtstrom ergibt sich dann durch Summation über alle Probenzustände bei Gewichtung mit ihrer Besetzungswahrscheinlichkeit. Der Nettogesamtstrom ergibt sich durch Subtraktion der Ströme in beide Richtungen. Für den Strom aus der Probe in die Sonde erhält man so

$$I = \frac{2\pi e}{\hbar}\sum_n \left\{ f_S(\mathcal{E}_n)\left[1-f_P(\mathcal{E}_n)\right] - \left[1-f_S(\mathcal{E}_n)\right]f_P(\mathcal{E}_n) \right\}\varrho_S(\mathcal{E}_n)M^2(\psi_n) \,. \tag{22.13a}$$

Speziell für $T = 0$ folgt

$$I = \pm\frac{2\pi e}{\hbar}\sum_{\substack{n \\ \mu_1 < \mathcal{E}_n < \mu_2}} \varrho_S(\mathcal{E}_n)M^2(\psi_n) \,. \tag{22.13b}$$

Hier ist $\mu_1 = \min(\mu_P, \mu_S)$ das kleinere und $\mu_2 = \max(\mu_P, \mu_S)$ das größere chemische Potential von Probe und Sonde. Für $\mu_S > \mu_P$ erhält man ein positives und für $\mu_S < \mu_P$ ein negatives Vorzeichen. Approximation durch Integration liefert

$$I = \pm\frac{2\pi e}{\hbar}\int_{\mu_1}^{\mu_2} \varrho_S(\mathcal{E})T(\mathcal{E})\varrho_P(\mathcal{E})\,d\mathcal{E} \,. \tag{22.13c}$$

$T(\mathcal{E})$ ist hier der gemittelte Wert von $M^2(\psi_n)$ über alle Probenzustände ψ_n, deren Energie in einem engen Intervall um $\mathcal{E}$ liegen.

ϱ_S, ϱ_P und T in Gl. (22.13c) hängen a priori von μ_P und μ_S ab, da eine Potentialdifferenz über dem Tunnelkontakt die Barriere $U(\mathbf{r})$ aufgrund der Bandverbiegung deformiert. Gleichung (22.13c) kann weiter vereinfacht werden, wenn die Potentialdifferenz klein ist. Wenn μ_P und μ_S so nahe beieinander liegen, dass $\varrho_P(\mathcal{E})$ und $\varrho_S(\mathcal{E})$ über das Energieintervall $\mu_1 < \mathcal{E} < \mu_2$ konstant ist, so folgt

$$I = \pm\frac{2\pi e}{\hbar}(\mu_2 - \mu_1)\varrho_S(\mu)\varrho_P(\mu)T(\mu) \,. \tag{22.13d}$$

μ ist hier durch $\mu_1 < \mu < \mu_2$ gegeben. Außerdem gilt definitionsgemäß

$$T(\mu) = \frac{1}{(\mu_2 - \mu_1)\varrho_P(\mu)} \sum_{\substack{\psi_n \\ \mu_1 < \mathcal{E}_n < \mu_2}} M^2(\psi_n) \,, \tag{22.13e}$$

was letztlich zu

$$I = \pm \frac{2\pi e}{\hbar} \varrho_S(\mu) \sum_{\substack{\psi_n \\ \mu_1 < \mathcal{E}_n < \mu_2}} M^2(\psi_n) \tag{22.13f}$$

führt.

Entscheidend ist es nun, die Matrixelemente vom Typ

$$\left\langle \phi_j \left| \hat{H} - \hat{H}_P \right| \psi_n \right\rangle = \int d\mathbf{r} \left[U(\mathbf{r}) - U_P(\mathbf{r}) \right] \phi_j(\mathbf{r}) \psi_n(\mathbf{r}) \tag{22.14}$$

zu berechnen.

Der Bardeenschen Theorie des Tunnelns [22.9] folgend wählt man jetzt eine beliebige gekrümmte Grenzfläche in der Barriereregion zwischen Sonde und Probe. ∂F bezeichne diese Grenzfläche und F die Region, die durch alle Punkte auf der der Sonde zugewandten Seite gebildet wird. Auf dieser Seite ist $\hat{H} - \hat{H}_S$ der Nulloperator. Damit muss gelten

$$\begin{aligned}
0 &= \int_F d\mathbf{r} \left(\hat{H} - \hat{H}_S \right) \phi_j^*(\mathbf{r}) \\
&= \int_F d\mathbf{r}\, \psi_n(\mathbf{r}) \hat{H} \phi_j^*(\mathbf{r}) - E_j \int_F d\mathbf{r}\, \psi_n(\mathbf{r}) \phi_j^*(\mathbf{r}) \\
&= \frac{\hbar^2}{2m} \int_F d\mathbf{r}\, \psi_n(\mathbf{r}) \triangle \phi_j^*(\mathbf{r}) + \int_F d\mathbf{r}\, \psi_n(\mathbf{r}) U(\mathbf{r}) \phi_j^*(\mathbf{r}) \\
&\quad - \mathcal{E}_j \int_F d\mathbf{r}\, \psi_n(\mathbf{r})\, \phi_j(\mathbf{r}) \,.
\end{aligned} \tag{22.15a}$$

Da $\hat{H} - \hat{H}_P$ der Nulloperator auf der der Probe zugewandten Seite von ∂F ist, lässt sich das Matrixelement aus Gl. (22.14) als Integral über F formulieren:

$$\begin{aligned}
\langle \phi_j | \hat{H} - \hat{H}_P | \psi_n \rangle &= \int_F d\mathbf{r}\, \phi_j^*(\mathbf{r}) \left(\hat{H} - \hat{H}_P\right) \psi_n(\mathbf{r}) \\
&= \int_F d\mathbf{r}\, \phi_j^*(\mathbf{r})\, \hat{H} \psi_n(\mathbf{r}) - \mathcal{E}_n \int_F d\mathbf{r}\, \phi_j^*(\mathbf{r})\, \psi_n(\mathbf{r}) \\
&= \frac{\hbar^2}{2m} \int_F d\mathbf{r}\, \phi_j^*(\mathbf{r})\, \triangle \psi_n(\mathbf{r}) + \int_F d\mathbf{r}\, \phi_j^*(\mathbf{r})\, U(\mathbf{r}) \psi_n(\mathbf{r}) \\
&\quad - \mathcal{E}_n \int_F d\mathbf{r}\, \phi_j^*(\mathbf{r})\, \psi_n(\mathbf{r}) \,. \quad (22.15\text{b})
\end{aligned}$$

Subtrahiert man nun Gl. (22.15a) von Gl. (22.15b), so liefert das

$$\begin{aligned}
\langle \phi_j | \hat{H} - \hat{H}_P | \psi_n \rangle &= \int_F d\mathbf{r}\, \phi_j^*(\mathbf{r}) \left[-\frac{\hbar^2}{2m} \triangle \psi_n(\mathbf{r}) - \mathcal{E}_n \psi_n(\mathbf{r}) \right] \\
&\quad - \int_F d\mathbf{r}\, \psi_n(\mathbf{r}) \left[-\frac{\hbar^2}{2m} \triangle \phi_j^*(\mathbf{r}) - E_j \phi_j^*(\mathbf{r}) \right] . \quad (22.15\text{c})
\end{aligned}$$

Um nun den Tunnelstrom I mittels Fermis Goldener Regel zu erhalten, betrachten wir ausschließlich Matrixelemente, für die $\mathcal{E}_n \approx E_j$ gilt. Dann folgt aus Gl. (22.15c)

$$\begin{aligned}
\langle \phi_j | \hat{H} - \hat{H}_P | \psi_n \rangle &\approx -\frac{\hbar^2}{2m} \int_F d\mathbf{r}\, \left[\phi_j^*(\mathbf{r})\, \triangle \psi_n(\mathbf{r}) - \psi_n(\mathbf{r}) \triangle \phi_j^*(\mathbf{r}) \right] \\
&\approx -\frac{\hbar^2}{2m} \int_F d\mathbf{r}\, \nabla \cdot \left[\phi_j^*(\mathbf{r})\, \nabla \psi_n(\mathbf{r}) - \psi_n(\mathbf{r}) \nabla \phi_j(\mathbf{r}) \right] . \quad (22.15\text{d})
\end{aligned}$$

Mittels des Gaußschen Integralsatzes lässt sich dies schreiben als

$$\langle \phi_j | \hat{H} - \hat{H}_P | \psi_n \rangle \approx -\frac{\hbar^2}{2m} \int_{\partial F} d\mathbf{r}\, \left[\psi_n^*(\mathbf{r})\, \nabla \phi_j(\mathbf{r}) - \phi_j(\mathbf{r}) \nabla \psi_n^*(\mathbf{r}) \right] . \quad (22.15\text{e})$$

Das Integral ist ein Oberflächenintegral und **n** der Oberflächennormalenvektor. Gleichung (22.15e) repräsentiert das wichtige ursprüngliche Resultat von J. Bardeen [22.9]. Hierzu sind die Wellenfunktionen zunächst noch nicht spezifiziert.

Die Tersoff-Hamann-Theorie [22.10] passt nun Gl. (22.15e) an die Verhältnisse des STM an, indem geeignete Wellenfunktionen herangezogen werden. Setzt man radialsymmetrische Wellenfunktionen für die spitzenförmige Sonde an, so ist der Tunnelstrom I aus Gl. (22.13f) proportional zur elektronischen Zustandsdichte im Zentrum der Sonde. Dieser Sachverhalt konnte durch *C.J.* Chen sehr genau bewiesen werden [22.16]. Dazu setzt man für die Sondenwellenfunktionen $\phi_j(\mathbf{r}) = A_j \exp(-\kappa_j r)/r$ an. r spezifiziert hier die Distanz zum Zentrum der Sonde. A_j sind Konstanten. Für das

Sondenpotential setzt man ebenfalls eine Radialsymmetrie an: $U_S(r) = 0$ für $r > R$ und einen Sondenradius R. Damit die Wellenfunktionen $\phi_j(r)$ die Vakuum-Schrödinger-Gleichung erfüllen, muss $\kappa_j = \sqrt{2m|E_j|}/\hbar$ gelten. Außerdem erfüllen $\phi_j(r)$ die Gleichung [22.16]

$$-\frac{\hbar^2}{2m}\triangle\phi_j(\mathbf{r}) - E_j\phi_j(\mathbf{r}) = \frac{\hbar^2}{2m}4\pi\delta_0(\mathbf{r}) \tag{22.16}$$

an beliebigen Orten $\mathbf{r}$. δ_0 ist hier die Diracsche Deltafunktion.

Zur Berechnung der Matrixelemente aus Gl. (22.15c) wählt man für F nun die Sonde selbst. Mit Gl. (22.16) folgt

$$\begin{aligned}
\langle \phi_j | \hat{H} - \hat{H}_P | \psi_n \rangle &\approx \langle A_j\phi_j | \hat{H} - \hat{H}_P | \psi_n \rangle \\
&= -A_j^* \int_F d\mathbf{r}\, \psi_n(\mathbf{r}) \left[-\frac{\hbar^2}{2m}\triangle\Phi_j(\mathbf{r}) - E_j\Phi_j(\mathbf{r}) \right] \\
&= -A_j^* \int_F d\mathbf{r}\, \psi_n(\mathbf{r}) \frac{\hbar^2}{2m}4\pi\delta_0(\mathbf{r}) \\
&= -\frac{\hbar^2}{m}2\pi A_j^* \psi_n(\mathbf{0}) ,
\end{aligned} \tag{22.17}$$

wobei wir $\phi_j(\mathbf{r}) = A_j\Phi_j(\mathbf{r})$ und $\mathbf{0} = (0, 0, 0)$ für das Zentrum der Sonde angesetzt haben. Mit Gl. (22.10) folgt

$$M^2(\psi_n) = \frac{4\pi^2\hbar^2}{m^2}A^2 |\psi_n(\mathbf{0})|^2 . \tag{22.18}$$

Hier ist A^2 der Mittelwert von $|A_j|^2$ über alle j, wobei ϕ_j jeweils ein Sondenzustand mit einer Energie in einem schmalen Intervall um $\mathcal{E}_n$ ist.

Für ein kleines Sonden-Proben-Potential ergibt sich der Tunnelstrom in der Tersoff-Hamann-Formulierung aus Gl. (22.13f) zu

$$\begin{aligned}
I &= \pm\frac{2\pi e}{\hbar}\varrho_S(\mu)\frac{4\pi^2\hbar^2}{m^2}A^2 \sum_{\substack{\psi_n \\ \mu_1 < \mathcal{E} < \mu_2}} |\psi_n(\mathbf{0})|^2 \\
&= (\mu_S - \mu_P)\frac{e\hbar^3}{m^2}A^2\varrho_S(\mu)\varrho_P(\mathbf{0},\mu) .
\end{aligned} \tag{22.19a}$$

Hier gilt

$$\varrho_P(\mathbf{r},\mu) = \frac{1}{|\mu_P - \mu_S|} \sum_{\substack{\psi_n \\ \mu_1 < \mathcal{E}_n < \mu_2}} |\psi_n(\mathbf{r})|^2 . \tag{22.19b}$$

$\varrho_P(\mathbf{r},\mu)$ ist also die lokale Dichte elektronischer Probenzustände am Ort $\mathbf{r}$ und nahe der Quasi-Fermi-Energie μ.

Das wohl wichtigste Ergebnis der Tersoff-Hamann-Theorie [22.10] ist, dass die differentielle Tunnelleitfähigkeit $\partial I/\partial V$ bei kleiner Potentialdifferenz $V = |\mu_p - \mu_S|/e$ proportional zur lokalen Dichte der Probenzustände im Zentrum der Sonde und nahe der Quasi-Fermi-Energie ist.

Die Anwendung des abgeleiteten Resultats zur Interpretation von STM-Daten bringt einige Implikationen mit sich [22.17]. Zum einen liegen der Bardeenschen Theorie [22.9] einige eingangs erwähnte Annahmen zugrunde, auf denen dann natürlich auch die diskutierte Tersoff-Hamann-Theorie [22.10] basiert. Die wichtigste bei der Ableitung des Tunnelstroms gemachte Annahme besteht darin, dass die applizierte Potentialdifferenz klein sein muss. Klein muss sie sein, weil die Sonden- und Probenzustände sich sonst potentialabhängig ändern und die Tunnelbarriere potentialabhängig verzerrt wird. Das bedeutet in der Realität Potentialdifferenzen im mV-Bereich.

Da die Tersoff-Hamann-Theorie die detaillierte Struktur der Sondenwellenfunktionen ignoriert, wurden Auflösungsbegrenzungen abgeleitet [22.11]. Diese liegen bei lateral 1–2 Å, und der Sonden-Proben-Abstand sollte $\gtrsim 5$ Å sein, um chemische Wechselwirkungen zwischen Sonde und Probe auszuschließen.

In den vergangenen Jahren wurden weitere Modelle zur genaueren Beschreibung der Sonden entwickelt [22.10; 22.18]. Einige dieser Modelle beruhen direkt auf der Bardeenschen Theorie [22.9], ohne das Sondenmodell der Tersoff-Hamann-Theorie [22.10] vorauszusetzen. [22.19].

Eine Reihe von Arbeiten hat sich mit dem Sonden-Proben-Abstandsbereich befasst, in dem chemische Wechselwirkungen auftreten können [22.20]. Chemische Kräfte können dazu führen, dass sich Sonden- und Probenatome verschieben. Berücksichtigt man diesen Effekt bei der Berechnung der Bardeenschen Matrixelemente, so ist die Theorie offenbar zumindest qualitativ weiter adäquat [22.20]. Insbesondere im dynamischen STM-Betrieb, bei dem die Sonde an einem oszillierenden Quarzkraftsensor befestigt wird [22.21], lassen sich sehr geringe Sonden-Proben-Abstände realisieren und Vorhersagen der Bardeenschen Theorie für diese Situation verifizieren [22.22].

In welchem Bezug steht nun die deutlich subtilere und komplexere Tersoff-Hamann-Theorie zur elementaren Theorie des quantenmechanischen Tunneleffekts, die wir in Abschn. 3.2.2 behandelten? Diese Frage schließt auch insbesondere die Abstandsabhängigkeit des Tunnelstroms I ein, die ja in Gl. (22.19a) nur implizit vorhanden ist. Eine atomare Ortsauflösung lässt sich gemäß der Tersoff-Hamann-Theorie nur erzielen, wenn der effektive Sondenradius R ebenfalls atomare Dimensionen besitzt. Dies ist natürlich a priori bei einer realen spitzenförmigen Sonde nicht der Fall. Eine solche Sonde ist schematisch in Abb. 22.7(a) dargestellt. Zusätzlich dargestellt ist in Abb. 22.7(b) die lokale Zustandsdichte (*Local Density of States, LDOS*) im Bereich einer Metalloberfläche. Im Modus konstanter Wechselwirkung, dem Modus konstanten Tunnelstroms, bildet das STM Konturen mit $\varrho(\mathbf{r}, \mu) =$ const. ab. Die Differenz zwischen minimalem und maximalem Abstand von der Probenoberfläche, $\Delta z = z_{\max} - z_{\min}$ bezeichnet man als *Korrugation*. Mit wachsendem Durchschnittsabstand von der Probenoberfläche, also mit abnehmendem Sollwert des Tunnelstroms, nimmt die atomare Korrugation exponentiell ab [22.10]. Die Korrugation ist Ergebnis einer Faltung der atomaren Anordnung der Probenoberfläche mit den Eigenschaften der Sonde, insbesondere charakterisiert durch einen effektiven Sondenradius [22.10]. Die Abklinglängen für die Korrugation und für den Tunnelstom bei gegebener Tunnelspannung sind so gering, dass sie im Bereich der Gitterkonstante liegen. Dies hat zur Folge, dass der Tunnelstrom, welcher die Grundlage der Positionierung der Sonde entlang einer Kontur in Abb. 22.7(b) ist, effektiv nur über ein Atom der realen Sonde, die schematisch in Abb. 22.7(a) dargestellt ist, fließt. Die mesoskopische Geometrie der Sonde spielt damit eine untergeordnete Rolle und die atomare Auflösung ist damit aufgrund der Kurzreichweitigkeit der genutzten Wechselwirkung dem STM quasi inhärent implementiert.

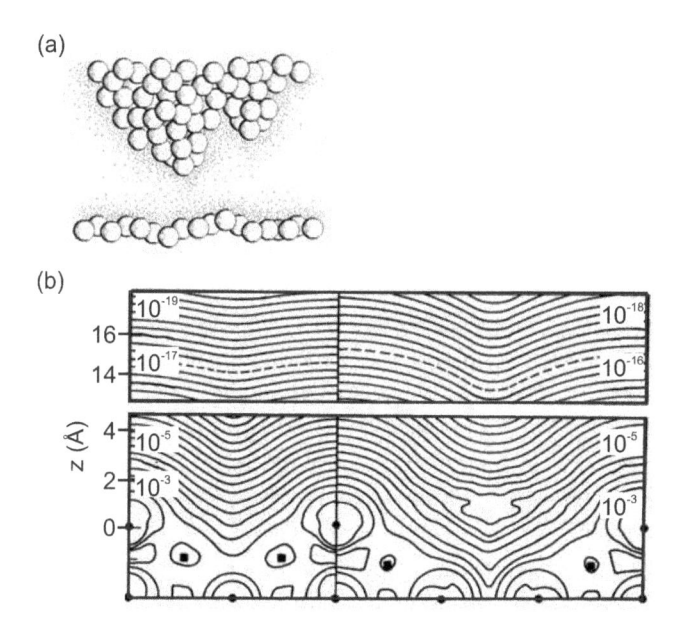

Abb. 22.7. (a) Schematische Darstellung einer realen STM-Sonde. (b) Berechnete lokale elektronische Zustandsdichte $\varrho(\mathbf{r}, \mu)$ für Au(110)-2 × 1 (links) und 3 × 1 (rechts) [22.10]. Dargestellt ist die $(1\bar{1}0)$-Ebene mit den äußeren Atomen (schwarze Punkte in der Ebene, schwarze Quadrate außerhalb). Äqui-ϱ-Konturen sind in willkürlichen Einheiten dargestellt. Eine typische STM-Trajektorie für $I(\mathbf{r})$ = const. ist durch die gestrichelte Linie dargestellt.

In der Praxis bemüht man sich dennoch, möglichst scharfe Sonden, die mechanisch stabil sind, durch Ätzen von Metalldrähten herzustellen. Bevorzugte Materialien sind W, Pt und PtIr. Wenn die Sonden einen kleinen Krümmungsradius besitzen, so lassen sich auch rauere Probenoberflächen abbilden. Atomar glatte Oberflächen, wie in

Abb. 22.7(b) angenommen, sind eher die Ausnahme in der Nanoanalytik mittels STM. In Abb. 22.8 ist der Apexbereich einer typischen realen Sonde dargestellt.

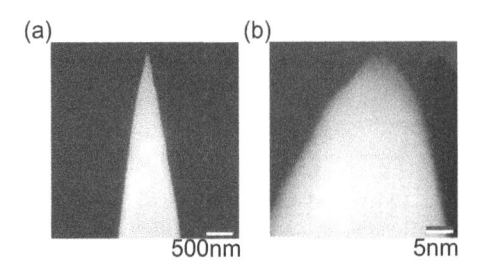

Abb. 22.8. STM-Sonde aus Gold. (a) Übersicht über den Apexbereich. (b) Region der exponiertesten Atome.

22.2.3 Hochaufgelöste STM-Abbildungen

Die hervorstechendste Eigenschaft von STM ist es, dass unter moderatem Aufwand an vielen Oberflächen atomare oder sogar subatomare Auflösung erzielbar ist. Das sorgt dafür, dass STM-Verfahren unter allen nanoanalytischen Methoden einen hohen Stellenwert haben [22.23]. Der moderate Aufwand besteht darin, dass die Abbildungen in aller Regel unter Ultrahochvakuumbedingungen (UHV-Bedingungen) an sehr gut definierten Probenoberflächen durchgeführt werden. Temperaturen von 4 K oder weniger werden häufig ebenfalls benötigt. Nicht selten werden die Proben in derjenigen UHV-Anlage hergestellt, in der sich auch das STM befindet. In jedem Fall ist eine in situ-Oberflächenpräparation erforderlich. STM in den unterschiedlichsten Varianten sind kommerziell verfügbar.

Unter günstigen Umständen erreichen die laterale und vertikale Auflösung von STM den pm-Bereich [22.24]. So konnten insbesondere einzelne Orbitale abgebildet und zur Abbildung genutzt werden [22.25]. Dabei beträgt der Sonden-Proben-Abstand nur wenige Å. Instabilität lässt sich vermeiden, indem der Abstand über eine oszillierende Sonde moduliert und ein intermediärer Tunnelstrom detektiert wird. Die Oszillation der Sonde wird dabei durch einen Schwingquarz realisiert, der gleichzeitig zur Detektion von Kräften genutzt werden kann [22.26]. Die STM-Abbildung hängt sowohl von der orbitalen Konfiguration der Sonde als auch von derjenigen der Probe ab. Dabei zeigt Gl. (22.19a), dass ein Reziprozitätsprinzip gilt: Vertauscht man die elektronischen Eigenschaften von Sonde und Probe, so bleibt die Abbildung unverändert. Dies veranschaulicht Abb. 22.9

In den vergangenen Jahren wurden zunehmend spektakuläre Resultate bei der Ortsauflösung erzielt durch gezielte Funktionalisierung der STM-Sonde mit Kohlen-

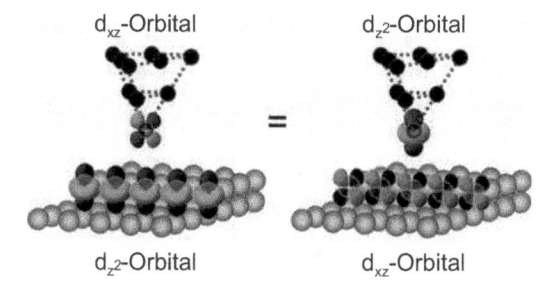

Abb. 22.9. STM-Reziprozitätsprinzip [22.23]. Die Abbildung der d_{z^2}-Probenorbitale mit dem d_{xz}-Sondenorbital entspricht der Abbildung der d_{xz}-Probenorbitale mit dem d_{z^2}-Sondenorbital.

stoffnanoröhrchen [22.27], Fullerenen [22.28] sowie insbesondere mit Molekülen aus leichten Elementen [22.29]. Dabei sind besonders signifikant die unter Verwendung von D_2- und H_2-Molekülen erzielten Resultate [22.30]. Aber auch mit optimierten metallischen Spitzen lässt sich eine hohe Auflösung erzielen. Ein Beispiel zeigt Abb. 22.10.

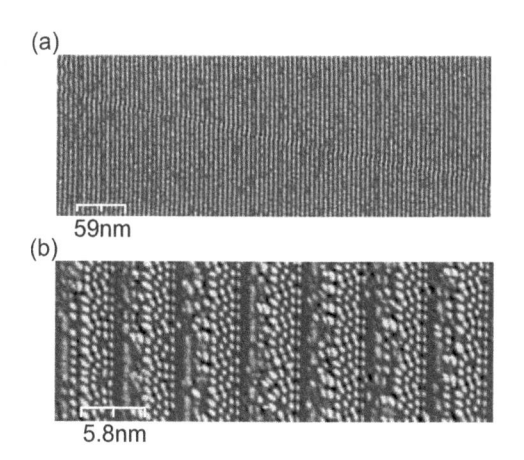

Abb. 22.10. STM-Abbildung einer Si-Oberfläche mit einer W[001]-Einkristallspitze [22.31]. (a) Terrassen der Si(557)-Oberfläche. (b) (7 × 7)-Rekonstruktion der einzelnen Terrassen.

Selbstverständlich ist STM a priori ein abbildendes Rastersondenverfahren für die Oberflächen leitender und halbleitender Materialien. Unter Verwendung unkonventioneller Betriebsmodi lassen sich aber auch Isolatoroberflächen und dünne Isolatorschichten auf metallischen Substraten abbilden [22.32]. Maßgeblich ist, dass in geeignete Probenzustände oder aus ihnen heraus getunnelt werden kann. Dies kann manchmal durch hinreichend große Tunnelspannungen erreicht werden. Ein Beispiel dafür zeigt die Abbildung einer C(100)-2 × 1-Oberfläche in Abb. 22.11(a). Die periodische Struktur der Diamantoberfläche in Abb. 22.11(b) spiegelt die Distanz zwischen den Kohlenstoffdimerreihen der 2 × 1-rekonstruierten Oberfläche wider. Abbildung 22.11(c) zeigt dazu die schematische Darstellung.

Isolierende Oxidfilme konnten bei erhöhten Temperaturen abgebildet werden. Beispiele zeigt Abb. 22.11(d) für CoO(001) und NiO(001). Die niedrigsten unbesetzten Zustände der Probe, die hier maßgeblich sind, haben bevorzugt d_{xz}- und d_{z^2}-Charakter.

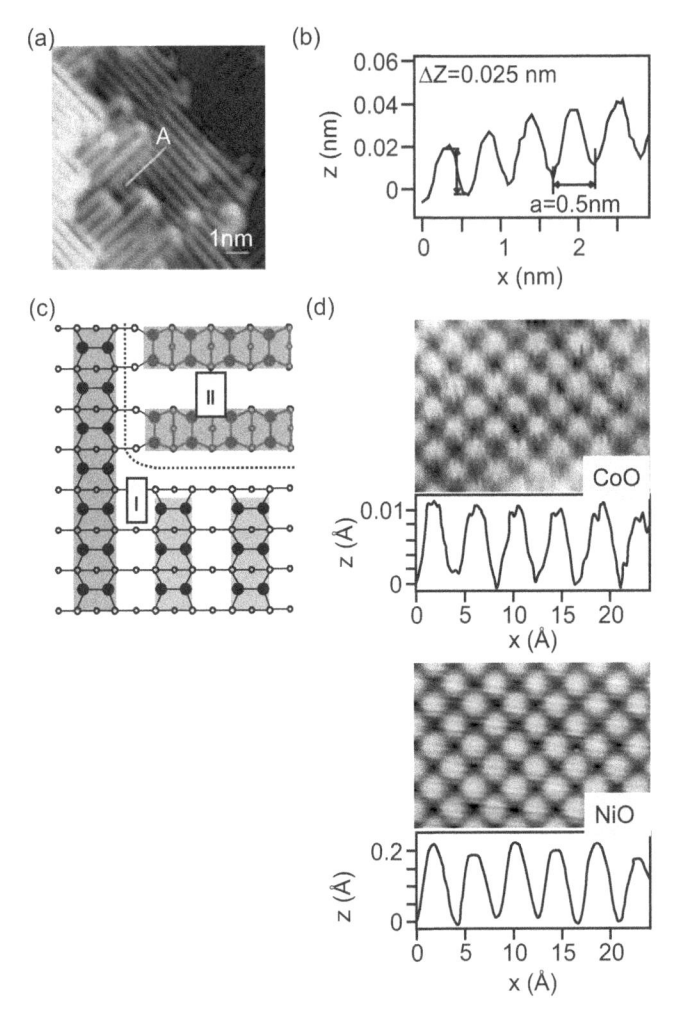

Abb. 22.11. STM-Aufnahmen von Oberflächen isolierender Materialien. (a) C(100)-2 × 1-Diamantoberfläche bei einer Tunnelspannung von 5,9 V [22.33]. (b) Korrugationsprofil entlang der Linie in (a) [22.33]. (c) Atomare Anordnung der monoatomaren Stufen aus (a) [22.33]. (d) Unbesetzte Zustände von CoO(001) und NiO(001) bei 200°C [22.34].

Organische Moleküle auf metallischen oder halbleitenden Oberflächen sind von Interesse aufgrund ihres Anwendungspotentials für die *Molekularelektronik*. Zahlreiche Untersuchungen mit zum Teil submolekularer Auflösung wurden durchgeführt [22.35]. Auch hierbei erweisen sich wiederum Sonden, die mit Molekülen aus leichten Elementen funktionalisiert waren, als besonders geeignet. Abbildung 22.12 zeigt ein Beispiel für eine submolekulare Auflösung, die mittels einer CO-terminierten Sonde an einem Naphtalocyaninmolekül auf einer NaCl/Cu(111)-Oberfläche erzielt wurde. Das Molekül ist von Interesse im Kontext molekularer Logikgatter.

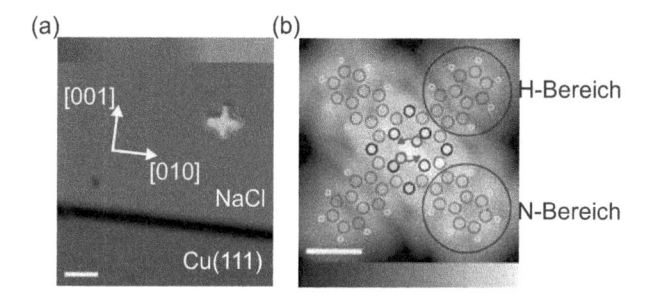

Abb. 22.12. STM-Abbildung eines Naphtalocyaninmoleküls auf einer NaCl/Cu(111)-Oberfläche [22.36]. (a) Das Molekül auf der Oberfläche des NaCl-Films einer Dicke von zwei Monolagen. Die punktförmige Struktur wird durch ein einzelnes CO-Molekül erzeugt. (b) Die CO-terminierte Sonde erlaubt die Erzielung submolekularer Auflösung. Die atomaren Positionen sind eingezeichnet.

Die ursprüngliche Theorie von Tersoff und Hamann liefert Ergebnisse, die sehr gut mit zahlreichen experimentellen STM-Daten übereinstimmen. Allerdings versagt die Theorie bei der Interpretation subatomarer Auflösung. Die erzielbare Auflösung sollte durch $\Delta x = \sqrt{2d/k}$ gegeben sein [22.10]. d ist hier der Sonden-Proben-Abstand und $1/k \approx 1\,\text{Å}$. Dies führt zu Δx-Werten, die den Befund aus Abb. 22.12 nicht erklären können. Außerdem beobachtet man an Metalloberflächen Korrugationen, die sehr viel größer sind, als durch die Tersoff-Hamann-Theorie [22.10] vorausgesagt [22.37]. Verfeinerte theoretische Ansätze konzentrierten sich auf die elektronische Konfiguration der spitzenförmigen Sonden und beziehen unterschiedliche Sondenorbitale mit ein [22.38]. Abbildung 22.13 zeigt den Einfluss der Orbitalkonfiguration von metallischen STM-Sonden auf die gemessene Korrugation Δz.

Detailliertere Arbeiten zeigen, dass die elektronische Konfiguration des Sondenapex für Übergangsmetallspitzen von der kristallographischen Orientierung der Spitzen, von den Umgebungsbedingungen und insbesondere von der Wechselwirkung mit den Probeatomen abhängt [22.40]. Da die Wechselwirkung aber abstandsabhängig ist, ist auch die orbitale Konfiguration der Sonde abhängig vom Sonden-Proben-Abstand. Abbildung 22.14 zeigt ein modellhaftes Beispiel zur Abhängigkeit

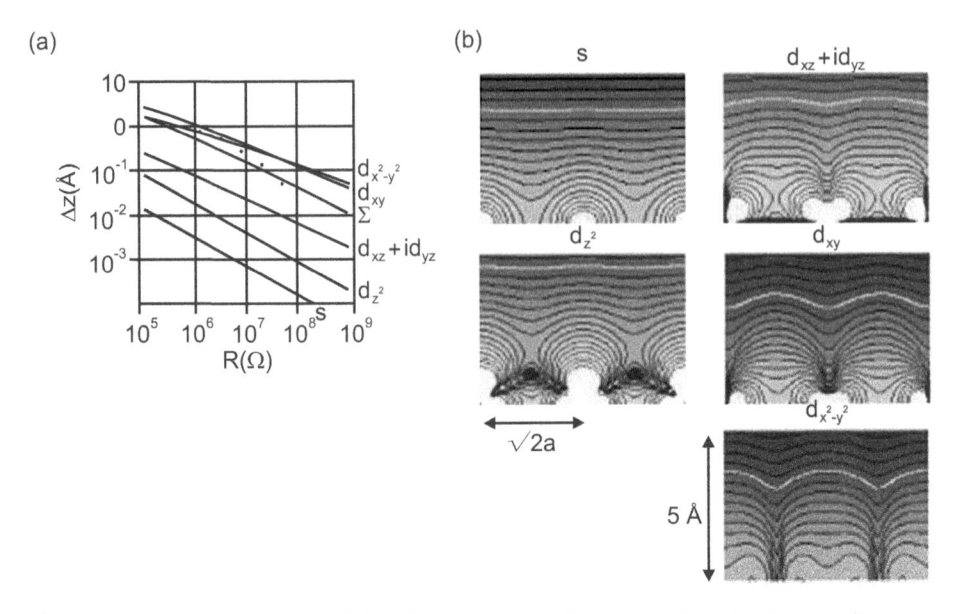

Abb. 22.13. Einfluss der Sondenorbitale auf die Korrugation für einen variierenden Tunnelwiderstand [22.39]. (a) Korrugation als Funktion des Tunnelwiderstands. Σ bezeichnet eine Superposition von 2 % d_{z^2} mit $d_{x^2-y^2}$. (b) LDOS bei variierendem Tunnelwiderstand. Die weißen Profile entsprechen $R = 10^5\,\Omega$.

der Sondenkonfiguration von der Sondenorientierung und der Wechselwirkung mit der Probe.

Hochaufgelöste STM-Abbildungen werden typischerweise bei Tunnelabständen aufgenommen, die interatomaren Distanzen in Festkörpern entsprechen. Wechselwirkungen zwischen Sonde und Probe führen nicht nur zu dem breits diskutierten Einfluss auf die Sondenkonfiguration, sondern können die Tunnelbarriere [22.42] sowie die Probenkonfiguration [22.43] beeinflussen. Obwohl zahlreiche experimentelle und theoretische Arbeiten [22.44] sich auf die Abstandsabhängigkeit der Auflösungen konzentrierten, gibt es im Allgemeinen keine Prognosemöglichkeit für den besten Arbeitsabstand zur Erzielung der höchsten Auflösung für ein gegebenes Sonden-Proben-System. Tendenziell muss aber der Abstand möglichst gering sein. Dies zeigt auch Abb. 22.15. Mit geringerem Abstand werden die atomaren Korrugationen deutlich schärfer und Atompositionen zeigen eine zunehmend geringere Ausdehnung.

Atomare Korrugationen, insbesondere von dicht gepackten Metalloberflächen, können durch Sonden-Proben-Wechselwirkungen künstlich vergrößert werden, da Probenatome aufgrund der Wechselwirkungen Relaxationen zeigen können. Diese Relaxationen sind wiederum stark von den Wechselwirkungen und damit vom Sonden-Proben-Abstand abhängig. Die gemessenen Korrugationen liegen teilweise deutlich über dem, was man aufgrund der LDOS für ein Profil im Modus konstanten Stroms erwarten würde. Relaxationen im Zusammenspiel mit elektronischen Effekten

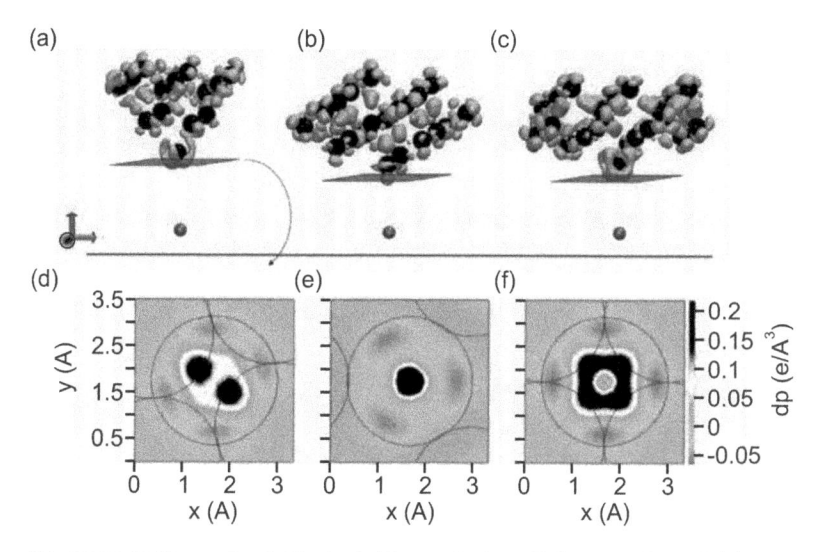

Abb. 22.14. Wolframspitze in Wechselwirkung mit einem Heliumatom [22.41]. (a) Ladungsdichteisofläche für 0,08 e/Å³ für W[110] und $z = 4{,}0$ Å. (b) Für W[111] und $z = 3{,}5$ Å. (c) Für W[001] und $z = 3{,}5$ Å. (d)–(f) Schnitte konstanter Höhe mit Ladungsdichteprofilen gemäß (a)–(c). Die beiden ersten Lagen von Sondenatomen sind durch die Kreise angedeutet.

können sogar zur Kontrastumkehr in STM-Bildern führen. Eine Ursache für eine solche Kontrastumkehr besteht darin, dass aufgrund von Relaxationen Atome während der Abbildung lateral mehr oder weniger stark verschoben werden können. So können Maxima an Positionen zwischen Atomen entstehen und Minima an Positionen, an denen sich eigentlich Atome befinden. Ein sehr gut verstandenes Beispiel betrifft HOPG(0001). Betrachtet man die oberste atomare Lage, so befindet sich die Hälfte der hexagonal angeordneten Atome über darunter liegenden C-Atomen (α-Atome) und die andere Hälfte über den leeren Zentren der hexagonalen Ringe (β-Atome). α- und β-Atome zeigen aber in der Wechselwirkung mit der STM-Sonde unterschiedli-

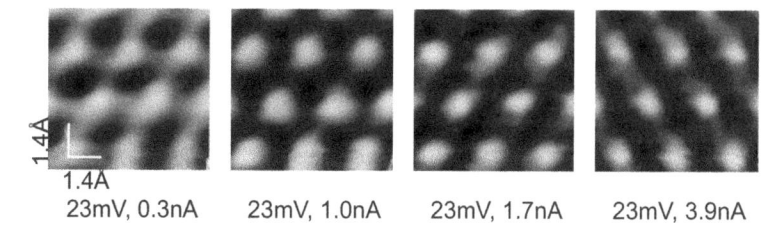

Abb. 22.15. STM-Abbildung einer HOPG-Oberfläche bei variierendem Sonden-Proben-Abstand [22.23].

che Relaxationen [22.45]. Dadurch wird in der Regel nur eines der beiden Untergitter aufgelöst.

Auch können bei geringen Sonden-Proben-Abständen multiple elektronische Streueffekte relevant werden [22.46]. Diese können dazu führen, dass der Tunnelstrom in einem bestimmten Abstandsregime nicht mehr exponentiell mit dem Abstand variiert, sondern einen Sättigungswert annimmt. Dadurch kann es zu maximalen Tunnelströmen an Orten kommen, an denen sich keine Atome befinden. Abbildung 22.16 zeigt in diesbezügliches Beispiel.

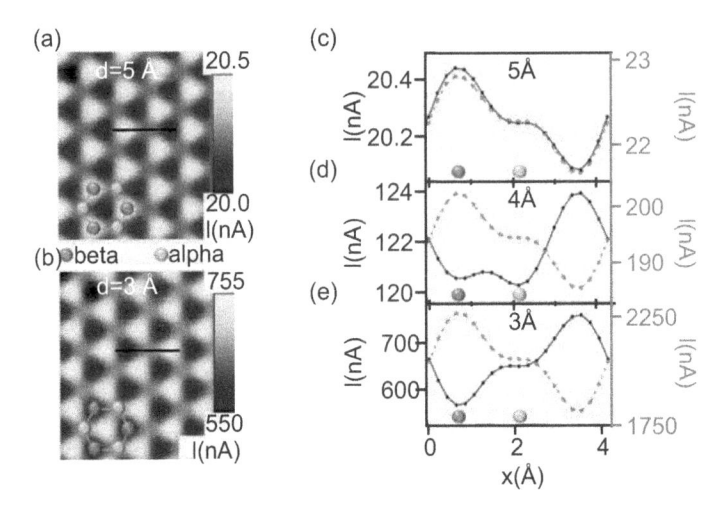

Abb. 22.16. Simulation von STM-Abbildungen einer HOPG-Oberfläche bei konstantem Sonden-Proben-Abstand z. (a) $z = 5$ Å. (b) $z = 3$ Å. (c)–(e) Linienprofile für verschiedene Abstände bei Berücksichtigung multipler elektronischer Streuprozesse (durchgezogene Linien) sowie ohne ihre Berücksichtigung (gestrichelte Linien).

Bei variierendem Sonden-Proben-Abstand kann auch der relative Beitrag verschiedener Orbitale der Probenatome zu stark abstandsabhängigen Abbildungen einer Oberfläche führen. In Abb. 22.17 ist das für die sauerstoffrekonstruierte Cu-Oberfläche gezeigt. Bei größeren Abständen dominieren offenbar die Cu-d_{z^2}-Orbitale, was zur bevorzugten Darstellung von Cu-Dreierreihen führt. Bei geringen Abständen dominieren d_{xy}- und $d_{x^2-y^2}$-Orbitale, was zur bevorzugten Abbildung von Cu-O-Zweierreihen führt. Bei mittleren Distanzen dominieren d_{xz}- und d_{yz}-Orbitale die Abbildung, was zur bevorzugten Visualisierung einer Cu-Reihe in Form einer Stufe nach unten innerhalb der Terrassen führt.

Die volle Komplexität möglicher Sonden-Proben-Wechselwirkungen und ihr Einfluss auf die STM-Abbildung lässt sich nur durch Vergleich experimenteller Ergebnisse mit der Komplexität angepassten Modellrechnungen, insbesondere DFT-Rechnungen, analysieren. Abbildung 22.18 zeigt Ergebnisse entsprechender Rechnun-

(a)

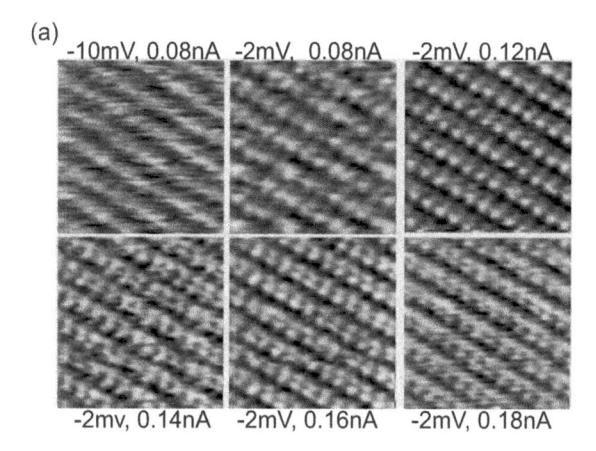

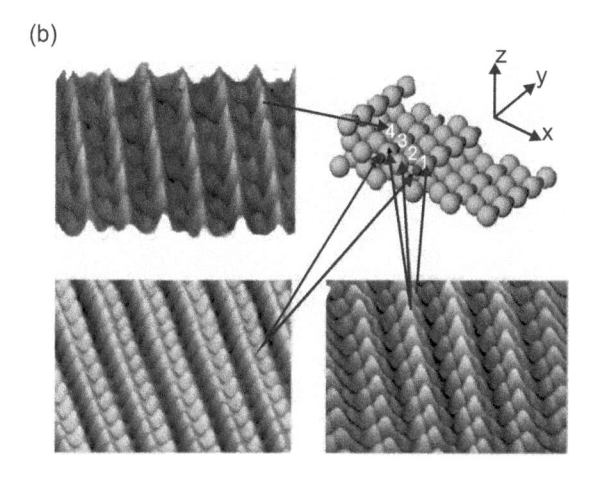

-10mV, 0.08nA -2mV, 0.08nA -2mV, 0.12nA

-2mv, 0.14nA -2mV, 0.16nA -2mV, 0.18nA

(b)

Abb. 22.17. STM-Abbildung einer Cu(014)-O-Oberfläche bei variierendem Sonden-Proben-Abstand mit zwei unterschiedlichen Sondenarten. (a) MnNi-Sonde [22.47]. (b) W-Sonde [22.48].

gen zur Wechselwirkung zwischen einer [001]-orientierten W-Sonde und der Si(111)-7 × 7-Oberfläche. Demnach modifiziert diese Wechselwirkung drastisch insbesondere die elektronische Konfiguration des Si-Adatoms bei Sonden-Proben-Abständen unterhalb von 4,75 Å. Dies führt zu einer nicht monotonen Abstandsabhängigkeit des Tunnelstroms. Es erfolgt Ladungstransfer zwischen Adatom und Nachbaratomen. Bei einem Sonden-Proben-Abstand von 3 Å bildet sich sogar eine chemische Bindung zwischen Sonde und Probe, die den elektronischen Transport unterdrückt. Die Sonden-Proben-Wechselwirkungen werden dadurch begünstigt, dass p_z-Zustände die Oberflächenzustände von Si(111)-7 × 7 nahe der Fermi-Energie dominieren.

Abgesehen von einer atomaren oder subatomaren Ortsauflösung hat STM auch das Potential chemischer Sensitivität. Zur Unterscheidung unterschiedlicher atoma-

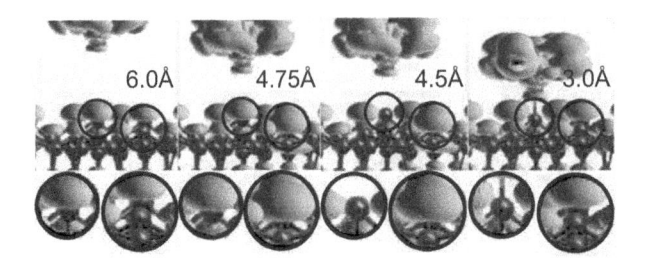

Abb. 22.18. 0,005 e/Å³-Isoflächen der elektronischen Ladungsdichte für die Wechselwirkung einer W[001]-Sonde mit einer Si(111)-7 × 7-Oberfläche bei verschiedenen Arbeitsabständen [22.49].

rer Spezies oder gar Bindungszustände bedarf es aber einer umfassenden Kenntnis der Sonden-Proben-Wechselwirkung und ihres Einflusses auf die elektronische Konfiguration der Probe. Wie wir gesehen haben, besteht in den weitaus meisten Fällen eine solche umfangreiche Kenntnis nicht. In vergleichsweise einfachen Fällen erhält man allerdings schon eine chemische Sensitivität durch die Abhängigkeit der LDOS der Probe von der Tunnelspannung. So lassen sich Atome von Verbindungshalbleitern [22.50] und intermetallischen Verbindungen [22.43] unterscheiden. Aber auch die distanzabhängigen Sonden-Proben-Wechselwirkungen können manchmal über atomspezifische Relaxationsprozesse dazu führen, dass eine chemische Spezifität in den STM-Abbildungen erreicht wird. Die diesbezüglichen Resultate sind allerdings eher als empirisch denn als durch entsprechende Betriebsbedingungen rational generiert einzustufen. Ein Beispiel für einen wechselwirkungsinduzierten chemischen Kontrast zeigt Abb. 22.19.

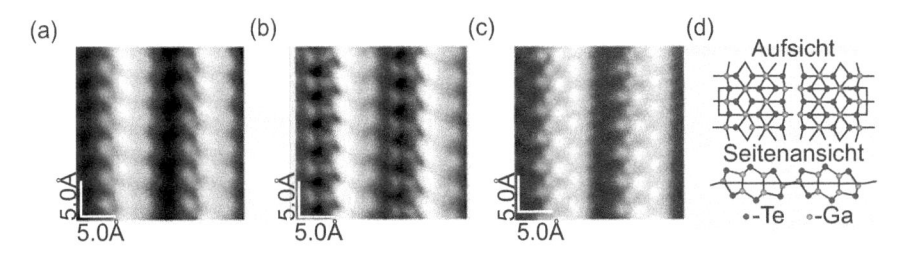

Abb. 22.19. STM-Abbildungen einer GaTe(10-2)-Oberfläche mit einer W[001]-Sonde bei variierendem Sonden-Proben-Abstand [22.51]. (a), (b) Präferentielle Beiträge des Ga- oder Te-Untergitters. (c) Beiträge beider Untergitter. (d) Atomare Konfiguration von GaTe (10 − 2).

Auch bei intermetallischen Verbindungen kann die Sonden-Proben-Wechselwirkung zu einem chemischen Kontrast führen [22.52]. Ein eindrucksvolles Beispiel zeigt Abb. 22.20. Details der zugrunde liegenden Sonden-Proben-Wechselwirkungen, die erforderlich sind zur Realisierung des Kontrasts, konnten theoretisch verifiziert werden [22.11].

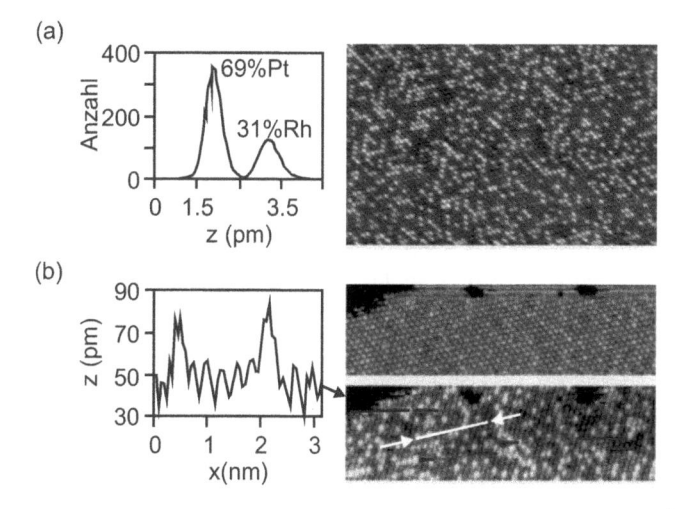

Abb. 22.20. STM-Abbildung einer $Pt_{25}Rh_{75}(111)$-Oberfläche [22.54]. (a) Überblick und relative atomare Korrugation der beiden Atomsorten. (b) Derselbe Probenausschnitt mit plötzlich auftretendem chemischen Kontrast, der auf Adsorption eines Atoms an der STM-Sonde zurückgeführt wurde.

Nach dem anfangs erwähnten Reziprozitätsprinzip kann auch die Probenoberfläche dazu dienen, den Sondenapex abzubilden. Die orbitale Abbildung von Si-terminierten

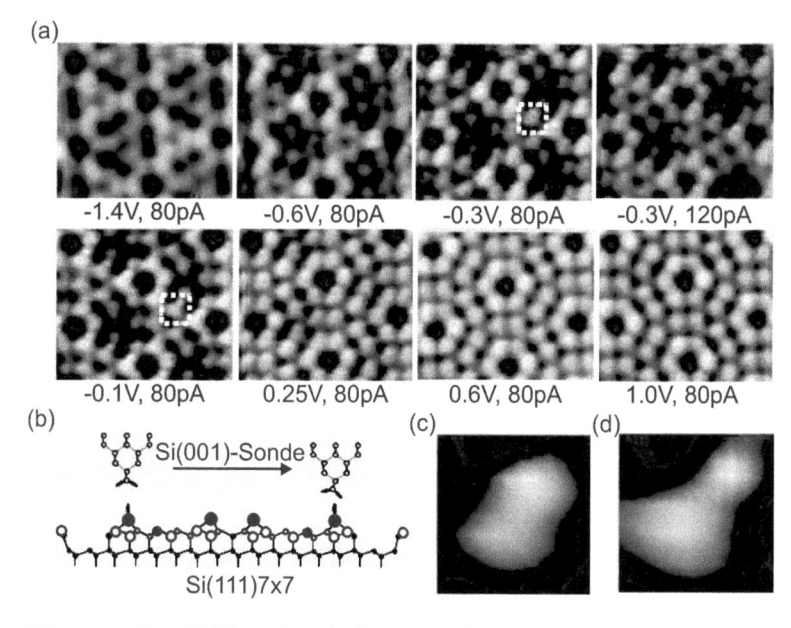

Abb. 22.21. STM-Abbildung der Si(111)-7 × 7-Oberfläche mit Si-terminierter Sonde [22.25]. (a) Abbildungen bei variierten Tunnelparametern. (b) Schema der Sonde über der Oberfläche bei möglicher Deformation. (c), (d) Vergrößerungen der Doppelstrukturen aus den in (a) markierten Bereichen.

Sonden gelang auf Si(111)-7 × 7-Oberflächen zunächst mittels Rasterkraftmikroskopie [22.26] und dann auch mittels STM [22.25]. Es wird davon ausgegangen, dass p_z-Orbitale der Si(111)-7×7-Oberfläche zwei Orbitale des Apexatoms der Spitze abbilden. Abbildung 22.21 zeigt STM-Abbildungen mit subatomarer Auflösung. Die Interpretation des Kontrasts wird allerdings durchaus kontrovers diskutiert [22.55].

Abbildung 22.22 zeigt ein weiteres Beispiel einer subatomaren Auflösung. Hier wurde im dynamischen STM-Modus mit einer Co_6Fe_3Sm-Sonde eine Si(111)-7×7-Probe abgebildet. Das Bild lässt sich deuten im Sinn einer Konvolution von Sonden- und Probenorbitalen. Die Modellrechnungen legen den Schluss nahe, dass in der Abbildung das p_z-Orbital der Probenatome gefaltet wird mit dem f_{z^3}-Orbital des Sondenapexatoms. Eine derartige Konvolution unter Beteiligung eines verkippten f_{z^3}-Orbitals erklärt insbesondere die Asymmetrien im Erscheinungsbild der einzelnen Probenatome.

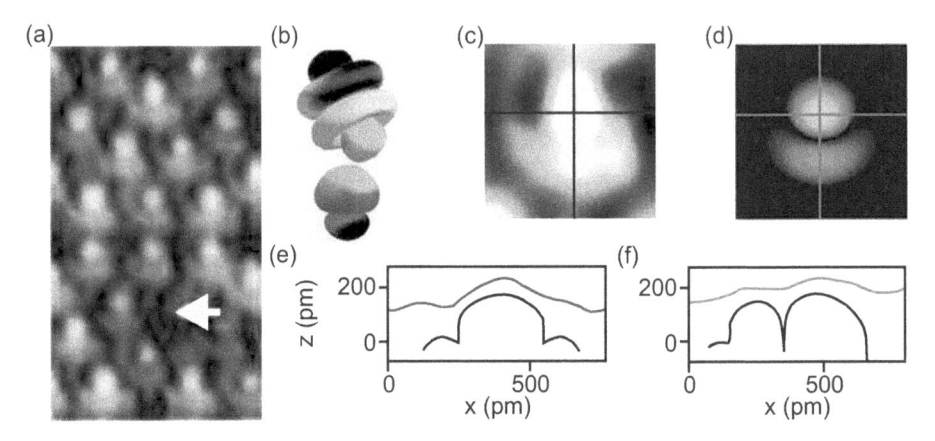

Abb. 22.22. STM-Abbildung der Si(111)-7 × 7-Rekonstruktion mit einer Co_6Fe_3Sm-Sonde [22.22]. (a) Deutlich sichtbar sind die Adatome und ein atomarer Defekt (Pfeil). (b) f_{z^3}-Sondenorbital und p_z-Probenorbital in einer zueinander verkippten Position. (c) Bild eines einzigen Adatoms. (d) Mit der Geometrie aus (b) simulierte Abbildung eines Adatoms. (e) Experimentelle und (f) theoretische Profile entlang der in (c) und (d) eingezeichneten Linien. Die unteren Profile gehören jeweils zu (d).

Die bislang behandelten Beispiele belegen eindrucksvoll, dass mittels STM nicht nur eine pm-Auflösung in vertikaler Richtung sondern auch in horizontalen Richtungen erreichbar ist. Dies gelingt selbst bei Raumtemperatur. Das zeigt auch Abb. 22.23. Hier wurde Graphen, welches wir in Abschn. 16.2 ausführlich behandelten, auf einem SiC(001)-Substrat abgebildet. Auf dem isolierenden Substrat kann das Graphen fast als freitragend betrachtet werden, da die Wechselwirkungen mit dem Substrat minimal sind. Neben der hohen Auflösung ist insbesondere bemerkenswert, dass man in Abb. 22.23(a) die Ripple-Struktur sieht, die wir in Abschn. 16.2.1 und 16.2.7 bereits thematisierten und die mit dafür verantwortlich ist, dass Graphen und andere zweidimensionale Materialien trotz des Mermin-Wagner-Theorems überhaupt existieren [22.56]. Abbildung 22.23(c) und (d) zeigen darüber hinaus Variationen der Kohlenstoffbindungslänge im pm-Bereich, die ebenfalls prognostiziert wurden [22.56].

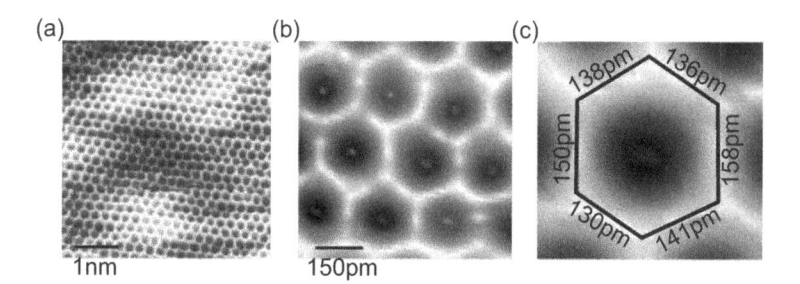

Abb. 22.23. STM-Abbildung einer Graphenmonolage auf einem SiC(001)-Substrat [22.57]. (a) Ripple-Struktur. (b) Hochaufgelöstes Gitter. (c) Variationen der C-C-Bindungslängen.

Wie wir gesehen haben, bilden in vielen Fällen Probenorbitale das Sondenorbital ab. Aber es lassen sich auch sehr hoch aufgelöste Aufnahmen von Probenorbitalen erhalten, wenn geeignete Sonden gewählt werden. Das sind beispielsweise einkristalline, gut definierte Metallsonden. Für die hochauflösende Rastertunnelmikroskopie ist es generell eine Herausforderung, orbital definierte Sonden reproduzierbar herzustellen [22.23].

22.2.4 Rastertunnelspektroskopie

Verwendet man STM zur topographischen Abbildung einer Oberfläche, so wird die Oberfläche bei gegebener Tunnelspannung V und gegebenem Solltunnelstrom I ortsaufgelöst abgebildet. Bei gegebener V-I-Kombination wird der Tunnelabstand z durch die Zustandsdichten ϱ_S und ϱ_P sowie durch die Besetzungsverteilung bestimmt. Das chemische Potential $\mu = \partial F/\partial N$ in Gl. (22.13) ist durch die Abhängigkeit der freien Energie F von der Teilchenzahl N gegeben. Für $T = 0$ gilt $\mu = E_F$. Da STM bei Temperaturen betrieben wird, die in diesem Kontext niedrig sind, kann für μ immer die Fermi-Energie zugrunde gelegt werden. Die Zustandsdichten ϱ_S und ϱ_P können grundsätzlich einen mehr oder weniger stark strukturierten $\varrho(E)$-Verlauf, der charakteristisch für die jeweils verwendete Sonde und Probe ist, aufweisen. Für STM ist der Bereich $E_F - eV/2 \leq E \leq E_F + eV/2$ relevant. Dies zeigt Abb. 22.24. Es ist offensichtlich, dass mittels STM auch der $\varrho(E)$-Verlauf analysiert werden kann, wenn V variiert wird. Diesen Betriebsmodus bezeichnet man als *Rastertunnelspektroskopie (Scanning Tunneling Spectroscopy, STS)*.

Der Tunnelstrom I lässt sich aber noch als Funktion weiterer Größen ortsfest oder aber auch ortsaufgelöst detektieren. Offensichtlich sind hier die Möglichkei-

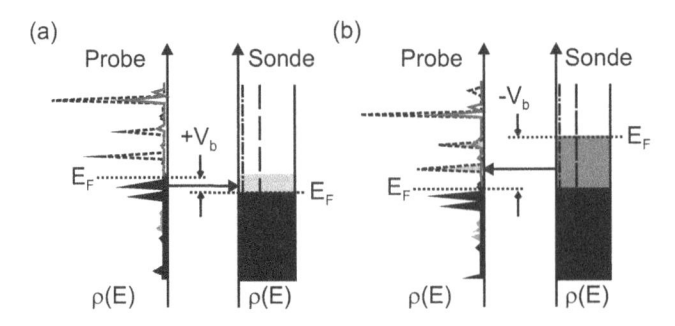

Abb. 22.24. Bedeutung der Zustandsdichten $\varrho(E)$ für STM. (a) Tunneln von der Probe in die Sonde. (b) Tunneln von der Sonde in die Probe.

ten von $I(z)$- und $I(t)$-Messungen, die ebenfalls als Spektroskopie bezeichnet werden. Beginnen wir mit der $I(t)$-Spektroskopie. Diese wird zuweilen auch als *TRSTM (Time-Resolved STM)* bezeichnet [22.58]. Bei vielen Anwendungen wird die hohe Ortsauflösung von STM mit einer hohen Zeitauflösung quantenoptischer Techniken kombiniert. Dabei sind besonders *Pump Probe-Techniken* geeignet. Wird direkt bei aktivem Regelkreis gearbeitet, so erreicht man typischerweise zeitliche Auflösungen im ms-Bereich [22.59]. Ohne Regelkreis ist die zeitliche Auflösung durch den I-V-Konverter des Tunnelmikroskops begrenzt, dessen Bandbreite typisch im Bereich von 50–500 kHz liegt [22.60]. Unter Verwendung des Open Loop-Modus konnten fundamentale dynamische Phänomene analysiert werden [22.61].

Abbildung 22.25 zeigt eine Ge(001)-Oberfläche mit c4×2- und 2×1-Rekonstruktionen. Die Ge-Oberflächendimere oszillieren zwischen zwei möglichen Konfigurationen [22.60]. Diese Oszillation tritt auch während der STM-Abbildung auf und lässt die Dimeratome symmetrisch erscheinen. Einige Dimerreihen weisen Defekte in Form fehlender Dimere auf. Das hin und her Springen der Dimere lässt sich in zeitaufgelösten STM-Messungen detektieren, wie Abb. 22.26 belegt. Ein Sprung zwischen den beiden möglichen Dimerzuständen erfolgt jeweils, wenn ein *Phason* über die Dimerposition diffundiert. Phasonen sind Quasiteilchen, diese hatten wir in Abschn. 2.2.4 bespro-

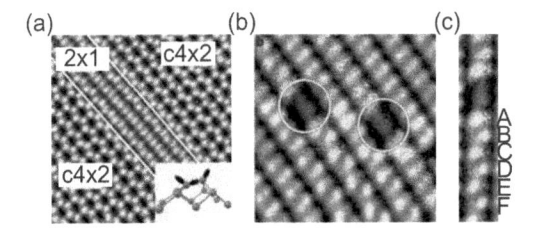

Abb. 22.25. STM-Abbildung der Ge(001)-Oberfläche [22.62]. (a) Unterschiedliche Rekonstruktionsdomänen. (b) Defekte in Form fehlender Dimere. (c) Dimere in der Umgebung eines Defekts.

chen, welche die Phase periodischer atomarer Anordnungen definieren. Die Residenzzeiten für die beiden möglichen Zustände eines Ga-Oberflächendimers hängen offenbar von der Position des Dimers in der Oberfläche und insbesondere von der relativen Lage zu atomaren Defekten ab.

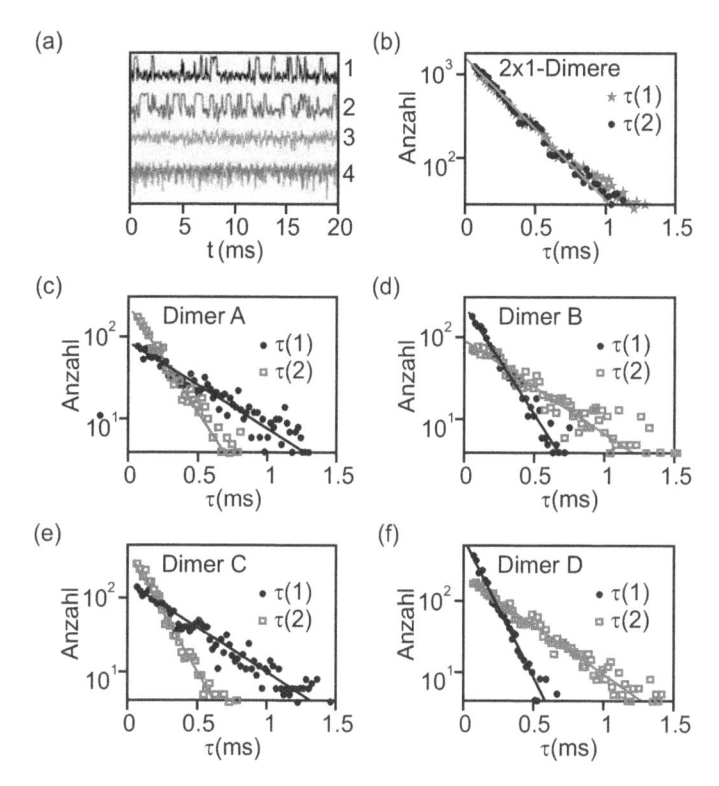

Abb. 22.26. Fluktuationen des Tunnelstroms im Open Loop-Modus an Dimerpositionen aus Abb. 22.25 [22.62]. (a) Tunnelstrom für ein oszillierendes asymmetrisches (1), ein oszillierendes symmetrisches (2), ein nicht oszillierendes symmetrisches (3) und ein nicht oszillierendes asymmetrisches Dimer. (b) Residenzzeiten für die beiden möglichen Zustände eines symmetrisch erscheinenden Dimers. (c)–(f) Residenzzeiten der Dimere aus Abb. 22.25(c).

Aus der zeitaufgelösten Spektroskopie in Abb. 22.26 lässt sich die Energiedifferenz zwischen den beiden möglichen Dimerkonfigurationen 1 und 2 ableiten: $E_2 - E_1 = k_B T \ln(\tau_1/\tau_2)$. In ähnlicher Weise erlaubt TRSTM auch die Analyse anderer dynamischer Prozesse wie etwa Konformationsänderungen, Rotation und Diffusion einzelner Moleküle [22.63].

Während die zeitaufgelöste Tunnelspektroskopie durchaus relevant für das örtlich hochaufgelöste Studium einiger spezieller dynamischer Prozesse ist, ist die energieaufgelöste Rastertunnelspektroskopie eine weitverbreitete Standardmethode zur Analyse örtlich variierender elektronischer Eigenschaften. Um die Funktionsweise von STS zu verstehen, setzen wir noch einmal bei Gl. (22.19) an. Wenn wir zunächst der Einfachheit halber annehmen, dass nahe dem Fermi-Niveau hauptsächlich s-artige Wellenfunktionen der Sonden am Tunnelprozess beteiligt sind, so gilt $\varrho_S(z, E) \sim \exp(-2\kappa[R + z])$. Hier ist R der effektive Sondenradius und $\kappa = \sqrt{m(\Phi_S + \Phi_P)/\hbar^2 - E + eV/2}$. Φ_S und Φ_P sind die Austrittsarbeiten von Sonde und Probe und E ist die Energie relativ zu E_F. Der Ausdruck für die inverse Abklinglänge impliziert, dass die Tunnelbarriere wie in Abb. 22.6(b) dargestellt, modellhaft angenähert wird. Für metallische Sonden ist $\varrho_S(z, E)$ nahe E_F strukturlos wie in Abb. 22.24 dargestellt. Damit lässt sich für den Tunnelstrom schreiben

$$I \sim \int_0^{eV} \varrho_P(E) T(E, V) dE \,. \tag{22.20a}$$

$T = \exp(-2\kappa z)$ ist hier die Transmissionswahrscheinlichkeit. Für den differentiellen Leitwert gilt dann

$$\frac{dI}{dV} \sim \varrho_P(V) T(V) + \int_0^{eV} \varrho_P(E) \frac{\partial}{\partial V} T(E, V) dE \,. \tag{22.20b}$$

Damit gilt

$$\frac{d \ln I}{d \ln V} = \frac{V}{I} \frac{dI}{dV} = eV \frac{\varrho_P(V) + \int_0^{eV} \varrho_P(E) \, \partial/\partial V (T(E, V)) \, dE}{\int_0^{eV} \varrho_P(E) T(E, V) dE} \,. \tag{22.20c}$$

Aus diesem Ausdruck fällt die exponentielle Abhängigkeit von T und $\partial T/\partial V$ von V und z quasi heraus. Damit wird bei Variation der Tunnelspannung im Wesentlichen die energieabhängige Zustandsdichte der Probe $\varrho_P(E = eV)$ gemessen. Für ein Probenpotential $V > 0$ werden die unbesetzten Zustände erfasst. Mit $T(E, V) \leq T(E = eV)$ erhält man die maximale Transmission für $E = eV$. Für $V < 0$ werden die besetzten Probenzustände erfasst. Mit $T(E, V) \geq T(E = eV)$ erhält man die maximale Transmission für $E = 0$. Insgesamt ergibt Gl. (22.20c) eine Messung der normierten Probenzustandsdichte bei einem moderat mit V variierenden Hintergrund. Da die Integralterme von gleicher Größenordnung aber größer als $\varrho_P(V)$ sind, ist es a priori am schwierigsten, energetisch niedrige gefüllte Zustände der Probe zu messen. Abbildung 22.27 zeigt LDOS-Messungen an einer Ge(001)-Oberfläche. Die Rekonstruktionsdomänen entsprechen denen in Abb. 22.25. Für unterschiedliche Rekonstruktionen variiert die Zustandsdichte $\varrho_P(V)$ unterschiedlich.

Zur Verifikation der abgeleiteten Zusammenhänge ist es interessant, an Systemen zu messen, die markante LDOS-Effekte zeigen, die von der topographischen Struktur klar abgesetzt sind. Ein solches System zeigt Abb. 22.28. Pt-Nanodrähte mit Abständen

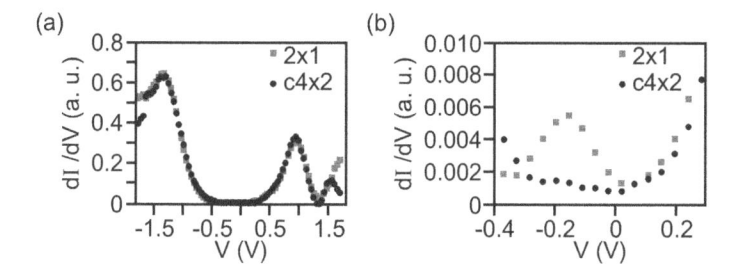

Abb. 22.27. Differentielle Tunnelleitfähigkeit, gemessen an einer Ge(001)-Oberfläche mit 2×1- und 4×2-Rekonstruktionen [22.64]. (a) Peaks bei −1 V und 0,8 V resultieren von bindenden und antibindenden Dimerzuständen. (b) Der kleine metallische Peak direkt unterhalb von E_F resultiert aus dem kontinuierlichen Ladungstransfer zwischen unabgesättigten π-Bindungen während des hin und her Springens zwischen den beiden Dimerkonfigurationen.

von 1,6 nm und 2,4 nm wurden parallel auf einem Substrat deponiert und gleichzeitig die Topographie und die differentielle Leitfähigkeit mittels STM/STS gemessen. Elektronische Zustände existieren offenbar ausschließlich zwischen den Nanodrähten. Dieser Befund wird konkretisiert durch Abb. 22.29. Bei einem Abstand von 2,4 nm gibt es LDOS-Peaks bei 40 meV und 160 meV oberhalb des Fermi-Niveaus. Diese Energieniveaus sind in perfekter Übereinstimmung mit Gl. (3.57), welche die Energieniveaus eines eindimensionalen Potentialtopfs liefert. Für 1,4 nm Distanz lässt sich nur das erste Energieniveau bei 90 meV detektieren. Gegenüber dem durch Gl. (3.262) gegebenen $\varrho_P \sim 1/\sqrt{E}$-Verlauf zeigt Abb. 22.29(a) eine thermische und messtechnisch verursachte Verbreiterung der LDOS-Peaks [22.66]. Die laterale LDOS-Verteilung ist durch $|\varphi_n(x)|^2$ gegeben. Der Verlauf nach Abb. 22.29(c) und (d) stimmt mit demjenigen, den Gl. (3.55) erwarten lässt, nach Korrektur gut überein. Die Korrektur erlaubt eine Separation des ersten und zweiten Energieniveaus für die Nanodrahtdistanz von 2,4 nm.

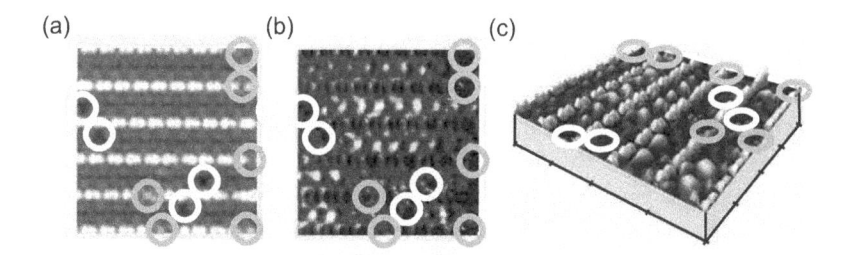

Abb. 22.28. Durch Selbstorganisation deponierte Pt-Nanodrähte auf Ge(001)-Substrat [22.65]. (a) Topographie und (b) simultan gemessene differentielle Leitfähigkeit. (c) Überlagerung von (a) und (b).

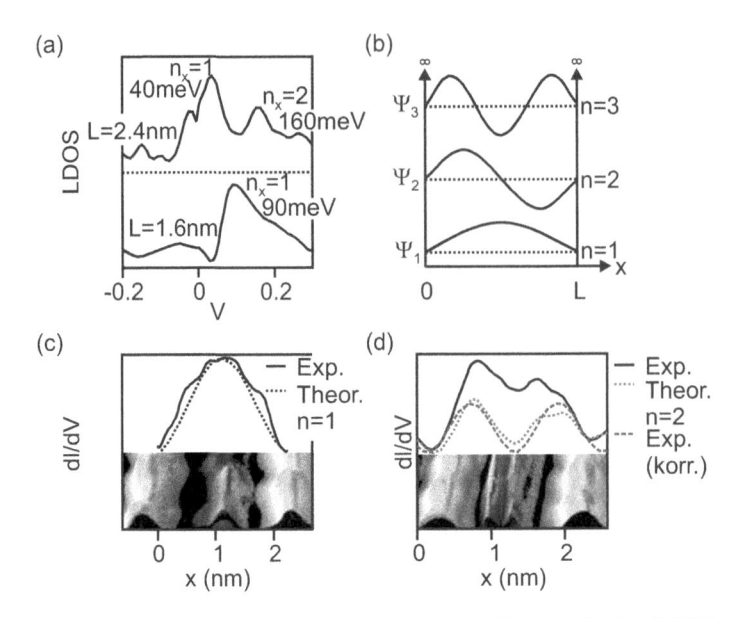

Abb. 22.29. LDOS zwischen den Nanodrähten aus Abb. 22.28 im Detail. (a) Gemittelte Zustandsdichte für beide Distanzen zwischen den Drähten. (b) Gebundene Zustände für einen eindimensionalen Potentialtopf gemäß Abb. 3.25. (c) LDOS bei 40 meV für 2,4 nm Drahtabstand. (d) LDOS bei 160 meV für 2,4 nm Drahtabstand.

I(V)-Kennlinien spiegeln aber gemäß Gl. (22.20a) nicht nur Zustandsdichteeffekte wider, sondern auch Anomalien in der Transmissionswahrscheinlichkeit $T(E, V)$. Solche Anomalien können durch Ladungseffekte bei sehr kleinen Tunnelkontakten auftreten. Wie in Abschn. 3.2.3 diskutiert, äußern sich SET-Effekte in einer Coulomb-Blockade und in einer Coulomb-Treppe. Abbildung 22.30 zeigt Kennlinien, die an Pt-Clustern auf selbstassemblierten $C_{10}H_{22}S$-Monolagenfilmen deponiert wurden. Die STM-Sonde bildet mit dem Cluster einen kleinen Tunnelkontakt, der mit dem Cluster-Substrat-Tunnelkontakt in Serie geschaltet ist. Wie in Abb. 3.22 und 3.23 gezeigt, weist die $I(V)$-Kennlinie unter geeigneten Bedingungen eine Coulomb-Treppe auf. Diese ist in Abb. 22.30(a) in thermisch verschmierter Form sichtbar. Der differentielle Leitwert in Abb. 22.30(b) zeigt deutlich die resultierenden Oszillationen.

Eine weitere Art der Rastertunnelspektroskopie basiert auf dem $I(z)$-Verlauf: $I(z) \sim \exp(-2\kappa z)$. Die inverse Abklinglänge κ beinhaltet Informationen über die effektive Barrierenhöhe $\Phi = (\Phi_P + \Phi_S)/2$. Diese Informationen lassen sich erhalten, wenn der $I(z)$-Verlauf bei geöffnetem Regelkreis durch definierte Variation von z gemessen wird: $\ln(I/I_0) \sim \sqrt{2m\Phi/\hbar^2 - E + eV/2}\; z$. Für hinreichend kleine Tunnelspannungen und bei Vernachlässigung von LDOS-Effekten kann Φ direkt aus einer $I(z)$-Kurve entnommen werden [22.68]. Eine entsprechende Messung ist in Abb. 22.31 dargestellt.

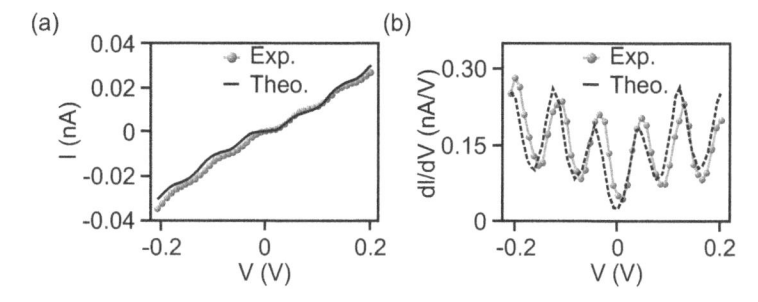

Abb. 22.30. SET-Effekte in der Rastertunnelspektroskopie [22.67]. (a) Coulomb-Treppe gemessen an Pt-Clustern auf einem $C_{10}H_{22}$S-SAM auf Goldsubstrat. (b) Dazugehörige differentielle Leitfähigkeit.

Eine interessante Variante der $I(z)$-Spektroskopie ergibt sich im Feldemissions- oder im Fowler-Nordheim-Regime mit $eV > \Phi$. Unter diesen Potentialbedingungen kann es bei geeigneten Abständen z zu Oszillationen kommen. Transmittierte Elektronen werden an der Proben- oder Sondenoberfläche reflektiert und danach am ansteigenden Potential der Tunnelbarriere reflektiert. Dadurch können stehende Elektronenwellen innerhalb des Tunnelkontakts entstehen, der Tunnelkontakt wirkt wie ein Elektroneninterferometer [22.70]. Für die Entstehung der Elektronenwellen muss der Reflexionskoeffizient der jeweiligen Oberfläche stimmen, das Barrierenpotential muss einen geeigneten Verlauf zeigen, und die feldemittierten Elektronen müssen eine geeignete Energie besitzen. Die entsprechenden Resonanzen lassen sich in $I(V)$- oder $I(z)$-Kurven beobachten [22.71] und werden als *Gundlach-Oszillationen* bezeichnet.

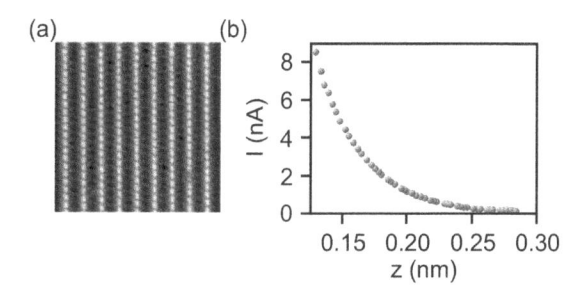

Abb. 22.31. $I(z)$-Spektroskopie [22.69]. (a) Ge(001)-Oberfläche mit Pt-Nanodrähten. (b) Ortsgemittelte $I(z)$-Kurve der Oberfläche aus (a).

Bereits in den 1960er Jahren wurde die inelastische Tunnelspektroskopie (*Inelastic Tunneling Spektroscopy, IETS*) entwickelt [22.72]. Sie basiert darauf, dass es während eines Tunnelprozesses zu inelastischen Streuungen der tunnelnden Elektronen kommen kann. Ein inelastischer Streuprozess kann beispielsweise die Anregung vibronischer Moden von Molekülen involvieren [22.73]. Wird eine vibronische Mode angeregt, so öffnet sich damit ein weiterer Transportkanal, was zu einem abrupten Anwachsen des Tunnelstroms führt. Bei der Schwellspannung $V_S = \pm\hbar\omega/e$ ändert sich die Steigung der $I(V)$-Kennlinie. Dies führt zu einer Stufe des differentiellen Leitwerts $\partial I/\partial V(\pm V_S)$ und zu einem Peak von $\partial^2 I/\partial V^2(\pm V_S)$. Das symmetrische Auftreten dieser beiden Peaks kann als eindeutige Signatur eines inelastischen Tunnelprozesses betrachtet werden. Allerdings ist der Anteil inelastisch gestreuter tunnelnder Elektronen mit ≈ 1 % sehr klein und die Detektion der Peaks in den Tunnelspektren entsprechend komplex [22.74]. IETS-Messungen werden in der Regel bei Temperaturen von $T \lesssim 20$ K durchgeführt. Abbildung 22.32 zeigt eine bei $T = 77$ K durchgeführte Messung an einem $C_{10}H_{22}$S-SAM auf Goldsubstrat. Die Peaks bei ±33 meV und ±155 meV können klar aufgelöst werden. Sie können der Au-S-Streckmode (29 meV) und/oder der C-S-Streckmode (38 meV) zugeordnet werden sowie CH_2-Biegemoden (155 meV und 163 meV).

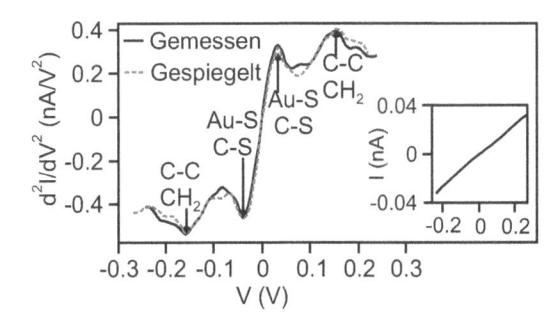

Abb. 22.32. IETS-Messungen an einem $C_{10}H_{22}$S-SAM [22.75].

22.2.5 Nanoskalige Variationen der Zustandsdichte

Atomare Variationen der Zustandsdichte spiegeln die Atompositionen wider und können nicht so ohne Weiteres von kleinsten topographischen Variationen Δz unterschieden werden. Eine Abschätzung des Atomdurchmessers aus LDOS-Profilen ist also nicht möglich. Im Kontext von Bandstrukturen oder gar des freien Elektronengases besitzen Zustandsdichten natürlich ohnehin eine stark kooperative Komponente. Das wird deutlich anhand von Abb. 22.33. Dargestellt ist der Zustandsdichteverlauf $\varrho_P(E)$ einer GaAs(110)-Oberfläche, aufgenommen bei $T = 10$ K. Die Bandkanten von Valenzband (E_V) und Leitungsband (E_C) sowie die dazwischen liegende Energielücke von 1,6 eV sind sichtbar.

Andere kollektive Ladungsdichteeffekte sind, wie in Abschn. 2.2.2 diskutiert, auf Potentialstreuung von Elektronenwellen, auf Quanteninterferenz und Abschirmeffekte zurückzuführen. Entsprechende LDOS-Effekte treten beispielsweise in der Umge-

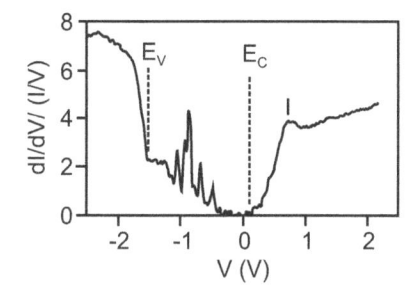

Abb. 22.33. Zustandsdichte einer GaAs(110)-Oberfläche, gemessen bei $T = 10$ K [22.76]. Die Kanten von Valenz- und Leitungsband sind eingezeichnet.

bung von Dotieratomen in Halbleitern auf. Abbildung 22.34 zeigt dafür ein detailliertes Beispiel.

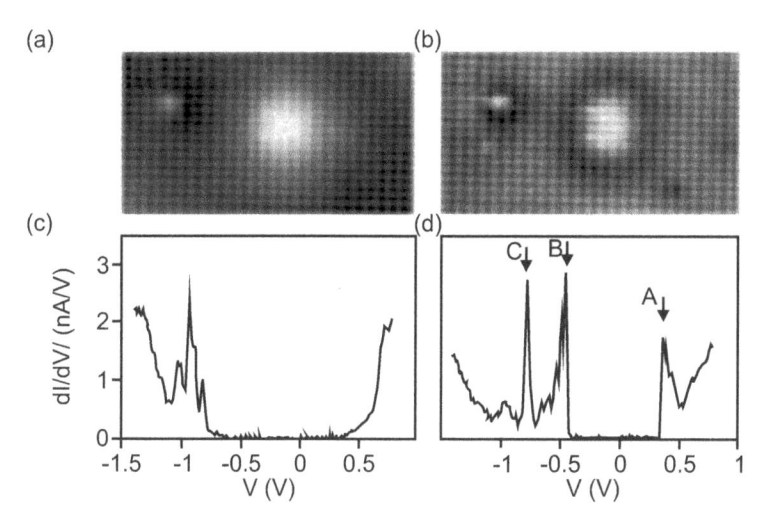

Abb. 22.34. STM-Analyse von LDOS-Effekten nahe von Dotieratomen an einer GaAs(110)-Oberfläche [22.76]. (a) STM-Abbildung der n-dotierten Probe in der Umgebung eines Donatoratoms bei einem Probenpotential von 1,5 V. (b) Probenpotential von -2,2 V. (c) LDOS-Verlauf entfernt vom Donatoratom. (d) LDOS-Verlauf über dem Donatoratom.

Wie ebenfalls bereits in Abschn. 2.2.2 erwähnt, sind *Ladungsdichtewellen (Charge Density Waves, CDW)* ebenfalls ein kooperatives LDOS-Phänomen. Sie treten aufgrund der *Peierls-Instabilität* als langreichweitige periodische Ladungsdichtevariationen bei reduzierter Dimensionalität eines Materials auf. Übergangsmetall-Dichalcogenide sind besonders geeignet, um Effekte der Dimensionalität auf korrelierte elektronische Phasen zu untersuchen. Ein diesbezüglich äußerst interessantes Material ist NbSe$_2$. Aufgrund der quasizweidimensionalen Struktur entsteht unterhalb von $T = 33$ K eine

Ladungsdichtewelle. Darüber hinaus wird das Material bei $T_C = 7{,}2$ K supraleitend und beide elektronischen Phasen koexistieren.

NbSe$_2$ lässt sich als zweidimensionales Material präparieren, wie in Abschn. 19.1.5 diskutiert. In Anbetracht dieser Möglichkeit stellt sich natürlich unmittelbar die Frage, ob isolierte Monolagen des Materials ebenfalls entsprechende kooperative Eigenschaften zeigen. Diesbezügliche Experimente gelangen bereits [22.77]. Dazu wurden isolierte NbSe$_2$-Monolagen auf Doppellagen von Graphen deponiert, wie in Abb. 22.35(a) dargestellt. Die temperaturabhängigen STM-Aufnahmen zeigen, dass bei $T = 25$ K bereits ansatzweise CDW erkennbar sind und bei $T = 5$ K deutlich.

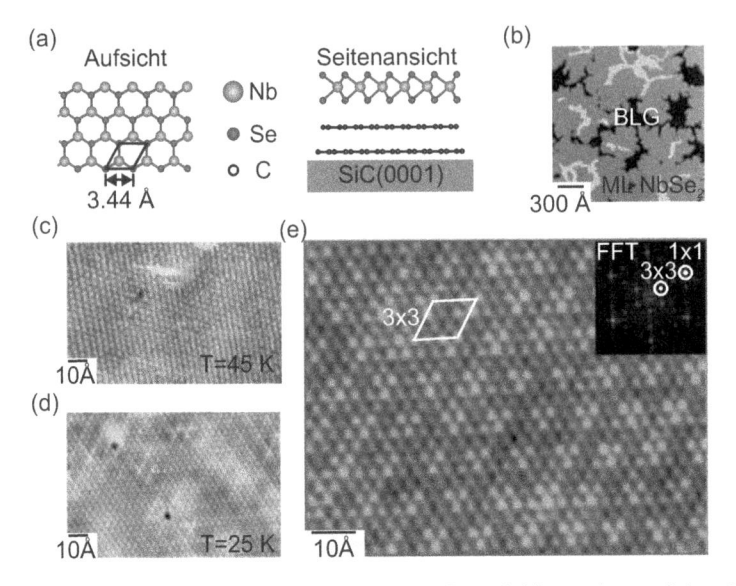

Abb. 22.35. CDW in einer Monolage von NbSe$_2$ [22.77]. (a) Monolage auf einer Bilage von Graphen auf SiC(0001)-Substrat. (b) Übersichts-STM-Abbildung. BLG steht für Bilagengraphen. (c) $T = 45$ K. (d) $T = 25$ K. (e) $T = 5$ K mit Fourier-transformierter Abbildung.

Die erstmalig 1930 von *R. Peierls* (1907–1995) im Eindimensionalen propagierte Instabilität [22.78] besteht in der Ausbildung von Ladungsdichtewellen als Grundzustand unterhalb der Peierls-Übergangstemperatur in quasieindimensionalen und geschichteten quasizweidimensionalen Materialien. Die Ladungsdichtewellen bestehen in einer periodischen ein- oder zweidimensionalen Modulation der elektronischen Ladungsdichte und auch der Lage der Gitteratome. Die Gitter- und Elektronenmoden sind gekoppelt. Die Modulation der Gitterkonstante beträgt weniger als ein Prozent und diejenige der Dichte der Leitungselektronen wenige Prozent. Der *Peierls-Übergang* führt zur Ausbildung einer Energielücke bei der Fermi-Energie E_F [22.79]. Genau diese Energielücke konnte, wie Abb. 22.36 zeigt, auch mittels STS für die isolierte Monolage von NbSe$_2$ nachgewiesen werden. Mit $2\Delta = 8$ meV ist die Peierls-Lücke allerdings deutlich kleiner als die Werte, welche für NbSe$_2$-Massivmaterialien gemessen wurden [22.80].

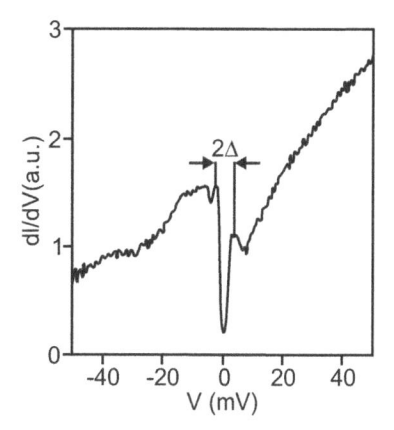

Abb. 22.36. CDW-Energielücke einer isolierten NbSe$_2$-Monolage, gemessen mittels STS bei T = 5 K [22.77].

Die diskutierten Beispiele zeigen, dass atomaren LDOS-Profilen kooperative LDOS-Phänomene überlagert sind, die in Form von $\varrho(E)$-Verläufen ebenfalls mittels STS messbar sind. Beispiele sind Bandstrukturverläufe und insbesondere Energielücken. Bei Wahl geeigneter Tunnelspannungen lassen sich mittels STM auch nanoskalige Variationen entsprechender kooperativer LDOS-Verläufe abbilden. Hierfür zeigen Abb. 22.34 und 22.35 Beispiele.

Eine Energielücke weist auch die Quasiteilchenzustandsdichte von Supraleitern auf. Dies hatten wir in Abschn. 3.6.6 ausführlich diskutiert. Diese Energielücke lässt sich mittels STS im supraleitenden Zustand detektieren. Abbildung 22.37 zeigt Ergeb-

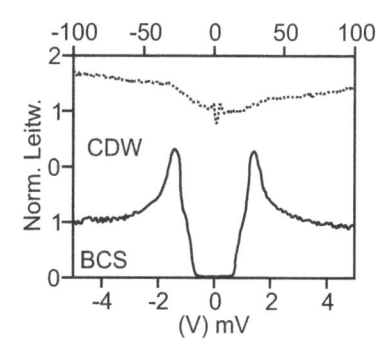

Abb. 22.37. CDW- und BCS-Energielücke, gemessen mittels STS bei T = 50 mK an NbSe$_2$ [22.81].

nisse für NbSe$_2$. Hier kommt es zu einer Koexistenz von CDW und Typ-II-Supraleitung, wobei die kritische Temperatur $T_C = 7{,}2$ K beträgt.

Unter dem Einfluss eines externen Magnetfelds senkrecht zur Probenoberfläche dringt der magnetische Fluss in Form von Vortices quantisiert in den Supraleiter ein, was wir ebenfalls in Abschn 3.6.6 diskutierten. Ein solcher Vortex ist schematisch in Abb. 22.38 dargestellt. Innerhalb des Vortex fällt die Paarwellenfunktion und damit die Cooper-Paar-Dichte auf Null ab. Damit verschwindet hier auch die Energielücke Δ. Die Zustandsdichte variiert auf einer durch die Kohärenzlänge ξ gegebenen Längenskala. ξ variiert im Allgemeinen zwischen dem μm- und dem Å-Bereich, was man aus Tab. 3.9 entnehmen kann. Das durch den Abschirmstrom hervorgerufene Magnetfeld ist im Vortexzentrum maximal und variiert auf einer durch die Londonsche Eindringtiefe λ gegebenen Längenskala. λ liegt im nm-Bereich, wie ebenfalls Tab. 3.9 zeigt. Abbildung 22.38(b) zeigt den resultierenden Verlauf von $\Delta(\mathbf{r})$. Ebenfalls dargestellt sind lokalisierte, gebundene Andreev-Zustände [22.82]. Das variierende Paarpotential führt zur Entstehung von Quasiteilchen mit einem gemischten Elektron-Loch-Charakter. Diese Quasiteilchen erleiden multiple Andreev-Reflexionen beim Verlassen des Vortex-Kerns. Der resultierende Abstand der Andreev-Zustände ist $\Delta E = \Delta^2 / E_F$ [22.82].

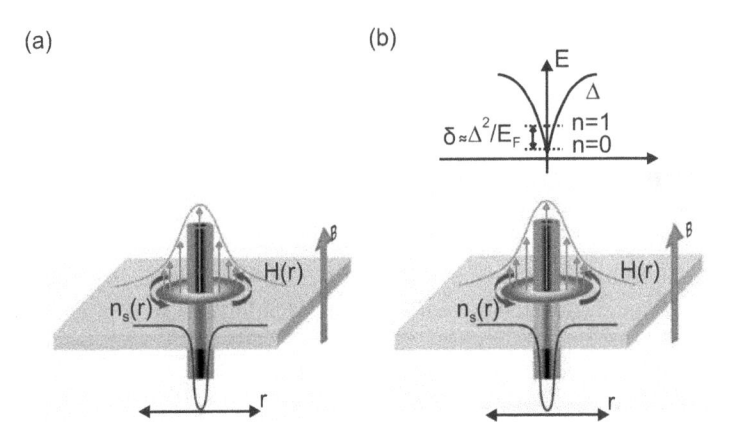

Abb. 22.38. Struktur von Vortices in einem Typ-II-Supraleiter. (a) Verlauf des Ordnungsparameters n_S und des Magnetfelds H. (b) Verlauf der Energielücke und Lokalisation gebundener Andreev-Zustände.

Es war ein großer wissenschaftlicher Durchbruch, als es 1989 erstmalig gelang, das Abrikosov-Vortexgitter eines Typ-II-Supraleiters mittels STM abzubilden [22.83]. Bis dahin gelang dies nur mittels Bitter-Technik [22.84] und weiterer Verfahren [22.85], welche das Magnetfeld der Vortices, schematisch dargestellt in Abb. 22.38, nutzen. Bis heute ist STM das einzige Verfahren, mit dem sich direkt im Ortsraum die Zustandsdichte im Innern von Vortices hochauflösend abbilden lässt [22.86].

Vortices lassen sich mittels STM abbilden, indem man den $\Delta(\mathbf{r})$-Verlauf nutzt. Im Zentrum der Vortices nimmt Δ ab und verschwindet, wie in Abb. 22.38(b) dargestellt. Außerhalb der Vortices nimmt hingegen Δ den vollen BCS-Wert an. Wird also mit $V < \Delta/e$ getunnelt, so befindet man sich im Hinblick auf die LDOS innerhalb der in Abb. 22.37 sichtbaren BCS-Energielücke. Innerhalb der Vortices besteht aber keine Energielücke und der Quasiteilchenstrom ist damit nicht unterdrückt. Praktikabler ist es allerdings, lokal den differentiellen Leitwert zu messen. Die erste $\partial I/\partial V$-Abbildung dieser Art zeigt Abb. 22.39

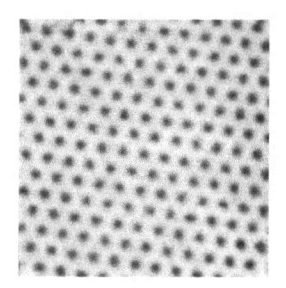

Abb. 22.39. STM/STS-Abbildung des Abrikosov-Vortexgitters in NbSe$_2$ bei $T = 1{,}8$ K und $B = 1$ T für einen Rasterbereich von 600 nm × 600 nm [22.83].

Innerhalb von Vortexkernen gibt es komplexe LDOS-Profile mit signifikanten Peaks [22.81; 22.83; 22.87]. Die im STM sichtbare Struktur und Symmetrie des Kerns wandelt sich beträchtlich mit der betrachteten Energie $E = eV$. Dies zeigt Abb. 22.40 in eindrucksvoller Weise. Dabei interagieren bei hinreichend kleinem Abstand die Vortexkerne, und die Zustände können hybridisieren [22.88].

Auch im Fall der Quasiteilchen-LDOS von Supraleitern sind natürlich atomare LDOS-Profile überlagert. Dies zeigt Abb. 22.41 . Man erkennt hier eine Überlagerung gebundener Vortexkernzustände und atomarer Korrugationen.

Ein Freiheitsgrad bei der STM/STS-Analyse supraleitender Proben ist der Sondentyp. Bislang hatten wir vorausgesetzt, dass es sich um normalleitende Sonden handelt. Damit sind die Tunnelkontakte S/I/N-Kontakte mit entsprechenden Eigenschaften des Quasiteilchentunnelns wie in Abschn. 3.6.6 besprochen. Verwendet man hingegen supraleitende Sonden, so kann ein S/I/S-Tunnelkontakt realisiert werden. Dies führt zu modifizierten Tunnelphänomenen, die wir anhand der Gegenüberstellung in Abb. 3.100 ausführlich diskutierten. Die Quasiteilchenspektren können einen Verlauf besitzen, in dem sich nun die Energielücken beider Supraleiter widerspiegeln. Insbesondere kann es auch zum Cooper-Paar-Tunneln kommen. Abbildung 22.42 gibt einen Überblick über mögliche Tunnelprozesse unter Berücksichtigung von Vortices in der Probe und des Josephson-Effekts.

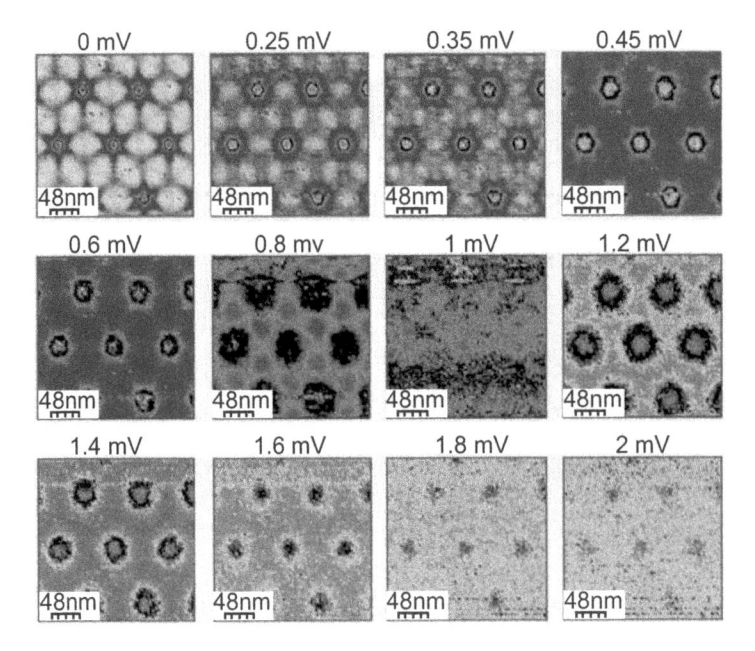

Abb. 22.40. STM/STS-Abbildungen des Vortexgitters in NbSe$_2$ bei B = 0,15 T [22.86].

Grundsätzlich spiegelt eine STM-Abbildung eine Konvolution der Zustandsdichten von Sonde und Probe wider. Dies führt dazu, dass es signifikante Unterschiede gibt zwischen STM/STS-Abbildungen von Vortexkernen mit supraleitenden und normalleitenden Sonden. Dies zeigt Abb. 22.43. Der charakteristische Peak im Zentrum des

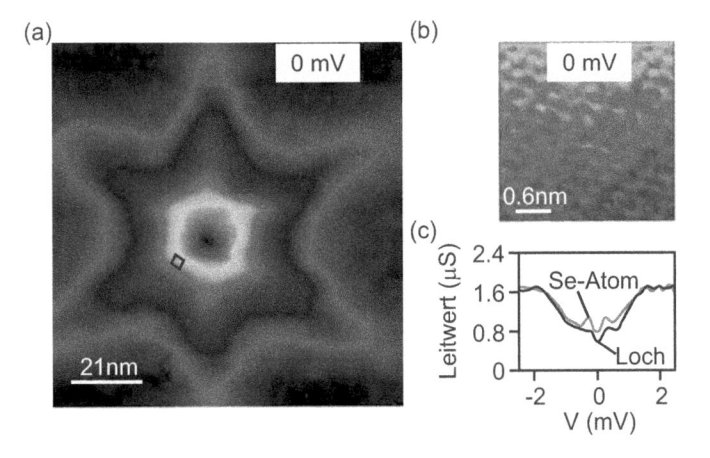

Abb. 22.41. LDOS-Profile von Supraleitern [22.89]. (a) Gebundene Kernzustände von Vortices in NbSe$_2$ bei B = 0,03 T am Fermi-Niveau. (b) Atomare Korrugation, aufgenommen im markierten Bereich von (a). (c) $\partial I/\partial V$-Kennlinien an verschiedenen atomaren Positionen.

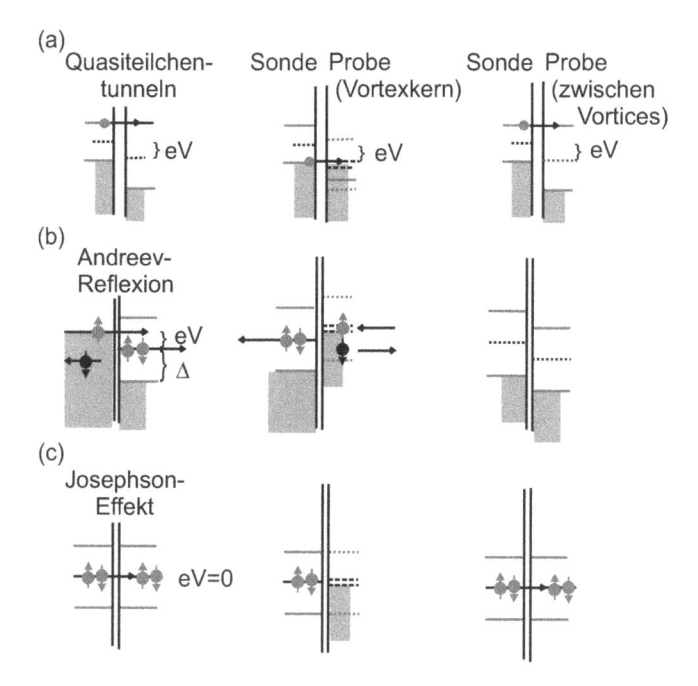

Abb. 22.42. Tunnelphänomene bei Verwendung supraleitender Sonden. (a) Quasiteilchentunnelprozesse in Abhängigkeit von der Sondenposition für ein Vortexgitter. (b) Möglichkeit von Andreev-Reflexionen in Abhängigkeit von der Sondenposition. (c) Cooper-Paar-Tunneln in Abhängigkeit von der Sondenposition.

Vortexkerns bei der Fermi-Energie, der dem ersten gebundenen Andreev-Zustand entspricht, erscheint nunmehr als Minimum in $\partial I/\partial V$-Kennlinien. Dies wird durch die Zustandsdichte der supraleitenden Sonde verursacht, die ja ebenfalls eine BCS-Lücke aufweist. Durch Variation des Sonden-Proben-Abstands und der Tunnelspannung $V = E/e$ lässt sich zwischen variierenden Anteilen des Quasiteilchentunnelns, der Andreev-Reflexion und des Josephson-Tunnelns wählen [22.91].

Vortices wurden nicht nur an dem modellhaften Supraleiter 2H-NbSe$_2$ untersucht, sondern auch an metallischen und nichtmetallischen Standardsupraleitern, Cupraten und vergleichsweise exotischen Verbindungen wie den Pnictiden [22.86]. Abbildung 22.44 zeigt Beispiele für STM/STS-Abbildungen von Vortices in exotischen Supraleitern. YNi$_2$B$_2$C ist ein kristallines Material mit einer kritischen Temperatur von $T_c = 15{,}5$ K. Der Supraleitungsmechanismus basiert auf einer anisotropen Phononenkopplung [22.92]. Diese führt zu einem Peak innerhalb der Energielücke. Die vierzählige Symmetrie des Vortexgitters resultiert über langreichweitige Kopplungen letztlich aus der vierzähligen Symmetrie der Fermi-Fläche [22.93], die sich auch in dem einzelnen Vortex in Abb. 22.44(a) widerspiegelt.

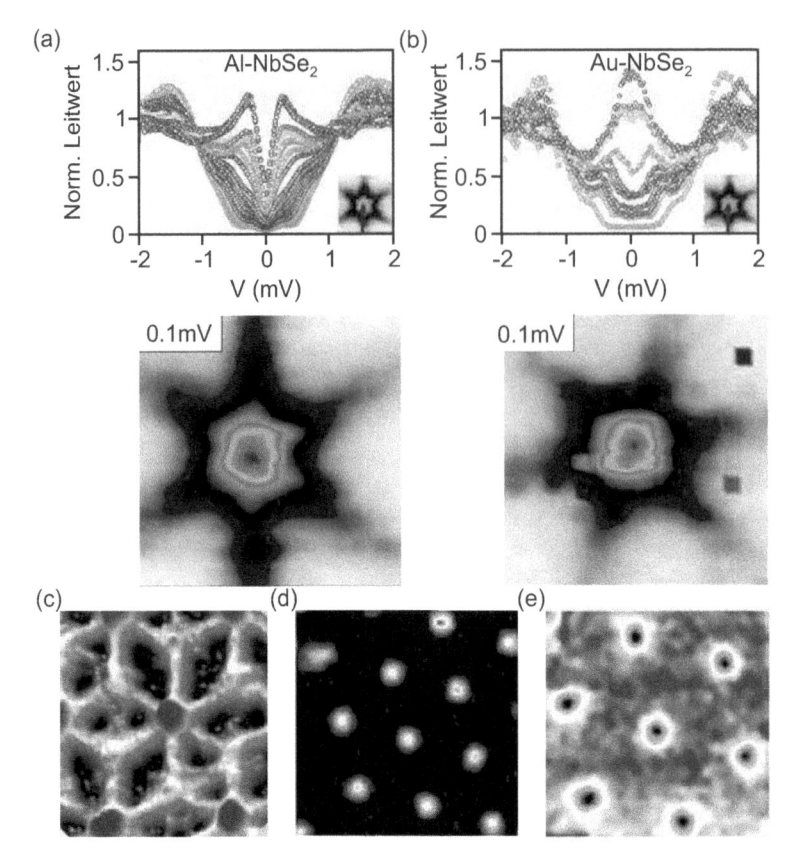

Abb. 22.43. STM/STS-Analyse von Vortices in NbSe$_2$ mit supraleitenden und und normalleitenden Sonden. (a) Supraleitende Al-Sonde bei $T = 0{,}1$ K [22.90]. (b) Normalleitende Au-Sonde bei $T = 0{,}1$ K [22.90]. (c) Quasiteilchentunneln mit supraleitender Pb-Sonde bei $B = 0{,}1$ T und einem Rasterbereich von 300 nm × 300 nm [22.91]. (d) Andreev-Reflexion mit Pb-Sonde bei $B = 0{,}15$ T und 390 nm × 390 nm Rasterbereich [22.91]. (e) Josephson-Tunneln mit Pb-Sonde bei $B = 0{,}1$ T und 390 nm × 390 nm Rasterbereich [22.91].

Pnictide und verwandte Materialien sind seit einigen Jahren von großem Interesse. Als *Pnictide* bezeichnet man binäre Verbindungen der *Pnictogene*, also Angehöriger der Stickstoffgruppe des Periodensystems. Typische Zusammensetzungen der Pnictidsupraleiter sind etwa $LaO_{0.9}F_{0.2}FeAs$, $NdFeAsO_{0.89}F_{0.11}$ oder $GdFeAsO_{0.85}F_{0.15}$. Entsprechende Materialien wurden 2006 entdeckt [22.94]. Ein verwandtes Material, allerdings kein Oxopnictid, ist FeSe. Auch für dieses Material findet man, wie in Abb. 22.44(b) gezeigt, wiederum einen ausgeprägten LDOS-Peak direkt am Fermi-Niveau. Pnictide und entsprechende verwandte Materialien wurden mittels STM/STS dezidiert analysiert [22.95].

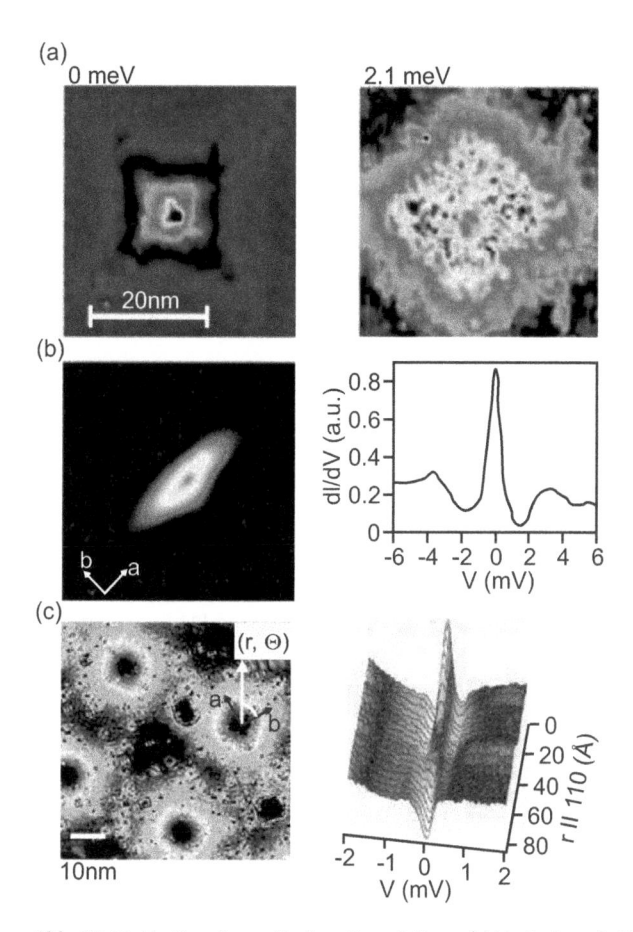

Abb. 22.44. Vortices in exotischen Supraleitern. (a) Vortexkern in YNi_2B_2C bei T = 180 mK und B = 0,3 T für zwei verschiedene Energien [22.94]. (b) Vortexkern in FeSe mit ausgeprägtem LDOS-Peak direkt am Fermi-Niveau [22.96]. (c) Vortexkerne in $CeCoIn_5$ bei T = 125 mK und B = 1,5 T [22.97].

Ebenfalls einen anisotropen Kern zeigen Vortices in YNi_2B_2C und $CeCoIn_5$. Die zugrunde liegende Anisotropie der Energielücke ist für das anfangs genannte Material eine Folge der anisotropen Elektron-Phonon-Kopplung und im anderen Fall unter Umständen auf eine Supraleitung bei reduzierter Symmetrie zurückzuführen [22.98]. Interessanterweise zeigen manche Supraleiter eine völlig konturlose LDOS innerhalb des Vortexkerns. Bislang ist nicht geklärt, unter welchen Umständen es zu Peaks und Andreev-Zuständen kommt und wann eine flache, strukturlose LDOS resultiert [22.99].

Eine technisch große Herausforderung stellt die STM/STS-Abbildung von Vortices in supraleitenden Nanostrukturen dar [22.100]. Allerdings lassen sich auch bestimmte fundamentale Phänomene studieren, die in makroskopischen Proben nicht ohne Weiteres analysierbar sind. Dazu gehört beispielsweise der Einfluss von Confinement-

Effekten und das Vortexgitter. Ein diesbezügliches Beispiel ist in Abb. 22.45 dargestellt. Hier zeigt ein Teil des supraleitenden Films genau ein einziges Vortexhexagon. Das Vortexgitter passt sich also auf Nanometerskala der Geometrie des Materials an. Andere an Nanostrukturen analysierte vortexbasierte Phänomene sind Phaseneffekte der Andreev-Zustände [22.102], Vortex-Antivortex-Paare [22.103] und Multiquantenvortices [22.104]. Auch Vortices nahe an Grenzflächen lassen sich an Nanostrukturen analysieren [22.105].

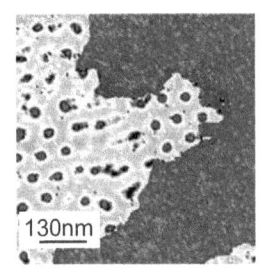

Abb. 22.45. Vortexgitter in einem nanoskalig strukturierten supraleitendem Film [22.86; 22.101].

STM/STS an Supraleitern wurde auch erfolgreich bei der Analyse kollektiver und dynamischer Eigenschaften von Vortexgittern genutzt. Von Interesse ist das Verhalten der Gitter bei Anwesenheit von Pinningzentren, variierenden Feldern und variierender Temperatur sowie während des Transports durch eine supraleitende Probe. Abbildung 22.46 zeigt die Struktur eines Vortexgitters bei variierendem Magnetfeld.

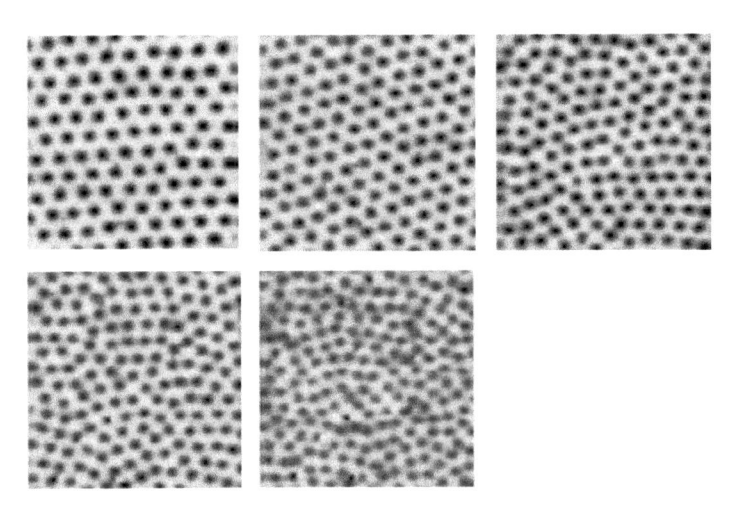

Abb. 22.46. Vortexgitter in Co-dotiertem 2H-NbSe$_2$ bei Feldern von B = 1,8 T, 2,3 T, 2,5 T, 2,7 T und 3,3 T für einen Probenausschnitt von 375 nm × 375 nm [22.106].

Generell betrachtet ist überraschenderweise das Schmelzen ein Prozess, der seit langem im Detail kontrovers diskutiert wird [22.107]. Dies gilt insbesondere für den dreidimensionalen Schmelzübergang, der sich fundamental von demjenigen in zwei Dimensionen unterscheidet [22.108]. Zweidimensionale Vortexgitter findet man in geschichteten Materialien bei verschwindender Zwischenschichtkopplung [22.109]. Abbildung 22.47 zeigt, dass sich an geeigneten Materialien das Schmelzen eines 2D-Vortexgitters mittels STM/STS direkt beobachten lässt. Insbesondere zeigen diese Abbildungen die Bedeutung wandernder Versetzungen für den Schmelzprozess.

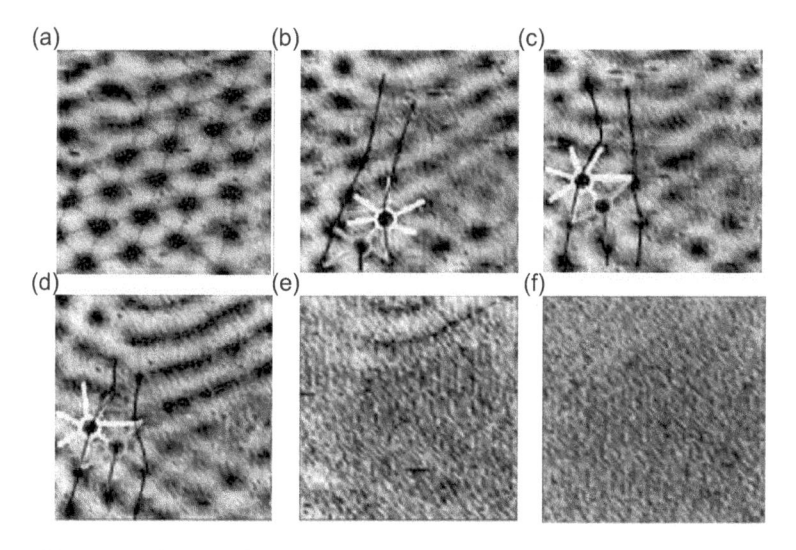

Abb. 22.47. Schmelzen des Vortexgitters in einem W-basierenden amorphen Film zwischen $T = 1,2$ und $T = T_C = 4,15$ K bei $B = 2$ T [22.110]. Eine Versetzung des Vortexgitters ist eingezeichnet.

Die Energielücke Δ von Supraleitern variiert räumlich aber nicht nur bei Vorhandensein eines Abrikosov-Vortexgitters. Sie kann auch aufgrund einer intrinsischen elektronischen Unordnung eines Materials variieren. Eine derartige elektronische Unordnung ist typisch für Cuprat-Hochtemperatursupraleiter. Da der Mechanismus der Supraleitung in diesen Materialien nicht in allen Einzelheiten geklärt ist, ist es von sehr großer Bedeutung, die $\Delta(\mathbf{r})$-Verteilung beispielsweise für verschiedene Elektronen- oder Löcherdotierungen des Cuprats abzubilden. Ein typisches Ergebnis ist in Abb. 22.48 dargestellt. Man erkennt, dass die $\Delta(\mathbf{r})$-Variationen mit beachtlichen Amplituden kleinteilig auf Nanometerskala stattfinden und eine deutliche Abhängigkeit von der Löcherdotierung zeigen.

Gerade die Gap Maps in Abb. 22.48 zeigen, dass eine STM/STS-Abbildung komplexe Informationen über die LDOS beinhalten kann. Im vorliegenden Fall ist das eine kleinteilige Variation des $\Delta(\mathbf{r})$-Verlaufs eines Hochtemperatursupraleiters. Eine entsprechende Abbildung setzt voraus, dass in jedem einzelnen Bildpunkt entsprechen-

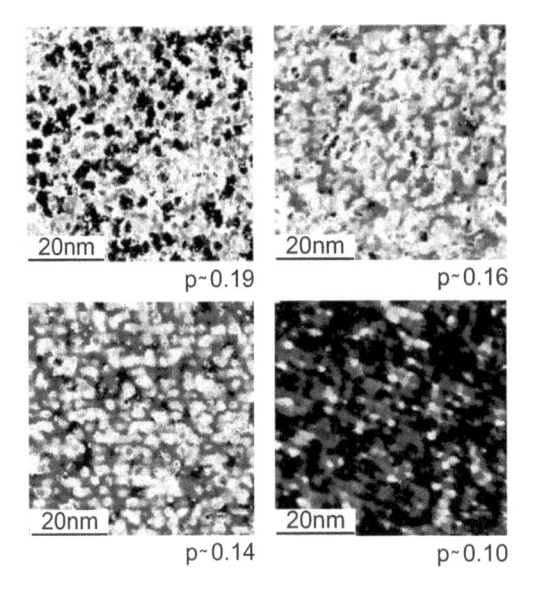

Abb. 22.48. Energielückenverteilungen (*Gap Maps*) von $Bi_2Sr_2CaCu_2O_{8+x}$ für verschiedene Löcherdotierungen p und einen Probenausschnitt von 60 nm × 60 nm [22.111].

de spektroskopische Daten erhoben werden. Das kann sogar eine komplette $I(V)$- oder $\partial I/\partial V(V)$-Kennlinie sein. Damit wird dann in der Tat, wie in Abschn. 22.1 erläutert, eine Probe im Licht jeweils lokal durchgeführter Experimente abgebildet. Die Erhebung entsprechend großer Datenmengen ist technisch gesehen a priori kein Problem, erfordert aber eine stabile Abbildung einer Probe über einen vergleichsweise langen Zeitraum. Tiefe Temperaturen begünstigen derartige Abbildungen aufgrund einer Minimierung von Drifteffekten.

22.2.6 Spinpolarisiertes Tunneln

Im Allgemeinen weist die lokale Zustandsdichte LDOS keine Spinpolarisation auf in dem Sinn, dass es einen vorherrschenden Majoritätsspin gäbe. Gäbe es aber eine entsprechende Spinpolarisation, also eine dominierende Spinrichtung, so wäre diese nicht ohne Weiteres messbar, weil STM/STS a priori nicht spinsensitiv ist. Andererseits wurde das spinpolarisierte Tunneln bereits vor geraumer Zeit an planaren Ferromagnet-Oxid-Supraleiter-Kontakten [22.112] und Ferromagnet-Oxid-Ferromagnet-Kontakten [22.113] verifiziert. Mittels STM wurde spinpolarisiertes Tunneln erstmalig 1990 realisiert [22.114]. *SP-STM (Spin-Polarized STM)* erwies sich schnell als eine Methode, die es erlaubt, eine große Spinsensitivität mit atomarer Ortsauflösung zu kombinieren [22.115].

22.2 Rastertunnelmikroskopie

Der Tunnelstrom zwischen einer magnetischen STM-Sonde und einer magnetischen Probe kann eine Spinabhängigkeit aufweisen. Dies wird deutlich, wenn die Bardeensche Theorie des Tunnelns aus Abschn. 22.2.2 auf spinabhängige Zustandsdichten $\varrho^{\uparrow}$ und $\varrho^{\downarrow}$ erweitert wird. Der Tunnelleitwert G ist dann bei kleinen Tunnelspannungen gegeben durch

$$G = 2\pi^2 G_Q \left(\varrho_S^{\uparrow}\varrho_P^{\uparrow} M_{\uparrow\uparrow}^2 + \varrho_S^{\uparrow}\varrho_P^{\downarrow} M_{\uparrow\downarrow}^2 + \varrho_S^{\downarrow}\varrho_P^{\uparrow} M_{\downarrow\uparrow}^2 + \varrho_S^{\downarrow}\varrho_P^{\downarrow} M_{\downarrow\downarrow}^2 \right) . \tag{22.21a}$$

Dabei ist, wie in Gl. (3.362) eingeführt, $G_Q = e^2/h$. Die Matrixelemente M aus Gl. (22.10) müssen jetzt für Tunnelprozesse zwischen spinpolarisierten Zuständen betrachtet werden. Mit $\varrho_S = \varrho_S^{\uparrow} + \varrho_S^{\downarrow}$, $\varrho_P = \varrho_P^{\uparrow} + \varrho_P^{\downarrow}$, $\Delta_S = \varrho_S^{\uparrow} - \varrho_S^{\downarrow}$ und $\Delta_P = \varrho_P^{\uparrow} - \varrho_P^{\downarrow}$ folgt

$$G = 2\pi^2 G_Q M^2 \varrho_S \varrho_P \left(1 + p_S p_P \cos\Theta \right) \tag{22.21b}$$

mit $p_S = \Delta_S/\varrho_S$ und $p_P = \Delta_P/\varrho_P$. Θ ist der Winkel zwischen den Magnetisierungen von Sonde und Probe. Für $p_S = 0$ und/oder $p_P = 0$ reduziert sich Gl. (22.21b) auf das klassische Resultat von Tersoff und Hamann aus Abschn. 22.2.2. Andererseits wird das klassische Resultat für das Tunneln zwischen zwei planaren ferromagnetischen Elektroden reproduziert [22.116]. Für die Grenzfälle paralleler und antiparalleler Sonden- und Probenmagnetisierung sind die Tunnelprozesse schematisch in Abb. 22.49 dargestellt. Die Abbildung entspricht im Wesentlichen Abb. 3.85. Eine Verfeinerung des Resultats aus Gl. (22.21b) beinhaltet die explizite Annahme endlicher Tunnelspannungen V [22.117]. Insbesondere die Θ-Abhängigkeit bleibt aber erhalten wie durch Gl. (22.21b) gegeben.

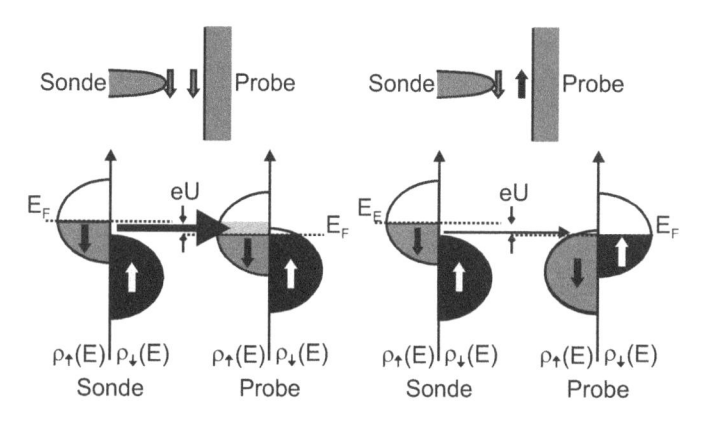

Abb. 22.49. Prinzip des SP-STM.

Essentiell für die Spinsensitivität von SP-STM ist der wohldefinierte Spinzustand der Sonde. Grundsätzlich sind ferro-, antiferro- und ferrimagnetische Sonden denkbar, wobei der Spinzustand der gesamten Sonde durch den Spinzustand des vordersten

Apexatoms definiert wird, wie in Abb. 22.50 dargestellt. Antiferromagnetische Sonden haben den Vorteil, dass sie kein Streufeld erzeugen, welchem die Probe ausgesetzt wäre. Bei ferrimagnetischen Sonden ist das Streufeld gegenüber ferromagnetischen reduziert. Die praktisch sehr wichtige Option einer Sondenmagnetisierung in der Probenebene lässt sich realisieren durch Beschichtung einer unmagnetischen Spitze mit einem dünnen ferromagnetischen Film.

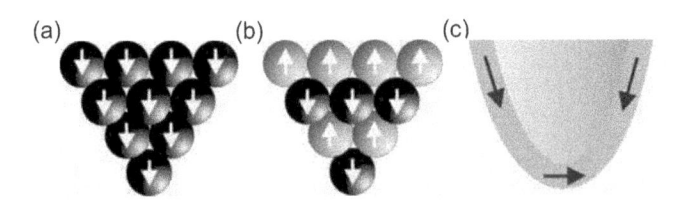

Abb. 22.50. Sonden für SP-STM. (a) Ferromagnetische Sonde. (b) Antiferromagnetische Sonde. (c) Dünnschichtsonde mit Magnetisierung in Probenebene.

Gleichung (22.21b) zeigt, dass die relevante Eigenschaft der Sonde neben den Eigenschaften, die eine gute STM-Sonde ohnehin aufweisen sollte, die Spinpolarisation p_S ist. Beispielsweise misst man für Fe-Sonden typisch 40–45 %, für Cr-Sonden aber nur die Hälfte [22.118]. Cr oder MnNi wären Materialien für antiferromagnetische Sonden. 100 % Spinpolarisation sind möglich für halbmetallische Magnete, welche für eine Spinrichtung metallische Eigenschaften zeigen und für die andere halbleitende oder isolierende. Heusler-Legierungen wie NiMnSb, CoMnSb oder PtMnSb, aber auch CrO_2 oder Fe_3O_4 wären in dieser Hinsicht geeignet.

Eine Magnetisierung in Probenebene lässt sich erreichen, wenn wenige Monolagen eines magnetischen Materials auf einer unmagnetischen Spitze, wie in Abb. 22.50(c) dargestellt, deponiert werden. Wegen der geringen Dicke des magnetischen Films ist für die Orientierung der Magnetisierung nicht die Formanisotropie, sondern eine materialspezifische Grenz- oder Oberflächenanisotropie von Bedeutung. In Abhängigkeit von Schichtdicke und Materialsystem wurden Dünnschichtsonden mit Magnetisierungen in Probenebene oder senkrecht dazu hergestellt [22.118].

Wie ϱ_S und ϱ_P sind auch p_S und p_P in Gl. (22.21b) a priori abhängig von der Energie $E = eV$. Deshalb sind auch in diesem Fall spektroskopische Techniken, ähnlich wie in Abschn. 22.2.4 und 22.2.5 diskutiert, sehr nützlich. Dabei lassen sich sogar qualitative Informationen über die Spinpolarisation einer Probe erhalten [22.118]. Dies ist besonders dann möglich, wenn die Spinpolarisation der Sonde über einen größeren Energiebereich konstant ist. Bei Fe-Dünnschichtsonden fand man beispielsweise eine konstante Spinpolarisation von 44 % über einen Bereich von $E_F \pm 0{,}8$ eV [22.119]. Eine solche Sonde ermöglicht eine absolute Messung der Spinpolarisation $p_P(E)$ wie in Abb. 22.51(a) dargestellt.

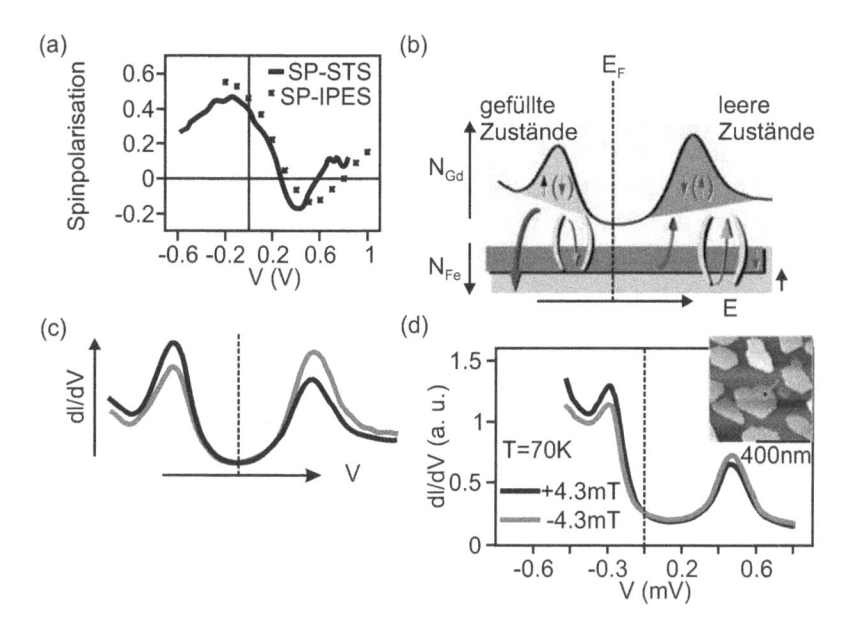

Abb. 22.51. SP-STS. (a) Spinpolarisation einer Gd(0001)-Probe, gemessen mit einer Fe-Dünnschichtsonde [22.120] im Vergleich zu Daten aus spinpolarisierter inverser Photoelektronenspektroskopie [22.121]. (b) Bandstruktur der Gd-Probe und der Fe-Sonde. (c) Schematische Darstellung der zu erwartenden Änderung des Tunnelleitwerts bei Umkehr der Probenspinpolarisation. (d) Messung des Tunnelleitwerts für entgegengesetzte Probenpolarisationen bei $T = 70$ K an der markierten Position jeweils im remanenten Zustand [22.121].

Dünne Filme von Seltenerdmetallen mit (0001)-orientierter Oberfläche lassen sich auf W(110)-Substraten deponieren [22.118]. Sie zeigen einen d_{z^2}-artigen, spinaufgespaltenen Oberflächenzustand [22.122], der verantwortlich ist für die beachtliche Spinpolarisation in Abb. 22.51(a). Abbildung 22.51(b) zeigt schematisch die Bandstrukturverhältnisse bei einer entsprechenden SP-STS-Messung. Die Sonden-LDOS ist zwar spinpolarisiert, aber zeigt gleichzeitig im betrachteten Bereich einen energieunabhängigen flachen Verlauf. Die Seltenerdmetallprobe zeigt den ausgeprägten spinaufgespaltenen Oberflächenzustand. Der differentielle Tunnelleitwert ist aufgrund der Spinabhängigkeit des Tunnelprozesses erhöht für eine Energie der tunnelnden Elektronen, die dem spinpolarisierten Oberflächenzustand entspricht, bei dem wiederum die Spinpolarisation der Orientierung der Majoritätsspins der Sonde entspricht. Bei einer antiparallelen Orientierung der Majoritätsspins von Sonde und Probe ist hingegen der Tunnelleitwert reduziert. Auf diese Weise entstehen die in Abb. 22.51(c) dargestellten asymmetrischen dI/dV-Kurven. Kehrt man die Polarisation des spinaufgespaltenen Oberflächenzustands der Probe mittels eines externen Magnetfelds um, so reduziert und erhöht dies die jeweiligen Leitwertpeaks der Oberflächenzustände. Die Messung an Gd(0001)-Inseln, dargestellt in Abb. 22.51(d), bestätigt dieses zu erwartende Verhalten des Tunnelleitwerts.

Gemäß Gl. (22.21b) können bei nicht verschwinenden Spinpolarisationen von Sonde und Probe unterschiedliche Magnetisierungsrichtungen der Probe in Bezug auf die Sondenmagnetisierung durch Variation des Richtungskosinus sichtbar gemacht werden. Dies lässt insbesondere einen Domänenkontrast erwarten. Bei einer Probenmagnetisierung in Probenebene muss die Sonde ebenfalls eine Magnetisierungskomponente in dieser Ebene aufweisen. Abbildung 22.52 zeigt einen Dy(0001)-Film einer Dicke von 90 ML auf einem W(110)-Substrat. Die Topographie, aufgenommen mit unmagnetischer Sonde, zeigt atomare Stufen. Im magnetischen SP-STM-Signal erkennt man deutlich unterschiedliche magnetische Domänen. Die detaillierte Auswertung ergibt sechs unterschiedliche Magnetisierungrichtungen der Probe in Bezug auf die Sondenmagnetisierung. Diese Magnetisierungsrichtungen korrespondieren mit der hexagonalen Struktur des Dy-Films.

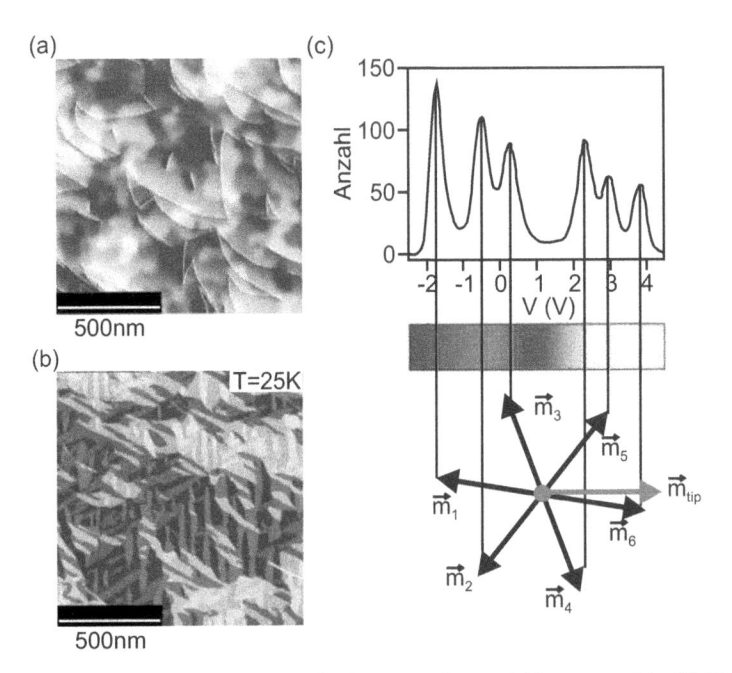

Abb. 22.52. Dy(0001)-Film auf W(110)-Substrat [22.122]. (a) Topographie. (b) SP-STM-Abbildung bei $T = 25$ K. (c) Projektionen der Domänenmagnetisierungsrichtungen auf die Sondenmagnetisierung und relativer Flächenanteil.

Auch antiferromagnetische Materialien können magnetische Domänen zeigen, die allerdings experimentell äußerst schwierig abzubilden sind, da es sehr empfindlicher magnetischer Abbildungstechniken bedarf. Aus Anwendungssicht wichtige Antiferromagnetika sind Cr und Mn. Charakteristisch für Cr sind *Spindichtewellen*, also wellenförmige Modulationen der Dichte der Elektronenspins. Im Gegensatz zu Spinwellen, die wir in Abschn. 2.2.4 behandelten, handelt es sich bei den Spindichtewellen nicht um Anregungen, sondern um eine Eigenschaft des Grundzustands. Spindichtewellen ähneln in gewisser Weise Ladungsdichtewellen. Sie resultieren ebenfalls aus Instabilitäten des Elektronengases, und ihre Wellenlänge wird ebenfalls durch die Fermi-Fläche der Leitungselektronen bestimmt. Allerdings ist bei einer Spindichtewelle die Ladungsdichte räumlich konstant. Die Änderung der resultierenden Elektronenspins ist also das Ergebnis entgegengesetzter Dichtevariationen von Spin Up- und Spin Down-Ladungselektronen.

In Cr existiert unterhalb der *Néel-Temperatur* von T_N = 311 K eine transversale Spindichtewelle. Eine longitudinale Spindichtewelle besteht hingegen unterhalb der *Spin Flip-Temperatur* von T_{SF} = 121 K. Die Spindichte propagiert entlang einer der drei äquivalenten [001]-Richtungen und koppelt die Spins in (001)-Ebenen ferromagnetisch. Zwischen den (001)-Ebenen besteht eine antiferromagnetische Kopplung. Weist nun eine Cr-Oberfläche atomar flache Terrassen auf, so kommt es zum *topologischen Antiferromagnetismus* [22.123]. Die Magnetisierung variiert dabei von Terrasse zu Terrasse horizontal und von Monolage zu Monolage vertikal.

Die ersten erfolgreichen SP-STM-Messungen überhaupt zeigten den topologischen Antiferromagnetismus der Cr(001)-Oberfläche [22.114]. Die Oberfläche besitzt einen spinpolarisierten, d_{z^2}-artigen Oberflächenzustand mit Minoritätsspincharakter nahe bei E_F. Dieser lässt sich hervorragend für SP-STM/STS nutzen. Aufgrund der großen Austauschaufspaltung, die Übergangsmetalle im Vergleich zu Seltenerdmetallen zeigen, findet sich die Majoritätsspinkomponente weit oberhalb von E_F und ist für Cr nur schwer mittels SP-STS zu messen. Wie Abb. 22.53 zeigt, sind die magneti-

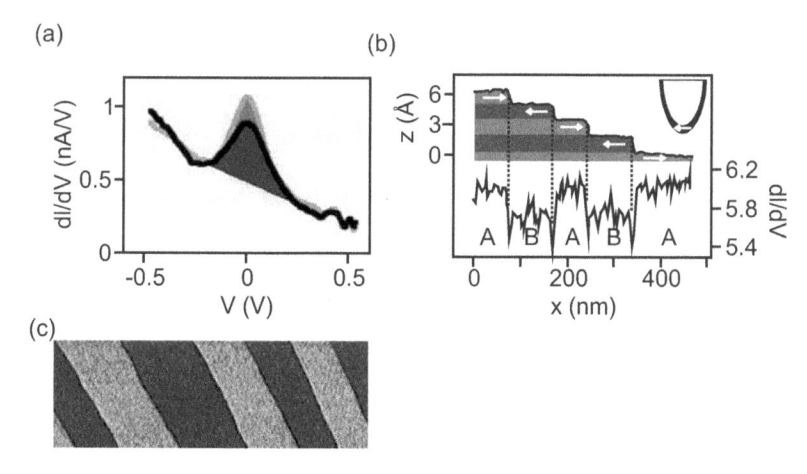

Abb. 22.53. SP-STM/STS-Abbildung an der Cr(001)-Oberfläche [22.124]. (a) Spinaufgelöstes Leitwertspektrum. (b) Stufenhöhenvariation im Modus konstanten Stroms sowie Variationen des spinaufgelösten Leitwerts. (c) Terrassengebundene magnetische Domänen in einem Bereich von 1000 nm × 300 nm.

schen Domänen an der Oberfläche selbst bei Nutzung nur eines spinpolarisierten Oberflächenzustands bestens identifizierbar.

Nanostreifen aus Fe-Doppellagen auf einem gestuften W(110)-Substrat zeigen eine senkrechte Magnetisierung, während Monolagen eine in der Terrassenebene zeigen [22.125]. Eine Sonde mit Magnetisierung in der Probenebene ist spinsensitiv gegenüber Probenbereichen, die ebenfalls Magnetisierungskomponenten in der Probenebene besitzen. Bei dem Fe-Nanostreifensystem aus Doppellagen sind das nur die Übergangsbereiche zwischen einzelnen Domänen mit entgegengesetzter senkrechter Magnetisierung – die Domänenwände. Abbildung 22.54 zeigt derartige Domänenwände in Nanostreifen unter dem Einfluss eines externen Magnetfelds senkrecht zur Probenoberfläche. Ohne äußeres Feld erkennt man alternierend antiparallel orientierte 180°-Domänenwände. Bei wachsendem Feld werden diese aufeinander zu bewegt. Dadurch entstehen 360°-Wände. Bei etwa $B = 0{,}8$ T ist die Probe praktisch magnetisch gesättigt.

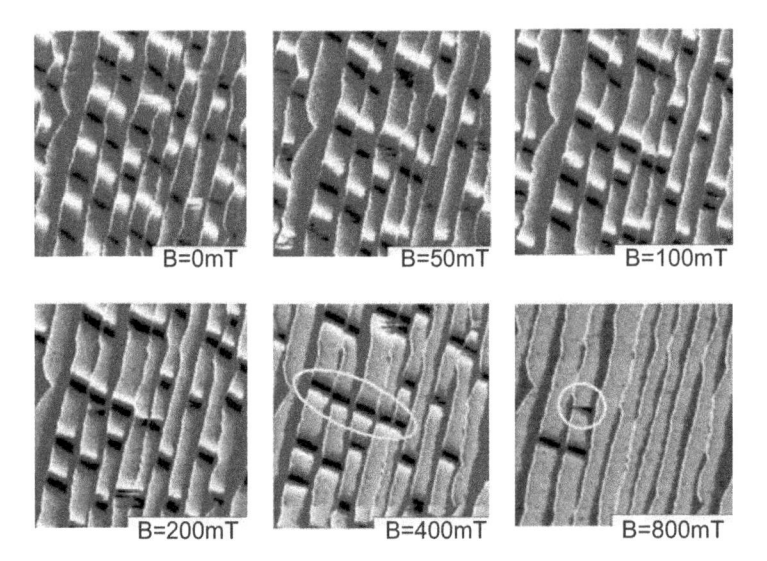

Abb. 22.54. SP-STM/STS-Abbildung von Fe-Nanostreifen einer Dicke von 2 ML auf gestuftem W(110)-Substrat bei einem Ausschnitt von 200 nm × 200 nm. Sichtbar sind Paare von 180°-Domänenwänden und ihre Bewegung bei variierendem äußeren Feld [22.126].

Aufgrund der hohen Auflösung liefert SP-STM auch Informationen über die Feinstruktur von Domänenwänden und über die Weite. Einige Beispiele entsprechender Analysen hatten wir bereits in Abschn. 2.2.3 und namentlich in Abb. 2.9 diskutiert. Abbildung 22.55 zeigt ein weiteres, sehr eindrucksvolles Beispiel zur Auflösung von Domänenwandprofilen mittels SP-STM.

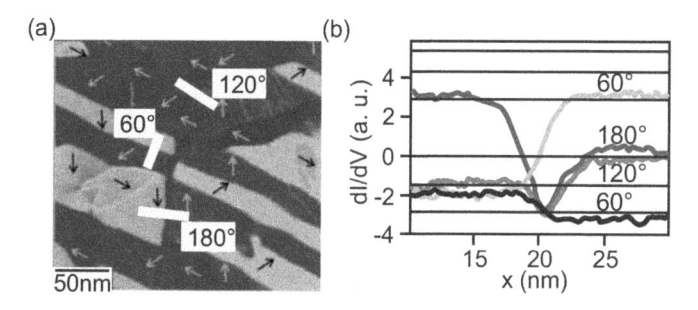

Abb. 22.55. Bestimmung von Domänenwandweiten mittels SP-STM [22.127]. (a) Domänen und Domänenwände in einem 60 ML dicken Dy (001)-Film, abgebildet mit einer Cr-Dünnschichtsonde. (b) Profile der in (a) markierten Néel-Wände mit Weiten von 2–5 nm.

Im Kontext von Domänenwänden und ihren Feinstrukturen ist eine interessante Frage, inwieweit sich Magnetisierungskonfigurationen in ultradünnen Schichten mikromagnetisch beschreiben lassen. Die mikromagnetischen Grundgleichungen, die wir in Abschn. 2.2.3 vorstellten, basieren auf einem kontinuumstheoretischen Ansatz. Andererseits lassen sich, wie wir in Abb. 22.54 gesehen haben, definiert ferromagntische Monolagen oder Multilagen präparieren, die a priori sicherlich keinen kontinuumstheoretischen Ansatz zulassen sollten. Abbildung 22.56 zeigt wiederum Fe-Monolagen und Fe-Doppellagen auf einem gestuften W(110)-Substrat. Die Domänenwände erweisen sich als extrem scharf. Verwendet man den mikromagnetischen Formalismus, so findet man für die Monolagen eine Domänenwandweite von nur 0,6 nm und für die Doppelllage von 3,8 nm. Da gemäß Abschn. 2.2.3 die Wandweite mit der magnetokristallinen Anisotropie K und der Austauschkonstante A gemäß $\sqrt{A/K}$ skalieren sollte, implizieren schmale Wände eine sehr große Anisotropiekonstante und/oder klei-

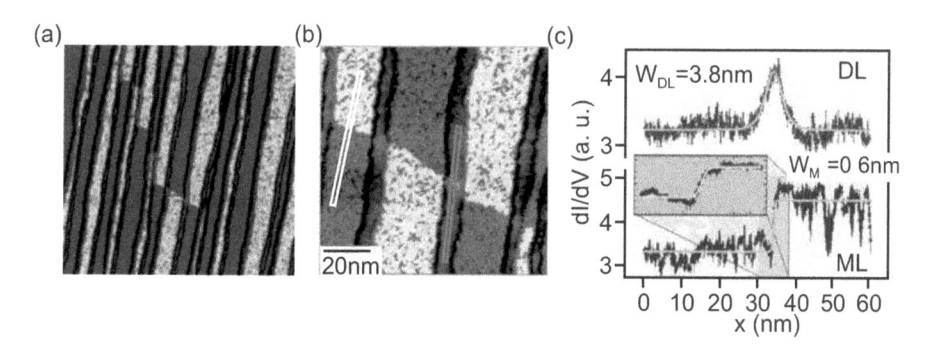

Abb. 22.56. Domänenwände in Fe-Monolagen und Fe-Doppellagen [22.130]. (a) Breite Monolagenstreifen mit Anisotropie in Probenebene und Domänenkontrast sowie schmale Bilagenstreifen mit senkrechter Anisotropie auf W(110)-Substrat, abgebildet mit einer Fe-Sonde, welche sensibel bezüglich einer Magnetisierung in Probenebene ist. (b) Domänenwände, deren Profile vermessen wurden. (c) Domänenwandprofile für Mono- und Bilagen.

ne Austauschkonstante. Beide Werte sollten für ultradünne Filme sowohl vom Film, als auch vom Substrat abhängen. Allerdings liegt die mikromagnetisch abgeschätzte Wandweite für Monolagen in einem Längenbereich, der zusammenfällt mit dem apparativen Auflösungsvermögen von STM [22.128]. Gleichzeitig ist, wie bereits angemerkt, die Relevanz des mikromagnetischen Ansatzes zumindest fraglich [22.129]. So könnte es sich bei den Domänenwänden in Abb. 22.56 für die Monolagen durchaus um antiferromagnetisch gekoppelte Nachbaratome ohne kontinuierliche Spinrotation handeln, wobei die atomar scharfen Wände auflösungsbegrenzt verbreitert erscheinen. Dennoch zeigen entsprechende Arbeiten, dass SP-STM/STS in der Lage ist, Fragen im Grenzbereich etablierter analytischer Verfahren zu adressieren. Fragen im Kontext der Spinpolarisation auf atomarer Ebene können mittels SP-STM/STS an Festkörpern überhaupt erstmalig dezidiert untersucht werden.

Äußerst interessante mikromagnetische Strukturen sind magnetische Vortices, die in Domänenwänden auftreten oder wenn Dünnschichtstrukturen so klein sind, dass sich keine Flussabschlussdomänen ausbilden können. In einem Vortex rotiert die Magnetisierung konzentrisch und in Probenebene bis auf eine magnetische Singularität im Zentrum und mit senkrechter Magnetisierung. Vortices wurden breits vor Jahrzehnten mikromagnetisch beschrieben und analysiert [22.131]. Ihre hochauflösende Vermessung gelang jedoch erstmalig mittels SP-STM/STS vierzig Jahre später [22.132]. Abbildung 22.57 zeigt einen Vortex in einer kleinen Fe-Insel. Mit Cr-beschichteten W-Sonden gelingt es, in Abhängigkeit von der Cr-Schichtdicke sowohl die Magnetisierung in der Ebene als auch senkrecht dazu sichtbar zu machen. So gelang es in Abb. 22.57, alle Magnetisierungskomponenten des Vortex abzubilden. Der Spinkontrast in den spektroskopischen Daten resultiert aus einer d-artigen Oberflächenresonanz des Minoritätsspins.

Die Weite des Vortexkerns in der 200 nm großen und 8 nm dichten Fe-Insel in Abb. 22.57 beträgt etwa 9 nm, was recht gut mit dem mikromagnetisch erwarteten Wert übereinstimmt. Allerdings muss ausgeschlossen werden, dass eine destruktive Wechselwirkung mit der SP-STM/STS-Sonde auftritt, die zu subtilen Veränderungen, wie

Abb. 22.57. Vortex in einer kleinen Fe-Insel, abgebildet mit Cr-beschichteten W-Sonden [22.132]. (a) Magnetisierungskomponenten in der Ebene. (b) Senkrechte Magnetisierung im Vortexkern. (c) Störung der Vortexkonfiguration bei Abbildung mit einer ferromagnetischen Fe-Sonde.

ebenfalls in Abb. 22.57 dargestellt, führen kann. Solche Wechselwirkungen treten bei Verwendung einer ferromagnetischen Fe-Sonde auf, nicht jedoch bei Verwendung der antiferromagnetischen Cr-Sonden.

Sehr kleine ferromagnetische Dünnschichtstrukturen, deren laterale Abmessungen mit elektronischen Wellenlängen vergleichbar sind, weisen Confinement-Zustände auf, wie wir sie beispielsweise in Abb. 3.5 oder auch 3.27 gesehen haben. Abbildung 22.58 zeigt derartige LDOS-Oszillationen für kleine Co-Inseln auf einem Cu(111)-Substrat. Da für Ferromagnetika die Zustandsdichte spinaufgespalten ist, sind auch die Confinement-Zustände spinaufgespalten. Das zeigen Abb. 22.58(b) und (c) im Detail.

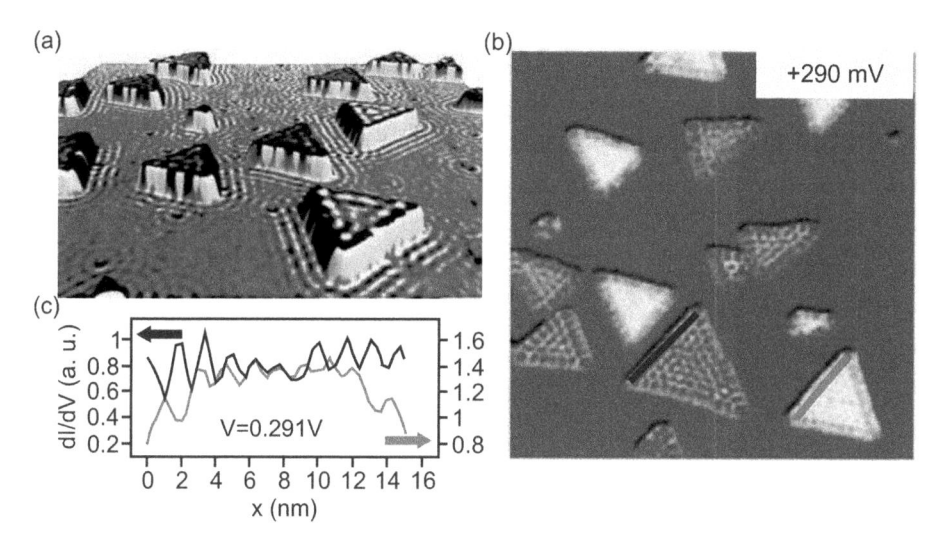

Abb. 22.58. SP-STM/STS-Aufnahme von Co-Inseln auf einem Cu(111)-Substrat bei einer Fläche von 60 nm × 60 nm mit zweidimensionalen Confinement-Zuständen. (a) Spingemittelte LDOS-Oszillationen [22.118]. (b) Spinabhängigkeit der Confinement-Zustände [22.133]. (c) Spinsensitiver differentieller Leitwert entlang der beiden in (b) markierten Profile [22.123].

Die kleinsten denkbaren magnetischen Nanostrukturen bestehen aus einzelnen magnetischen Atomen, beispielsweise aus magnetischen Adatomen auf unmagnetischen Substraten. Ein solches System hatten wir in Abschn. 2.2.3 diskutiert und in Abb. 2.10 dargestellt. Die Abschirmung des Spins eines ferromagnetischen Fremdatoms durch die Leitungselektronen führt zu charakteristischen Kondo-Resonanzen nahe am Fermi-Niveau [22.134]. Diese können zwar zum Nachweis der magnetischen Kopplung zwischen Adatom und metallischem Substrat dienen, sind aber nicht geeignet, um Details der magnetischen Eigenschaften des Adatoms zu analysieren. Sehr viel besser geeignet ist SP-STM/STS an einzelnen magnetischen Adatomen. Dabei hat sich in den ersten Arbeiten ein System von Co-Filmen und Co-Adatomen auf Pt(111)-

Substraten als besonders geeignet erwiesen [22.135]. Die Adatome können sich auf dem Pt(111)-Substrat an den elektronisch inäquivalenten fcc- und hcp-Positionen befinden. Abhängig davon unterscheidet sich spannungsabhängig der differentielle Tunnelleitwert direkt über den Adatomen. Gleichzeitig kann der Tunnelleitwert natürlich zusätzlich spannungsabhängig eine gewisse Spinabhängigkeit aufweisen. Mittels eines äußeren Magnetfelds kann das senkrecht zur Probenoberfläche orientierte magnetische Moment parallel oder antiparallel zu demjenigen des Sondenapexatoms orientiert werden. Abbildung 22.59 zeigt, dass SP-STM/STS tatsächlich in der Lage ist, die Magnetisierung einzelner Adatome zu analysieren und spinbasierte Effekte durch Nutzung eines äußeren Magnetfelds selektiert werden können. In Abb. 22.59(a) und (b) dominiert der elektronische Kontrast zwischen den Adatomen, der durch die beiden unterschiedlichen Adsorptionspositionen verursacht wird. In Abb. 22.59(c) und (d) ist dieser Kontrast nicht sichtbar, wohl aber ein spinselektiver Kontrast. Der Tunnelmagnetowiderstandseffekt, bekannt seit geraumer Zeit für Tunnelprozesse zwischen ferromagnetischen Elektroden, konnte damit erstmals auch für ein ein-

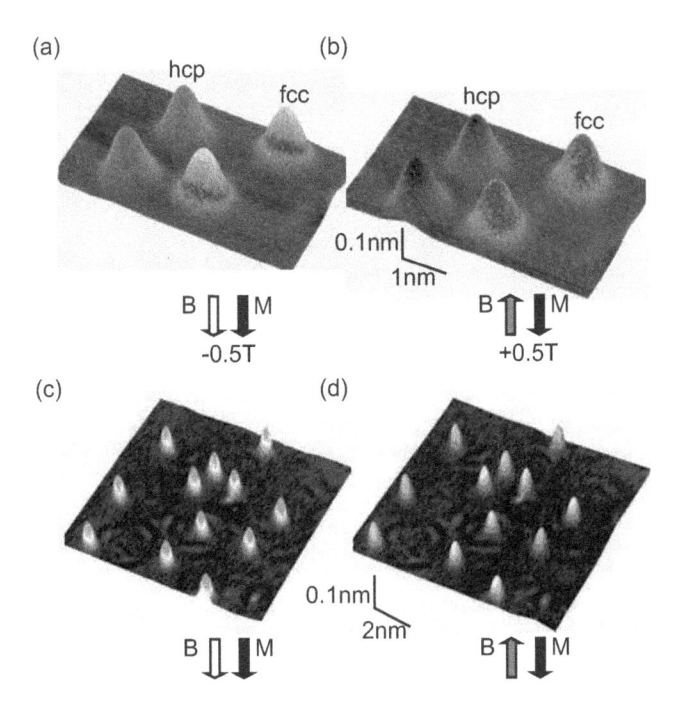

Abb. 22.59. Co-Adatome auf einem Pt(111)-Substrat an fcc- und hcp-Gitterplätzen [22.135]. Die Abbildungen erfolgten bei zwei unterschiedlichen Richtungen eines externen Magnetfelds von $B = 0{,}5$ T. Neben der atomaren Topographie ist der diffferentielle Tunnelleitwert für zwei Spannungen dargestellt. (a) $V = -0{,}1$ V und magnetische Momente von Adatomen und Sondenatom parallel. (b) $V = -0{,}1$ V und magnetische Momente antiparallel. (c) $V = 0{,}3$ V und magnetische Momente parallel. (d) $V = 0{,}3$ V und magnetische Momente antiparallel.

zelnes Atom nachgewiesen werden. Misst man die Spinpolarisation als Funktion des externen Magnetfelds, welches in Abb. 22.59 nur zwei diskrete Werte annahm, so lassen sich atomare Magnetisierungskurven aufnehmen. Darüber hinaus werden Messungen zur Temperaturabhängigkeit der Spinpolarisation und zur Abhängigkeit von der Adsorptionsposition der Adatome durchgeführt [22.135].

Von grundlegendem Interesse ist die Frage, ob einzelne magnetische Adatome auf einem unmagnetischen Metall bei geringer interatomarer Entfernung miteinander elektronisch koppeln. Dies konnte mittels SP-STM/STS für die Co-Adatome auf Pt(111)-Oberflächen gezeigt werden [22.135]. In Abschn. 2.2.3 und 3.6.5 hatten wir diesbezüglich die RKKY-Wechselwirkung mit der charakteristischen abstandsabhängigen Oszillation der Austauschenergie diskutiert. Diese periodisch zwischen antiferromagnetischer und ferromagnetischer Kopplung oszillierende elektronische Austauschwechselwirkung tritt demnach auch zwischen individuellen Atomen auf [22.135].

In der Umgebung eines Adatoms entstehen spezielle Zustände durch Streuung der Leitungselektronen. Dafür haben wir bereits zahlreiche Beispiele in Form von STM/STS-Abbildungen gesehen, beispielsweise in Abb. 2.10, 2.13, 3.4, 3.5, 3.27 und auch in Abb. 22.58. Bei ferromagnetischen Materialien sollte aufgrund der Spinpolarisation a priori eine Spinselektivität der Streuung an Adatomen und natürlich auch an Fremdatomen im Innern bestehen. Diese Spinselektivität konnte direkt im Ortsraum mittels SP-STM/STS nachgewiesen werden [22.136]. Betrachtet wurde die spinabhängige Streuung an einzelnen Sauerstoffatomen auf hochreaktiven Übergangsmetallen wie Eisen. Die räumliche Verteilung der Streuzustände sollte einen Rückschluss auf die orbitale Konfiguration erlauben. So führen beispielsweise Adatome auf Edelmetall-(111)-Oberflächen zu zirkular verteilten Streuzuständen, wie man in Abb. 22.58(a) erkennt. Abbildung 22.60 zeigt demgegenüber die spinaufgelöste Verteilung von Streuzuständen in der Umgebung eines O-Adatoms auf einer Fe(110)-Oberfläche. Die Verteilung spiegelt die bevorzugte d-Orbitalsymmetrie der Fe-Zustände bei der speziell gewählten Energie wider. Durch Analyse der relativen Streurate der beiden Spinkanäle lässt sich die Spinselektivität der Streuprozesse analysieren [22.136]. Im vorliegenden Fall zeigt sich, dass die Streurate für Minori-

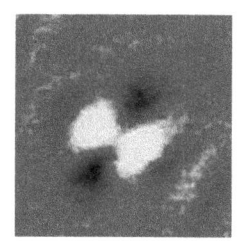

Abb. 22.60. SP-STM/STS-Abbildung der spinselektiven Verteilung von Streuzuständen in der Umgebung eines O-Adatoms auf einer Fe(110)-Oberfläche [22.136]. Der Kontrast spiegelt die Symmetrie der gestreuten Ladungsträger mit Minoritätsspins wider.

tätsspins viel größer ist als für Majoritätsspins [22.136]. Derartige Untersuchungen mittels SP-STM/STS lassen insbesondere Rückschlüsse zu auf jene Mechanismen, die zu magnetoresistiven Effekten aufgrund von Verunreinigungen und spinabhängiger Streuung führen. Verwandte Mechanismen hatten wir in Abschn. 3.6.4 und 3.6.5 diskutiert.

Wie bereits kurz diskutiert, ist der Gültigkeitsbereich des Mikromagnetismus, wie wir ihn kurz in Abschn. 2.2.3 umrissen haben, fraglich. Umso interessanter erscheint es daher, Magnetisierungs- oder Spinkonfigurationen zu identifizieren, die mikromagnetisch betrachtet nicht oder nicht unmittelbar erwartbar erscheinen. Hier konnte mittels SP-STM/STS in der Tat aufgrund der hohen intrinsischen Ortsauflösung in den letzten Jahren Pionierarbeit geleistet werden [22.118; 22.137]. So wurde an pseudomorph auf Ir(111) abgeschiedenen Fe-Monolagen eine komplexe Spinstruktur mit aus 15 Atomen bestehenden Einheitszellen und senkrechter Anisotropie gefunden [22.138]. Bei dieser als 7:8-Mosaikstruktur identifizierten Konfiguration zeigen sieben Spins in eine Richtung und acht in die entgegengesetzte. Da aber 7:8- und 8:7-Domänen gleich wahrscheinlich sind, verschwindet die Nettomagnetisierung der Fe-Monolage. Gleichzeitig gibt es dabei ferromagnetisch und antiferromagnetisch gekoppelte Spins. Dabei ist die freie Energie des Films geringer als bei rein ferro- oder rein antiferromagnetischer Kopplung [22.138].

Die diskutierte Spinmosaikstruktur der pseudomorph deponierten Fe-Monolage auf Ir(111) ist ein Beispiel für eine komplexe kollineare Spinstruktur. Nichtkollineare Strukturen bilden hingegen *Spinspiralen*. Eine solche Spinspirale ist in pseudomorphen Mn-Filmen auf W(110)-Substraten identifiziert worden [22.139]. Auf lokaler Skala ist eine Mn-Monolage auf W(110) antiferromagnetisch gekoppelt [22.140]. Mittels SP-STM/STS wurde aber, wie in Abb. 22.61 dargestellt, eine zusätzliche langreichweitige Ordnung gefunden [22.139]. Eine derartige Spinspirale ist zu unterscheiden von Spindichtewellen, wie in Abschn. 22.2.5 diskutiert, und auch von den in Abschn. 2.2.4 diskutierten Spinwellen. Ursache für die Spinspirale mit einer speziellen Chiralität ist die bereits im Zusammenhang mit Spinspiralen in Abschn. 3.7.3 diskutierte chirale Dzyaloshinskii-Moriya-Wechselwirkung. Diese resultiert aus der Spin-Bahn-Streuung von Elektronen in einem inversionsasymmetrischen Kristallfeld. Da niedrigdimensionale magnetische Systeme, also entsprechende Monolagen auf Metallsubstraten, im allgemeinen keine strukturelle Inversionssymmetrie besitzen, können homochirale Spinkonfigurationen entstehen. Neben der diskutierten wurde eine weitere Spinspirale mit sehr starker Nichtkollinearität für Mn-Monolagen auf W(110) gefunden [22.141].

Gegenwärtig ist im Bereich des Magnetismus eines der am intensivsten untersuchten Objekte das *Skyrmion*. Skyrmionen gehören zu den in Abschn. 2.2.4 diskutierten Quasiteilchen. Ihre Bezeichnung wurde abgeleitet von *T. Skyrme* (1922–1987), der sich mit den Wechselwirkungen von Protonen, Neutronen und Pionen befasste [22.142]. Im allgemeinsten Kontext sind Skyrmionen topologisch stabile Solitonenwirbel in Feldern, die sich wie Quasiteilchen endlicher Masse verhalten. In den 1980er Jahren etablierte sich der Begriff in der Festkörperphysik. Heute werden Skyrmionen vor allem

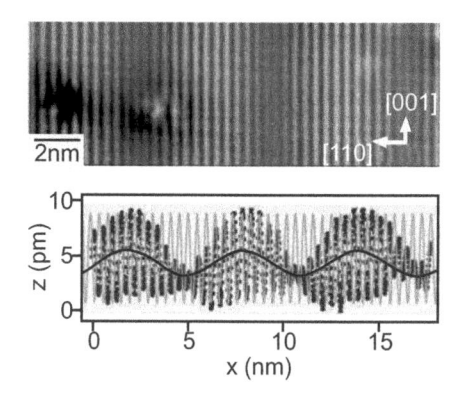

Abb. 22.61. SP-STM/STS-Aufnahme einer Spinspirale in einer Mn-Monolage auf W(110) [22.139].

im Kontext von Bose-Einstein-Kondensaten [22.143], der Supraleitung [22.144], von Flüssigkristallen [22.145] und von magnetischen Materialien [22.146] diskutiert. Verbindendes Element dieser sehr unterschiedlichen Bereiche sind fundamentale topologische Eigenschaften, die für Skyrmionen charakteristisch sind [22.146].

Magnetische Skyrmionen bestehen in topologisch stabilen Spinkonfigurationen, die eine topologische Ladung S tragen. S ist im Wesentlichen ein Maß für die Krümmung der Magnetisierung. Bei gegebener Ausdehnung A ist die topologische Ladung definiert durch

$$S = \frac{1}{4\pi} \int_A \mathbf{m} \cdot \left(\frac{\partial \mathbf{m}}{\partial x} \times \frac{\partial \mathbf{m}}{\partial y} \right) dx dy \,. \tag{22.22}$$

m ist hier die normierte Magnetisierung. Das Besondere ist nun, dass ein einzelnes Skyrmion die quantisierte Ladung $S = 1$ trägt. Ein *Antiskyrmion* trägt hingegen die Ladung $S = -1$. Die zuvor diskutierte Spinspirale besitzt demgegenüber die Ladung $S = 0$, genauso wie der ferromagnetische Zustand mit homogener Magnetisierung. Übergänge zwischen den topologischen Zuständen mit $S = 0, \pm 1$ sind verboten, wenn $\mathbf{m}(x, y)$ kontinuierlich über die gesamte Ebene definiert ist. Die diskreten Zustände sind also topologisch geschützt. Da sich allerdings die atomaren magnetischen Momente an diskreten Plätzen eines Kristallgitters befinden, gibt es keinen vollständigen topologischen Schutz. Die Zustände sind vielmehr durch Energiebarrieren endlicher Höhe voneinander getrennt.

Voraussetzung für die Entstehung von Skyrmionen ist eine gebrochene Inversionssymmetrie, wie sie bei Kristallen mit chiraler Struktur [22.147], aber auch für dünne Schichten mit unterschiedlicher Ober- und Unterseite [22.148] besteht. Typisch sind Skyrmionen dann in zweidimensionalen Gittern organisiert [22.149]. Im Allgemeinen zeigen geeignete Schichtsysteme in Abwesenheit äußerer Felder die Spinspiralenphase, die, wie bereits diskutiert, aus einem Zusammenwirken von Austauschwechselwirkung und Dzyaloshinskii-Moriya-Wechselwirkung resultiert. Dabei ergibt sich keine

Nettomagnetisierung. Unter dem Einfluss eines genügend großen Magnetfelds kann die hexagonale Skyrmionphase induziert werden, die aufgrund einer Nettomagnetisierung zu einer Reduktion an Zeeman-Energie führt.

SP-STM/STS ist in idealer Weise geeignet, um Skyrmionen im Detail zu analysieren und zu manipulieren [22.150]. Hauptgründe dafür sind die hohe Ortsauflösung und die Tatsache, dass äußere Magnetfelder keinen störenden Einfluss auf die Messung haben müssen. Skyrmionen lassen sich beobachten in Bilagen von PdFe auf Ir(111)-Substraten. Abbildung 22.62 zeigt diesbezügliche Resultate.

Alle Skyrmionen zeigen einen identischen Drehsinn [22.152]. Dieser hängt mit den Symmetrieauswahlregeln der Dzyaloshinskii-Moriya-Wechselwirkung zusammen [22.153]. Das Profil der Skyrmionen lässt sich hervorragend mit einem einfachen analytischen Modell für 360°-Domänenwände [22.154] beschreiben [22.150]:

$$\Theta(r, r_0, w) = \begin{cases} \sum_{+,-} \arcsin\left(\tanh \frac{-r \pm r_0}{w/2}\right) + \pi, & B > 0 \\ \sum_{+,-} \arcsin\left(\tanh \frac{-r \pm r_0}{w/2}\right), & B < 0 \end{cases}. \tag{22.23}$$

Θ ist hier der Polarwirbel der Magnetisierung bei der Position r. r_0 und w sind die Position und Weite zweier überlappender 180°-Wände. Damit lässt sich durch Vergleich mit den experimentellen Daten aus Abb. 22.62 sowohl die Variation der senkrechten als auch der lateralen Magnetisierungskomponente der Skyrmionen ableiten. Für die Parameter aus Gl. (22.23) ergibt sich $r_0 \approx 0{,}9$ nm und $w \approx 1{,}18$ nm [22.150]. Die Spinstruktur des Skyrmions ist dann gegeben durch

$$\mathbf{S}(x, y) = \begin{pmatrix} -(x/r)\sin\Theta \\ -(y/r)\sin\Theta \\ \cos\Theta \end{pmatrix}. \tag{22.24}$$

mit $\Theta(r, r_0, w)$ aus Gl. (22.23) und $r = \sqrt{x^2 + y^2}$.

Wie zu erwarten, sind Skyrmionen im Hinblick auf Größe und Form magnetfeldabhängig [22.150]. Dies zeigt im Detail Abb. 22.63. Der Durchmesser skaliert dabei in etwa mit $d \sim 1/(B - B_0)$, was nach numerischen Rechnungen auch erwartet wurde [22.155]. Die feldstärkeabhängige Konfiguration der Skyrmionen ist ein Ergebnis der Balance aller involvierten Energien, wobei die Zeeman-Energie die Skyrmionen schrumpfen lässt und die Dzyaloshinskii-Moriya-Wechselwirkung sie stabilisiert. Mikromagnetisch ist die Gesamtenergie gegeben durch

$$E = 2\pi t \int_0^\infty \left\{ A\left[\left(\frac{\partial \Theta}{\partial r}\right)^2 + \left(\frac{\sin\Theta}{\partial r}\right)^2\right] + D\left(\frac{\partial \Theta}{\partial r} + \frac{\sin\Theta \cos\Theta}{r}\right) \right.$$

$$\left. - K\cos^2\Theta - BM_S\cos\Theta \right\} r dr . \tag{22.25}$$

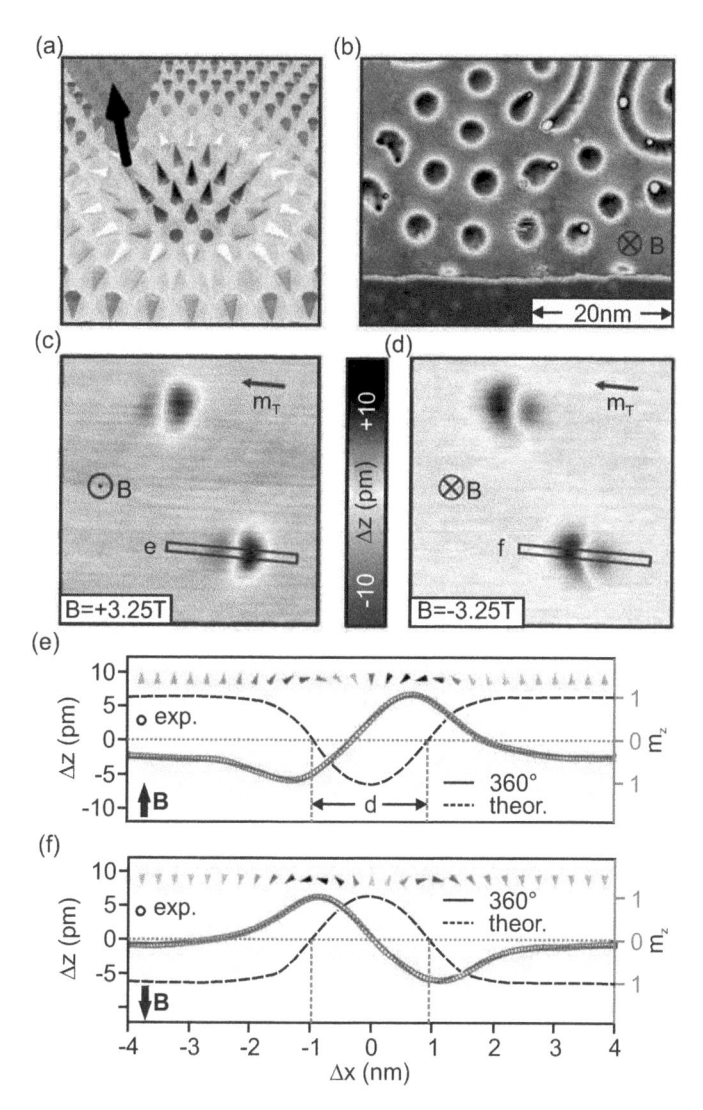

Abb. 22.62. SP-STM/STS-Analyse von Skyrmionen in PdFe-Bilagen auf Ir(111)-Substraten [22.151]. (a) Magnetisierungskonfiguration der Skyrmionen und der Sonde. (b) Topographische Abbildung von Skyrmionen bei senkrechter Sensitivität der Sonde, $B = 1{,}5$ T und $T = 2{,}2$ K. (c) Sonde mit Sensitivität in Probenebene und $T = 4{,}2$ K. (d) Invertiertes Magnetfeld. (e) Linienprofile entlang des in (c) markierten Skyrmions zusammen mit berechneten Kurven. (f) Linienprofile entlang des in (d) markierten Skyrmions.

Dieses Funktional hatten wir in Abschn. 2.2.3 genauer besprochen. t ist hier die Schichtdicke, A die Austauschkonstante, D die Dzyaloshinskii-Moriya-Konstante, M_S die Sättigungsmagnetisierung und $\Theta(r)$ ergibt sich aus Gl. (22.23). Aus Dichtefunktionalrechnungen lässt sich M_S abschätzen [22.150; 22.152]. Abbildung 22.64 zeigt

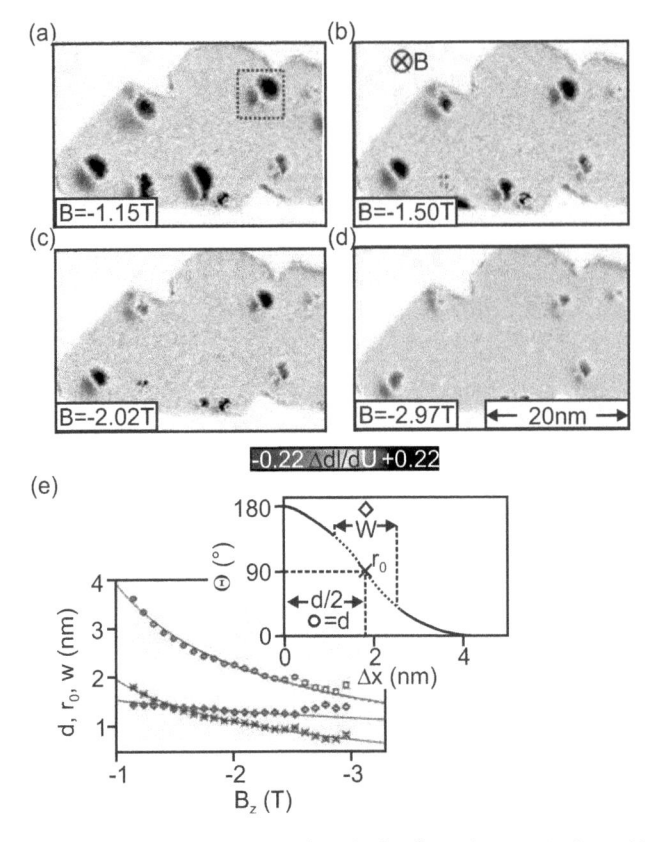

Abb. 22.63. Abhängigkeit der Skyrmionkonfiguration vom äußeren Magnetfeld [22.150]. (a)–(d) Sonde, sensibel in Probenebene, und variierendes Feld. (e) Variation von r_0, w und als Funktion des Felds sowie Definition der Größen.

die Veränderung des Skyrmionprofils bei Variation des Magnetfelds. Durch Vergleich der experimentellen Daten mit den Erwartungen nach Gl. (22.23) sowie Ergebnissen, die sich aus einer Minimierng des Energiefunktionals in Gl. (22.25) ergeben, lassen sich A, K und D sowie $r_0(B)$, $w(B)$ und $d(B)$ bestimmen [22.150]. Die Abnahme der Skyrmiongröße mit wachsendem Gegenfeld ist in Abb. 22.64 sehr evident.

Aufgrund ihrer besonderen Eigenschaften und der zugrunde liegenden Dzyaloshinskii-Moriya-Wechselwirkung sind Syrmionen äußerst interessant für die Grundlagenforschung. Sie besitzen allerdings auch einen sehr konkreten Anwendungsbezug. Aufgrund ihrer geringen Ausdehnung und ihrer topologischen Stabilität eignen sie sich potentiell hervorragend als Informationsträger für magnetische Speichermedien [22.156]. Dabei ist ein äußerst relevanter Aspekt, dass sich Skyrmionen sehr leicht durch spinpolarisierte Ströme bewegen lassen und sehr sensibel sind gegenüber dem in Abschn. 3.6.5 diskutierten Spintransfereffekt [22.157]. Zeitgemäße Konzepte wie der *Racetrack-Speicher* [22.158] könnten vorteilhaft mit Skyrmionen statt mit Domänenwänden betrieben werden, wobei nur sehr geringe Spinstromdichten benötigt würden [22.156]. Diese Perspektive ist mit verantwortlich für die äußerst intensive Skyrmionforschung, bei der SP-STM/STS das wohl wichtigste analytische Instrument darstellt.

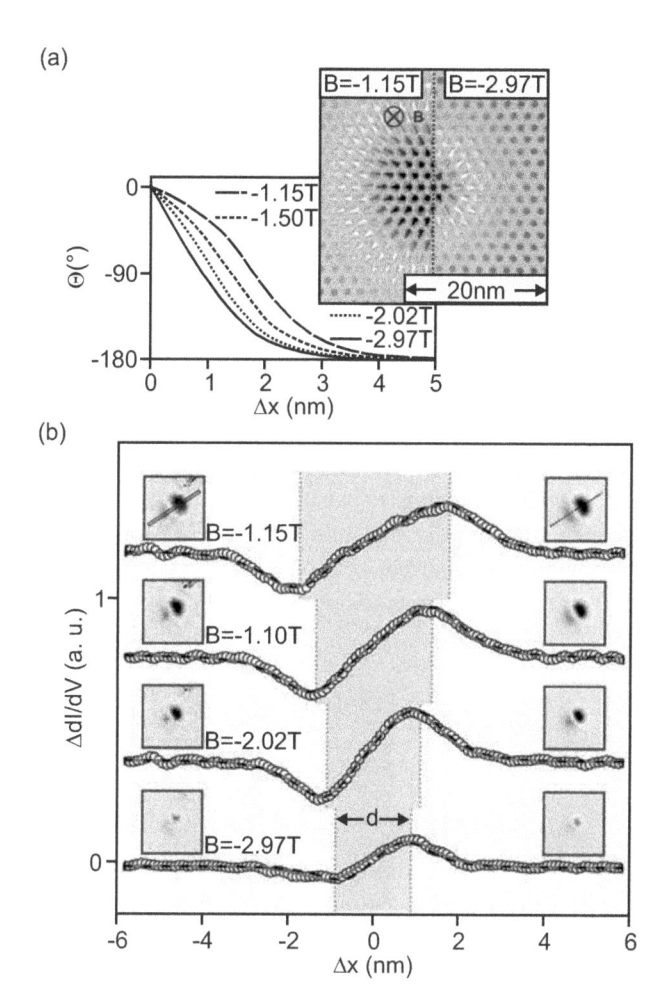

Abb. 22.64. Veränderung der Skyrmionstruktur bei Variation des äußeren Magnetfelds [22.150]. (a) Variation von Θ gemäß Gl. (22.23) mit $r_0(B)$ und $w(B)$ aus einem Vergleich experimenteller und theoretischer Skyrmionprofile. (b) Vergleich experimenteller (Punkte und Abb. links) und berechneter (durchgezogene und gestrichelte Linien sowie Abb. rechts) Daten.

22.2.7 Atomare Manipulationen

In der bisherigen Diskussion haben wir das STM als äußerst vielseitig einsetzbares analytisches Instrument kennengelernt, dessen Stärke in der hohen Ortsauflösung bei gleichzeitig hoher Energieauflösung liegt. Aber die Einsatzmöglichkeiten von STM sind keineswegs auf die Nanoanalytik beschränkt. Mittels des STM lässt sich eine Probe auch atomar manipulieren. Es lassen sich gezielt atomare Strukturen erzeugen und diese dann abbilden und elektronisch charakterisieren. Die STM-basierte atomare Manipulation ist als äußerst interessante experimentelle Methode der Nanowisschenschaften anzusehen, die es ermöglicht, atomare oder molekulare Eigenschaften direkt an isolierten Bausteinen zu untersuchen. Die STM-Sonde fungiert dabei gleichzeitig als präparatives und analytisches Werkzeug. Da neben der hohen Orts- und Energieauflösung von STM zusätzlich eine enorme manipulative Kontrolle realisiert werden muss, ist die atomare Manipulation gleichsam die STM-Königsdisziplin.

Der Durchbruch bei der STM-basierten Manipulation einzelner Atome schlechthin erfolgte bereits im Jahr 1990, als es gelang, einzelne Xe-Atome auf einem Ni(110)-Substrat sehr gut definiert zu manipulieren [22.159]. Das resultierende Ergebnis hatten wir bereits in Abb. 1.2 dargestellt, weitere Ergebnisse beispielsweise in Abb. 3.5 und 3.27. Abbildung 22.65 zeigt einzelne Etappen, die letztendlich in dem in Abb. 1.2 dargestellten Bild resultieren. Xe-Adatome wurden bei einer Temperatur von $T = 4\,\text{K}$ sukzessive mit der STM-Sonde vom ursprünglichen Adsorptionsort in ihre finale Des-

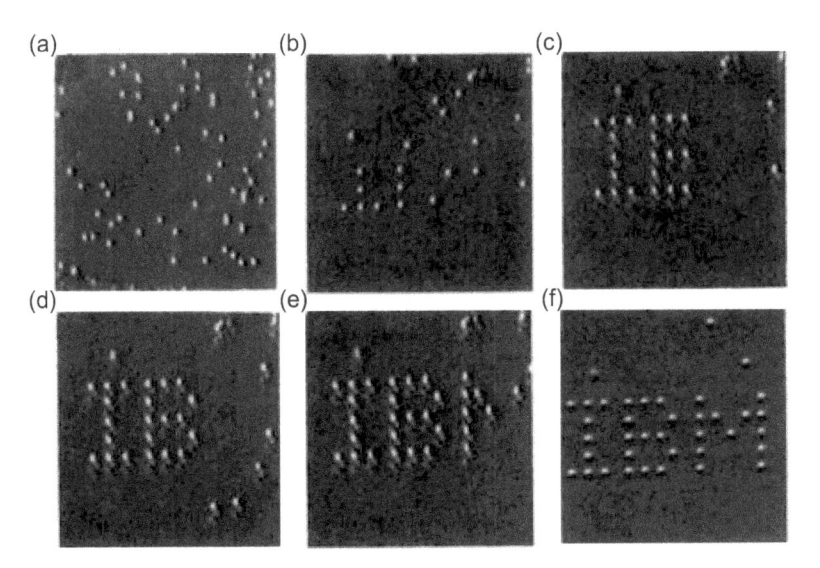

Abb. 22.65. Manipulation individueller Xe-Atome auf einem Ni(110)-Substrat bei $T = 4\,\text{K}$ [22.159]. (a)–(f) Manipulations- und Abbildungssequenzen.

tination geschoben. Zwischenzeitlich wurden immer wieder STM-Abbildungen durchgeführt. Ein solches Verfahren setzt voraus, dass man sehr genau die Sonden-Proben-Wechselwirkung – in diesem Fall diejenige zwischen Sonden- und Xe-Adatomen – kontrollieren kann: Für den Abbildungsprozess muss die Wechselwirkung hinreichend schwach sein, für den Manipulationsprozess hinreichend stark. Grundsätzlich stehen für die Sonden-Proben-Wechselwirkung Kräfte, das elektrische Feld und die tunnelnden Elektronen zur Verfügung.

Die STM-basierte atomare Manipulation setzt ein auf atomarer Ebene absolut sauberes Sonden-Proben-Ensemble voraus. Die relative Position von Sonde und Probe muss zeitlich äußerst stabil und extern präzise kontrollierbar sein. Das setzt Ultrahochvakuum (UHV) und tiefe Temperaturen ($T \lesssim 4\,\text{K}$) voraus. Ebenso sollten Möglichkeiten zur in situ-Reinigung und zur Deposition einzelner Atome oder Moleküle bestehen. A priori stehen dann mehrere Manipulationsverfahren zur Auswahl.

Bei der *lateralen Manipulation*, abgebildet in Abb. 22.66, verlässt das zu manipulierende Atom nie die Substratoberfläche. Die vertikal orientierte Sonden-Proben-Wechselwirkung bleibt also während der gesamten Manipulation bestehen. Die Prozedur involviert drei Schritte. Zunächst wird die Sonde dem Adatom angenähert und damit die Wechselwirkung zwischen Adatom und Sonde definiert erhöht. Sodann wird die Sonde lateral über das Substrat bewegt, wobei sich das Adatom aufgrund seiner Wechselwirkung mit der Sonde bewegt. An der finalen Destination des Adatoms wird die Sonde vertikal zurückgezogen, so dass das Adatom nur noch unter dem Einfluss der Wechselwirkung auf der Probe steht. Während der typische Sonden-Proben-Abstand während der Abbildung 6–7 Å beträgt, beträgt er während der Manipulation typisch 3,5–4,5 Å [22.160]. Selbstverständlich setzt eine Manipulation in der beschriebenen Weise eine attraktive Wechselwirkung zwischen Adatom und Sonde voraus. Beispielsweise könnte es sich um eine van der Waals-Wechselwirkung handeln. Der in Abb. 22.65 dargestellte Manipulationsprozess involviert die laterale Manipulation. Ist die Wechselwirkung zwischen der Adspezies und der Sonde effektiv repulsiv, so kann die laterale Manipulation in der beschriebenen Weise natürlich nicht realisiert werden.

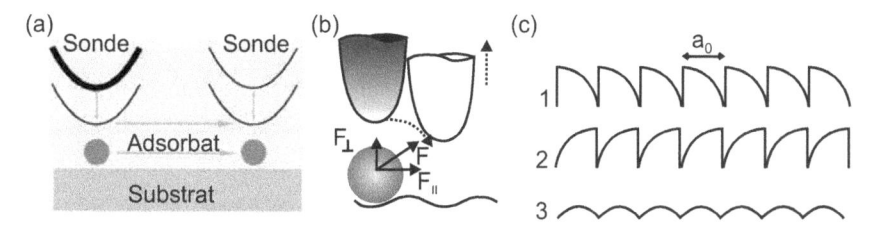

Abb. 22.66. (a) Positionierung eines Adatoms durch laterale Manipulation. (b) Wirksame Kraftkomponente während der lateralen Manipulation aus (a). (c) $z(x)$-Profile der STM-Sonde während des Druckmodus (1), des Zugmodus (2) und während des Gleitmodus (3).

Je nach Sonden-Adatom-Wechselwirkung lassen sich drei unterschiedliche Modi der lateralen Manipulation unterscheiden: Beim Zugmodus (*Pulling Mode*) folgt das Adatom der Sonde aufgrund einer hinreichend großen attraktiven Wechselwirkung. Das Adatom bewegt sich dabei diskontinuierlich. Es macht laterale Sprünge. Ist die Sonden-Adatom-Wechselwirkung repulsiv, so kann der Druckmodus (*Pushing Mode*) realisiert werden. Das Adatom befindet sich vor der Sonde, während es lateral verschoben wird. Wiederum ist die Bewegung des Adatoms diskontinuierlich. Ist die Wechselwirkung zwischen Sonde und Adatom stark attraktiv, so kommt es zum Gleitmodus (*Sliding Mode*). Dabei ist das Adatom derart an die Sonde gebunden, dass es sich mit ihr kontinuierlich über die Substratoberfläche bewegt.

Im Modus konstanten Stroms führen die drei Modi der lateralen Manipulation zu charakteristischen Sondenbewegungsprofilen während der Lateralbewegung, die in Abb. 22.66(c) dargestellt sind. Grundsätzlich sind eine vertikale Kraftkomponente $F_\perp$ sowie eine Lateralkraftkomponente $F_\parallel$ zu berücksichtigen, wie in Abb. 22.66(b) dargestellt.

Im Zugmodus bewegt sich die Sonde über das Adatom, wobei ein Teil von dessen Kontur abgebildet wird. Durch die Lateralbewegung kommt es zu einer Reduktion von $F_\perp$ und zu einem Anwachsen von $F_\parallel$. Überwindet $F_\parallel$ die *Hopping-Barriere* des Adatoms, so springt dieses zur nächsten energetisch günstigen Adsorptionsposition. Dabei wächst der Tunnelstrom an, und die Sonde wird aufgrund der Rückkoppelschleife geringfügig zurückgezogen. Insgesamt kommt so das sägezahnförmige Profil 1 in Abb. 22.66(c) zustande. Im Druckmpodus bewegt sich aufgrund der repulsiven Wechselwirkung das Adatom lateral von der Sonde weg, während es abgebildet wird. Dadurch sinkt abrupt der Tunnelstrom und die Sonde wird ebenso abrupt an die Probe angenähert, um den Strom konstant zu halten. Dadurch kommt das Sägezahnprofil 2 in Abb. 22.66(c) zustande.

Im Gleitmodus gleitet das Adatom mit der Sonde kontinuierlich über das Substrat. Die geringen Vertikalauslenkungen entlang des Profils 3 in Ab. 22.66(c) kommen dadurch zustande, dass das Adatom an speziellen Adsorptionspositionen des Substrats eine größere attraktive Wechselwirkung mit diesen erfährt als an nicht optimalen Adsorptionspositionen.

Die Modi der lateralen Manipulation so wie beschrieben lassen sich insbesondere realisieren entlang dicht gepackter Reihen – der [110]-Richtungen von (111)-Oberflächen. Entlang dieser dicht gepackten Atomreihen ist die Diffusionsbarriere geringer als entlang anderer atomarer Richtungen. Dennoch gelingt auch eine laterale Manipulation entlang dieser anderen Richtungen. Die Bewegung der Adatome ist dann allerdings in der Regel komplexer.

Abbildung 22.67 zeigt ein weiteres typisches Resultat für eine atomare Struktur, die durch laterale Manipulationen erzeugt wurde. Derartige nanoskalige Strukturen zeigen zum einen die Leistungsfähigkeit und Präzision atomarer Manipulationen mit dem STM, dienen zum anderen aber dazu, quantenmechanische und sonstige atomare Phänomene direkt im Ortsraum zu studieren [22.161]. Zu erwähnen wären hier die

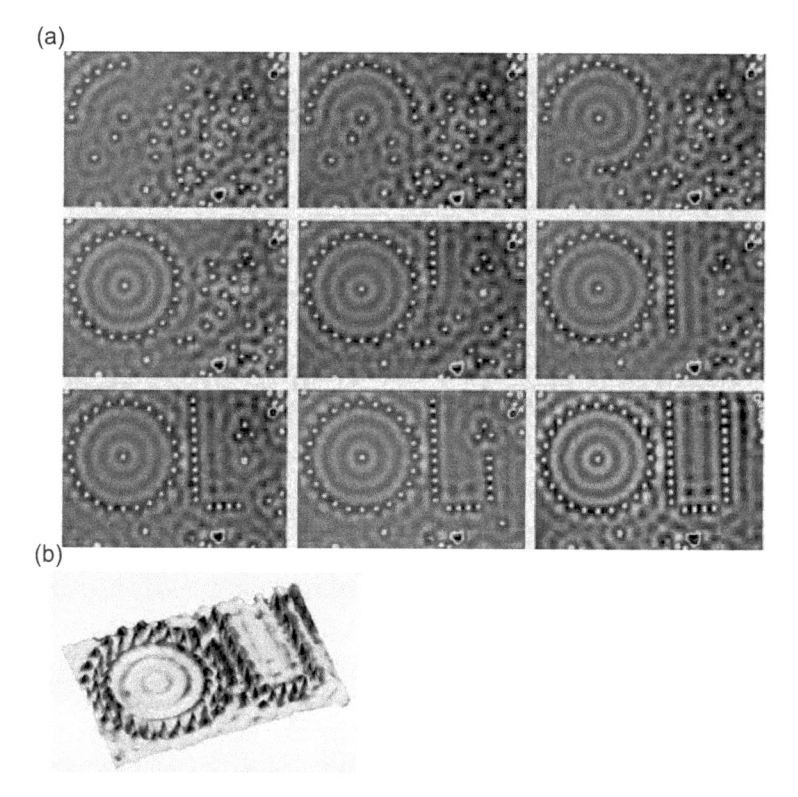

Abb. 22.67. STM-Manipulation von Ag-Atomen auf einem Ag(111)-Substrat bei T = 6 K [22.161]. (a) Manipulationssequenz. (b) Detailansicht der Struktur aus 51 Ag-Atomen.

Quantenkorrale (Quantum Corrals), die es erlauben, stehende Elektronenwellen systematisch zu analysieren [22.162]. Auch können elektronische Lebensdauern innerhalb der künstlichen Strukturen gemessen werden [22.163] sowie Quantentransportphänomene [22.164]. Neben Atomen lassen sich auch kleinere Moleküle in analoger Weise manipulieren und zu komplexen Anordnungen positionieren. Auf diese Weise gelang es, einen kompletten logischen Schaltkreis zu realisieren, der auf atomarer Skala komplexe logische Operationen implementiert [22.165].

Neben der lateralen Manipulation ist die *vertikale Manipulation* ein weiterer wichtiger STM-Manipulationsmodus [22.166]. Dieser Modus besteht im Transfer eines Atoms oder Moleküls zwischen Sonde und Substrat. Dies ist schematisch in Abb. 22.68(a) dargestellt. Der entsprechende Prozess schließt also die Desorption atomarer Spezies von einer Oberfläche und die Adsorption an eine Oberfläche ein. Ein entsprechender atomarer Transferprozess kann realisiert werden unter Ausnutzung der elektrischen Potentialdifferenz zwischen Sonde und Probe oder durch einen mechanischen Kontakt zwischen Adatom und STM-Sonde. Betrachten wir dazu den Doppelpotentialtopf in Abb. 22.68(b). Bei einem gewissen Sonden-Proben-Abstand

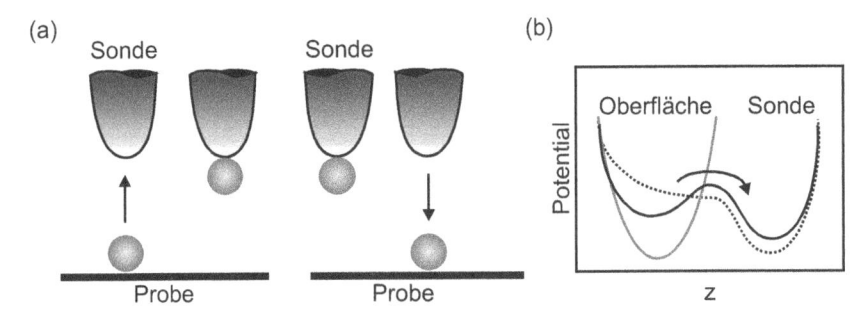

Abb. 22.68. Grundlagen der vertikalen STM-Manipulation. (a) Reversibler Transfer einer Adspezies. (b) Potentialverläufe bei Abbildung (schwarz), mit Potentialdiffferenz (gestrichelt) und bei mechanischem Kontakt (grau).

in der Größenordnung von 6 Å [22.167] hat das Adatom oder Admolekül zwei energetisch stabile Positionen auf dem Substrat oder am Sondenapex. Beide Positionen sind voneinander durch einen Potentialwall getrennt. Ändert man nun die Potentialdifferenz zwischen Sonde und Probe, so verformt sich die Potentiallandschaft und folgt der gestrichelten Kurve in Abb. 22.68(b). Die Barriere wird reduziert und der Potentialtopf an der Sonde wird signifikant tiefer. Als Folge kann ein Adatom leicht an den Sondenapex transferiert werden. Durch Umkehr der Potentialdifferenz kann der tiefe Potentialtopf auf das Substrat transferiert werden und das Adatom wird vom Sondenapex an das Substrat transferiert. Bei einem mechanischen Kontakt zwischen Adspezies und Sonde überlappen beide Potentialtöpfe und verschmelzen quasi zu einem. Dies ist ebenfalls in Abb. 22.68(b) dargestellt. Auch so kann das Adatom oder Admolekül leicht zwischen Sonde und Probe transferiert werden.

Erstmalig wurde die vertikale Manipulation in Form eines „atomaren Schalters" demonstriert [22.168]. Das periodische Umschalten bestand in einem periodischen Transfer eines Xe-Atoms zwischen Sonde und Ni(110)-Substrat.

Ein Beispiel für einen vertikalen STM-Manipulationsprozess zeigt Abb. 22.69. Die Sequenz demonstriert insbesondere, dass eine STM-Abbildung erfolgen kann, während das Adatom an der Sonde hängt. Im vorliegenden Fall wird dadurch sogar die erzielte Ortsauflösung erhöht. Nach Absetzen des Xe-Atoms auf dem Substrat weist die Sonde wieder ihre ursprünglichen Eigenschaften auf. Die Stabilität und Reversibilität des gesamten Prozesses demonstrieren insbesondere auch die drei während der Manipulationssequenz aufgenommenen Linienprofile.

Die Wirkung eines elektrischen Felds auf ein Atom besteht im Kontext des Manipulationsprozesses in der Induktion eines elektrischen Dipolmoments. Durch Umpolung der Potentialdifferenz kann das induzierte Dipolmoment gedreht werden. Ein Molekül kann selbstverständlich auch ein permanentes Dipolmoment besitzen, welches dann in Bezug auf das elektrische Feld zwischen Sonde und Probe unterschiedlich orientiert sein kann, woraus sich direkt attraktive oder repulsive Kräfte ableiten lassen.

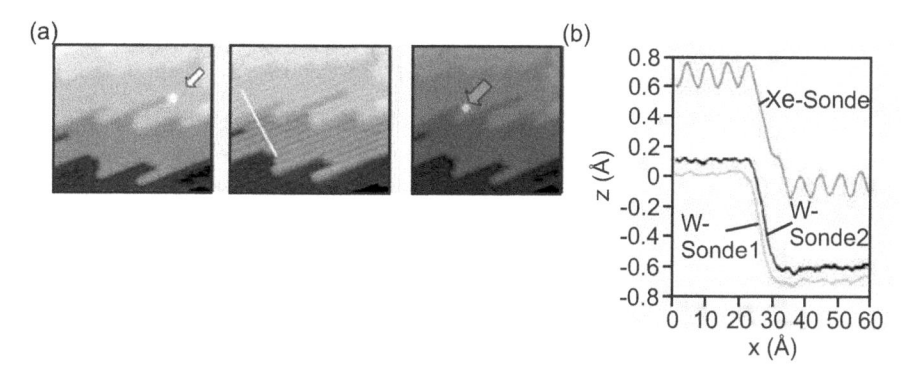

Abb. 22.69. Vertikale Manipulation eines Xe-Atoms auf einem Cu(211)-Substrat [22.169]. (a) Manipulationssequenz. Das mittlere Bild wurde mit Xe-Atom an der Sonde aufgenommen. (b) Linienprofile entlang der in (a) eingezeichneten Strecke vor und nach der Manipulation sowie während der Manipulation.

In Abschn. 22.2.5 hatten wir diskutiert, dass im IETS-Modus eine kontrollierte Anregung eines Moleküls erfolgen kann. Dies kann auch zur atomaren Manipulation genutzt werden [22.170]. Bei einem inelastischen Tunnelprozess wird Energie der tunnelnden Elektronen im Rahmen eines resonanten Transfers auf ein auf dem Substrat befindliches Molekül übertragen. Energie und Rate der tunnelnden Elektronen lassen sich innerhalb des STM-Operationsregimes variieren. Bei der Anregung des Targetmoleküls lassen sich Einfach- und Mehrfachanregungen unterscheiden [22.171]. Die Prozesse sind schematisch in Abb. 22.70 dargestellt. Der Mehrfachanregungsprozess erfordert eine hinreichend lange Lebensdauer des angeregten Zustands, um die Anregungsenergie sukzessive weiter zu erhöhen. Beide Anregungsformen wurden experimentell eindeutig identifiziert [22.172].

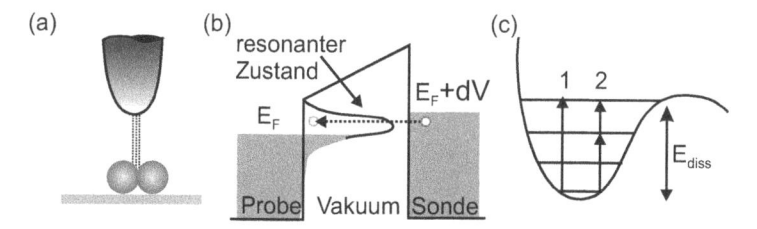

Abb. 22.70. Inelastischer Tunnelprozess. (a) Sonde mit Targetmolekül. (b) Elektroneninjektion durch den adsorbatinduzierten resonanten Zustand. (c) Einzel- und Mehrfachanregung und zu überwindende Dissoziationsenergie eines Moleküls.

Generell kann der inelastische Tunnelprozess zur Anregung von Rotations- und Vibrationsmoden eines Moleküls sowie zur elektronischen Anregung führen [22.172]. Im Extremfall kann es sogar zum Brechen von Bindungen und zur Formation neuer Bindungen kommen [22.173]. Abbildung 22.71 zeigt exemplarisch das Aufbrechen von zwei C-I-Bindungen eines $C_6H_4I_2$-Moleküls, induziert durch inelastisches Tunneln.

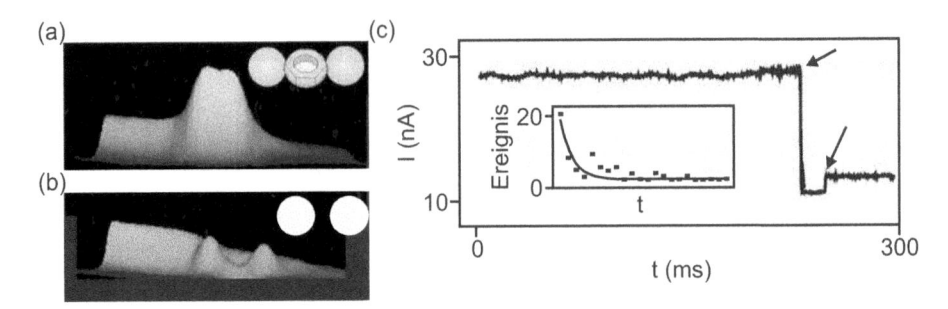

Abb. 22.71. Aufbrechen von C-I-Bindungen durch einen inelastischen Tunnelprozess [22.161]. (a) Adsorbiertes $C_6H_4I_2$-Molekül auf einem Cu(111)-Substrat. (b) Zwei adsorbierte I-Atome nach Dissoziation des Moleküls. (c) Verlauf des Tunnelstroms während der beiden Dissoziationsprozesse (Pfeile) und Dissoziationswahrscheinlichkeit als Funktion der Zeit für einen gegebenen Tunnelstrom.

Generell wirken bei der atomaren Manipulation mittels STM verschiedene Einflussfaktoren zusammen. So existiert neben dem Tunnelstrom, basierend auf elastischen und gegebenenfalls inelastischen Tunnelprozessen, in jedem Fall das elektrische Feld zwischen Sonde und Probe sowie eine interatomare Wechselwirkung zwischen dem Sondenapexatom und dem nächstgelegenen Probenatom. Zusätzlich können auch längerreichweitige interatomare Wechselwirkungen relevant sein, die zwischen mehreren Sonden- und Probenatomen wirken. Manche Manipulationen nutzen gezielt Kombinationen aus solchen Einflussfaktoren, was allerdings eine sehr genaue Kenntnis der energetischen Profile als Funktion der steuerbaren Einflussfaktoren voraussetzt. Ein Beispiel für eine Analyse des Zusammenwirkens mehrerer Einflussfaktoren zeigt Abb. 22.72.

Die atomare Manipulation mittels STM umfasst noch ein deutlich größeres Potential als es aus der bisherigen Diskussion deutlich werden konnte [22.174]. So lassen sich heute praktisch alle grundlegenden chemischen Reaktionsschritte wie Dissoziation, Diffusion, Adsorption, Readsorption, Bindungsbruch und Bindungsformation mittels STM durchführen oder induzieren. Durch Anwendung verschiedenster STM-Manipulationsverfahren in einer sequentiellen Folge lassen sich Schritt für Schritt vollständige chemische Reaktionsschritte durchführen, die letztendlich zur Synthese individueller Moleküle führen können. Vor diesem Hintergrund erscheint der einst visionäre Begriff der „Mechanosynthese" [22.175] nicht unzutreffend. Aber auch die Positionierung mehr oder weniger komplexer kompletter Moleküle – insbesondere organischer Moleküle – bietet ein riesiges Potential zur Bottom up-Synthese von funktionalen Nanostrukturen [22.176].

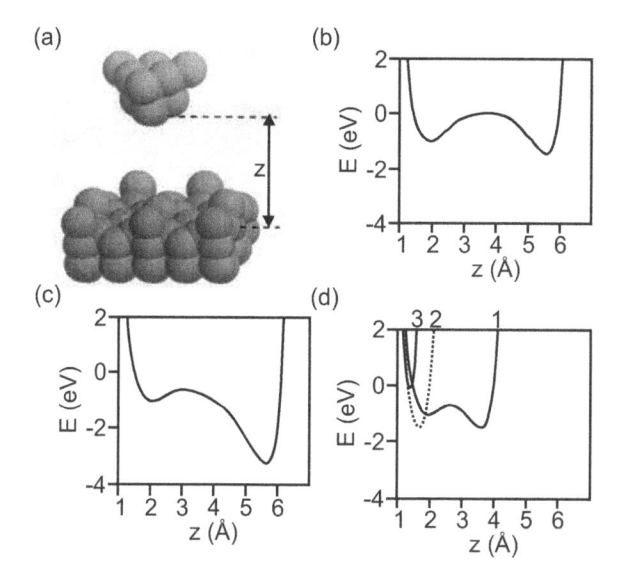

Abb. 22.72. Energie eines Ge-Adatoms zwischen einer Ge-Sonde und einer Ge(111)-Oberfläche [22.173]. (a) Sonden-Proben-Anordnung. (b) Abbildungsmodus mit $z = 8$ Å. (c) Situation wie in (b) und stark erhöhtes elektrisches Feld bei $V = 3$ V. (d) Situation wie in (c), allerdings für $z = 6$ Å (Kurve 1), $z = 4$ Å (Kurve 2) und $z = 3{,}5$ Å (Kurve 3).

Gerade bei Verwendung kompletter Moleküle kann genutzt werden, dass es metastabile Konfigurationen gibt, die in unüberschaubaren Zeiträumen zerfallen und somit in ihrem lokalen Umfeld Reaktionen stimulieren können. Genau dieses Phänomen wurde genutzt bei Realisierung von atomaren Anordnungen zur Durchführung kompletter logischer Operationen [22.165]. So können CO-Trimere auf Cu(111) mindestens zwei Konfigurationen einnehmen, von denen die eine metastabil ist und in durchschnittlich einer Minute in die stabile Konfiguration zerfällt. Beide Konfigurationen sind in Abb. 22.73(a) und (b) dargestellt. Der Zerfallsprozess der metastabilen Konfiguration besteht darin, dass das zentrale CO-Molekül auf die Position eines nächsten Nachbarn transferiert wird. Durch gezielte Anordnung von CO-Molekülen lässt sich so eine Kettenreaktion initiieren, welche die Information über die An- oder Abwesenheit eines CO-Moleküls durch einen Kaskadenprozess über eine molekulare Kette transferiert. Dies ist in Abb. 22.72(c) und (d) dargestellt. Verzweigte Strukturen mit mehreren Eingängen erlauben dann den Aufbau logischer Gatter, wobei die Informationseinheiten durch An- oder Abwesenheit von CO-Molekülen kodiert sind [22.165]. STM wird in diesen fundamentalen Machbarkeitsexperimenten benutzt, um die molekularen Anordnungen zu fabrizieren, aber auch um das Ergebnis von Kaskadenprozessen zu verifizieren [22.165].

Die technische Applikation atomarer logischer Schaltkreise erscheint allerdings bestenfalls als äußerst langfristige industrielle Vision. Die thermische Stabilität der Nanostrukturen und die notwendigen Ultrahochvakuum- und Tieftemperaturbedin-

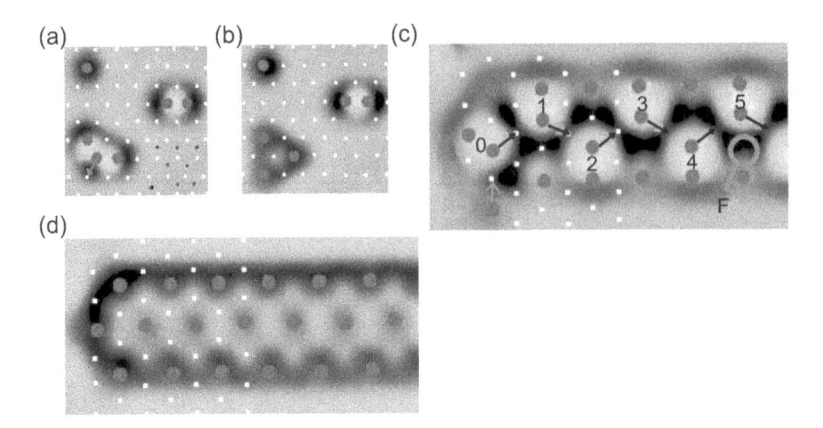

Abb. 22.73. Molekulare Kaskade aus CO-Molekülen auf Cu(111) bei $T = 4$ K [22.165]. (a) CO-Moleküle (dunkel). Die CO-Adsorptionsplätze (große Punkte) und die Cu-Atompositionen (kleine Punkte) sind markiert. Links unten befindet sich ein metastabiles Trimer. (b) Konfiguration mit stabilem Trimer links unten. (c) Durch Zerfall eines metastabilen Trimers wird eine Prozesskaskade ausgelöst. (d) CO-Kette nach Durchlauf der Prozesskaskade.

gungen lassen es eher unwahrscheinlich erscheinen, dass entsprechende Nanostrukturen jemals ein Anwendungsstadium erreichen.

Bei den bisher diskutierten STM-basierten Manipulationen werden die laterale Translation und die Anregung bestimmter vibronischer Moden als Konfigurationsfreiheitsgrade genutzt. Insbesondere größere organische Moleküle bieten aber weitere Konfigurationsfreiheitsgrade [22.176]. Wie Abb. 22.74 zeigt, sind noch Rotations- und Konformationsfreiheitsgrade mit einzubeziehen. Dadurch kann die energetische Landschaft recht kompliziert werden, insbesondere da in der Regel Freiheitsgrade gekoppelt sind [22.176].

Die Manipulation größerer Moleküle kann durchaus bei Raumtemperatur erfolgen [22.177]. Dabei muss die Wechselwirkung zwischen Admolekül und Substrat gerade in einem gewissen Energiefenster liegen: Unerwünschte Diffusionsprozesse sollen nicht stattfinden, gleichzeitig soll sich das Molekül aber unter dem Sondeneinfluss bewegen oder seine Konfiguration definiert verändern. Neben energetischen Beiträgen sind vor allem entropische von Bedeutung [22.178]. Entropische Beiträge aufgrund unterschiedlicher Orientierungen von Admolekülen haben einen signifikanten Einfluss auf die molekulare Diffusion. Die Kopplung der Admoleküle an Oberflächenphononen des Substrats eröffnet die Anregung interner Freiheitsgrade, die nicht zu Fortbewegung des Moleküls führen. Abbildung 22.75 zeigt auf überzeugende Weise die Kopplung von Rotations- und Translationsfreiheitsgraden. Dazu wurden Moleküle aus der *Lander-Familie* ($C_{108}H_{104}$) [22.178] auf einer Cu(110)-Oberfläche deponiert. Die Lander-Moleküle sind dann ausgerichtet entlang der dichtgepackten Richtung des Substrats. Bei tiefen Temperaturen lassen sich molekulare Rotationen mit der STM-Sonde induzieren. In der resultierenden Adsorptionsgeometrie schließt die lange Achse des Mole-

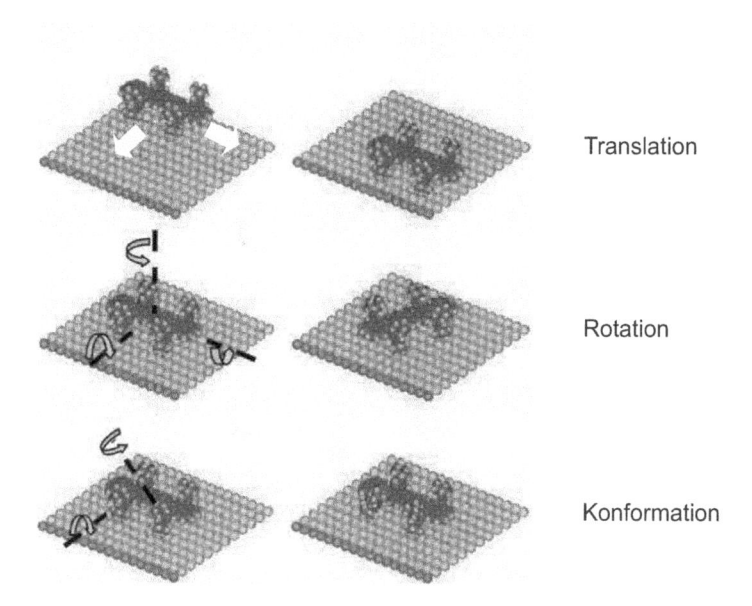

Abb. 22.74. Schematische Darstellung der Konfigurationsfreiheitsgrade eines komplexen organischen Moleküls auf einem Substrat [22.176].

küls einen Winkel von 70° mit der dicht gepackten Substratrichtung ein. Die so rotierten Moleküle diffundieren selbst bei einer Temperatur von 180 K, während die nicht rotierten Moleküle auch bei Raumtemperatur keine Diffusion zeigen.

Die Herausforderung schlechthin ist bei der STM-basierten atomaren Manipulation sicherlich die explizite Synthese einzelner Moleküle [22.171]. Abbildung 22.76 zeigt die grundlegenden Arbeitsschritte einer STM-basierten Synthese schematisch. Die Ausgangsbausteine können danach einzelne Atome und/oder molekulare Fragmente sein. Diese Bausteine müssen ihrerseits durch unterschiedliche Manipulationssequenzen erzeugt und jeweils ortsbezogen und im Hinblick auf ihre Zusammensetzung identifiziert werden. Sodann muss eine Lateralverschiebung sämtliche benötigten Bausteine an einem definierten Ort auf der Substratoberfläche zusammenführen. Die Synthese erfolgt dann mittels einer geeigneten Manipulationssequenz.

Die Herstellung einzelner molekularer Fragmente erfolgt am kontrolliertesten durch das STM-induzierte selektive Brechen einzelner Bindungen. Die Dissoziation kann unter Verwendung relativ großer Spannungen induziert werden. Übersteigt die Potentialdifferenz die Austrittsarbeit der STM-Sonde, so erfolgt der Elektronentransfer im Feldemissionsmodus, und die Sonde wirkt wie eine Elektronenkanone. Die notwendigen Spannungen liegen bei $V \gtrsim 3$ V.

Besser kontrollierbar ist die molekulare Dissoziation aufgrund inelastischer Tunnelprozesse, die wir ja bereits diskutierten. Die kinetische Energie der tunnelnden Elektronen wird dabei über resonante Zustände übertragen. Übersteigt die Energie

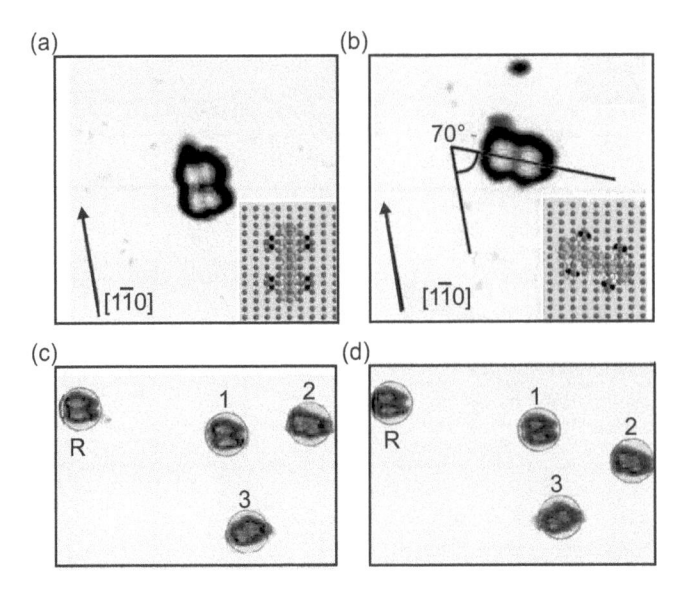

Abb. 22.75. Rotation und Diffusion von Lander-Molekülen auf einer Cu(110)-Oberfläche [22.179]. (a) Orientierung der Moleküle nach Deposition bei Raumtemperatur. (b) Orientierung nach Rotation bei $T = 150$ K. (c), (d) Diffusion bei $T = 180$ K. R und 1 bezeichnen nicht rotierte Moleküle und 2 und 3 rotierte. In der zeitlichen Sequenz zeigt Molekül 2 deutlich eine laterale Diffusion.

die Dissoziationsenergie für eine gegebene Bindung, so bricht diese, und es entsteht ein molekulares Fragment. Dies erkennt man an instantanen Veränderungen des Tunnelstroms. Abbildung 22.77 zeigt ein repräsentatives Beispiel. Die Injektion von 1,5 eV-Elektronen erlaubt ein selektives Aufbrechen der I-C-Bindung eines Iodbenzolmoleküls. Dabei bleibt der gesamte π-Ring intakt, weil die I-C-Dissoziationsenergie geringer ist als diejenige für C-C- und C-H-Bindungen. Es verursacht der Energietransfer

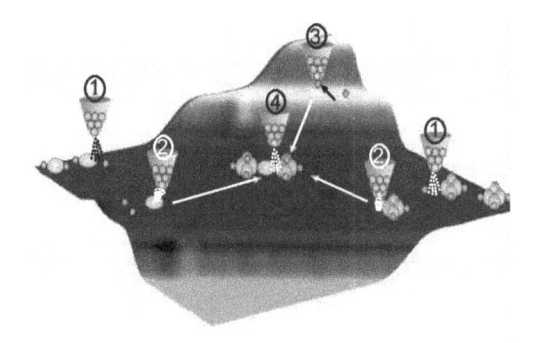

Abb. 22.76. Schematische Darstellung der STM-basierten Synthese eines einzelnen Moleküls [22.174].

nur eines einzelnen tunnelnden Elektrons die Dissoziation. [22.179]. Diese führt zur Separation des I-Atoms vom übrigbleibenden Phenylmolekül.

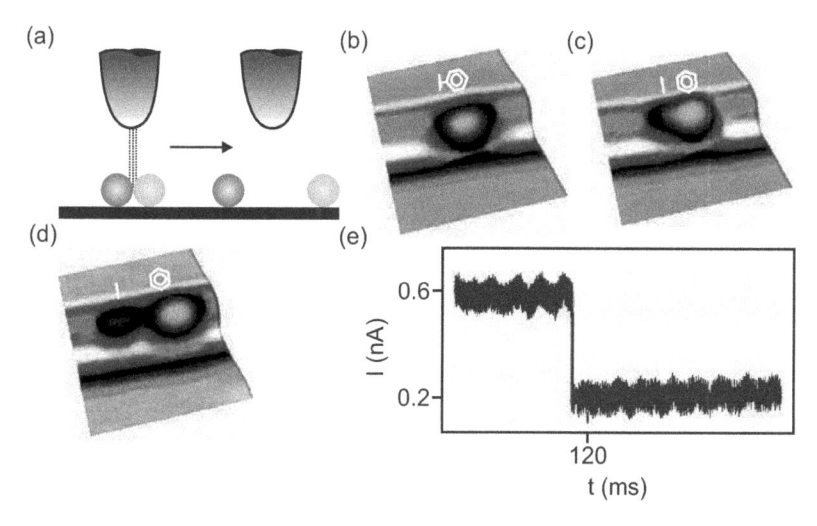

Abb. 22.77. Selektives Aufbrechen einer I-C-Bindung eines C_6H_5I-Moleküls [22.174]. (a) Schematische Darstellung des Prozesses. (b) Abbildung des C_6H_5I-Moleküls an einer Cu(111)-Stufenkante. (c) I-Atom und C_6H_5-Molekül nach Dissoziation. (d) Weitere Separation nach lateraler Manipulation. (e) Sprung des Tunnelstroms als Folge des Dissoziationsprozesses.

Die komplette Arbeitssequenz zur Synthese eines einzelnen Moleküls zeigt Abb. 22.78. Bereits 1901 wurde die reaktive Kopplung zweier Phenylringe bei $T \approx 400$ K und Anwesenheit von flüssigem C_6H_5I und pulverförmigem Cu gefunden [22.179]:

$$2C_6H_5I + 2Cu \to C_{12}H_{10} + 2CuI . \tag{22.26}$$

Die Rolle der Temperatur bei der Biphenylformation übernimmt bei dem in Abb. 22.78 dargestellten Experiment ein Tunnelstrom von Elektronen mit etwa 500 meV. Entscheidend ist für die Reaktion offenbar ein irgendwie gearteter Übertrag von Anregungsenergie.

Die inhärente Stärke der STM-basierten atomaren Manipulation liegt zum einen in der Vielseitigkeit anwendbarer Manipulationsmodi und zum anderen darin, dass Strukturen zwischenzeitlich jederzeit abbildbar und analysierbar sind. Außerdem liefert das Tunnelstromsignal gewisse Rückschlüsse auf das Stadium des Manipulationsprozesses. Natürlich kann das Ziel nicht darin liegen, mittels STM eine große Anzahl atomarer Strukturen sequentiell herzustellen, um sie beispielsweise für technische Anwendungen einzusetzen. Dazu ist das Verfahren zu zeitaufwändig und der experimentelle Aufwand beispielsweise in Form des Kühlens zu groß. Aus Sicht der Grundlagenforschung bietet die atomare Manipulation allerdings ungeheure Möglichkeiten im Hinblick auf die Analyse von Reaktionsmechanismen oder quantenmechanisch dominierte Phänomene. Deshalb besetzt die atomare Manipulation heute zu Recht einen Stammplatz unter den oberflächenphysikalischen und nanotechnologischen Standardmethoden.

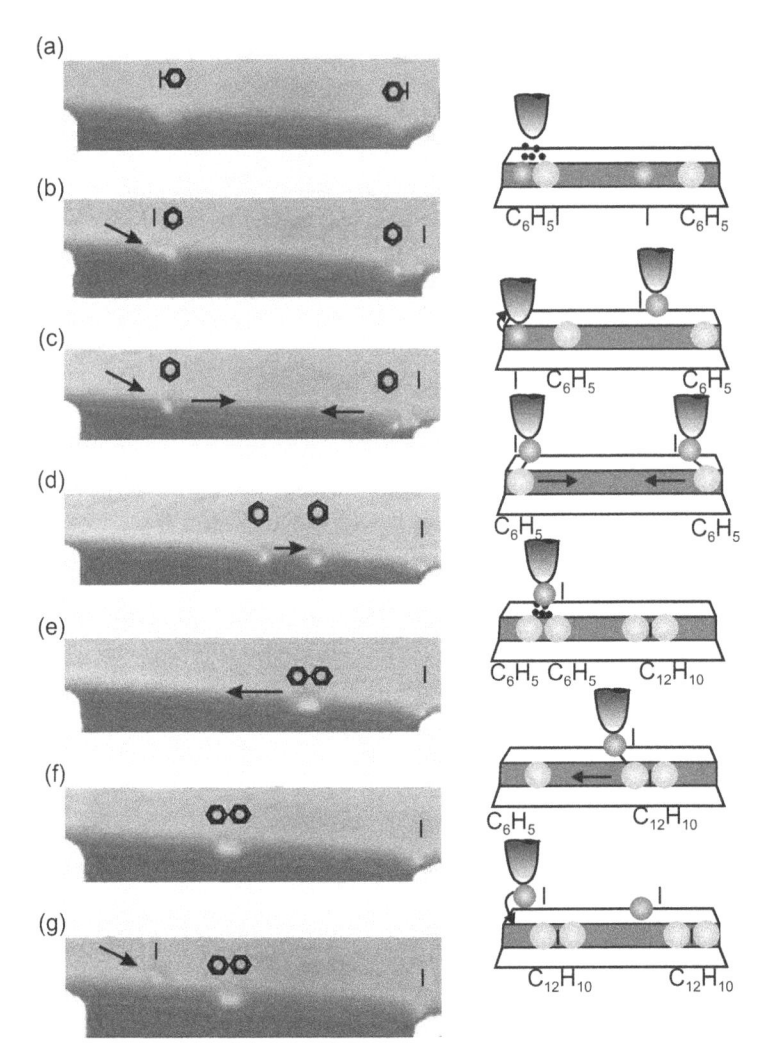

Abb. 22.78. STM-initiierte Ullmann-Reaktion zur Synthese eines Moleküls [22.182]. (a) Zwei Iodbenzolmoleküle an einer Cu(111)-Stufenkante. (b) Dissoziation durch inelastisches Tunneln. (c) Verbesserung der Abbildungseigenschaften durch Transfer eines Iodatoms an die Sonde. (d) Annäherung der Phenylmoleküle durch laterale Manipulation. (e) Biphenylsynthese. (f) Lateralmanipulation des Biphenylmoleküls zur Verifikation der induzierten Bindung. (g) Rücktransfer des Iodatoms von der Sonde auf das Substrat.

22.2.8 Weitere STM-Betriebsmodi

Alle bislang beschriebenen Techniken der Rastertunnelmikroskopie nutzen den Standardaufbau des STM, wie er in Abb. 22.5 dargestellt ist. Lediglich durch Wahl der Tunnelparameter, Art der lateralen Positionierung der Sonde, Einsatz des Regelkreises, Funktionalisierung von Sonde und Probe und Umgebungsbedingungen entstehen die zahlreichen beschriebenen Betriebsmodi des STM. Diese können heute als Standardbetriebsmodi angesehen werden in dem Sinn, als dass sie vergleichsweise häufig angewendet und von zahlreichen Arbeitsgruppen betrieben werden. Allerdings sind natürlich die bearbeiteten wissenschaftlichen Fragestellungen durchaus sehr divers. Seit der ersten Realisierung eines STM im Jahr 1981 wurden zahlreiche weitere Betriebsmodi entwickelt, die vergleichsweise weniger stark verbreitet und auch nicht von messtechnisch universeller Relevanz sind. Ihre ausschließlich spezifischen Einsatzbereiche verdanken sie spezifisch notwendigen Probenkonfigurationen, sehr speziellen Umgebungsbedingungen oder sehr speziellen Eigenschaften oder Wechselwirkungen, die gemäß Abb. 22.1 gemessen werden.

Die *elektrochemische Rastertunnelmikroskopie* (*Electrochemical Scanning Tunneling Microscopy*, ESTM) erlaubt die Implementierung von STM in elektrochemischer Umgebung [22.181]. In einer typischen Anordnung wird das Probenpotential gegenüber einer Referenzelektrode eingestellt und ein Stromfluss erfolgt über eine Gegenelektrode. Ein *Bipotentiostat* erlaubt eine unabhängige Adjustage der Tunnelspannung. Die Anordnung gestattet die Durchführung von Cyclovoltammetriemessungen. Unerwünschte elektrochemische Prozesse an der Sonde werden durch Wahl des Sondenpotentials sowie durch isolierende Abdeckung eines Großteils der Sonde vermieden. ESTM ist von Bedeutung bei der Analyse mikroskopischer elektrochemischer Prozesse, die in der Abscheidung und Auflösung elektrochemischer Schichten bestehen. Abbildung 22.79 zeigt schematisch den Aufbau eines ESTM sowie eine typische Abbildung.

Die *Rastertunnelpotentiometrie* (*Scanning Tunneling Potentiometry*, STP) ermöglicht die ortsaufgelöste Messung des elektrochemischen Oberflächenpotentials einer Probe [22.183]. Entlang der Probenoberfläche erzeugt man durch Anlegen einer Querspannung eine Potentialdifferenz. Über ein Potentiometer wird das Sondenpotential in Bezug auf die Querspannung abgeglichen. Die Anordnung entspricht damit derjenigen einer *Wheatstone-Brücke*. Während des Rasterns der Sonde über die Probenoberfläche wird das Potentiometer ständig so abgeglichen, dass der Strom über der Sonde verschwindet. Überlagert wird allerdings ein Wechseltunnelstrom, dessen Effektivwert zur Abstandsregelung dient und der beim Abgleich des Potentiometers nicht wahrgenommen wird. Die simultane Abbildung der Probentopographie und der Potentiallandschaft erlaubt Rückschlüsse auf den elektronischen Transport und lokale Streumechanismen. Abbildung 22.80 zeigt schematisch den Aufbau für STP sowie ein typisches Resultat. Mittels STP lassen sich auch sehr hohe Auflösungen beispielsweise in der Umgebung von Korn- oder Domänengrenzen erzielen, wenn große Gradien-

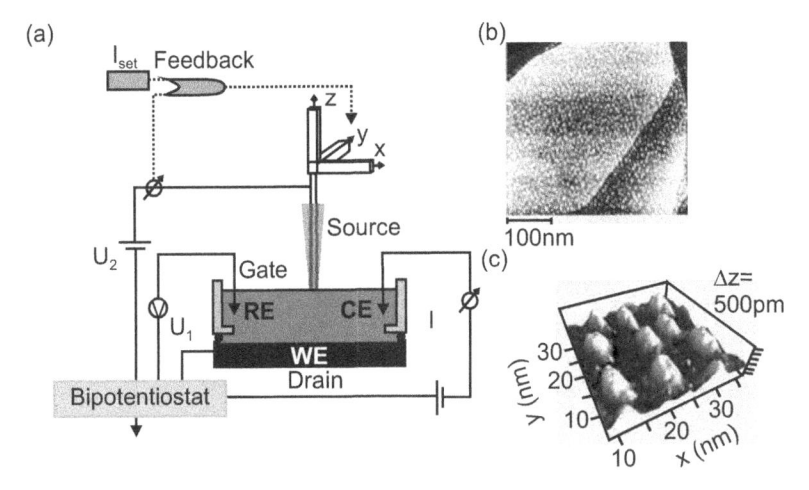

Abb. 22.79. Elektrochemische Rastertunnelmikroskopie. (a) Schematischer Aufbau eines ESTM mit Probe als Arbeitselektrode (WE), Referenz- (RE) und Gegenelektrode (CE) sowie Bipotentiostat. (b) In situ-ESTM-Abbildung von Cytochrom c-Molekülen auf einer Au(111)-Oberfläche [22.182]. (c) Vergrößerung eines Ausschnitts aus (a).

ten im Potential vorliegen [22.185]. Transportprozesse wären also a priori auf atomarer Ebene analysierbar [22.186].

Die *Lichtemissions-Rastertunnelmikroskopie (Light Emission STM, LE-STM)* nutzt die Möglichkeit, dass der Tunnelstrom zur Emission von Photonen an der Probenober-

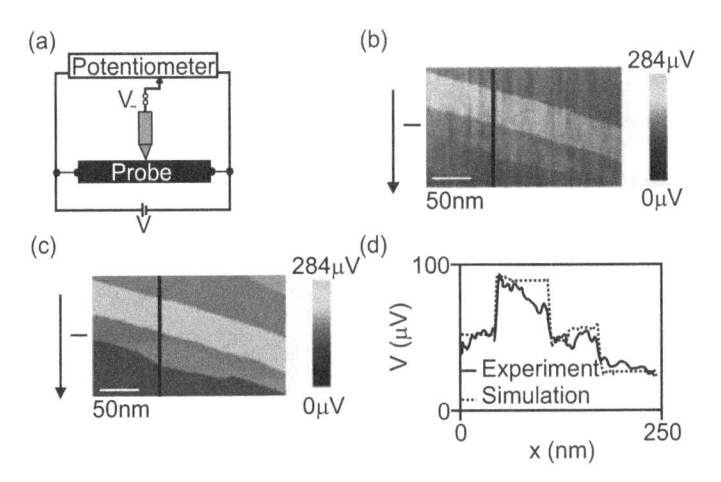

Abb. 22.80. (a) Anordnung für die Durchführung von STP. (b) Potentialabbildung einer stufigen $\sqrt{3} \times \sqrt{3}$-Ag-Schicht auf einem Si(111)-Substrat [22.184]. (c) Simulierte Potentialabbildung. (d) Profile entlang der Linien in (b) und (c).

fläche führen kann [22.187]. Im Bereich des Tunnelkontakts werden Oberflächenplasmonen angeregt. Sonde und Probe bilden dabei einen Resonator, der einen Einfluss auf die emittierten Photonen hat [22.188]. Weitere Photonenemissionsmechanismen werden diskutiert [22.189]. LE-STM ermöglicht die Untersuchung unterschiedlicher Relaxationskanäle des Tunnelprozesses, was im Hinblick auf molekulare und oberflächenphysikalische Fragestellungen von Interesse sein kann.

Insbesondere ist bei LE-STM von fundamentalem Interesse ein grundlegendes Verständnis des Zusammenhangs von Lichtemission und LDOS. Ein solches Verständnis kann am ehesten für möglichst einfache, möglichst kleine Modellsysteme erlangt werden. Ein solches Modellsystem wurde mit einer Struktur von 10 Ag-Atomen auf einem NiAl(110)-Substrat vorgestellt [22.190]. Das in Abb. 22.81(a) dargestellte System realisiert Confinement-Effekte sowohl räumlich als auch energetisch. Die so strukturierte LDOS ermöglicht eine klare Korrelation von Photonenemissionsraten und Zuständen.

Die durch inelastisches Tunneln angeregten Plasmonen zerfallen in Form einer breitbandigen Emission mit zahlreichen Peaks. Abbildung 22.81(b) zeigt schematisch die Kopplung zwischen inelastischem Tunnelprozess (IET) und plasmonischen Moden oder elektronischen Übergängen. Diese Kopplung ist eine Alternative zur Kopplung an phononische Moden, die wird in Abschn. 22.2.6 diskutierten. Im Gegensatz zum elastischen Tunneln (ET) schließt der IET-Kanal sowohl die anfängliche als auch die finale LDOS des inelastischen Prozesses ein.

Orts- und energieaufgelöste Detektion von Photonen ermöglicht es, im Detail Emissions- und LDOS-Charakteristika zu korrelieren. Abbildung 22.81(c) zeigt zunächst ein Anregungsbild und -spektrum des Substrats. Das Anregungsbild liefert die spektrale Verteilung der Emission als Funktion der Tunnelspannung. Das Substrat zeigt zwei Emissionsbänder im nahen Infrarotbereich sowie im Sichtbaren. Die maximale Photonenenergie beträgt 2,95 eV. Befindet sich die Ag_{10}-Kette im Tunnelkontakt, so ändert sich gemäß Abb. 22.81(d) und (e) die Emissionscharakteristik dahingehend, dass die Emission im Sichtbaren deutlich intensiver wird. Außerdem verschiebt sich das Maximum zwischen Zentrum und Ende der Kette um 0,3 eV. Dieser Befund lässt sich mittels der örtlichen LDOS-Variation in Abb. 22.81(f) verstehen. Zustände niedriger Energie dominieren den zentralen Teil der Kette und solche höherer Energie eher die Kettenenden.

Abbildung 22.81(g) schließlich zeigt, wie die spektrale Verteilung entlang der Kette aussieht und bestätigt insbesondere, dass die intensive Emission auf die Kette beschränkt ist. Eine direkte Korrelation von LDOS und Photonenemission lässt Abb. 22.82 zu. Die Ag_{10}-Kette lässt strahlende Übergänge durch Tunneln in eine Reihe von Niveaus zu, die durch den Confinement-Effekt gegeben sind. Dies ist in Abb. 22.82(a) dargestellt. Die Topographie und die Leitwertverteilung der Ag_{10}-Kette für Präemissionszuständen bei großer Energie sind in Abb. 22.82(b) dargestellt. Aus diesen Zuständen heraus erfolgt dann eine Relaxation durch verschiedene strahlende Übergänge in niedrigere Niveaus. Zusammen mit den entsprechenden Photonenemissionskanten

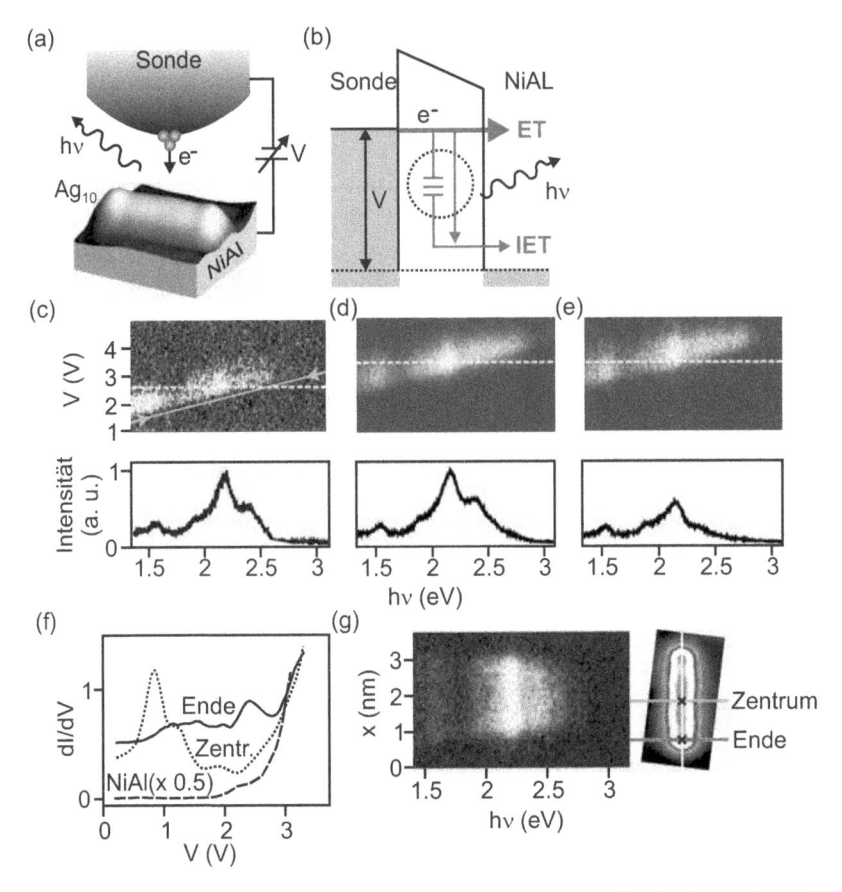

Abb. 22.81. Photonenemission von einer Ag_{10}-Kette auf einem NiAl(110)-Substrat [22.190]. (a) Funktionsweise von LE-STM. (b) ET- und IET-Prozesse. Die IET-Prozesse involvieren einen elektronischen Übergang in Resonanz mit der Anregung von Plasmonenmoden. (c) Anregungsbild und Spektrum des Substrats. Die Energie, bei der das Spektrum aufgenommen wurde, sowie die Anregungsschwelle sind eingezeichnet. (d) Anregungsbild und Spektrum in der Mitte der Kette. (e) Anregungsbild und Spektrum am Ende der Kette. (f) Leitwerte des Substrats und entlang der Kette. (g) Spektrale Verteilung der Emission entlang der Kette sowie Topographie der Kette (rechts).

in Abb. 22.82(c) ist die Verteilung dieser Zustände in Abb. 22.82(d) zusammen mit der Kettentopographie in Abb. 22.82(e) dargestellt. Von Bedeutung ist jetzt die Korrelation zwischen Emissionsmustern und Anfangs- sowie Endzuständen. Im Wesentlichen lassen sich die Zustandsverteilungen in Abb. 22.82(d) auf die Verteilung des Grundzustands sowie der ersten vier angeregten Zustände eines eindimensionalen Potentialtopfs, wie wir ihn in Abschn. 3.3.1 und speziell in Abb. 3.25 behandelt hatten, zurückführen. In Abb. 22.82(c) erkennt man bis zu vier Intensitätsmaxima, wobei für den Zustand bei 0,6 eV und einer Emission von 2,85 eV kein Maximum auftritt. Der Vergleich zwischen Abb. 22.82(c) und (d) zeigt, dass die Anzahl der Emissionsmaxima mit der

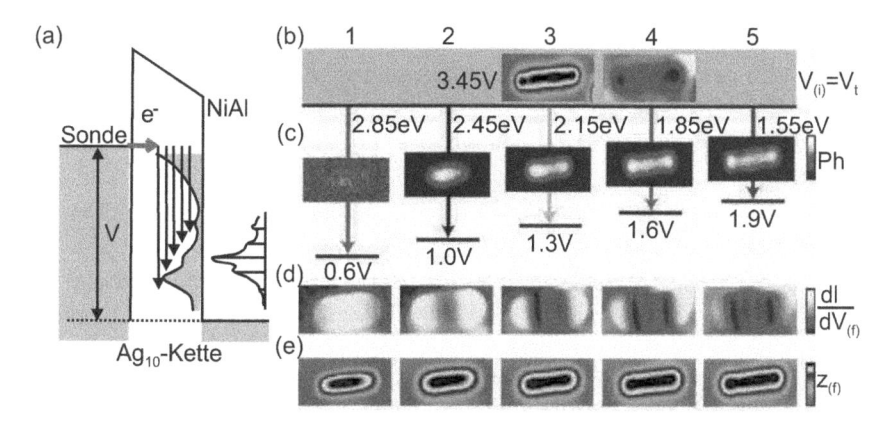

Abb. 22.82. Emissionsdetails für IET an einer Ag_{10}-Kette auf NiAl(110)-Substrat [22.190]. (a) IET-Prozess und strahlende Übergänge. (b) Ursprünglicher Zustand mit Topographie und LDOS. (c) Emissionsverteilungen bei Übergängen in verschiedene Niveaus aus (a). (d) LDOS für die Endzustände und (e) Topographie der Ag_{10}-Kette.

Anzahl der Knoten in der LDOS-Verteilung übereinstimmt und dass die lateralen Positionen ebenfalls übereinstimmen.

Die Tunnelraten hängen, wie wir in Abschn. 22.2.2 ausführlichst diskutierten, von der LDOS ab. Im jetzt diskutierten Fall sind damit die LDOS sowohl im Anfangs- als auch im Endzustand des IET relevant. Damit ist zunächst einmal nicht verständlich, warum die Emissionsmaxima in Abb. 22.82(c) nicht die Verteilung aus Abb. 22.82(b) und (d) widerspiegeln.

Eine Erklärung für die Entsprechung der Muster lässt sich aus *Fermis Goldener Regel* ableiten. Diese hatten wir bereits in Abschn. 3.6.1 im Zusammenhang mit Übergängen zwischen verschiedenen Zuständen benutzt. Fermis Goldene Regel liefert einen störungstheoretischen Ansatz für die Übergangsrate, mit der ein Anfangszustand $|i\rangle$ aufgrund einer Störung $\hat{V}$ in einen Endzustand $|f\rangle$ übergeht [22.191]. Damit lassen sich insbesondere Prozesse mit Absorption oder Emission von Phononen, Photonen und auch Magnonen behandeln. Für einen Übergang von $|i\rangle$ in $|f\rangle$ ist die Übergangsrate durch

$$w_{i \to f} = \frac{2\pi}{\hbar} \varrho(E_f) \left| V_{fi} \right|^2 \tag{22.27a}$$

gegeben, wobei $|f\rangle$ in einem Energiekontinuum liegen möge und $\varrho(E_f)$ die Zustandsdichte der Endzustände bezeichnet. $V_{fi} = \langle f|\hat{V}|i\rangle$ ist das Übergangsmatrixelement für den Störoperator $\hat{V}$. Im vorliegenden Fall erhalten wir

$$w_{i \to f} = \frac{2\pi}{\hbar} \delta(E_f - E_i \pm \hbar\omega) \left| V_{fi} \right|^2 , \tag{22.27b}$$

mit $V_{fi} = e/(2m)\, \mathbf{A} \cdot \langle i|\hat{\mathbf{p}}|f\rangle$ und dem Vektorpotential $\mathbf{A}$ [22.190]. Mit $\hat{p} = (\hbar/i)\, d/dx$ erhält man $V_{if} \sim \varphi_i\, d\varphi_f/dx$ für die räumliche Variation des Übergangsmatrixelements. $\varphi_i(x)$ und $\varphi_f(x)$ sind die aus Abb. 22.82(b) und (d) antizipierbaren Wellenfunktionen innerhalb der Ag$_{10}$-Kette. Wellenfunktionen vom durch Gl. (3.44) gegebenen Typ $\varphi_f(x) \sim \sin(n\pi x)$ für $0 \le x \le 1$ haben aber gerade Maxima von $d\varphi_f/dx$ an Stellen, an denen $|\varphi_f(x)|^2$ Knoten hat. Dies liefert die Korrelation zwischen den Mustern in Abb. 22.82(b), (c) und (d). LE-STM hat damit die Verifikation von Fermis Goldener Regel durch eine direkte hochauflösende Beobachtung im Orts- und Energieraum ermöglicht [22.190].

Die *ballistische Elektronenemissionsmikroskopie (Ballistic Electron Emission Microscopy, BEEM)* besteht in einem speziellen STM-Betriebsmodus, der die Untersuchung von Schottky-Barrieren an Metall-Halbleiter-Grenzflächen mit hoher Lateralauflösung gestattet [22.192]. Die Anordnung für BEEM ist in Abb. 22.83 dargestellt. Heiße Elektronen mit einer Energie von einigen eV oberhalb des Fermi-Niveaus werden über den Tunnelkontakt in einen dünnen Metallfilm injiziert, der auf einen Halbleiter deponiert einen Schottky-Kontakt etabliert. Die injizierten Elektronen propagieren bevorzugt senkrecht zur Schichtebene und werden dabei in der Regel gestreut. Die Transmission durch den Metallfilm nimmt dabei exponentiell mit der Dicke des Films ab [22.193]. Ein Teil der heißen Elektronen erreicht allerdings die Schottky-Grenzfläche und führt zu einem Strom $I_B < I$. Transmittierte Elektronen müssen eine ausreichende Energie besitzen, um die Schottky-Barriere zu überwinden. Daneben müssen sie im Hinblick auf ihren Impuls gewisse Rahmenbedingungen erfüllen [22.192]. I_B liefert dann lokale Informationen über den Transport heißer Elektronen über die Grenzfläche, und auch die lokale Barrierenhöhe lässt sich ableiten [22.194].

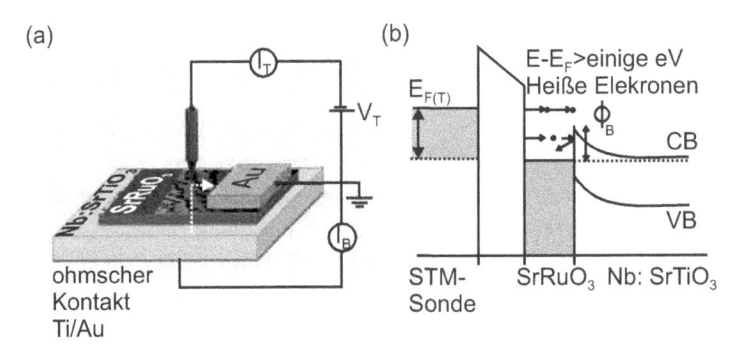

Abb. 22.83. Arbeitsweise von BEEM. (a) Aufbau. (b) Bandstruktur für den Transport heißer Elektronen über eine Schottky-Barriere innerhalb der Probe.

Entsprechend der in Abschn. 22.2.4 diskutierten Tunnelspektroskopie lässt sich auch BEEM in einem spektroskopischen Modus betreiben. I_B wird dabei als Funktion der Tunnelspannung bei fixiertem Tunnelstrom I gemessen. Damit bleibt in diesem Modus aber der Sonden-Proben-Abstand nicht konstant.

Die einfachsten theoretischen Modelle gehen von einer Näherung in Form einer effektiven Elektronenmasse aus und nehmen eine Erhaltung der Parallelkomponente des Impulses oder Wellenvektors im Schottky-Kontakt an [22.195]. Dies führt nahe der Schwellenenergie zu einem quadratischen Kennlinienverlauf. Allerdings liefern auch Ansätze ohne Erhalt der Impulskomponente ein entsprechendes Spektrum, so dass nicht einfach auf die An- oder Abwesenheit einer Grenzflächenstreuung geschlossen werden kann [22.196]. Andererseits können die Spektren durchaus weitere Details der Schottky-Grenzfläche widerspiegeln [22.197].

Ein typisches BEEM-Resultat zeigt Abb. 22.84 anhand eines $CoSi_2/n$-Si(111)-Schichtsystems. Das Abklingverhalten der injizierten heißen Elektronen hängt so empfindlich von der Filmdicke ab, dass selbst Dickenänderungen von einer Monolage zu einem BEEM-Kontrast führen [22.198]. Eine BEEM-Abbildung kann also Dickenverteilungen liefern. In Abb. 22.84(a) zeigt die topographische STM-Abbildung ein Versetzungsnetzwerk und das BEEM-Bild in Abb. 22.84(b) eine Schichtdickenverteilung.

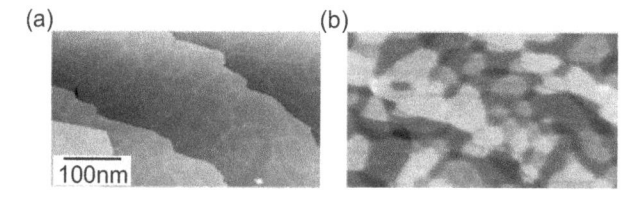

Abb. 22.84. $CoSi_2$-Schicht auf einem n-Si(111)-Substrat [22.199]. (a) Topographie. (b) BEEM-Signal.

Abbildung 22.85 zeigt, dass im BEEM-Signal auch reine Oberflächeneffekte fernab der Schottky-Barriere eine Rolle spielen können. Damit kann das BEEM-Signal sogar eine

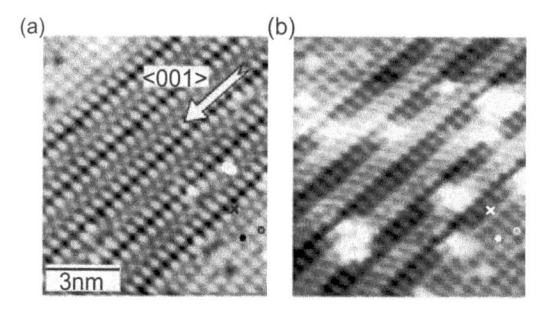

Abb. 22.85. Si-reiches $CoSi_2$ auf n-Si(100) [22.199]. (a) STM-Abbildung mit $\sqrt{3} \times \sqrt{2}R45°$-Rekonstruktion im Zentrum und $\sqrt{2} \times \sqrt{2}R45°$-Rekonstruktionen oben links und unten rechts. (b) Korrespondierender BEEM-Kontrast.

atomare Auflösung liefern [22.200]. In Abb. 22.85 wird so die Oberflächenrekonstruktion einer CoSi$_2$-Schicht auf Si(100) sichtbar. Sowohl die Energie - als auch die Impulsverteilung der heißen Elektronen wird durch Oberflächenstrukturen modifiziert, was dann zu lateralen Variationen des BEEM-Signals führt. BEEM kann also vor diesem Hintergrund auch als energie- und impulsfilterndes Verfahren für heiße Elektronen betrachtet werden, die nach Filterung das Substrat erreichen.

22.3 Rasterkraftmikroskopie

22.3.1 Aufbau und Betriebsmodi von Kraftmikroskopen

Wie in Abschn. 22.2.2 ausführlich diskutiert, resultiert die hohe Ortsauflösung von STM aus der Kurzreichweitigkeit des Tunneleffekts, die sich in einer exponentiellen Abhängigkeit des Tunnelstroms vom Sonden-Proben-Abstand manifestiert. Grundsätzlich kann jede Sonden-Proben-Wechselwirkung mit einer dem Tunnelstrom vergleichbaren Abstandsabhängigkeit Grundlage atomar aufgelöster Oberflächenabbildungen sein. Natürlich wird die Oberfläche, wir hatten dies in Abschn. 22.2.1 erläutert, im Licht der jeweiligen Wechselwirkung abgebildet. Eine neben dem Tunnelstrom a priori geeignetere Wechselwirkung sollten Kräfte zwischen Sonde und Probe sein. Setzt man für die Wechselwirkung zwischen zwei Atomen das *Lennard-Jones-Potential* $w(r) = 4\varepsilon[(\sigma/r)^{12} - (\sigma/r)^6]$ an, so erkennt man, dass speziell die repulsiven Kräfte, die bei geringsten interatomaren Distanzen dominieren, außerordentlich kurzreichweitig sind. Insbesondere wird die Analogie zum Tunnelstrom klar, wenn, was ebenfalls gebräuchlich ist, ein *Buckingham-Potential* angesetzt wird. In diesem Fall ist der repulsive Anteil durch $\lambda \exp(-r/\sigma)$ gegeben. Damit sollte es möglich sein, durch Messung repulsiver interatomarer Kräfte eine atomare Auflösung einer Probenoberfläche zu erzielen. Dies setzt allerdings voraus, dass ein Sonden- und ein Probenatom einander entsprechend angenähert werden können. Die technische Machbarkeit dieses Prozesses kann eigentlich direkt aus der Lösung des Problems im Zusammenhang mit STM antizipiert werden. Die zweite Voraussetzung zur Realisierung der hochauflösenden Kraftmikroskopie ist die Messbarkeit der Kräfte zwischen nur zwei Atomen. Die Kräfte lassen sich in einfacher Weise grob abschätzen. Bei einer stabilen Bindung zwischen zwei Atomen eines Moleküls oder Festkörpers sind attraktive und repulsive Kräfte gerade gleich groß. Dies ist beim zuvor genannten Lennard-Jones-Potential gerade für $r_0 = \sqrt[6]{2}\sigma$ gegeben. Nimmt man eine Dissoziationsenergie von 100 kJ/mol an, ein unterer Grenzwert für kovalente Bindungen, so erhält man eine Bindungsenergie von $\approx 1{,}6 \cdot 10^{-19}$ J ≈ 1 eV. Nimmt man nun einen interatomaren Abstand von 1,6 Å und approximiert die Bindung durch ein Hookesches Gesetz, so betrüge die Bindungskraft 1 nN. Kräfte dieser Größenordnung sind messbar. Im Hinblick auf diese grobe Betrachtung mag es nicht überraschen, dass einige Jahre nach Erfindung von STM die *atomare Kraftmikroskopie (Atomic Force Microscopy, AFM)* erfunden wurde

[22.201]. Aus heutiger Sicht ist der Oberbegriff *Rasterkraftmikroskopie (Scanning Force Microscopy, SFM)* passender, weil zahlreiche Betriebsmodi entwickelt wurden, die keine atomaren Informationen liefern.

Die denkbar einfachste Art, die Kraft zu messen, ist, sie in eine Auslenkung zu konvertieren – das Prinzip einfacher mechanischer Waagen. Betrachten wir einen einseitig eingespannten Balken mit rechteckigem Querschnitt der Dicke $t = 1\,\mu m$, der Breite $w = 10\,\mu m$ und mit der Länge $l = 100\,\mu m$, so ist die an der Balkenspitze gemessene Auslenkung durch $\Delta z = 4Fl^3/(Ewt^3)$ gegeben. Für ein Material mit einem Elastizitätsmodul von $E = 100\,\text{GPa}$[2] verursachte eine auf die Balkenspitze wirkende Kraft von $F = 1\,\text{nN}$ eine Auslenkung von $\Delta t = 4\,\text{nm}$. Vertikale Variationen dieser Größenordnung sind ja, wie wir in Abschn. 22.2 gesehen hatten, mittels STM problemlos messbar. Allerdings wäre ein Biegebalken, wie zuvor angenommen, insbesondere bei großem l/t-Verhältnis eine sehr weiche Feder, deren Federkonstante durch $k = Ewt^3/(4l^3)$ gegeben wäre. Für die genannten Größen resultierte $k = 0,25\,\text{N/m}$. Im zuvor gewählten Beispiel wäre die Federkonstante der interatomaren Bindung $6,25\,\text{N/m}$. Damit sollten wir abschätzen, wie groß das thermische Rauschen der Auslenkung Δz ist. Dies lässt sich mittels des Äquipartitionstheorems einfach abschätzen. Mit der potentiellen Energie $k(\Delta z)^2/2$ des ausgelenkten Balkens folgt $k_B T = k\langle(\Delta z)^2\rangle$ für den Mittelwert der thermischen Auslenkung. Damit folgt $\sqrt{\langle(\Delta z)^2\rangle} = 0,6\,\text{Å}/\sqrt{k}$ bei Raumtemperatur und einer in N/m gemessenen Federkonstante. Im gewählten Beispiel würde $\sqrt{\langle(\Delta z)^2\rangle} \approx 1,2\,\text{Å}$ resultieren. In thermischer Hinsicht wären Kräfte messbar, für die $F \geq \sqrt{kk_B T}$ gilt. Trotz eines größeren thermischen Rauschens bieten sich also für empfindliche statische Kraftmessungen weiche Biegeelemente an.

Tatsächlich misst man mit einem AFM im Grund wie beschrieben. Zur Kraftmessung dienen mikrofabrizierte Biegeelemente (*Cantilever*), wie in Abb. 22.86 dargestellt. Cantilever sind heute in einer Vielzahl von Modifikationen mit unterschiedlichen Geometrien und mechanischen Eigenschaften kommerziell verfügbar. Aus-

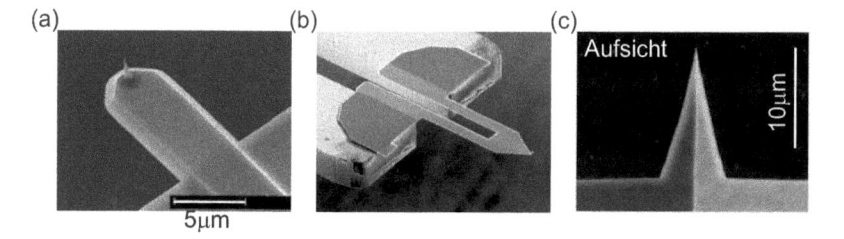

Abb. 22.86. Typische AFM-Cantilever. (a) Kurzes, balkenförmiges Element [22.202]. (b) V- oder dreieckförmiges Element [22.203]. (c) Typische Spitze an der Front eines Cantilevers [22.204].

---

[2] Für Si erhält man $E = 131\,\text{GPa}$.

gangsmaterial ist meistens Silizium welches mit für die Mikromechanik typischen Verfahren bearbeitet wird. Die eigentlichen Cantilever sind dann in der Regel aus Si, Si_3N_4 oder SiO_2 und in vielen Fällen anwendungsspezifisch weiter funktionalisiert.

Die Messung der Cantilever-Auslenkung unter dem Einfluss einer Kraft kann mit den unterschiedlichsten Verfahren erfolgen, welche empfindlich und praktikabel genug sind [22.205]. Dominierend ist das *Lichtzeigerprinzip* (*Beam Deflection*), welches schematisch in Abb. 22.87(a) dargestellt ist. Ein auf dem Cantilever-Rücken reflektier-

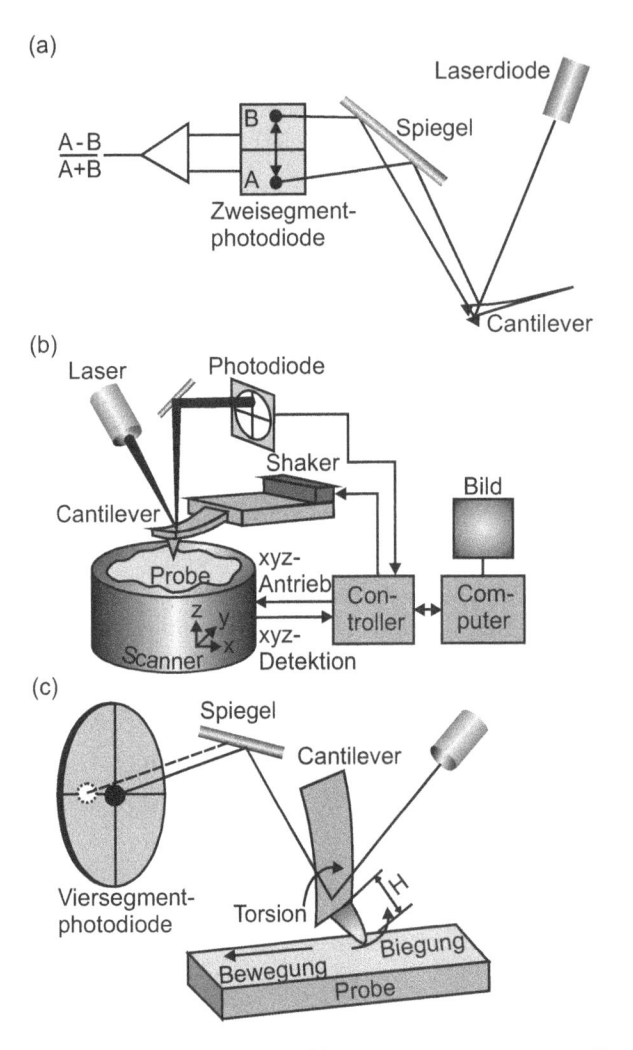

Abb. 22.87. Aufbau eines AFM. (a) Funktionsweise der Beam Deflection-Detektion. (b) Komponenten des Gesamtgeräts. (c) Funktionsweise der Lateralkraftmikroskopie.

ter Laserstrahl wird durch einen Mehrsegmentphotodetektor erfasst. Die Differenz der normierten Signale der Segmente ist dann ein Maß für die Auslenkung, die durch einen langen optischen Weg zwischen Cantilever und Detektor entsprechend übersetzt wird. Die Integration dieses optischen Zweigs in ein Gesamtsystem hat viele Gemeinsamkeiten mit dem Aufbau eines STM wie in Abb. 22.5 und 22.87(b) dargestellt. Neben der Beam Deflection-Methode finden auch interferometrische, kapazitive und piezoresistive Verfahren Anwendung [22.205].

Befindet sich die Sonde in Kontakt mit einer Oberfläche und rastert sie in einer Richtung senkrecht zur Cantilever-Längsachse, so kommt es zu einem Torsionsmoment. Verwendet man einen Viersegmentphotodetektor, so lässt sich neben der auslenkung des Cantilevers auch seine Torsion messen. Dies ist schematisch in Abb. 22.87(c) dargestellt. *Lateralkraftmikroskopie (Lateral Force Microscopy, LFM)* findet beispielsweise in Form der *Reibungsmikroskopie (Friction Force Microscopy, FFM)* Anwendung [22.206].

Aber nicht nur die statischen oder die quasistatischen Eigenschaften eines Cantilevers lassen sich zur Detektion von Sonden-Proben-Wechselwirkungen nutzen, sondern auch die dynamischen Größen, welche die dynamischen Eigenschaften charakterisieren, sind die Resonanzfrequenz von $v_r = 0,162t\sqrt{E}/(l^2\sqrt{\varrho})$, wobei ϱ die Dichte des Cantilever-Materials ist, sowie die Güte Q. Diese ist abhängig von der Dämpfung. Mikrofabrizierte Cantilever an Luft werden viskos gedämpft und zeigen typisch eine Güte von einigen Hundert. Im Vakuum kann man $Q \gtrsim 10^5$ erhalten. Wie in Abb. 22.87(b) dargestellt, lässt sich der Cantilever mittels eines Piezoaktors (*Shaker*) zu Oszillationen wählbarer Frequenz und Amplitude anregen. Die resultierenden Oszillationen lassen sich im Beam Deflection-Signal direkt als periodisch oszillierender Signalanteil wahrnehmen. Dabei kann der Cantilever als von außen angetriebener harmonischer Oszillator behandelt werden. Für eine Anregung der Form $A_0 \cos(\omega_0 t)$ mit $\omega_0 = 2\pi v_0$ und $Q \gg 1$ ist die Auslenkung des Cantilevers gegeben durch

$$A = \frac{A_0}{\sqrt{\left[1 - (v_0/v_r)^2\right]^2 + v_0^2/(v_r Q)^2}} \,. \tag{22.28a}$$

Die Phasendifferenz zwischen Antriebssignal und schwingendem Cantilever ist

$$\varphi = \arctan \frac{v_0}{Qv_r \left(1 - v_0^2/v_r^2\right)} \,. \tag{22.28b}$$

Die dynamischen AFM-Betriebsmodi nutzen den Einfluss von Sonden-Proben-Wechselwirkungen auf die Oszillationseigenschaften des mit dem Shaker angetriebenen Cantilevers. Man verwendet entweder den *Amplitudenmodulationsmodus (AM-Modus)* oder den *Frequenzmodulationsmodus (FM-Modus)*. Im AM-Modus wird der Cantilever mit konstanten A_0- und v_0-Werten angetrieben, wobei $v_0 \approx v_r$ gewählt wird [22.207]. Inelastische und elastische Wechselwirkungen zwischen Sonde und Probe führen zu einer Variation von A und φ aus Gl. (22.28). Diese Veränderungen können genutzt werden, um mittels eines Regelkreises in einem Modus konstanter Wechselwirkung zu arbeiten. Da Änderungen von von A und φ auf einer Zeitskala von $\tau_{AM} = 2Q/\nu_r$ stattfinden, ist der AM-Modus bei hohen Cantilever-Güten langsam. Dieses Problem wird umgangen, wenn man den FM-Modus nutzt, bei dem $\tau_{FM} = 1/\nu_r$ relevant ist [22.208].

Aus Gl. (22.28a) kann man entnehmen, dass bei endlicher Dämpfung die maximale Auslenkung nicht für $\nu_0 = \nu_r$, sondern für $\nu_0 = \nu_r\sqrt{1 - 1/(2Q^2)} = \nu_r^*$ gegeben ist. Das gedämpfte System besitzt also eine geringere Resonanzfrequenz als das völlig ungedämpfte. Allerdings ist der Effekt nur relevant für ausreichende Dämpfungen, also hinreichend kleine Güten. Für $\nu_0 = \nu_r$ erhalten wir aus Gl. (22.28a) $A = QA_0$. Diese Relation zeigt, dass unter Umständen eine sehr geringe Anregungsamplitude riesige Cantilever-Auslenkungen zur Folge hat.

So wie eine variierende Dämpfung des Cantilevers einen Einfluss auf die Oszillationseigenschaften hat, so haben es auch elastische Beiträge der Sonden-Proben-Wechselwirkung. Der Hamiltonian für den Cantilever ist gegeben durch $H = (m^*/2)(\partial z/\partial t)^2 + kz^2/2 + U(z)$. m^* ist hier die effektive Cantilever-Masse, k die Federkonstante, $z = A\cos(\omega t)$ die Auslenkung im ungestörten Fall und $U(z)$ die Sonden-Proben-Wechselwirkung. Die Resonanzfrequenz im ungestörten Fall ist dann durch $\omega_r = \sqrt{k/m^*}$ gegeben. Ist der Kraftgradient während eines Oszillationszyklus konstant, $\partial F/\partial z = -\partial^2 U/\partial z^2 = $ const., so resultiert die Frequenzverschiebung $\Delta \nu = (\nu_r/[2k])\,\partial F/\partial z$. Abbildung 22.88 zeigt, dass dieser Effekt bei fester Anregungsfrequenz $\nu_0 \approx \nu_r$ als Amplitudenänderung messbar ist. Dabei wird ν_0 so gewählt, dass eine möglichst große Amplitudenänderung $A(\partial F/\partial z)$ resultiert. Diese Detektionsart wird als „*Slope Detection*" bezeichnet.

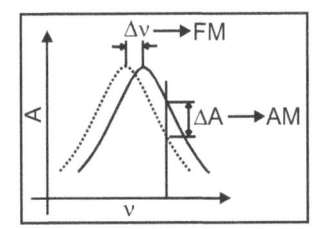

Abb. 22.88. Prinzip der Slope Detection.

Bei FM-AFM wird ein Cantilever mit der Eigenfrequenz ν_r und der Federkonstante k unter Verwendung einer positiven Rückkopplung in einen Modus konstanter Amplitude A angeregt. Bei geschlossener Rückkopplung kann die Anregungsfrequenz ν_0 nicht mehr frei gewählt werden. Sie ist vielmehr determiniert durch ν_r, Q, φ und die Sonden-Proben-Wechselwirkung. Die positive Rückkopplung speist den Shaker gerade mit einem $\varphi = \pi/2$-Signal. Das Beam Deflection Signal wird mittels eines *Phase Locked Loop (PLL)*-Detektors analysiert. Die Frequenzverschiebung $\Delta \nu = \nu - \nu_{\text{ref}}$

gegenüber einem Referenzwert v_{ref} wird zur ortsabhängigen Darstellung der Sonden-Proben-Wechselwirkung verwendet. Das Resultieren von Δv ist in Abb. 22.88 ebenfalls schematisch dargestellt.

Im Allgemeinen besteht die Sonden-Proben-Wechselwirkung natürlich nicht nur in einer Kraft, deren Gradient über die gesamte Cantilever-Auslenkung konstant wäre. Vielmehr variiert $\partial F/\partial z(z)$ während eines Oszillationszyklus um Größenordnungen und kann sogar das Vorzeichen wechseln. Eine genauere Analyse des $\Delta v(\partial F/\partial z)$-Zusammenhangs erfolgte zunächst über die *Hamilton-Jacobi-Methode* [22.209] unter Verwendung kanonischer Störungsrechnung [22.210]. Daraus resultiert

$$\Delta v = -\frac{v_r^2}{kA^2} \int_0^{1/v_r} F[z(t)]\left[z(t) - (A+z_0)\right] dt . \tag{22.29}$$

$z(t)$ ist hier der momentane Sonden-Proben-Abstand und z_0 der minimale. Die Qualität dieser Lösung hängt vom Verhältnis der Sonden-Proben-Wechselwirkung zur Oszillationsenergie $E = kA^2/2$ des Cantilevers ab. Da $E \gg U$ gilt, liefert Gl. (22.29) recht gute Resultate.

Die *Fourier-Methode* [22.211] liefert zusätzliche Informationen über die statische Auslenkung des Cantilevers sowie über höhere Harmonische der Oszillation. Ausgangspunkt ist die Bewegungsgleichung

$$m^\star \frac{\partial z}{\partial t} = -k\tilde{z} + F(\tilde{z}) , \tag{22.30}$$

mit $\tilde{z}(t) = z(t) - (A+z_0)$. Die als periodisch angenommene Cantilever-Bewegung wird Fourier-entwickelt:

$$\tilde{z}(t) = \sum_{n=0}^{\infty} a_n \cos(2\pi n v t) . \tag{22.31}$$

Mit Gl. (22.30) resultiert

$$F(\tilde{z}) = \sum_{n=0}^{\infty} a_n \left[k - (2\pi n v)^2 m^\star\right] \cos(2\pi n v t) . \tag{22.32a}$$

Multiplikation mit $\cos(2\pi l v t)$ und Integration von $t = 0$ bis $t = 1/v$ liefert

$$2\pi v \int_0^{1/v} F(\tilde{z}) \cos(2\pi n v t) \, dt = a_n \left[k - (2\pi n v)^2 m^\star\right] \pi (1 + \delta_{n0}) . \tag{22.32b}$$

Bei schwacher Störung durch die Sonden-Proben-Wechselwirkung ist $\tilde{z}(t) \approx A\cos(2\pi v t)$ mit $v = v_r + \Delta v$ und $|\Delta v| \ll v_r$. In erster Ordnung gilt

$$\Delta v = -\frac{v_r^2}{kA} \int_0^{1/v_r} F(\tilde{z}) \cos(2\pi v_r t) \, dt , \tag{22.33}$$

was exakt Gl. (22.29) entspricht. Neben $a_0 = \langle F \rangle_t/k$ und $a_1 = a$ gilt für die höheren Harmonischen $|a_n| \leq (2A/[n^2 - 1])(\Delta \nu/\nu_r)$ [22.212]. Da üblicherweise $\Delta \nu/\nu_r < 10^{-3}$ beobachtet wird, sind die Amplituden der höheren Harmonischen gegenüber A vernachlässigbar. Die Resultate lassen sich auch anwenden auf den AM-Modus [22.213].

Die Ausdrücke für $\Delta \nu$ aus Gl. (22.29) und (22.33) lassen sich weiter vereinfachen. Partielle Integration liefert

$$\Delta \nu = \frac{\nu_r}{2k} \int_{-A}^{A} \frac{\partial F}{\partial z}(z - \tilde{z}) \frac{\sqrt{A^2 - \tilde{z}^2}}{\pi A^2/2} d\tilde{z} . \tag{22.34}$$

Dieser Ausdruck ähnelt demjenigen für konstante Kraftgradienten oder kleine Amplituden A. Statt $\partial F/\partial z =$ const. involviert Gl. (22.34) allerdings ein gewichtetes Mittel von $\partial F/\partial z(z)$. Die Gewichtsfunktion besteht in einem durch seine Fläche dividierten Halbkreis vom Radius A. Für $A \to 0$ wird daraus die Diracsche Deltafunktion, und es resultiert unmittelbar das Resultat für $\partial F/\partial z =$ const.

Gleichung (22.34) erlaubt es, aus einer $\Delta \nu(z)$-Kurve eine $\Delta F(z)$-Kurve zu rekonstruieren, indem man die Konvolution von $\partial F/\partial z$ und Gewichtsfunktion durch eine geeignete Transformation beseitigt [22.213]. Abbildung 22.89 zeigt das Resultat einer entsprechenden Datenanalyse.

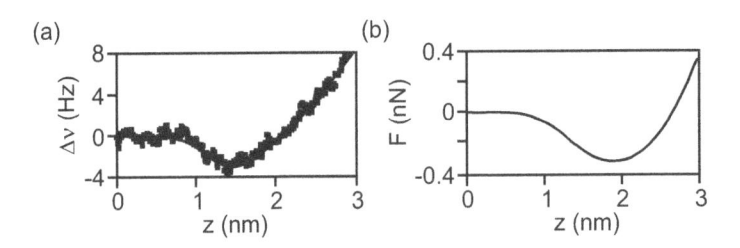

Abb. 22.89. Rekonstruktion der Sonden-Proben-Wechselwirkung aus $\Delta \nu(z)$-Daten [22.213]. (a) Messdaten für eine KCl-Probe und W-Sonde bei $A = 0{,}15$ nm und $k = 1800$ N/m für $\nu_r = 25{,}0684$ kHz. Die durchgezogene Kurve wurde durch Anpassung erhalten. (b) Rekonstruktion einer $F(z)$-Kurve aus der angepassten Kurve.

Gleichung (22.34) bringt es mit sich, dass $\Delta \nu$ von A abhängt. Dies führt dazu, dass A je nach Reichweite der Kräfte vorteilhaft gewählt werden kann. Für kurzreichweitige Wechselwirkungen sollte die Amplitude klein sein, um die Sensitivität zu erhöhen.

Die bislang diskutierten Frequenzverschiebungen im FM-Modus werden durch konservative Kräfte verursacht. Nichtkonservative oder dissipative Kräfte liegen vor, wenn die Sonden-Proben-Wechselwirkung von der Bewegungsrichtung der Sonde abhängt, die $F(z)$-Kurve also eine Hysterese aufweist. Jeder Oszillationszyklus ist dann mit einem Energieverlust ΔE verbunden. Allerdings dissipiert der Cantilever ohnehin schon bei jedem Zyklus Energie. Dies hat eine intrisische Dämpfung des Oszillators zur Folge. Die intern dissipierte Energie ist gegeben durch $(\Delta E)_i = \pi k A^2/Q$. Wenn die

Phasendifferenz zwischen Antriebssignal und Cantileverauslenkung gerade $\pi/2$ beträgt, so oszilliert der Cantilever bei $\nu = \nu_r$ und das Antriebssignal hat die Amplitude $A_0 = A/Q$. Hieraus folgt sofort $A_0 = (\Delta E)_i/(\pi k A)$. Tritt nun zusätzlich eine dissipative Sonden-Proben-Wechselwirkung auf, so hat diese einen Einfluss auf die benötigte Anregungsamplitude: $A_0 = A[1/Q + \Delta E/(\pi k A)]$. Im FM-Modus kann das $A_0(\Delta E)$-Signal simultan zum $\Delta\nu(F)$-Signal abgeleitet werden, was eine separate Messung elastischer und ineleastischer Beiträge zur Sonden-Proben-Wechselwirkung erlaubt [22.214].

Der Cantilever kann in der dynamischen Kraftmikroskopie aufgefasst werden als ein Oszillator unter dem Einfluss einer nichtlinearen Kraft. Diese Kraft kann während eines Oszillationszyklus über viele Größenordnungen variieren und sogar ihr Vorzeichen wechseln. Dies ist beispielsweise der Fall, wenn die Sonde bei hinreichend großer Amplitude im oberen Umkehrpunkt aufgrund der großen Entfernung zur Sonde keine Wechselwirkung erfährt, dann in den Bereich attraktiver van der Waals-Wechselwirkungen eintritt und schließlich, die Probenoberfläche berührend, eine stark repulsive Wechselwirkung erfährt. Die ganze Komplexität einer solchen Oszillation findet sich im sehr verbreitet eingesetzten *Tapping-Modus (Tapping Mode)*. Dieser gehört zur AM-AFM-Betriebsweise. Der Cantilever wird bei konstanter Frequenz ν_0 nahe von ν_r angeregt. Amplitude A und Phase φ werden gemessen. Abweichungen von A gegenüber einem Referenzwert werden durch Variation des Sonden-Proben-Abstands z ausgeregelt. Typisch ist 10 nm $\leq A \leq$ 100 nm. Gemäß Abb. 22.88 führt die Sonden-Proben-Wechselwirkung bei konstantem Wert ν_0 zu einer Variation von A und φ. Dabei treten innerhalb eines Oszillationszyklus Hysteresen im $A(z)$- und $\varphi(z)$-Verlauf auf [22.215]. Diese Hysterese tritt auch auf, wenn Dissipationen vernachlässigbar sind und hat ihre Ursache in einer Bistabilität, die man für Oszillatoren unter dem Einfluss nichtlinearer Kräfte beobachtet [22.216]. Die Hysterese wird begleitet von Sprüngen in den $A(z)$- und $\varphi(z)$-Kurven. Diese werden verursacht durch Instabilitäten, die sich genau dort einstellen, wo die Gesamtwechselwirkung, der die Sonde ausgesetzt ist, von attraktiv auf repulsiv und beim Zurückschwingen des Cantilevers von repulsiv auf attraktiv wechselt [22.215]. Abbildung 22.90 zeigt typische Verläufe

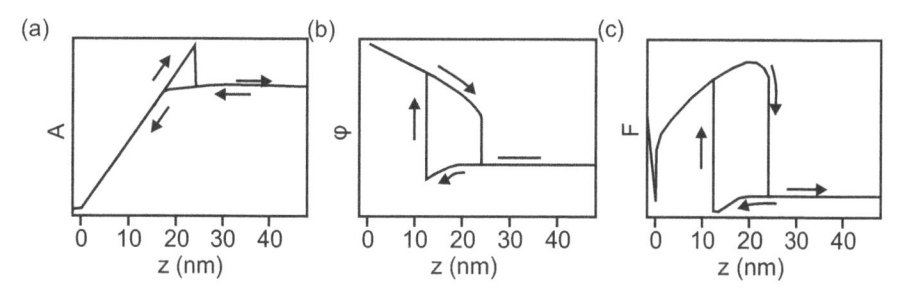

Abb. 22.90. Oszillationsverhalten im Tapping-Modus für $\nu_0 > \nu_r$ [22.215]. Die Pfeilrichtungen geben die Bewegungsrichtung des Cantilvevers an. (a) Amplitude. (b) Phase. (c) Resultierende Gesamtkraft.

von $A(z)$, $\varphi(z)$ und $F(z)$. Das Regime, in dem neben attraktiven zunehmend repulsive Wechselwirkungskomponenten auftreten, weil die Sonde im unteren Umkehrpunkt der Probenoberfläche sehr nahe kommt, oder sie sogar berührt, bezeichnet man auch als *intermittierendes Regime*.

Gerade wegen der sehr komplexen, aber gut einstellbaren Oszillationsdynamik ist der Tapping-Modus als Universalmodus der dynamischen Kraftmikroskopie sehr weit verbreitet. Er zeichnet sich dadurch aus, dass destruktive Einflüsse auf Proben verschwindend sind, obwohl die zur Regelung benötigten Sonden-Proben-Wechselwirkungen ausreichend sind. Auch lassen sich durchaus hohe Ortsauflösungen erzielen.

Eine naheliegende Frage ist diejenige nach der ultimativen Kraftempfindlichkeit der dynamischen Kraftmikroskopie. Wie wir gesehen haben, ist die Größe, auf die sich diese Frage beziehen kann, nicht die Kraft F selbst, sondern vielmehr die Komponente $\partial F/\partial z$ des Gradienten. Wenn das Laserrauschen, elektronische Rauschen und die thermische Drift hinreichend gering sind, so bleibt die thermische Anregung des Cantilevers als Rauschquelle. Eine für FM-AFM durchgeführte detaillierte Analyse zeigt, dass das Detektionslimit durch $(\partial F/\partial z)_{\min} = \sqrt{2kk_B TB/(\pi Q \langle \tilde{z}^2 \rangle)}$ gegeben ist [22.208]. Hier ist B die Bandbreite und $\langle \tilde{z}^2 \rangle$ die mittlere quadratische Oszillationsamplitude. Für AM-AFM findet man praktisch ein identisches Resultat [22.207]. Zur Erzielung einer hohen Auflösung ist also eine möglichst große Güte des Cantilevers erforderlich, die wiederum einen Betrieb im AM-AFM-Modus ausschließt und den FM-AFM-Modus voraussetzt.

Minimal ist die intrinsische Dissipation für kristalline defektfreie Cantilever. Unter Umgebungsbedingungen bestimmen extrinsische dissipative Wechselwirkungen die Güte, die besonders bei Immersion in Flüssigkeit sehr gering sein kann. Durch geschickte Anregung des Cantilevers ist es nun möglich, die Güte künstlich zu erhöhen. Dies ist möglich mit einem weiteren Regelkreis, der ein zusätzliches geeignetes Anregungssignal für die Cantilever-Oszillation liefert:

$$m^* \frac{\partial^2 \tilde{z}}{\partial t^2} + \alpha \frac{\partial \tilde{z}}{\partial t} + k - F(z) + F_0 \cos(\omega t) + G \exp(i\phi)\, \tilde{z}\,. \tag{22.35}$$

In dieser Bewegungsgleichung ist α die Dämpfungskonstante, F_0 die externe Anregungskraft und G ein Verstärkungsfaktor für die Zusatzanregung mit der relativen Phase ϕ. Mit $\phi = \pm\pi/2$ folgt $G \exp(i\phi)\, \tilde{z} = \pm(1/\omega)\partial \tilde{z}/\partial t$. Damit ist unter diesen Umständen die Zusatzanregung proportional zur momentanen Cantilever-Geschwindigkeit, genauso wie der Dämpfungsterm in Gl. (22.35). Damit können wir eine effektive Dämpfungskonstante $\tilde{\alpha} = \alpha \mp G/\omega$ definieren. Durch Wahl von G sowie $\phi = \pm\pi/2$ kann also extern die effektive Güte $\tilde{Q} = m^* \omega_r/\tilde{\alpha}$ manipuliert werden, weswegen eine entsprechende Rückkoppelschleife als *Q-Control* bezeichnet wird. Abbildung 22.91 zeigt die dramatische Verbesserung der effektiven Güte, die sich mit Q-Control erreichen lässt.

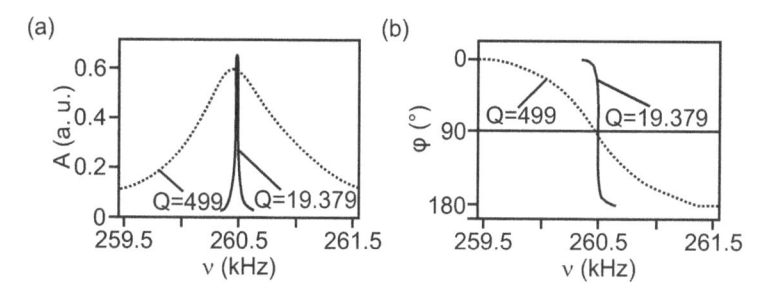

Abb. 22.91. Wirkung von Q-Control auf (a) Amplitude und (b) Phase eines Cantilevers [22.215].

Gerade im Kontext von Q-Control stellt sich die Frage, ob dissipative Wechselwirkungen in Bezug auf konservative selektiv erfasst werden können. Das ist insbesondere im FM-Modus in der Tat der Fall [22.217]. Dabei sind von besonderem Interesse natürlich die viskosen Kräfte zwischen Sonde und Probe im umgebenden Medium. Aber auch der Tapping-Modus lässt bei dezidierter Betrachtung der Phase Aussagen über dissipative Wechselwirkungen zu [22.218].

Betrachten wir zunächst allgemein ein dynamisches System im Gleichgewicht. Es muss dann gelten $\langle P_0 \rangle = \langle P_C \rangle + \langle P_{SP} \rangle$. $\langle P_C \rangle$ wird dissipiert durch Bewegung des gesamten Cantilevers und $\langle P_{SP} \rangle$ speziell durch die dissipative Sonden-Proben-Wechselwirkung. $\langle P_0 \rangle$ ist die Cantilever-Anregungsleistung. Abbildung 22.92 zeigt ein geeignetes rheologisches Modell für einen Cantilever. Die Feder transferiert einen Teil der eingekoppelten Leistung aufgrund der Bewegung $z_d(t)$ in die Sonde. Die instantane Leistung, die in das dynamische System eingekoppelt wird, ist gegeben durch das Produkt aus Antriebskraft $F_d(t)$ und Antriebsgeschwindigkeit $\partial z_d/\partial t$: $P(t) = F_d(t)\, \partial z_d/\partial t = k[z - z_d]\partial z_d/\partial t$. Bei periodischer Anregung ergibt sich ferner $\langle P \rangle = k\omega A_0 A \sin\varphi/2$. Die maximale Leistung wird in das System eingekoppelt, wenn die Phasendifferenz zwischen Schwingung und Antrieb gerade bei $\varphi = \pi/2$ liegt.

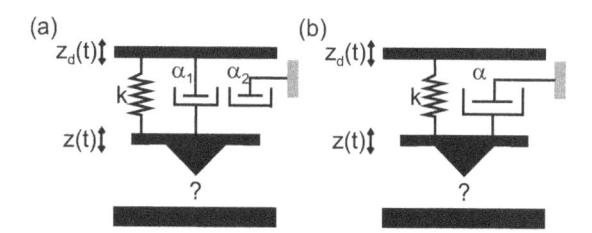

Abb. 22.92. Rheologisches Cantilever-Modell [22.219]. (a) Model mit intrinsischer Dämpfung α_1 und extrinsischer α_2. $z_d(t)$ ist die Bewegung der Cantilever-Basis und $z(t)$ diejenige der Sonde. (b) Zusammenfassung der Dämpfungsbeiträge zu einer effektiven Dämpfung α.

Die beiden Beiträge zu $\langle P_C \rangle$ werden durch die Dämpfungskonstanten α_1 und α_2 in Abb. 22.92(a) repräsentiert. Sie resultieren aus der intrinsisch dissipierten Leistung (α_1) und der aufgrund der Bewegung in einem viskosen Medium extrinsisch dissipierten Leistung (α_2). Unter Ultrahochvakuumbedingungen gilt speziell $P_C(t) = |F_C(t)\, \partial z/\partial t| = |\alpha_1[\partial z/\partial t - \partial z_d/\partial t]\, \partial z/\partial t|$. Für den extrinsischen Beitrag, der wiederum unter Umgebungsbedingungen dominiert, gilt hingegen $P_C = \alpha_2 \partial^2 z/\partial t^2$. Allgemein resultiert daraus

$$\langle P_C \rangle = \omega^2 A \left\{ \frac{\alpha_1}{\pi} \left[(A - A_0 \cos \varphi) \arcsin \frac{A - A_0 \cos \varphi}{\sqrt{A^2 + A_0^2 - 2AA_0 \cos \varphi}} + A_0 \sin \varphi \right] + \frac{\alpha_2}{2} A \right\}.$$

(22.36)

Bei hinreichend hoher Güte Q gilt $A \gg A_0$. Dann resultiert aus Gl. (22.36) $\langle P_C \rangle = \alpha \omega^2 A^2/2$ mit $\alpha = \alpha_1 + \alpha_2$. Dies führt zu der in Abb. 22.92(b) dargestellten Vereinfachung. Mit $\alpha = k/(Q\omega_r)$ erhalten wir schließlich für die eigentlich interessierende dissipierte Leistung $\langle P_{SP} \rangle = \langle P_0 \rangle - \langle P_C \rangle = k\omega A/(2Q)\, (Q_C A_0 \sin \varphi - A\omega/\omega_r)$. Q_C ist hier die Güte des frei schwingenden Cantilevers und Q die bei Anwesenheit von Sonden-Proben-Wechselwirkungen. Da wir keine explizite Annahme hinsichtlich des Betriebsmodus gemacht haben, gelten die Zusammenhänge für den AM- und den FM-Modus.

Im FM-Modus ändert sich $\omega = 2\pi\nu$ wegen der Sonden-Proben-Wechselwirkung, während A konstant gehalten wird, indem A_0 entsprechend gewählt wird. Auf $\langle P_{SP} \rangle$ lässt sich dann aufgrund der zuvor diskutierten Zusammenhänge schließen. Im Tapping- oder AM-Modus wird bei konstanter Frequenz ω angeregt und die Sonden-Proben-Wechselwirkungen führen zu Amplituden- und Phasenmodulationen. Speziell für $\omega = \omega_r$ folgt $\langle P_{SP} \rangle = A k \omega_r/(2Q_C)\, (A_C \sin \varphi - A)$, wobei $A_C = Q_C A_0$ hier die Amplitude des frei in Resonanz schwingenden Cantilevers ist. Wenn nun A per Regelkreis konstant gehalten wird, was in der Regel beim Tapping-Modus passiert, so kann die simultan aufgenommene Phasenmodulation direkt in Form lokal variierender Energiedissipation interpretiert werden [22.219; 22.220]. Abbildung 22.93 zeigt ein Beispiel für die mögliche Entfaltung topographischer Daten und Dissipationsdaten. Die Dissipation ist im vorliegenden Fall für ein weicheres Polymer (PUR) deutlich höher als für ein härteres (PP).

Ein weiterer fundamentaler Arbeitsmodus eines AFM wird dadurch konstituiert, dass man die Sonden-Proben-Wechselwirkung an einem gegebenen Ort auf der Probenoberfläche als Funktion des Abstands messen kann. Dabei könnte quasistatisch $F(z)$ in Form einer Cantilever-Biegung gemessen werden. Praktikabler ist allerdings die Messung von $\partial F/\partial z(z)$ auf der Basis einer periodischen Oszillation des Cantilevers, wie zuvor im Kontext der dynamischen Kraftmikroskopie beschrieben. Variable Größen sind dann wiederum A, ω sowie φ. Zuweilen bezeichnet man die Aufnahmen von Kraft-Abstands-Kurven oder Gradienten-Abstands-Kurven als „Kraftspektroskopie" [22.221].

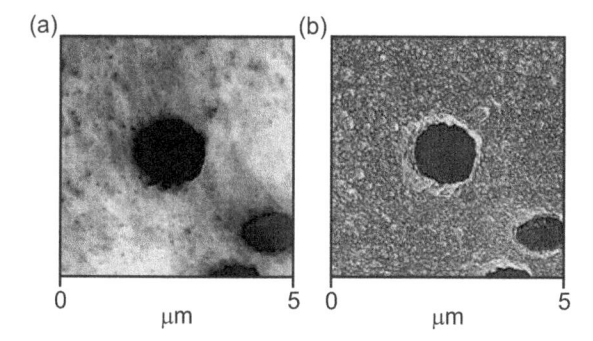

Abb. 22.93. AM-AFM-Messung an einem Polymerblend aus Polypropylen (PP) und Polyurethan (PUR) [22.219]. (a) Topographie. (b) Dissipation mit Variation von $\Delta\langle P_{SP}\rangle = 3\,\mathrm{pW}$, was einem Energieeintrag von 257 eV entspricht.

Abbildung 22.94(a) zeigt, exemplarisch und schematisch dargestellt, eine mögliche und häufig vorliegende Kraft-Abstands-Kurve. Ausgehend von einer für große Distanzen verschwindenden Wechselwirkung wird diese bei hinreichend kleinen Distanzen zunächst attraktiv, durchläuft ein Maximum, verschwindet dann bei einer verschwindenden Distanz, um sich bei weiterer Annäherung in eine repulsive Gesamtwechselwirkung zu verändern. Einen solchen Verlauf erhält man beispielsweise für ein Lennard-Jones-Potential. Attraktive Anteile werden durch van der Waals-Kräfte verursacht, repulsive Anteile kommen bei Kontakt von Sonde und Probe letztlich bedingt durch Überlappung der elektronischen Zustandsdichte und durch das Pauli-Verbot zustande. Die Gesamtwechselwirkung verschwindet gerade dort, wo die repulsiven den attraktiven Anteilen entsprechen. Natürlich ist die Wechselwirkung von Sonde und Probe insbesondere bei größeren Distanzen nicht mit der Wechselwirkung von zwei Atomen zu vergleichen und der $F(z)$-Verlauf von Sonden- und Probengeometrie abhängig. Wir hatten dies ausführlich in Abschn. 4.1 diskutiert. Auch können, wie wir im nächsten Abschnitt sehen werden, weitere Kräfte eine mehr oder weniger große

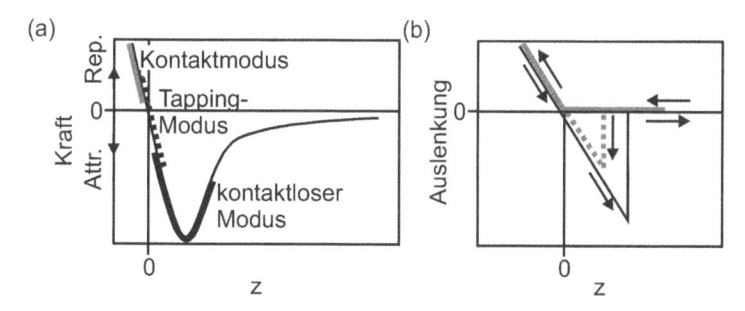

Abb. 22.94. (a) Repräsentative Kraft-Abstands-Kurve. (b) Cantilever-Auslenkung als Funktion des Annäherungssignals mit Jump To Contact, Hysterese und Jump Off Contact.

Rolle spielen. Aber selbst wenn dies nicht der Fall ist, so sieht die experimentell erfasste $F(z)$-Kurve in der Regel nicht aus wie in Abb. 22.94(a), sondern wie die in Abb. 22.94(b). Charakteristische Merkmale hier sind bei Annäherung ein Sprung aus einer endlichen Distanz in den Sonden-Proben Kontakt (*Jump To Contact*) sowie beim Zurückziehen der Sonde in eine ausgeprägte Hysterese. Beide Phänomene sollen im Folgenden kurz erklärt werden.

Während das Ziel einer spektroskopischen AFM-Messung darin besteht, die Sonden-Proben-Wechselwirkung als Funktion des Sonden-Proben-Abstands zu vermessen, besteht die eigentliche experimentelle Prozedur darin, dass Sonde oder Probe entlang der z-Achse bewegt werden und die Cantilever-Auslenkung oder eine dynamische Größe im zuvor diskutierten Sinn als Funktion dieser Bewegung erfasst wird. Die tatsächliche Entfernung zwischen Sondenapex und Probenberfläche kann dabei nicht so ohne Weiteres erfasst werden. Damit ist die Definition des Koordinatenursprungs in Abb. 22.94(a) willkürlich. Tatsächlich erfasst werden Relativbewegungen von Sonde und Probe.

Bei einer quasistatischen Kraft-Abstands-Kurve gibt es ein Gleichgewicht zwischen der auf die Sonde ausgeübten Kraft und der Rückstellkraft des Cantilevers. Bei mechanischem Kontakt könnte noch eine elastische Deformation der Probe auftreten. Damit ist das Gesamtpotential des Systems gegeben durch $U_{\text{tot}} - U_{SP}(z) + U_C(\delta_C) + U_P(\delta_P)$. Während das Sonden-Proben-Potential U_{SP} abhängig ist vom tatsächlichen Sonden-Proben-Abstand z, hängt das Cantilever-Potential U_C von der Auslenkung δ_C und das Probenpotential von der Deformation δ_p ab. Auf Basis des Hookeschen Gesetzes erwartet man $U_C(\delta_C) = k\delta_C^2/2$ und $U_P = k_P \delta_P^2/2$. Zusätzlich gilt $z = z_0 - (\delta_C + \delta_P)$, wobei z_0 der Sonden-Proben-Abstand ohne Cantilever-Auslenkung ist. Damit gilt $\partial U_{SP}/\partial \delta_P = -\partial U_{SP}/\partial z$. Daraus wiederum erhalten wir $\delta_P = k\delta_C/k_P$. Besteht nun die Sonden-Proben-Wechselwirkung in einer attraktiven Kraft vom Typ $-\partial U_{SP}/\partial z = -c/z^n$, so folgt $k\delta_C = c/(z - \beta\delta_C)^n$ mit $\beta = 1 + k/k_P$. Damit können durch Messung von δ_C die Größen δ_S und z separat bestimmt werden, wenn k und k_P bekannt sind.

Beim Durchlaufen der Kraft-Abstands-Kurve können Instabilitäten auftreten. Für ein stabiles Gleichgewicht muss $\partial^2 U_{\text{tot}}/\partial \delta_C^2 > 0$ gelten. Daraus folgt $k/\beta > nc/(z_0 - \beta\delta_C)^{n-1}$. k/β bezeichnet man als effektive elastische Konstante. Wenn nun der Kraftgradient größer wird als diese Konstante, tritt der Jump To Contact auf, wie in Abb. 22.94(b) sichtbar. Dies ist der Fall für $\delta_C^{\text{krit}} = \sqrt[n+1]{c/[(n\beta)^n k]}$ und $z^{\text{krit}} = \beta n \delta_C^{\text{krit}}$. Je nach Verlauf der attraktiven Wechselwirkung und Cantilever-Federkonstante k kann das mehr oder weniger weit von der Probenoberfläche entfernt sein.

Befinden sich Sonde und Probe im mechanischen Kontakt, so führt eine weitere Annäherung schließlich über verschwindende Gesamtkräfte in einen rein repulsiven Wechselwirkungsbereich. Dieser führt zu einer im Vergleich zum attraktiven Regime entgegengesetzten Durchbiegung des Cantilevers. Separiert man nun Sonde und Probe wieder voneinander, so sind beide in der Regel noch in einem Bereich in Kontakt, bei dem in der Annäherungskurve kein Kontakt bestand. Zwischen Annäherungs- und

Separationskurve besteht also eine Hysterese. Ursächlich hierfür ist eine Adhäsionskraft, die durch den mechanischen Kontakt zwischen Sonde und Probe entsteht. Ein Jump Off Contact resultiert schließlich, wenn während des Zurückziehens der Sonde die Federkonstante des Cantilevers den Gradienten der Adhäsionskraft übersteigt.

Der grob beschriebene Verlauf der Auslenkungs-Vorschub-Kurve in Abb. 22.94(b) impliziert, dass verschiedene Abschnitte der Kraft-Abstands-Kurve in Abb. 22.94(a) bei Annäherung und Rückzug nicht zugänglich sind. Der Cantilever springt über sie gleichsam hinweg. Zudem führt die Adhäsionskraft zu der ebenfalls in Abb. 22.94(b) deutlich sichtbaren Hysterese.

Jump To Contact und Jump Off Contact können weitestgehend unterdrückt werden, wenn die Federkonstante k des Cantilevers groß gewählt wird. Allerdings leidet dann die Empfindlichkeit der quasistatischen Kraftmessung, weil die Auslenkung bei gegebener Kraft entsprechend geringer wird. Außerdem kommt es bei mechanischem Kontakt für $k \gg k_P$ natürlich zu größeren elastischen und sodann plastischen Deformationen der Probe. A priori handelt es sich also im Hinblick auf den geeigneten k-Wert für die Kraftspektroskopie um ein Dilemma. Hier bietet aber ein dynamischer Betriebsmodus einen sehr intelligenten Ausweg. Oszilliert der Cantilever mit großer Amplitude, $kA > F_{max}$, so tritt der Jump To Contact auch bei der maximalen Sonden-Proben-Wechselwirkung F_{max} nicht auf. Bei Auftreten einer Hysterese muss dem oszillierenden Cantilever eine Zusatzenergie ΔE_{SP} pro Oszillationszyklus verabreicht werden. In diesem Fall ist die Voraussetzung für eine Messbarkeit $kA^2/2 \geq \Delta E_{SP} Q/(2\pi)$ [22.222].

Bislang wurden ausschließlich Cantilever-basierte Kraftsensoren auf Basis von Si oder Si-Verbindungen diskutiert. Eine in vielen Anwendungen außerordentlich interessante Alternative stellen Quarzelemente dar, ähnlich wie sie in Uhren und diversen Schaltkreisen als frequenzerzeugende Elemente zum Einsatz kommen [22.223]. Am weitesten verbreitet ist der „qPlus"-Sensor [22.224], der in Abb. 22.95 dargestellt ist. Eine handelsübliche Quarzstimmgabel wird mit einem Zinken an einem Halter befestigt. An dem anderen Zinken ist die Sonde in Form einer Spitze befestigt. Oszillationsanregung und Wechselwirkungsmessung erfolgen über den piezoelektrischen Effekt [22.225]. qPlus-Sensoren sind im Vergleich zu Cantilevern groß, wie Abb. 22.95(b) zeigt. Sie besitzen eine große elastische Konstante von $k \gtrsim 10^3$ N/m, eine hohe Güte und Frequenzstabilität, und es gibt sie in zahlreichen Varianten [22.225]. Gegenüber piezoresistiven Cantilevern ist die dissipierte elektrische Energie deutlich geringer. Da sich der Sensor aufgrund seiner intrinsischen Steifigkeit bei äußerst geringem Sonden-Proben-Abstand betreiben lässt, können prinzipell über die Sonde auch simultan zur Kraft Tunnelströme gemessen werden, was in Abb. 22.95(a) angedeutet ist.

Ähnlich der Verwandtschaft des Topografiners mit dem STM ist der 1978 erstmals beschriebene *Surface Force Apparatus (SFA)* [22.227] verwandt mit mit dem wenige Jahre später vorgestellten AFM. Der SFA erlaubt die ortsfeste Messung von Intermolekular- und Oberflächenkräften mit einer Vertikalauflösung von etwa 0,1 nm und einer Kraftauflösung von etwa 10 nN. Demgegenüber besitzt AFM eine Vertika-

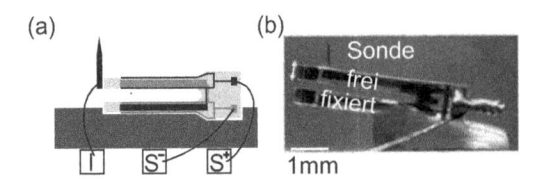

Abb. 22.95. (a) Aufbau eines qPlus-Sensors. Die Anschlüsse für Elektroden auf den beiden Zinken sowie für den STM-Betrieb sind dargestellt. (b) Realer Aufbau eines Sensors [22.226].

lauflösung von etwa 0,01 nm und eine Kraftauslösung von circa 1 pN [22.228]. Die wechselwirkenden Flächen sind 10^4–10^6 mal kleiner als im SFA. Beide Techniken können unter den verschiedensten Umgebungsbedingungen und insbesondere auch in Flüssigkeiten eingesetzt werden. Die Wechselwirkung von Oberflächen wurde im Lauf der Zeit durchaus noch mittels weiterer Verfahren untersucht [22.229].

22.3.2 Kräfte

In der Rasterkraftmikroskopie ist a priori eine Vielzahl unterschiedlicher Kräfte relevant und die Kräfte lassen sich auch gezielt analysieren. Die Analyse kann wiederum die Abstandsabhängigkeit und/oder die örtliche Variation zum Gegenstand haben. Die Kräfte lassen sich auf unterschiedliche Weise kategorisieren: Im Hinblick auf ihre Ursache, im Hinblick auf ihre Reichweite, im Hinblick auf ihre Abhängigkeit von bestimmten Umgebungsbedingungen und im Hinblick auf weiteres Gemeinsames oder die Kräfte Trennendes. Im Folgenden soll eine Systematisierung fest gemacht werden an der Relevanz einzelner Kräfte in verschiedenen Regimen der Kraft-Abstands-Kurve aus Abb. 22.94(a) einerseits und daran, ob die Kräfte nur bei speziell gewählten experimentellen Rahmenbedingungen andererseits relevant sind. Ein Beispiel für solche Rahmenbedingungen umfasst die Messung elektrostatischer oder magnetostatischer Kräfte, die eben nur dann auftreten, wenn elektrische Ladungen oder remanente Magnetisierungen vorliegen.

Grundlagen der Reichweiten und Hierarchien von Kräften hatten wir bereits in Kap. 4 diskutiert und in Abb. 4.2 dargestellt, wie sehr unterschiedlich langreichwitig Intermolekular- und Oberflächenkräfte sein können. Die Reichweite und Relevanz einer Kraft ist bei AFM wiederum eng mit der spezifischen Messgeometrie verknüpft, die im Allgemeinen in einer ebenen Probenoberfläche und in einer spitzen Sonde besteht. Dies ist natürlich nur relevant für längerreichweitige Kräfte, während für Kräfte mit atomarer Reichweite im Extremfall nur die relative Positionierung zweier Atome oder Moleküle zueinander relevant ist. Elektro- und magnetostatische Wechselwirkungen wiederum können zwar recht langreichwitig sein, relevant aber sind Ladungs- oder Magnetisierungsverteilungen, die unter Umständen von der Sonden-Proben-Geometrie entkoppelt sein können. Generell gibt es für alle AFM-relevanten

Kräfte seit langem etablierte und im Wesentlichen leistungsfähige Modelle, welche realitätsnahe Prognosen zulassen und eine Interpretation entsprechender experimenteller Daten erlauben [22.230]. Durch Vergleich von AFM-Daten mit entsprechenden Modellen für Sonden-Proben-Kräfte wurde eine enorme Vielfalt an Wechselwirkungen quantitativ analysiert. Dies wiederum erlaubt eine fundierte, je nach Experiment qualitative oder quantitative Interpretation von AFM-Bildern. Ein Beispiel zeigt Abb. 22.96. Indem die Reichweite magnetostatischer Wechselwirkungen bekannt ist und geschickt Amplituden- und Phasenvariationen ausgenutzt werden, lassen sich simultan und sauber entkoppelt topographische Informationen und die Magnetisierungskonfiguration einer Oberfläche aus dynamischen AFM-Daten entnehmen.

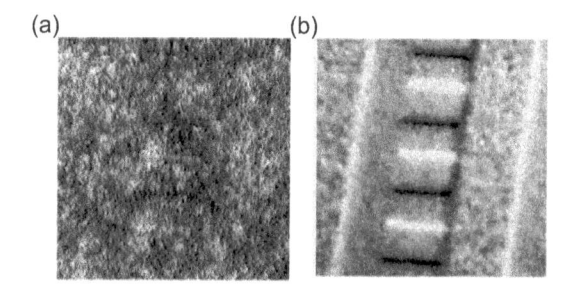

Abb. 22.96. Abbildung eines magnetischen Speichermediums mittels dynamischer Kraftmikroskopie. (a) Topographie der Oberfläche. (b) Magnetisierungskonfiguration des beschriebenen Mediums.

Langreichweitige Kräfte, die a priori immer zwischen Sonde und Probe vorhanden sind, sind die van der Waals-Kräfte. Wir hatten sie in Abschn. 4.2 im Detail behandelt. Die Ergebnisse sind unmittelbar auf AFM übertragbar. Danach sind van der Waals-Kräfte abhängig von Material und Geometrie der Sonde und Probe. Darüber hinaus ist das Medium zwischen Sonde und Probe von Belang. In der Standardsituation kann in der Regel für die van der Waals-Kraft nach Gl. (4.28b) $F = -Hr/(6z^2)$ angesetzt werden. r ist hier der effektive Krümmungsradius der Sonde, für den man meist $r \gtrsim 10$ nm erhält. Ferner wird hier $z \ll r$ vorausgesetzt. H ist die Hamaker-Konstante, die durch die dielektrischen Eigenschaften der drei involvierten Medien bestimmt wird. Ein typischer Wert wäre hier $H \approx 1$ eV. Bei einem Sonden-Proben-Abstand von $z = 1$ nm resultierte also eine van der Waals-Kraft von $F \approx 0,2$ nN. Abbildung 22.97 zeigt ein Beispiel für abstandsabhängige van der Waals-Wechselwirkungen, die mittels AFM gemessen wurden.

Ein weiterer langreichweitiger Anteil an der Summe aller wirkenden Kräfte kann durch elektrostatische Wechselwirkungen hervorgerufen werden. Dies ist der Fall dann, wenn Sonde und/oder Probe freie elektrische Ladungen aufweisen. Für den Fall, dass nur die Sonde oder die Probe Ladungen aufweist, könnte die den Ladungen gegenüberliegende Oberfläche dielektrisch polarisierbar sein, was ebenfalls elektro-

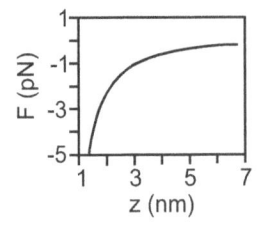

Abb. 22.97. Van der Waals-Kräfte zwischen einer freitragenden Graphenmembran und einer Si-Sonde [22.231].

statische Wechselwirkungen zur Folge hätte. Verwendet man die dynamische Kraftmikroskopie speziell dazu, elektrostatische Wechselwirkungen orts- oder abstandsaufgelöst zu messen, so bezeichnet man sie als elektrostatische Kraftmikroskopie (*Electrostatic Force Microscopy, EFM*). EFM lässt sich verwenden, um freie Ladungen zu detektieren [22.232] oder Sonden-Proben-Potentialdifferenzen bei niedrigen [22.233] oder hohen [22.234] Frequenzen.

Besteht die Potentialdifferenz V zwischen Sonde und Probe, so ist die resultierende elektrostatische Kraft gegeben durch $F = -(V^2/2)dC/dz$. C ist die durch die Sonden-Proben-Anordnung bedingte Kapazität. Wenn diese Kapazität durch eine Sonde mit dem Krümmungsradius $r \gg z$ gebildet wird, so ist die Kraft gegeben durch $F = -\pi\varepsilon_0 r V^2/z$ [22.235]. Für eine Sonde mit $r = 10$ nm, $z = 1$ nm und einer Potentialdifferenz von 1 V betrüge die Kraft gerade 0,3 nN und wäre durchaus messbar. Reichweiten von $z \lesssim 100$ nm werden erzielt für größere Krümmungsradien der Sonde und größere Potentialdifferenzen.

Sind Sonde und Probe ferromagnetisch, so tritt die magnetostatische Wechselwirkung in Form einer weiteren langreichweitigen Kraft in Erscheinung [22.236]. Der dynamische Betrieb des Kraftmikroskops, welcher dem optimierten Nachweis derartiger Kräfte gewidmet ist, wird als magnetische Kraftmikroskopie (*Magnetic Force Microscopy, MFM*) bezeichnet [22.237]. Häufig lässt sich eine ferromagnetische Sonde auf ein als punktförmig angenommenes magnetisches Dipolmoment **m** reduzieren. Die Kraft auf die Sonde in einem lokalen Probenstreufeld **H** ist dann $\mathbf{F} = \mu_0(\mathbf{m}\cdot\nabla)\mathbf{H}$. Von dieser Kraft detektiert das Kraftmikroskop den Anteil $F = \mu_0 m \partial H_z/\partial z$, wenn **m** vollständig entlang der z-Achse orientiert ist. MFM ist empfindlich genug, um Feldvariationen ferromagnetischer Proben auf Nanometerskala sichtbar zu machen. Es lassen sich aber natürlich ebenfalls durch elektrische Ströme erzeugte Felder nachweisen, wie Abb. 22.98 zeigt.

Unter Umgebungsbedingungen kommt es häufig zu einer weiteren langreichweitigen Wechselwirkung. Dieser als Meniskus- oder Kapillarkraft bezeichnete Beitrag entsteht durch Kondensation von Wasserdampf zwischen Sonde und Probe. Dies zeigt schematisch Abb. 22.99. Maßgeblich ist der *Laplace-Druck* $p = \gamma(1/r_1 + 1/r_2)$. γ ist die Oberflächenspannung des Wassers, und r_1, r_2 sind die in Abb. 22.99 gezeigten Krüm-

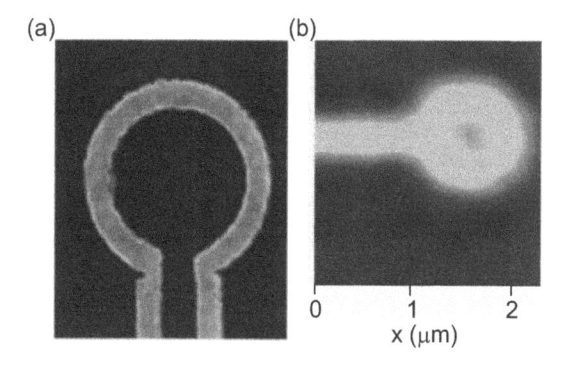

Abb. 22.98. MFM an einem stromdurchflossenen Metallring [22.238]. (a) SEM-Abbildung des Rings mit innerem Durchmesser von 1 µm. (b) MFM-Abbildung des Rings für einen Strom von 2,5 mA in einem Abstand von $z = 90$ nm.

mungsradien. p wirkt auf die Fläche $A \approx 2\pi r[(1/r_1+1/r_2)(1+\cos\theta)+\Delta z]$. θ ist ebenfalls in Abb. 22.99 angegeben und r ist wiederum der Sondenkrümmungsradius. Damit beträgt die attraktive Kraft zwischen Sonde und Probe $F = 2\pi r y[1 + \cos\theta + \Delta z(1/r_1 + 1/r_2)]$.

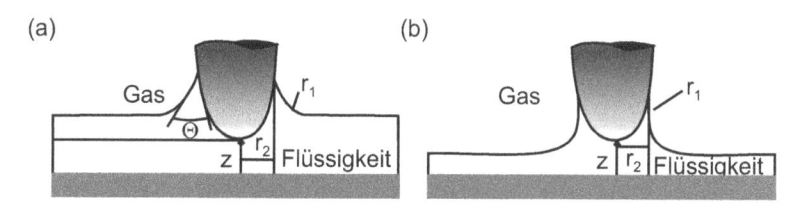

Abb. 22.99. Wassermeniskus zwischen Sonde und Probe. θ ist der Kontaktwinkel für das System Sonde-Wasser-Luft. (a) Gering ausgeprägter Meniskus. (b) Stark ausgeprägter Meniskus kurz vor Reißen der Kapillare.

Den Effekt der Kapillarkraft erkennt man in Abb. 22.100. Die Kapillarkraft bewirkt bei der Separation von Sonde und Probe eine sehr langreichweitige Wechselwirkung, wenn als Maßstab für die Reichweite die Cantilever-Wechselwirkung herangezogen wird. Zutreffender wäre es, die Kapillarkraft als einen signifikanten Beitrag zur Sonden-Proben-Adhäsion zu betrachten, der dazu führt, dass trotz weiterer Bewegung des Cantilevers die Sonde an der Probe „klebt". Dadurch bedingt, biegt sich der Cantilever zunehmend durch, bis die Rückstellkraft die maximale Kapillarkraft übersteigt. Die Kraft-Abstands-Kurve weist damit eine signifikante Hysterese auf.

Für die Oberflächenenergie von Wasser, $y = 72$ mJ/m^2, $r = 10$ nm und $\Delta z = 2$ nm erhält man eine Kapillarkraft von $F = 10$ nN. Diese Kraft ist in der Regel größer als andere langreichweitige attraktive Kräfte und maskiert diese damit. Soll dies verhindert werden, so ist entweder ein Arbeiten unter Vakuumbedingungen, unter Schutzgas-

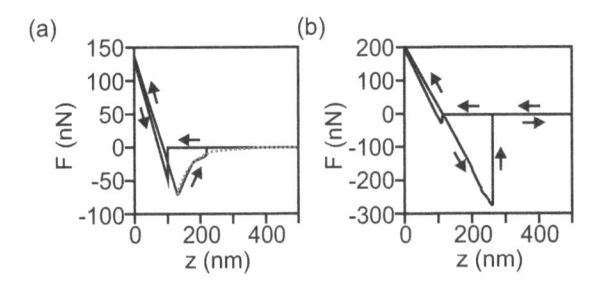

Abb. 22.100. Kraft-Abstands-Kurven, gemessen mit einer mit Pollenkitt funktionalisierten Sonde an hydrophilem Si [22.239]. (a) 17 % relative Luftfeuchtigkeit. (b) 70 % relative Luftfeuchtigkeit.

bedingungen oder nach Immersion des Systems in einer Flüssigkeit erforderlich. Der Einfluss der relativen Luftfeuchte wurde systematisch untersucht [22.240], ebenso das Verhalten bei Modifikation der Hydrophilie von Sonde und/oder Probe [22.241].

Bei Immersion der Sonde und Probe eines Kraftmikroskops in einer Flüssigkeit können weitere langreichweitige Kräfte auftreten, besonders, wenn das System entsprechend konfiguriert wird. Eine entsprechende Konfiguration könnte beispielsweise eine elektrochemisch relevante Anordnung sein. Grundsätzlich sind Oberflächen von Materialien mit relativ großer Permittivität in Wasser und anderen Flüssigkeiten geladen. Die Ladung resultiert entweder aus der Dissoziation von Oberflächengruppen oder aus der Adsorption von Ionen aus der Flüssigkeit. Dabei sind Ionen in variierender Konzentration stets vorhanden. Die Oberflächenladung ruft eine Verteilung von Gegenionen desselben und des entgegengesetzten Vorzeichens nahe der Oberfläche in der Flüssigkeit hervor. Die Anordnung aus Oberflächenladungen und Gegenionen in der Flüssigkeit wird als elektrochemische oder elektrolytische *Doppelschicht* bezeichnet. Abbildung 22.101 zeigt Beispiele. Die vertikale Ausdehnung der geladenen Schichten beträgt typisch etwa 0,1 nm für ein Metall und 0,1 bis 10 nm für eine Flüssigkeit. Sie wird durch die Debye-Länge festgelegt, die wir in Abschn. 2.2.2 und 5.5 eingeführt hatten.

Betrachten wir nun die Anordnung in einem Flüssigkeits-AFM, so ist eine Doppelschichtkonfiguration wie in Abb. 22.101 für die Sonde und die Probe anzunehmen. Bei hinreichend geringem Sonde-Proben-Abstand wechselwirken beide Doppelschichten miteinander. Dabei sind elektrostatische und osmotische oder entropische Wechselwirkungsanteile zu erwarten. Dabei ist ja im Allgemeinen davon auszugehen, dass Sonde und Probe unterschiedliche Oberflächenladungen σ_S und σ_P aufweisen. Für zwei einander gegenüberliegende ebene Oberflächen lässt sich die Doppelschichtkraft pro Flächeneinheit vergleichsweise einfach berechnen [22.245]:

$$f(z) = \frac{2}{\varepsilon_0 \varepsilon_r} \frac{\sigma_S^2 + \sigma_P^2 + \sigma_S \sigma_P \left[\exp(z/\lambda_D) + \exp(-z/\lambda_D) \right]}{\left[\exp(z/\lambda_D) - \exp(-z/\lambda_D) \right]^2} . \tag{22.37a}$$

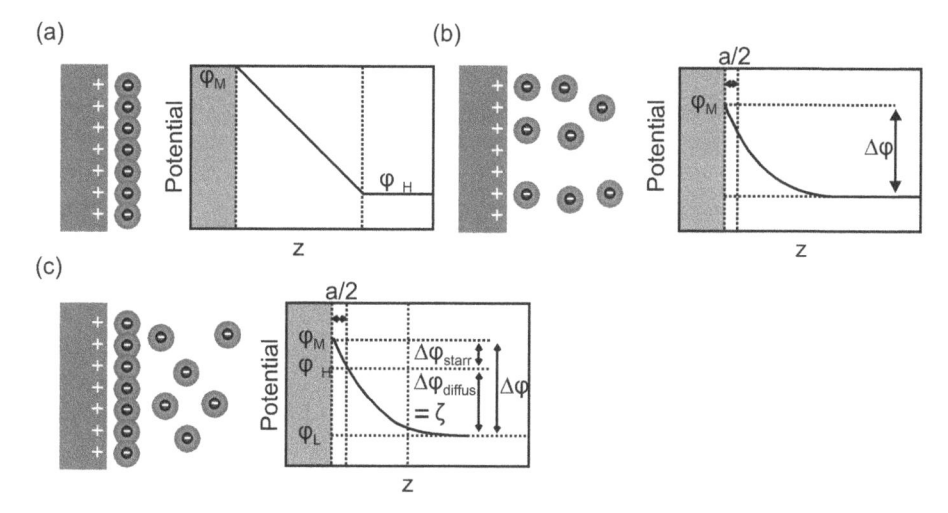

Abb. 22.101. Modelle zur elektrochemischen Doppelschicht. (a) Helmholtz-Modell für eine Metallelektrode und Potentialverlauf [22.242]. (b) Guy-Chapman-Modell mit Potentialverlauf [22.243]. (c) Stern-Modell mit Potentialverlauf [22.244]. ζ wird als Zetapotential bezeichnet.

λ_D ist hier die durch Gl. (2.79b) gegebene Debye-Länge und ε_r die relative Dielektrizitätskonstante der Flüssigkeit zwischen Sonde und Probe. Vorausgesetzt wird ein hinreichend kleines Potential $\Delta\varphi$ gemäß Abb. 22.101(b) oder (c). Das klassische *Helmholtz-Modell* mit starr angeordneten Gegenionen trägt gerade den osmotischen und sterischen Effekten nicht adäquat Rechnung. Wie in Abschn. 7.3 diskutiert, folgt das Potential in Abb. 22.101(b) oder (c) der Debye-Hückel-Gleichung $\varphi = \varphi_0 \exp(-z/\lambda_D)$. Speziell für $z/\lambda_D \gg 1$ vereinfacht sich Gl. (22.37a) zu

$$f(z) = \frac{2}{\varepsilon_0 \varepsilon_r} \left[\left(\sigma_S^2 + \sigma_P^2\right) \exp\left(-2z/\lambda_D\right) + \sigma_S \sigma_P \exp\left(-z/\lambda_D\right) \right]. \quad (22.37b)$$

Mittels der in Abschn. 4.2 diskutierten Derjaguin-Näherung erhält man für die Kraft [22.246]

$$F(z) = -\frac{\pi \lambda_D^2}{\varepsilon_0 \varepsilon_r} \left[\left(\sigma_S^2 + \sigma_P^2\right) \left(\exp\left(-2r/\lambda_D\right) + 2r/\lambda_D - 1 \right) \exp\left(-2z/\lambda_D\right) \right.$$
$$\left. + 4\sigma_S \sigma_P \left(r/\lambda_D + \exp\left(-r/\lambda_D\right) - 1\right) \exp\left(-z/\lambda_D\right) \right] \quad (22.38a)$$

und für $r\lambda_D \gg 1$

$$F(z) = -\frac{2\pi r \lambda_D}{\varepsilon_0 \varepsilon_r} \left[\left(\sigma_S^2 + \sigma_P^2\right) \exp(-2z/\lambda_D) + 2\sigma_S \sigma_P \exp\left(-z/\lambda_D\right) \right]. \quad (22.38b)$$

Diese Gleichung erlaubt es, verschiedene Fälle zu unterscheiden: Für $\sigma_S \ll \sigma_P$ – also beispielsweise für eine ungeladene Sonde – dominiert der erste Term in Gl. (22.38b) und die Abklinglänge ist λ_D. Für $z > \lambda_D(\ln([\sigma_S^2+\sigma_P^2]/[2\sigma_S\sigma_P])$ schließlich ist unabhängig von den Ladungsdichten immer der zweite Term in Gl. (22.38b) dominant und die Abklinglänge ist λ_D. Wie wir bereits im Zusammenhang mit Gl. (2.79b) diskutierten, findet man für einen monovalenten Elektrolyten mit einer Konzentration von 1 mM $\lambda_D \approx 10$ nm.

Doppelschichtkräfte können a priori attraktiv oder repulsiv sein. Für $\sigma_S = \sigma_P$ sind sie allerdings immer repulsiv. Auch im Spezialfall konstanten Potentials erhält man attraktive oder repulsive Kräfte [22.247]: $F(z) = 4\pi\varepsilon_0\varepsilon_r(r/\lambda_D)\varphi_S\varphi_P \exp(-z/\lambda_D)$. Abbildung 22.102 zeigt Beispiele für Doppelschichtkräfte an amorphen SiO_2- und an Gibbsitproben[3] für verschiedene Elektrolyte, in die das Sonden-Proben-System immergiert wurde.

Auf atomarer Ebene können Ionen der Doppelschicht nahe der Oberfläche durchaus geordnet sein, wie es ja das Helmholtz-Modell in Abb. 22.101(a) suggeriert und wie es das Stern-Modell in Abb. 22.101(c) berücksichtigt. Eine solche Stern-Schicht lässt sich mittels AFM und DFT-Rechnungen im Detail analysieren [22.249]. Entsprechende Beispiele für Gibbsit zeigt Abb. 22.103.

Bei Betrachtung der gesamten Sonden-Proben-Wechselwirkung sind neben den Doppelschichtkräften auch die zuvor diskutierten van der Waals-Kräfte zu berücksichtigen, die natürlich auch in Flüssigkeiten wirken, allerdings in modifizierter Weise. Beide Wechselwirkungsarten gemeinsam werden in der in Abschn. 6.5 diskutierten DLVO-Theorie berücksichtigt. Im Kontext von Abschn. 6.5 hatten wir mit den *Solvatationswechselwirkungen* eine weitere Kategorie unter Umständen langreichweitiger Wechselwirkungen kennengelernt, die gemäß Abb. 6.11 zu Kräften führt, die mittels AFM über einige Nanometer in Flüssigkeiten nachweisbar sind. Markant an diesen Kräften ist ihr oszillatorischer Verlauf, der darauf zurückzuführen ist, dass Moleküle zwischen Sonde und Probe bei geringen Abständen abstandsabhängig schichtartig geordnete Lagen bilden. Abbildung 22.104 zeigt ein Beispiel für deutlich ausgeprägte oszillatorische Solvationskräfte.

Der Solvatationsdruck zwischen ebenen Oberflächen ist gegeben durch [22.230]

$$f(z) = -k_B T\, \varrho\, \cos(2\pi z/d)\exp(-z/d)\,. \tag{22.39a}$$

ϱ ist hier die Gleichgewichtsdichte der Flüssigkeit und d der molekulare Durchmesser. Wiederum unter Verwendung der Derjaguin-Näherung ergibt sich für die AFM-Anordnung [22.251]

$$F(z) = -k_B T\, \varrho\, \frac{2\pi r d}{\sqrt{4\pi^2+1}}\, \cos(2\pi z/d)\exp(-z/d)\,. \tag{22.39b}$$

---

[3] α – Al(OH)$_3$ [22.248].

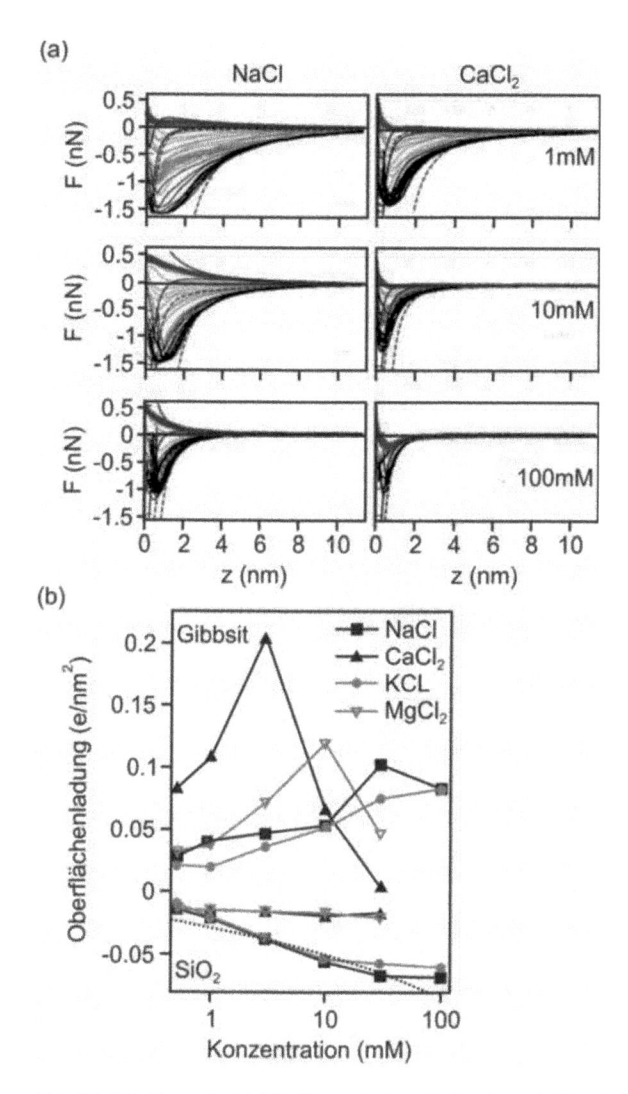

Abb. 22.102. Doppelschichtkräfte zwischen Si-Sonde und SiO$_2$-Substrat sowie Gibbsitnanopartikeln auf dem Substrat [22.149]. (a) NaCl- und CaCl$_2$-Elektrolyte unterschiedlicher Konzentrationen. Die obere Kurvenschar wurde für SiO$_2$, die mittlere für den Rand der Gibbsitpartikel und die untere für das Zentrum aufgenommen. (b) Oberflächenladungsdichte für verschiedne Elektrolyte bei pH $\approx$ 6.

Eine spezielle Form der Solvatationskräfte sind die *Hydratationskräfte*, die ebenfalls mittels AFM messbar sind [22.221; 22.252]. Das H$_2$O-Molekül besitzt ein vergleichsweise großes Dipolmoment und lagert sich daher insbesondere an geladenen Oberflächen und auch polarisierbaren Oberflächen an. Hydratationskräfte sind repulsiv und besitzen typisch eine Reichweite von einigen Nanometern bei exponentiellem Abfall. Bei Annäherung zweier hydratisierter Oberflächen muss das adsorbierte Wasser „heraus-

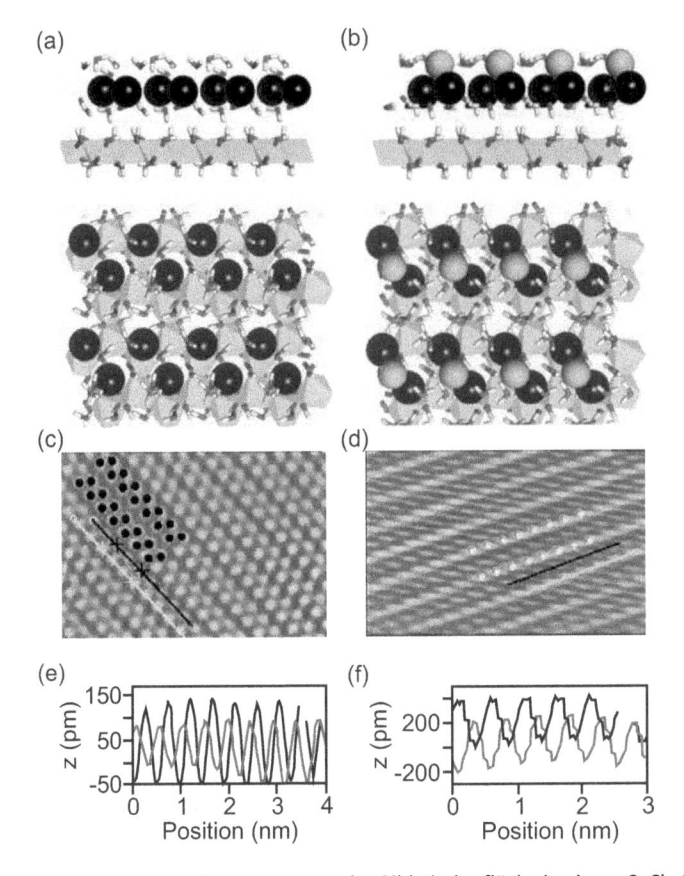

Abb. 22.103. Adsorbierte Ionen an der Gibbsitoberfläche in einem $CaCl_2$-Elektrolyten [22.249]. (a) Ca^{2+}-Ionen neben Wasser in Bezug zu den Al-O-Oktaedern in Seitenansicht und Aufsicht aus DFT-Rechnungen. (b) Ca^{2+}- und Cl^--Ionen bei größerer $CaCl_2$-Konzentration. (c) AFM-Aufnahme mit Höhenprofil und überlagertem Modell aus (a). (d) Entsprechende Resultate für (b).

gedrückt" werden, was wohl die wesentliche Ursache für die Hydratationswechselwirkungen ist [22.253].

Hydrophobe Oberflächen zeigen bei geringen Abständen eine attraktive Wechselwirkung, die eine Reichweite von typisch einigen Nanometern hat. Zwei hydrophobe Oberflächen in Kontakt mit Wasser sind energetisch ungünstiger als in Kontakt miteinander. Diese Tatsache mag das Auftreten von hydrophoben Wechselwirkungen nahelegen, ist aber keine wirkliche Erklärung für die in allen Einzelheiten bislang nicht verstandenen Kräfte [22.221; 22.252].

All die bislang betrachteten und als langreichweitig bezeichneten Kräfte erlauben es nicht, durch ihre Messung Oberflächen mit atomarer Auflösung abzubilden. Damit bietet es sich an, Kräfte, die über Distanzen abfallen, die mit einem Atomdurchmesser vergleichbar sind, als kurzreichweitig zu bezeichnen. Derartige Kräfte sollen im Fol-

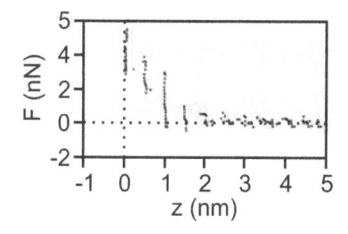

Abb. 22.104. Solvatationskräfte, gemessen mit einer Si_3N_4-Sonde und einem Glimmersubstrat für Ethylammoniumnitrat [22.250]. Die wässrige Lösung ist eine ionische Flüssigkeit. Die Sprungabstände in der Kraft-Abstands-Kurve korrespondieren mit dem Durchmesser eines Ionenpaars.

genden Gegenstand der Diskussion sein. Dabei ist zu berücksichtigen, dass langreichweitige Kräfte auch dann wirken, wenn selektiv kurzreichweitige betrachtet werden.

Wenn man annimmt, dass es bei geringen Abständen zwischen Sonde und Probenoberflächen nicht zu einer chemischen Bindung zwischen dem Apexatom der Sonde und dem nächstgelegenen Probenatom kommt – wir hatten dies für STM/STS diskutiert –, dann ist das Lennard-Jones-Potential $U(z) = 4E_0[(z_0/z)^{12} - (z_0/z)^6]$ eine empirisch naheliegende Wahl. Hier ist $E_0 > 0$ die Tiefe der Potentialmulde, die durch das Wechselspiel von attraktiven und repulsiven Wechselwirkungen entsteht. z_0 ist durch $U(z_0) = 0$ gegeben. Das Potentialminimum befindet sich bei $z = \sqrt[6]{2}z_0$. Anziehende und abstoßende Kräfte sind in dieser Distanz gleich groß.

Das Lennard-Jones-Potential variiert selbst im attraktiven Regime über atomare Distanzen, wenn z_0 in der Größenordnung des Atomdurchmessers liegt. Der repulsive Teil gibt dem Potential das Verhalten einer harten Wand bei Unterschreiten der Distanz $z = z_0$. Eine Alternative zum Lennard-Jones-Potential ist das Morse-Potential $U(z) = -E_0[2\exp(-[z-z_0]/\lambda) - \exp(-2[z-z_0]/\lambda)]$. Dieses Potential hat sich bewährt bei der qualitativen Beschreibung chemischer Bindungskräfte und insbesondere bei der Beschreibung des H^+-Ions als einfaches Beispiel für eine kovalente Bindung. E_0 ist hier die Bindungsenergie, z_0 wiederum die Gleichgewichtsdistanz und λ die Abklinglänge.

Beide bislang diskutierten atomar variierenden Potentiale beschreiben ein isotropes Verhalten. Chemische Bindungen sind aber anisotrop, zeigen eine Winkelabhängigkeit. Ein diesbezüglich geeignetes empirisches Potential ist das Stillinger-Weber-Potential:

$$U(\mathbf{r}) = E_0\left\{\alpha\left[\beta\left(\frac{r}{\sigma}\right)^{-p} - \left(\frac{r}{\sigma}\right)^{-q}\right]\exp\left(\frac{1}{r/\sigma - a}\right) + h(r_{ij}, r_{ik}, \theta_{jik})\right.$$
$$\left. + h(r_{ji}, r_{jk}, \theta_{ijk}) + h(r_{ki}, r_{kj}, \theta_{ikj})\right\}. \quad (22.40a)$$

Dabei gilt

$$h(r_{ij}, r_{ik}, \theta_{jik}) = \lambda \exp\left(y\left[\frac{1}{r_{ij}/\sigma - a} + \frac{1}{r_{ik}/\sigma - a}\right]\right)\left(\cos\theta_{jik} + \frac{1}{3}\right)^2. \quad (22.40b)$$

Der erste Term in Gl. (22.40a) beschreibt die Wechselwirkung eines Atoms mit einem nächsten Nachbarn in der Distanz r. Dabei gilt $r < a\sigma$. Ansonsten verschwindet dieser Anteil. Der zweite Beitrag beschreibt den Einfluss übernächster Nachbarn, wobei $r_{ij}, r_{ik} < a\sigma$ gilt. Ansonsten verschwindet dieser Anteil. Die Stillinger-Weber-Parameter sind dabei $\alpha = 7{,}049$, $\beta = 0{,}602$, $E_0 = 3{,}47$ aJ, $p = 4$, $q = 0$, $\lambda = 21$, $\sigma = 2{,}09$ Å und $a = 1{,}8$ [22.254]. Das Stillinger-Weber-Potential verkörpert ein gutes Verhältnis von Genauigkeit zu Rechenaufwand. Dies gilt insbesondere für Diamantgitter. Hier werden vor allem gute Ergebnisse in der Simulation der Gitterdynamik erzielt.

Eine deutlich größere Detailtiefe als klassische empirische Potentiale liefern ab initio-Rechnungen [22.255]. Diese sind insbesondere von Bedeutung bei der Analyse von Beiträgen zur Sonden-Proben-Wechselwirkung, die zu höchster Ortsauflösung führen. Gerade im Hinblick auf subatomare Auflösung muss die quantenmechanische Natur der Wechselwirkungen zwischen einzelnen Orbitalen vollumfänglich berücksichtigt werden.

Die überhaupt erste AFM-Abbildung mit atomarer Auflösung zeigt Abb. 22.105. Es ist insbesondere zu unterscheiden zwischen der Abbildung atomarer Periodizität und echter atomarer Auflösung, welche es erlaubt, auch nichtperiodische Details mit atomarer Auflösung abzubilden.

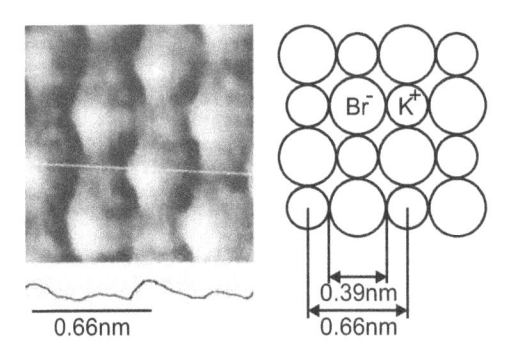

Abb. 22.105. Erste AFM-Abbildung mit echter atomarer Auflösung [22.256]. Beide ionischen Spezies einer KBr-(001)-Oberfläche sind sichtbar.

Die beginnende Dominanz repulsiver Wechselwirkungen macht sich in der Kraft-Abstands-Kurve in Abb. 22.94(a) durch eine Vorzeichenänderung im Kraftgradienten bemerkbar, die auftritt, wenn nach Erreichen des Maximums der attraktiven Gesamtkraft eine weitere Annäherung von Sonde und Probe stattfindet. Bereits vor Erreichen des Maximums der attraktiven Wechselwirkung können apexnahe Sondenatome einer repulsiven Wechselwirkung mit der Probe ausgesetzt sein. Diese interatomaren repulsiven Wechselwirkungen kürzester Reichweite werden durch längerreichweitige attraktive Wechselwirkungen überkompensiert. Wenn die Gesamtkraft auf die Sonde repulsiv wird, so spricht man gewöhnlich von einem Sonden-Proben-Kontakt und bei Nutzung der Wechselwirkung im entsprechenden AFM-Abbildungsmodus vom *Kontaktmodus* (Contact Mode). Dementsprechend spricht man vom *kontaktlosen Modus* (Noncontact Mode), wenn der Kontakt nicht besteht, aber attraktive Wechselwirkungen genutzt werden können. In der dynamischen Kraftmikroskopie kann sich, wie wir gesehen haben, die Sonde während eines Oszillationszyklus auch teilweise im Bereich zunehmender repulsiver Wechselwirkungsanteile und sogar im Kontakt befinden. Der Rest des Zyklus ist dann durch attraktive Wechselwirkungen geprägt. In diesem Fall spricht man von intermittierendem Kontakt (*Intermittent Contact*). Das typische und in Abb. 22.94(a) ebenfalls eingezeichnete Tapping-Regime beinhaltet typisch einen solchen Bereich der Kraft-Abstands-Kurve.

Neben dem Erreichen einer hohen Ortsauflösung qua kurzreichweitiger interatomarer Wechselwirkungen liefert das Kontakt-Regime potentiell weitere Informationen über eine Probe. Dies wird deutlich, wenn wir einen Blick auf die zugrunde liegende *Kontaktmechanik* werfen. Wäre die Probe unendlich hart, so würde sich bei Annäherung der Cantilever entsprechend seiner Federkonstante einfach nur konkav wölben. In der Realität reagieren aber Sonde und Probe elasto-plastisch. Nehmen wir zur weiteren Diskussion zunächst einmal an, dass die Sonde in Form der Cantilever-Spitze sehr viel härter ist als die Probe und der Cantilever selbst eine geeignete Kraftkonstante k besitzt. Abbildung 22.106 zeigt, wie reale Proben auf einen Anstieg repulsiver Sonden-Proben-Wechselwirkungen reagieren.

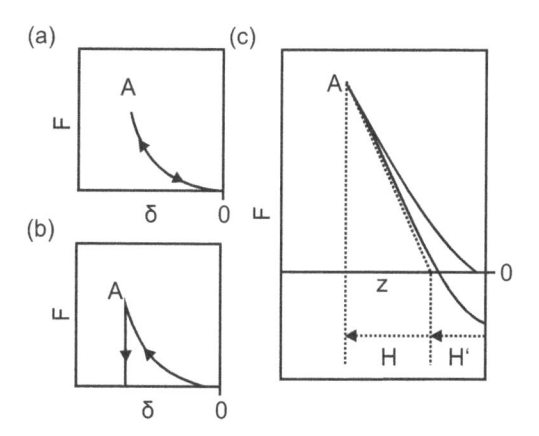

Abb. 22.106. Eindringtiefe δ als Funktion der repulsiven Kraft zwischen Sonde und Probe im AFM. (a) Ideal elastische Probe. (b) Vollständig plastisches Verhalten. (c) Elasto-plastisches Verhalten mit charakteristischen Regimen H' und H.

Eine ideal elastische Probe wird bei zunehmender Belastung durch die Sonde zunehmend deformiert. Bei sukzessiver Reduktion der Belastung bildet sich die Deformation der Probe reversibel zurück. Eine ideal plastische Probe wird zunehmend deformiert. Bei Reduktion der Last bleibt die Deformation der Probe in Form der maximalen Eindringtiefe δ vollständig erhalten. Bei einem elasto-plastischen Verhalten, wie es die meisten Proben zeigen, tritt bei Belastung der Probe durch die Sonde ebenfalls eine *Nanoindentation* auf. Die Sonde wird also in die Probe gedrückt. Wird die Belastung durch Zurückbewegung der Sonde wieder reduziert, so bildet sich die Deformation nicht reversibel zurück. Die Kraft-Abstands-Kurve in Abb. 22.106(c), die von den Kraft-Deformations-Kurven in (a) und (b) zu unterscheiden ist, weist damit eine charakteristische Hysterese auf. Die charakteristischen Regime H' und H werden als *belastungslose plastische Indentation* und *belastungslose elastische Deformation* bezeichnet.

Besonders interessant im Hinblick auf AFM-Messungen ist das in Abb. 22.106(a) dargestellte elastische Regime, weil hier irreversible Veränderungen der Probe ausgeschlossen sind. Von Interesse ist hier der Zusammenhang zwischen belastender, durch den Cantilver ausgeübter Kraft und Deformationstiefe δ. Die potentielle Energie des Gesamtsystems ist gegeben durch $U = U_{SP}(z) + U_S(\tilde{z}) + U_P(\delta)$. U_{SP} bezeichnet das gesamte Sonden-Proben-Wechselwirkungspotential, bedingt durch Intermolekular- und Oberflächenkräfte, $U_S = k(\Delta z)^2/2$ die Biegeenergie des Cantilevers als Funktion seiner Auslenkung Δz und $U_P = k_P \delta^2/2$ die elastische Deformationsenergie der Probe mit einer Steifigkeit k_P. Die für die Sonden-Proben-Wechselwirkung maßgebliche Distanz ist durch $z = \tilde{z} + Bz + \Delta z \delta$ gegeben, wobei $\tilde{z}$ die Sondenposition bei Abwesenheit einer Cantilever-Biegung beschreibt. Im Kontakt gilt einerseits $z = 0$ und andererseits das Kräftegleichgewicht $k_P \delta = k \Delta z$. Damit wiederum folgt $k \Delta z = -k k_P \tilde{z}/(k + k_P) = k_{\text{eff}} \tilde{z}$. Diese Relation zeigt, dass die Kraft-Abstands-Kurve im Kontakt Informationen über die Probensteifigkeit liefert. Für $k_P \gg k$ gilt $k_{\text{eff}} \approx k$ und für $k_P \ll k$ gilt $k_{\text{eff}} \approx k_P$.

Die Steifigkeit der Probe wird durch ihren Elastizitätsmodul E bestimmt: $k_P = 2aE/(1 - \nu^2)$. ν ist hier die Poisson-Zahl. Diese Relation setzt allerdings voraus, dass die Sonde in Form der Cantilever-Spitze keinerlei Deformation zeigt. Allgemein ist anzusetzen $k_P = 3aE_{\text{eff}}/2$ mit $1/E_{\text{eff}} = 3[(1 - \nu^2)/E + (1 - \nu_S^2)/E_S]/4$. Hier wird den elastischen Eigenschaften der Sonde in Form von E_S und ν_S Rechnung getragen. Typische Sondenmaterialien sind allerdings häufig sehr viel steifer als das Probenmaterial. Für Si_3N_4 erhält man beispielsweise $E_S = 160-290$ GPa und $\nu_S = 0,20-0,27$, für Si $E = 130-185$ GPa und $\nu_S = 0,26-0,28$ und für SiO_2 $E = 72$ GPa und $\nu_S = 0,17$.

Die prominentesten Theorien zur Beschreibung des elastischen Verhaltens von Proben sind die *Hertz-Theorie* [22.257], die *Johnson-Kendall-Roberts-Theorie* (JKR-Theorie) [22.258] und die *Derjaguin-Müller-Toporov-Theorie* (DMT-Theorie) [22.259]. Die drei Theorien liefern Unterschiede in der Relation zwischen wirkender Kraft F, Kontaktradius a und Deformationstiefe δ. Diese Unterschiede resultieren aus unterschiedlichen Annahmen zur resultierenden Adhäsionskraft.

Unter Adhäsion im Allgemeinen versteht man das Zusammenhalten zweier Oberflächen bei der Separation nach einem mechanischen Kontakt der Oberflächen. Adhäsive Wechselwirkungen können auf Beiträge unterschiedlicher Kräfte zurückgeführt werden. Der Einfluss dieser Intermolekular- und Oberflächenkräfte wird in Form unterschiedlicher Adhäsionstheorien berücksichtigt.

Das Hertz-Modell vernachlässigt Adhäsionskräfte und kann daher nur angewendet werden, wenn diese sehr viel kleiner sind als die maximale Indentationskraft. In diesem Modell findet man $a = \sqrt[3]{rF/E_{\text{eff}}}$ und $\delta = a^2/r$. r ist hier der Apexradius der Sonde und E_{eff} der totale Elastizitätsmodul, den wir zuvor diskutierten. Im DMT-Modell erhält man mit der spezifischen Adhäsionsenergie w für die Adhäsionskraft $F_{\text{ad}} = 2\pi rw$, für den Kontaktradius $a = \sqrt[3]{r(F + F_{\text{ad}})/E_{\text{eff}}}$ und für die Penetrationstiefe $\delta = a^2/r$. Das JKR-Modell schließlich liefert $F_{\text{ad}} = 3\pi rw/2$, $a = \sqrt[3]{r(F + F_{\text{ad}} + \sqrt{2FF_{\text{ad}} + F_{\text{ad}}^2})/E_{\text{eff}}}$ sowie $\delta = a^2/r - 2\sqrt{F_{\text{ad}}a/(rE_{\text{eff}})}/3$.

Für eine Si_3N_4-Sonde und eine Probe aus dem gleichen Material ergibt sich mit den zuvor genannten Materialparametern $E_{\text{eff}} = 147$ GPa. Für $F = 1$ nN findet man damit $\delta = 0,012$ nm und $a = 0,59$ nm bei Vernachlässigung der Adhäsionskraft.

Es wurde gezeigt, dass das JKR- und das DMT-Modell Grenzfälle einer vereinheitlichenden Theorie sind [22.260]. Alle bisher diskutierten Relationen gelten außerdem für einen kugelförmigen Sondenapex. Für eine beliebige Sondengeometrie gilt $\delta = aF^{1/n}$ [22.261]. Für einen Zylinder findet man $n = 1$, für einen Kegel $n = 2$ und für Paraboloide oder Kugeln $n = 1,5$.

Resultate eines typischen AFM-Indentationsexperiments sind in Abb. 22.107 dargestellt. Um eine Penetration der Sonde von einigen zehn bis hundert Nanometern zu realisieren, sind je nach Probe repulsive Kräfte erforderlich, die für AFM-Verhältnisse sehr groß sind, was entsprechend starre Cantilever und deren konkave Durchbiegung voraussetzt. Die bei definierter Sonde erzeugten Indentationen, von denen zur Präzisierung der Messung ganze Felder erzeugt werden können, lassen sich vermessen. Aus den Lateralabmessungen kann dann auf die Tiefe der Indentation geschlossen werden. Direkt zugänglich sind Kraft-Auslenkungs-Kurven, bei denen die Kraft als Funktion der Piezoauslenkung aufgetragen wird. Diese Kurven zeigen bei Nanoindentationsmessungen in der Regel die typische elasto-plastische Hysterese, die in Abb. 22.107(c) dargestellt ist.

Nach einem mechanischen Kontakt zwischen Sonde und Probe, also insbesondere nach dem Auftreten überwiegend repulsiver Wechselwirkungen, klebt die Sonde an der Probenoberfläche, obwohl per Piezoauslenkung eine Separation von Sonde und Probe betrieben wird. Auf diese Weise entsteht bei den Kraft-Abstands-Kurven, wie in Abb. 22.94(b) und 22.100 sichtbar, eine Adhäsionshysterese: Die Kraft-Abstands-Kurve bei Separation entspricht nicht derjenigen bei Annäherung. Es werden größere attraktive Kräfte gemessen bis hin zu einer Piezoposition, bei der bei Annäherung keinerlei Wechselwirkungen messbar sind. Sonde und Probe trennen sich erst, nachdem die *Abreißkraft (Pull-Off Force)* erreicht ist. Diese Kraft entspricht der Adhäsionskraft.

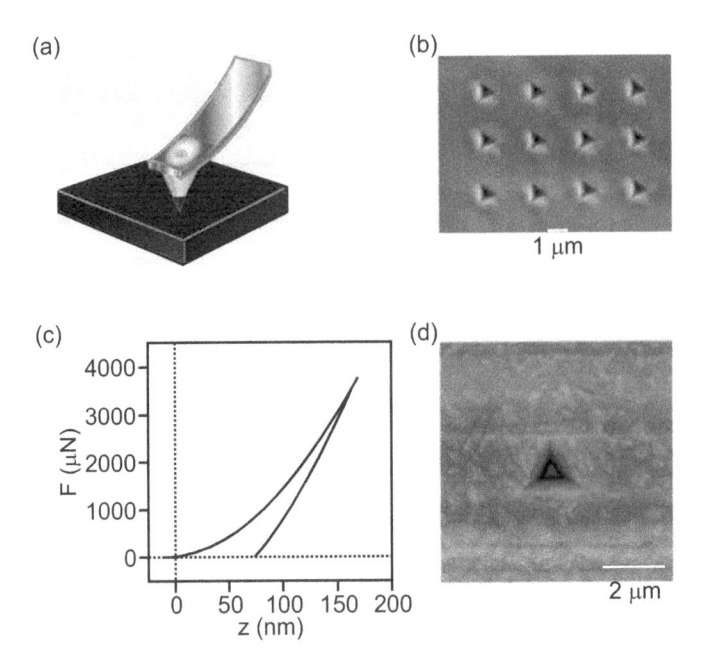

Abb. 22.107. AFM-Nanoindentation. (a) Schematische Darstellung der Cantilever-Deformation. (b) Feld von Indentationen. (c) Typische experimentelle Daten einer Nanoindentationsmessung an SiO_2. Die repulsive Wechselwirkung wurde als Funktion der Piezoauslenkung gemessen. (d) Nanoindentation nach Erhalt der Indentationskurve in (c).

Grundsätzlich tragen alle wirksamen attraktiven Wechselwirkungen zur Adhäsion bei. Da aber diese Wechselwirkungen abhängig sind von der jeweiligen Sonden-Proben-Anordnung und von den Umgebungsbedingungen, gibt es bei AFM-Messungen die unterschiedlichsten Adhäsionsszenarien. In jedem Fall wirksam sind van der Waals-Kräfte. Zusätzlich auftreten können insbesondere auch interatomare chemische und physikalische Wechselwirkungen, die im Extremfall zur Ausbildung von Bindungen zwischen Sonden- und Probatomen führen können. Eine solche Situation ist in Abb. 22.108 dargestellt. Die Molekulardynamiksimulationen unter Einbeziehung von 1400 Atomen einer Ni-Sonde und 4050 Atomen einer Au(001)-Probe zeigen, welche Deformationen auf atomarer Ebene bei Indentation und anschließender Separation auftreten. Die Benetzung der Sonde mit Probatomen und die Ausbildung eines atomaren Halses führt zu ausgeprägter Adhäsion. Sowohl bei der Penetration der Probe als auch bei der Separation ändert sich die Sonden-Proben-Kraft nicht monoton mit der Sondenauslenkung. Vielmehr zeigt die Kraft markante lokale Maxima und Minima.

Zusätzlich zu den bisher genannten adhäsiven Wechselwirkungen können elektrostatische Wechselwirkungen und unter Umgebungsbedingungen vor allem Kapillarwechselwirkungen namhaft zur Sonden-Proben-Adhäsion beitragen. Die Abhän-

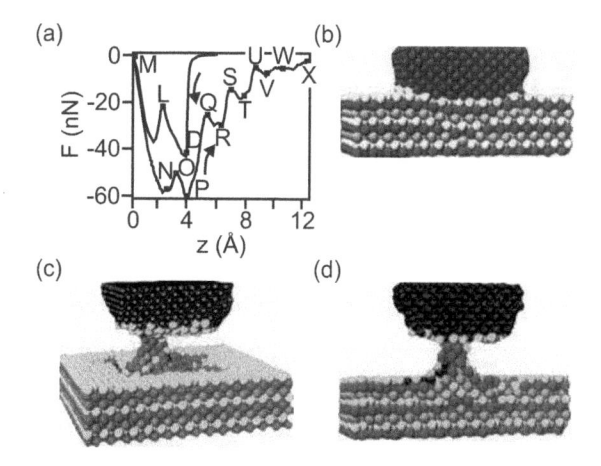

Abb. 22.108. Molekulardynamiksimulation einer AFM-Indentationsmessung mit 4050 Atomen einer Au(001)-Probe und 1400 Atomen einer pyramidalen Ni-Sonde [22.262]. (a) Kraft-Auslenkungs-Kurve mit dem Jump To Contact bei Punkt D und der tiefsten Indentation bei Punkt M. N–X markieren lokale Minima und Maxima der Kraft bei Separation. (b) Schnitt durch die Anordnung bei maximaler Indentation entsprechend Punkt M in (a). (c) Separation nach Indentation entsprechend Punkt X in (a). (d) Zu (c) gehöriger Schnitt durch die Anordnung.

gigkeit der Kapillarkräfte von den gegebenen Umgebungsbedingungen wird unmittelbar aus Abb. 22.109 deutlich. Die Messung von Adhäsionskräften kann mittels AFM auch ortsaufgelöst erfolgen, wenn weder Sonde noch Probe durch die Messung verändert werden. Es erfolgt also insbesondere keine Indentation. Auf diese Weise lassen sich selbst unterschiedliche Phasen einer Oberfläche, die sich nicht in topographischen Abbildungen manifestieren, identifizieren. Ein Beispiel zeigt Abb. 22.110.

Der *Kraftpulsmodus (Pulsed Force Mode)* des AFM [22.265] erlaubt es, in eleganter Weise simultan die Steifigkeit und die Adhäsion einer Probenoberfläche zu ermitteln. Es handelt sich dabei um einen intermittierenden, nichtresonanten Kontaktmodus.

Im Kontakt mit der Probenoberfläche treten bei Lateralbewegung der Sonde Reibungskräfte auf. Dies ist schematisch in Abb. 22.111(a) dargestellt. Bei einer Sonden-Proben-Wechselwirkung, die auf jeweils ein Sonden- und ein Probenatom beschränkt ist, variiert die Lateral- oder Reibungskraft mit atomarer Periodizität. Dies zeigen ein-

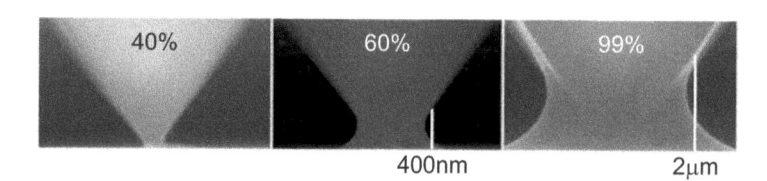

Abb. 22.109. Wasserkapillaren zwischen einer Si-Sonde und einer Glimmeroberfläche bei unterschiedlichen Luftfeuchtewerten [22.263].

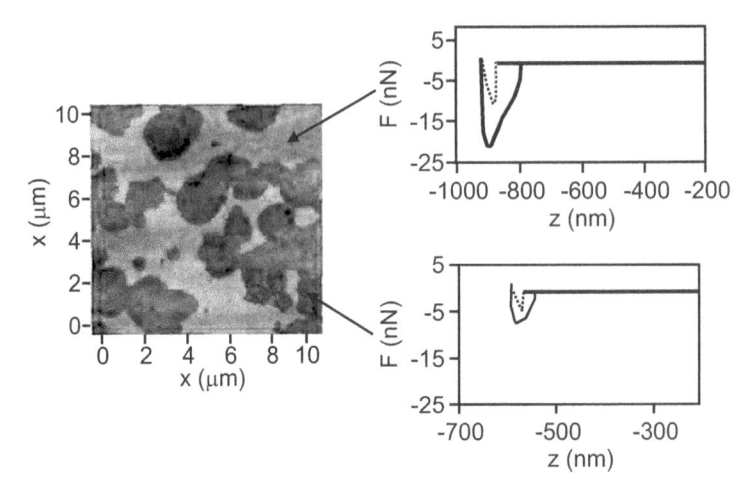

Abb. 22.110. Domänen unterschiedlicher Adhäsion in einer Asphaltbinderprobe [22.264]. Die Adhäsion variiert zwischen den Domänen um einen Faktor zwei.

drucksvoll Abb. 22.111(b) und (c). Selbstverständlich lassen sich Variationen der Lateralkraft auch auf größerer Skala zur Abbildung nutzen [22.267].

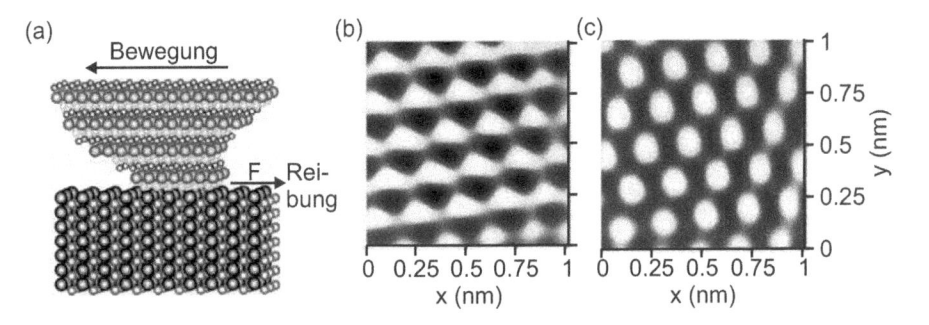

Abb. 22.111. Grundlage von LFM und FFM. (a) Bei Lateralbewegung im Kontakt treten Reibungskräfte auf, die zur Sondendeformation und Cantilever-Torsion führen. (b) Topographie einer HOPG-Oberfläche bei vergleichsweise großen repulsiven Kräften [22.266]. (c) Simultan aufgenommene Variation der Reibungskräfte [22.266].

Auf atomarer Skala lassen sich in sehr genau definierter Weise fundamentale Grundlagen des Phänomens der Reibung erforschen, weil der mechanische Kontakt höchst genau definiert ist. Grundsätzliche Fragen betreffen etwa das Zustandekommen des Kontrasts in Abb. 22.111(c) oder die Gültigkeit der Amontonsschen Gesetze [22.268]. Diese besagen, dass die Reibungskraft von der Ausdehnung der Reibefläche unabhängig und proportional zur repulsiven Normalkraft ist: $F_L = \mu F_N$. Der Reibungskoeffizient ist von der Materialpaarung und dem Umgebungsmedium abhängig. Offensichtlich haben diese Gesetze einen makroskopischen Charakter, und ihre Gültigkeit auf Nanometerskala ist a priori in Frage zu stellen [22.269].

FFM-Messungen mit atomarer Auflösung lassen sich insbesondere auch bei Immersion in Flüssigkeiten durchführen, wobei das flüssige Umgebungsmedium sich durchaus vorteilhaft auf die Abbildungen auswirken kann [22.270]. Insbesondere werden Kapillarkräfte vermieden, was sonst nur unter UHV- oder Schutzgasbedingungen möglich ist. Abbildung 22.112 zeigt die FFM-Abbildung einer NaCl(100)-Oberfläche bei Immersion in Ethanol. Die atomare Modulation der Reibungskraft besteht in einem typischen Sägezahnverlauf, der auf ein alternierendes Haften und Rutschen (*Stick-Slip*) der Sonde schließen lässt. Vorwärts- und Rückwärtsbewegungen der Sonde bilden eine charakteristische Hysterese, die mit wachsender Normalkraft anwächst. Dies ist

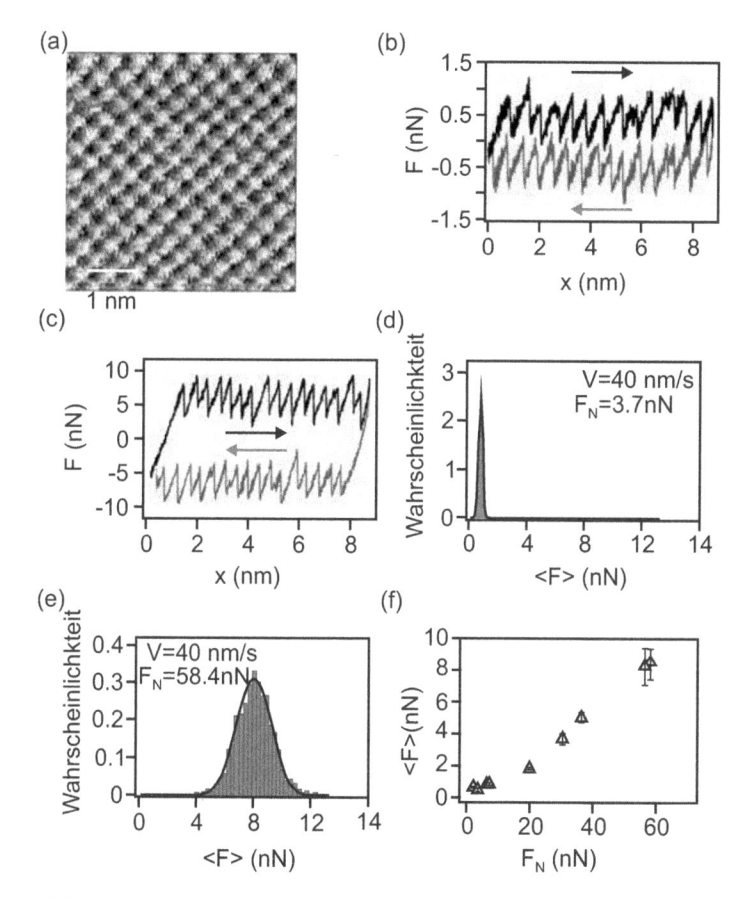

Abb. 22.112. FFM-Messungen an NaCl(100) in Ethanol [22.271]. (a) Reibungskraftverlauf bei einer Normalkraft von 11 nN. (b) Stick-Slip-Verlauf bei 3,7 nN Normalkraft und (c) bei 58,4 nN. (d) Wahrscheinlichkeitsverteilung der Lateralkraft aus (b) und (e) aus (c). (f) Reibungskraft als Funktion der Normalkraft.

auf eine anwachsende Reibungsdissipation bei anwachsenden Reibungskräften zurückzuführen. Die mittlere Reibungskraft ergibt $\langle F_L \rangle$ durch Mittelung der maximalen Slip-Werte.

Eine naheliegende Frage ist, wie erwähnt, ob die Amontonsschen Gesetze auch gelten, wenn die Reibung auf die Wechselwirkung nur weniger Atome zurückzuführen ist. Abbildung 22.112(f) zeigt, dass dies zumindest für das gewählte System tatsächlich der Fall ist. Der resultierende Reibungskoeffizient $\mu = 0,15$ fällt größer aus als für ein ähnliches System unter UHV-Bedingungen mit $\mu = 0,01-0,04$ [22.272]. Bekannt ist in diesem Kontext, dass Flüssigkeiten auf der Oberfläche von Mineralien den Reibungskoeffizienten zum Teil deutlich im Vergleich zur trockenen Oberfläche erhöhen [22.273].

Das wohl etablierteste Modell zum Verständnis von Reibungsphänomenen auf atomarer Skala ist das *Prandtl-Tomlinson-Modell* [22.274]. In diesem Modell ist die Gesamtenergie des FFM-Systems gegeben durch $E(x, t) = -(E_0/2)\cos(2\pi x/a) + k_{\text{eff}}(vt - x)^2/2$. Die Amplitude E_0 ist von der atomaren Konfiguration von Sonde und Probe abhängig sowie von weiteren Faktoren. a ist die Gitterkonstante des eindimensionalen Modells, in dem die Bewegung in x-Richtung in der Zeit t erfolgt. Die effektive Federkonstante k_{eff} setzt sich zusammen aus den lateralen Steifigkeiten des Kontakts, der Sonde und des Cantilevers: $1/k_{\text{eff}} = 1/k_K + 1/k_S + 1/k_C$. k_{eff} ist durch den Verlauf der Reibungskraftprofile wie in Abb. 22.112(b) und (c) gegeben: $k_{\text{eff}} = \partial F_L/\partial x$. Wenn sich die Sonde zu einem bestimmten Zeitpunkt in einem Minimum von $E(x, t)$ befindet, so wächst in dieser Position durch die Cantilever-Bewegung $x(t)$ die Energie kontinuierlich an, bis die Position zum Zeitpunkt $t = t_0$ instabil wird. Die Position der Sonde zu einem Zeitpunkt t ist gegeben durch $\partial E/\partial x = 0$. Die kritische Position $x_0 = x(t_0)$ ergibt sich aus $\partial^2 E/\partial x^2 = 0$ zu $x_0 = (a/4)\arccos(-1/y)$ mit $y = 2\pi^2 E_0/(k_{\text{eff}} a^2)$. y setzt die Sonden-Proben-Wechselwirkung in einen Bezug zur lateralen Steifigkeit. Für $t = t_0$ springt die Sonde aus dem ersten in das räumlich nächstgelegene Energieminimum. Die dabei auf die Sonde wirkende Kraft ist durch $F_0 = k_{\text{eff}}(vt - x_0) = k_{\text{eff}} a \sqrt{y^2 - 1}/(2\pi)$ gegeben. Das aus dem Modell resultierende $F_L(x)$-Verhalten stimmt sehr gut mit den in Abb. 22.112(b) und (c) dargestellten Reibungsschleifen überein. Das Stick-Slip-Verhalten tritt auf für $y > 1$, also für eine hinreichend große Sonden-Proben-Wechselwirkung und eine hinreichend kleine Kontaktsteifigkeit. Die Fläche innerhalb der Reibungsschleife liefert die dissipierte Gesamtenergie.

Das betrachtete eindimensionale Modell ist nicht wirklich adäquat für FFM-Messungen, die ja in der Probenoberfläche stattfinden. Dafür ist vielmehr $E(\mathbf{r}, t) = U(\mathbf{r}) + k_{\text{eff}}(\mathbf{v}t - \mathbf{r})^2/2$ anzusetzen. Ein modellhaftes periodisches Potential wäre beispielsweise $U(x, y) = -(E_0/2)[\cos(2\pi x/a) + \cos(2\pi y/a)] + E_1 \cos(2\pi x/a)\cos(2\pi y/a)$.

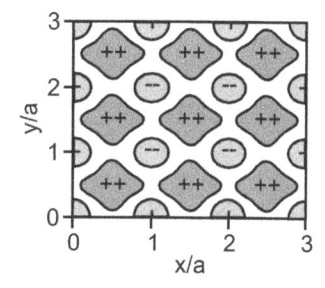

Abb. 22.113. Stabilitätsdiagramm der Sondenposition bei einer FFM-Messung [22.275]. Die Regionen spiegeln anhand der Vorzeichen der Eigenwerte wider, ob die Hesse-Matrix positiv definit (++), negativ definit (--) oder indefinit ist.

In der Gleichgewichtsposition gilt $\nabla E = \nabla U + k_\text{eff}(\mathbf{r} - \mathbf{v}t) = 0$. Die Stabilität dieser Position wird durch die Hesse-Matrix spezifiziert:

$$\underline{\underline{H}} = \begin{pmatrix} \dfrac{\partial^2 U}{\partial x^2} + k_\text{eff} & \dfrac{\partial^2 U}{\partial x \partial y} \\ \dfrac{\partial^2 U}{\partial y \partial x} & \dfrac{\partial^2 U}{\partial y^2} + k_\text{eff} \end{pmatrix}. \tag{22.41}$$

Die Sondenposition ist stabil, wenn diese Matrix positiv definit ist, also die beiden Eigenwerte größer null sind. Für das gewählte Modellpotential sind entsprechende Regionen in Abb. 22.113 dargestellt. In den ++-Regionen folgt die Sonde adiabatisch dem Piezoantrieb. Am Rand der Zone springt sie aber in die nächstgelegene ++-Zone.

Selbstverständlich lassen sich mittels LFM/FFM auch Reibungsphänomene auf gröberer Skala analysieren, was insofern bedeutsam ist, als dass die Brücke zwischen atomistischen Phänomenen und technisch relevanten Reibungsphänomenen geschlagen werden kann. Tribologische Daten können so beispielsweise in Bezug gesetzt werden zur Topographie einer Oberfläche oder zur Variation der Materialzusammensetzung [22.276]. Insbesondere können solche Untersuchungen auch den Einfluss von Flüssigkeiten als umgebendes Medium auf das Reibungsverhalten an Oberflächen einschließen. Ein diesbezügliches Beispiel zeigt Abb. 22.114. Die Abbildungen zeigen Nanogasbläschen an der Grenzfläche zwischen HOPG und Wasser. Die LFM/FFM-Profile zeigen, dass die Nanobläschen einen dramatischen Einfluss auf die Reibung haben. Diese wird durch Nanobläschen an hydrophoben Oberflächen offenbar stark reduziert, und es tritt über den Nanobläschen praktisch keine Reibungshysterese zwischen beiden Bewegungsrichtungen der Sonde auf.

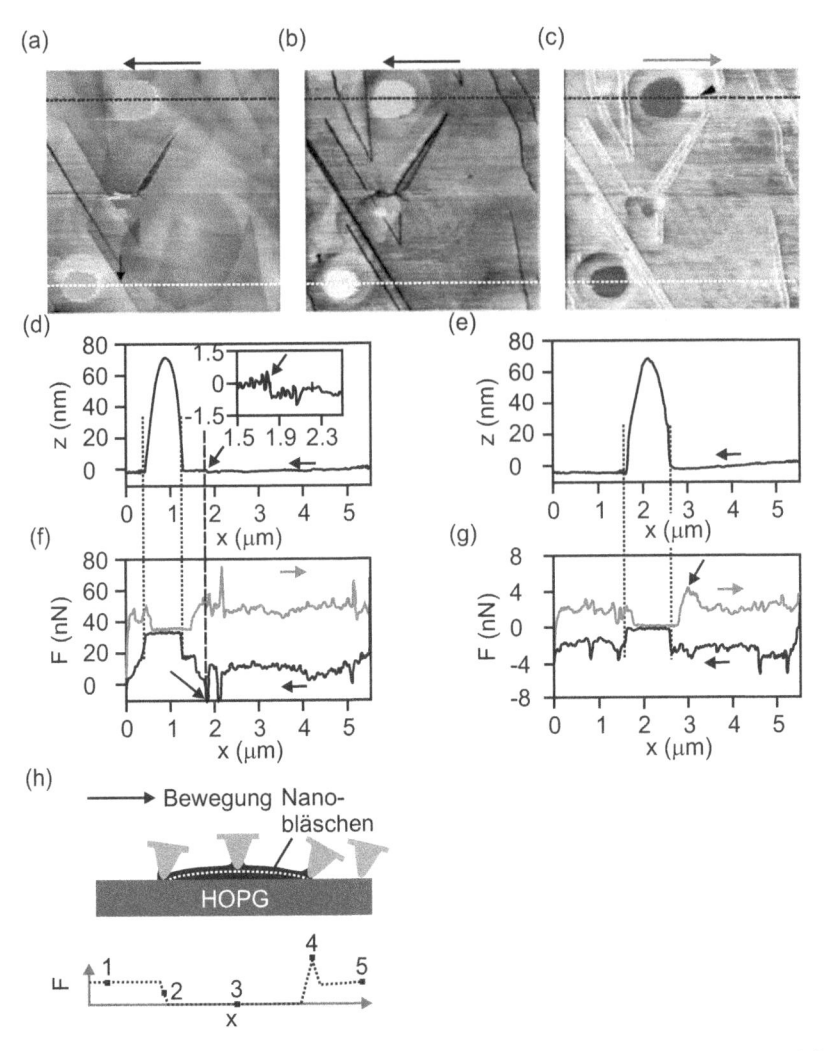

Abb. 22.114. Nanogasbläschen an der Grenzfläche zwischen HOPG und Wasser [22.277]. (a) Höhenprofil. (b), (c) Reibungsprofile. (d), (f) Höhen- und Reibungsprofile entlang der unteren Linie in (a). (e), (g) Höhen- und Reibungsprofile entlang der oberen Linie in (a). (h) Schematische Darstellung des Reibungskraftverlaufs und des resultierenden LFM/FFM-Profils.

22.3.3 Höchstauflösung

AFM ist einerseits eine vergleichsweise einfach zu handhabende Routinetechnik zur Analyse und hochauflösenden Abbildung von Oberflächen, kann andererseits aber mit größerem Aufwand auch höchstauflösend – bis hin zu einer subatomaren Auflösung – betrieben werden [22.278]. Höchstauflösung wird natürlich begünstigt durch UHV- und/oder Tieftemperaturbedingungen, aber auch unter Umgebungsbedingungen und sogar in Flüssigkeiten wurde atomare Auflösung erzielt. Zum Einsatz kommen dabei sowohl der statische Kontaktmodus wie auch die dynamischen kontaktlosen Modi.

Interatomare Sonden-Proben-Wechselwirkungen beinhalten bei AFM a priori alle Elektronen, auch die inneren stark gebundenen. Bei STM sind hingegen nur die locker gebundenen Elektronen nahe dem Fermi-Niveau relevant. Da diese Elektronen aber räumlich weniger stark lokalisiert sind als die fester gebundenen, sollte AFM tendentiell sogar eine höhere Ortsauflösung liefern als STM. Simultane AFM/STM-Aufnahmen zeigen, dass dies tatsächlich so ist. Eine ganze Reihe von Aspekten verkompliziert das Erreichen echter atomarer oder sogar subatomarer Auflösung. Zunächst einmal müssen selektiv kurzreichweitigste interatomare Kräfte zur Abbildung herangezogen werden. Im Kontaktmodus lassen sich zwar primär die Wechselwirkungen zwischen vorderstem Sondenatom und jeweils nächstgelegenem Probenatom messen. Allerdings lässt sich dieser Modus nur auf chemisch absolut inerten Oberflächen durchführen. Chemisch reaktive Oberflächen hingegen führen zu kurzreichweitigen attraktiven Kräften. Da aber auch die langreichweitigen Kräfte attraktiv sind, müssen diese durch eine Negativkraft, die auf den Cantilever ausgeübt wird, kompensiert werden. Dies kann realisiert werden, wenn nach einem JTC durch den Piezoantrieb Separationskräfte auf den Cantilever ausgeübt werden.

Da kurzreichweitige attraktive Kräfte entsprechend einer typischen Kraft-Abstands-Kurve keinen monotonen Verlauf zeigen, ist es a priori schwierig, in einem Modus konstanter Wechselwirkung zu arbeiten, indem in Analogie zum STM – hier wird der monoton vom Abstand abhängige Tunnelstrom konstant gehalten – ein Regelkreis die Abweichungen von einem Sollwert durch Abstandsvariation ausregelt.

Der dynamische Betriebsmodus ist aus zwei Gründen vorteilhaft gegenüber dem statischen. Der JTC kann vermieden werden, wenn die Oszillationsamplitude A so gewählt wird, dass kA größer ist als die größte wirkende attraktive Kraft. Da die Messung der Cantilever-Auslenkung eine $1/f$-Rauschkonstante beinhaltet, weisen quasistatische Modi tendentiell ein größeres Rauschen auf.

Empirisch optimierte Oszillationsamplituden liegen typisch bei $A \gtrsim 10$ nm. Auf der anderen Seite haben attraktive Sonden-Proben-Bindungskräfte eine typische Reichweite von $z \approx 0,1$ nm. Allerdings sind die Kraftgradienten mit $|\partial F/\partial z| \gtrsim 100$ N/m recht groß. Gerade dieser zuletzt genannte Aspekt ermöglicht es, trotz der großen Amplitude selektiv kurzreichweitige Kräfte zu detektieren. Andererseits sind natürlich kleine Oszillationsamplituden im Hinblick auf die selektive Sensitivität gegenüber kurzreichweitigen attraktiven Kräften von Vorteil, weil langreichweitige Hintergundkräfte eine geringere Rolle spielen. Da auch das Rauschen bei FM-AFM umgekehrt proportional zur Amplitude der Cantilever-Oszillation ist, erhält man das beste Signal-zu-Rausch-Verhältnis, wenn die Amplituden nur von der Größenordnung der Reichweite der Sonden-Proben-Wechselwirkung sind.

Der Betrieb bei kleinen Oszillationsamplituden setzt steife Cantilever voraus. Andererseits müssen diese so weich sein, dass die absolut gesehen kleinen Sonden-

Proben-Wechselwirkungen noch gemessen werden können. In dieser Hinsicht sind die bereits diskutierten Quarz-Cantilever etwa in Form des QPlus-Sensors optimal [22.22]. Hier gilt typisch $k \gtrsim 10^3$ N/m. Der geringe mittlere Sonden-Proben-Abstand macht den simultanen STM/AFM-Betrieb möglich. Der minimale Abstand während eines Oszillationszyklus kann dabei bedeutend geringer als beim typischen STM-Betrieb sein. Abbildung 22.115 zeigt ein Beispiel für eine Simultanaufnahme.

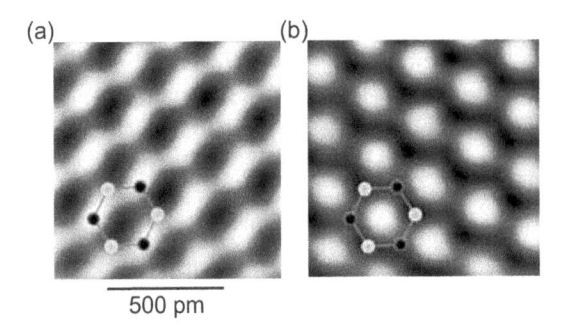

Abb. 22.115. HOPG-Oberfläche, aufgenommen bei T = 4, 9 K mit einem QPlus-Sensor (k = 1800 N/m, A = 0,3 nm, v_r = 18,1 kHz, Q = 20.000) [22.279]. (a) STM bei konstanter Höhe. (b) AFM bei repulsiven Kräften.

Noch selektiver als mit nur kleiner Amplitude lassen sich kurzreichweitige Wechselwirkungen detektieren, wenn höhere Harmonische des Typs $\Delta z = \sum_n a_n \cos(n\omega t + \phi_n)$ gemessen werden. Diese treten auf, weil der sinusförmig betriebene Cantilever unter dem Einfluss der Kraft $F(z)$ schwingt [22.217]. Diese höheren Harmonischen sind direkt gekoppelt an höhere Kraftgradienten $\partial^n F / \partial z^n$ [22.280]:

$$a_n = \frac{2}{\pi k} \frac{A^n}{(1-n^2)(2n-1)!} \int_{-1}^{1} \frac{\partial^n F(z+\Delta u)}{\partial z^n} (1-u^2)^{n-1/2} du \,. \tag{22.42}$$

Allerdings werden die Amplituden a_n der höheren Harmonischen sukzessive kleiner als $a_1 = A$ und ihre Detektion wird zur messtechnischen Herausforderung.

Ein weiterer wichtiger, die Auflösung bestimmender Faktor ist die Sondenkonfiguration. Hier hat sich gezeigt, dass besonders hohe Auflösungen erzielt werden, wenn Sonden gezielt mit einzelnen Apexatomen oder Apexmolekülen funktionalisiert werden. Etabliert ist mittlerweile insbesondere die Adsorption eines CO-Moleküls am Apex einer Metallsonde [22.281], welches mit dem C-Atom bindet. Das O-Atom fungiert dann quasi als AFM-Sonde. Abbildung 22.116 zeigt AFM-Abbildungen der Si(111)7 × 7-Oberfläche. Sehr deutlich erkennt man die 12 Adatome pro Einheitszelle der rekonstruierten Oberfläche. Außerdem ergibt sich eine gute Übereinstimmung mit Ladungsdichteberechnungen unter Verwendung Slater-artiger Orbitale [22.282]. In einer höchstauflösenden AFM-Abbildung müssen Atome keineswegs immer wie Kugeln auf der

Probenoberfläche erscheinen. Die zeigt Abb. 22.116 ebenfalls. Aufgrund der Ladungsverteilung in der Umgebung eines Adatoms und speziellen elektronischen Eigenschaften der CO-Sonde können Adatome auch eine toroidale Form zeigen. Dabei kommt dem *Smoluchowski-Effekt* [22.283] eine Schlüsselbedeutung zu. Die Ladungsverteilung sorgt dafür, dass es im Zentrum des Adatoms eine elektrostatische Attraktion gibt und eine *Pauli-Repulsion* in der Peripherie. Dass das Erscheinen eines Adatoms sowohl von der Art des Adatoms als auch von der elektronischen Konfiguration der Oberfläche abhängt, zeigt schließlich der Vergleich von Abb. 22.116(i) und (k) sowie (j) und (l).

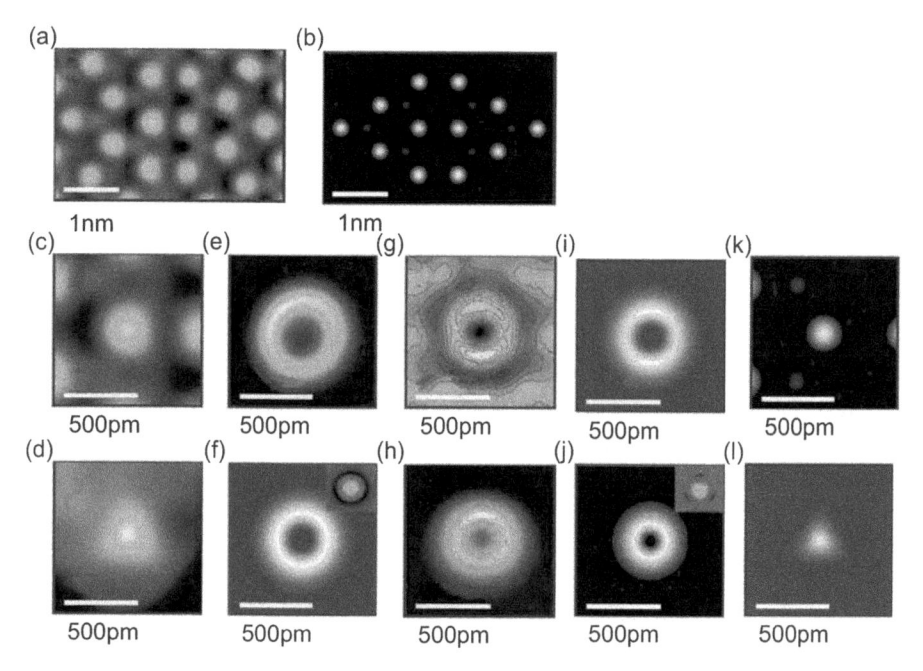

Abb. 22.116. Hochauflösende AFM-Abbildungen und Simulationsrechnungen [22.284]. (a) Si(111) 7 × 7-Oberfläche. (b) Berechnete Valenzladungsdichteverteilung. (c) Einzelnes Adatom aus (a). (d) Berechnete Ladungsdichte zu (c). (e) Cu-Adatom auf Cu(111). (f) Ladungsdichteverteilung zu (e) bei Annahme eines $4sp_z$-Hybridzustands und DFT-berechneter Ladungsgradient (kleines Bild). (g) Cu-Adatom auf Cu(110). (h) Ladungsdichteverteilung zu (g) auf Basis eines $4sp_z$-Hybridzustands und eines $4p_y$-Zustands. (i) Fe-Adatom auf Cu(111). (j) Berechnete Ladungsdichte zu (i) für einen $4sp_z$-Hybridzustand und Ladungsgradient (kleines Bild). (k) Fe-Adatom auf einer Fe-Insel. (l) Simulierte AFM-Abbildung zu (k).

Einen direkten Vergleich von höchstauflösenden STM- und AFM-Daten zeigt Abb. 22.117. Während STM mittels einer Metallsonde nur gaußförmige Profile zeigt, deren Höhe von der Anzahl benachbarter Fe-Atome auf Cu(111) abhängt, zeigen die AFM-Daten, aufgenommen mit einer CO-Sonde, im Detail die Anordnung von Dimeren, Trimeren und Tetrameren. Dadurch, dass sogar die Oberflächenatome sichtbar sind, lassen sich die Adsorptionspositionen exakt bestimmen [22.284]. Nur STM-Aufnahmen mit CO-terminierten Sonden im Differentialmodus oder nach Laplace-Filterung liefern ähnlich detailreiche Abbildungen wie die AFM-Aufnahmen in Abb. 22.117 [22.285].

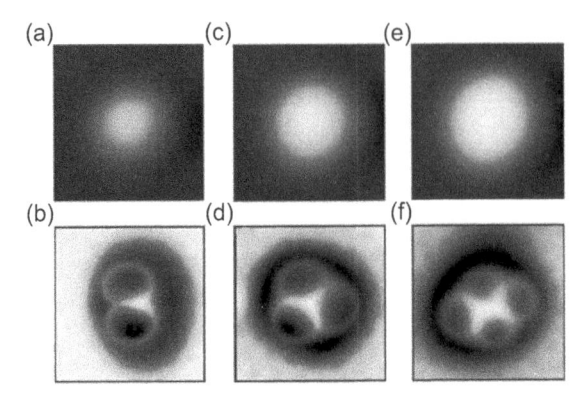

Abb. 22.117. Fe-Adatome auf Cu(111) [22.284]. (a) STM und (b) AFM von Dimeren. (c) STM und (d) AFM von Trimeren. (e) STM und (f) AFM von Tetrameren.

Auch Moleküle lassen sich mit submolekularer Präzision auflösen. Abbildung 22.118 zeigt dies am Beispiel des polyzyklischen aromatischen Kohlenwasserstoffs *Pentacen* ($C_{22}H_{14}$). Hier wurde für den Vergleich von STM- und AFM-Daten in beiden Fällen dieselbe CO-terminierte Sonde verwendet.

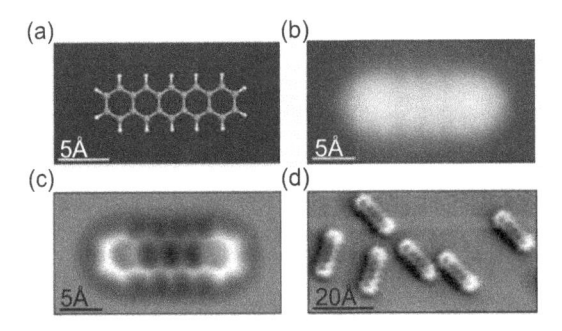

Abb. 22.118. Abbildung von Pentacen [22.286]. (a) Molekulare Struktur. (b) Topographisches STM-Bild. (c) NC-AFM-Bild bei konstanter Höhe. (d) AFM-Abbildung mehrerer Pentacenmoleküle auf zwei Monolagen von NaCl auf Cu(111).

Den dramatischen Effekt, den die CO-Funktionalisierung der Sonde auf die erzielte Auflösung hat, zeigt Abb. 22.119. Dieser Effekt konnte in Simulationen verifiziert werden und basiert auf dem speziellen orbitalen Charakter von CO [22.287].

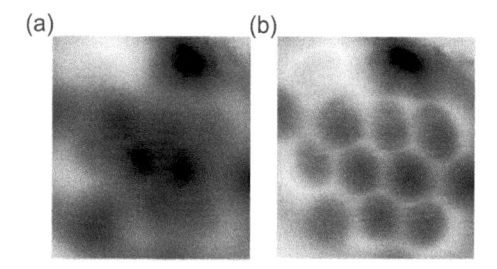

Abb. 22.119. NC-AFM-Aufnahzmen von Dibenzo(cd,n)naphto(3,2,1,8-pqra)perylen (DBNP) [22.288]. (a) Xe-terminierte Sonde. (b) CO-terminierte Sonde.

Die submolekulare oder sogar subatomare Auflösung von NC-AFM erlaubt fundamentale Untersuchungen zu einer Vielzahl von Phänomenen, die bislang nicht auf atomarer Ebene erschließbar waren. Dazu gehören beispielsweise die frühen Stadien der Benetzung von Metalloberflächen mit Wasser oder des Wachstums von Eis auf derartigen Oberflächen [22.289]. Abbildung 22.120 zeigt die Enden von Wasserketten. Die Ketten befinden sich auf Cu(110) und bilden sich, wenn H_2O-Gas auf der kalten Oberfläche bei $T = 78$ K kondensiert. Die hochauflösenden Abbildungen zeigen, dass die Ketten aus pentagonalen und hexagonalen H_2O-Ringen bestehen. Mittels der CO-terminierten Sonde werden in der Hauptsache O-Atome abgebildet.

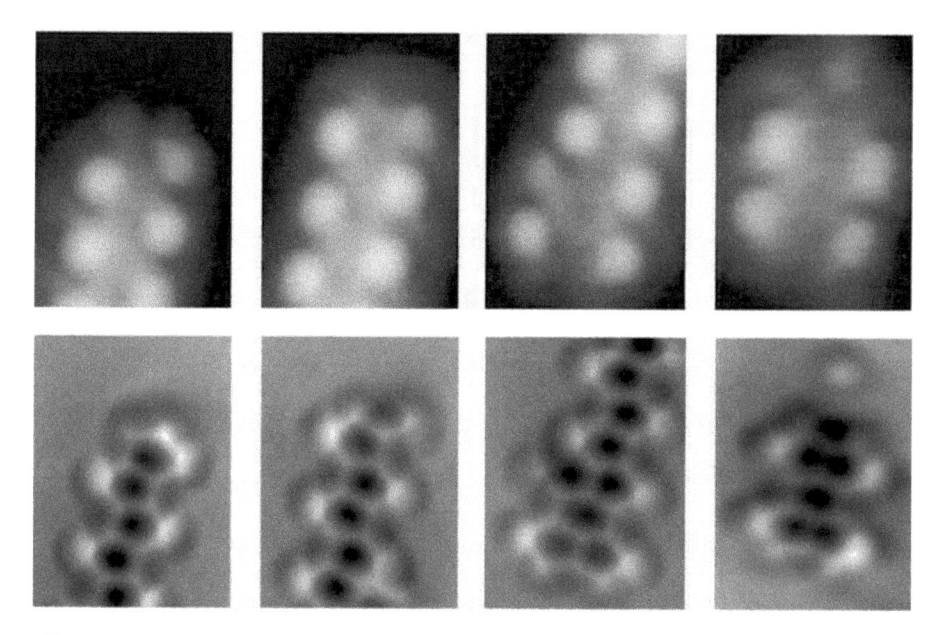

Abb. 22.120. H_2O-Ketten auf Cu(110) [22.289]. Die Abbildungen zeigen jeweils STM-Daten (oben) und Laplace-gefilterte AFM-Daten von unterschiedlich terminierten Ketten.

Wird ein Wassernetzwerk einige Zeit einer erhöhten Temperatur von $T = 160$ K ausgesetzt, so bildet sich durch Dissoziation ein H_2O-OH-Netzwerk. Wiederum liefert, wie in Abb. 22.121 dargestellt, die AFM-Abbildung eine bedeutend bessere Auflösung als die STM-Abbildung. Man erkennt, dass die H_2O-OH-Insel im Wesentlichen aus hexagonalen Ringen besteht, die zumeist asymmetrisch sind [22.289].

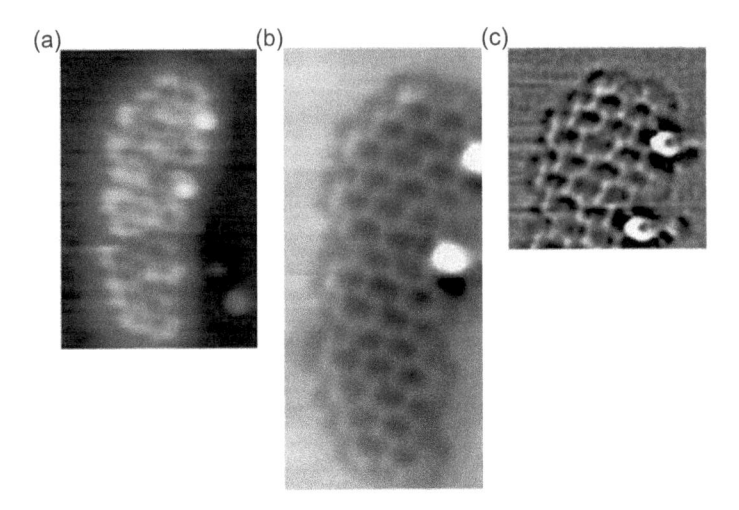

Abb. 22.121. (a) STM- und (b) AFM-Abbildung eines H_2O-OH-Netzwerks auf Cu(110) [22.289]. (c) zeigt die Vergrößerung eines Bereichs aus (b), welche eine Identifikation der Netzwerkstruktur zulässt.

Die diskutierten Beispiele sind nur wenige ausgewählte aus der rasch wachsenden Anzahl von höchstauflösenden AFM-Abbildungen in zahlreichen Anwendungsgebieten. Anwendungen werden limitiert dadurch, dass UHV-Bedingungen und in der Regel auch tiefe Temperaturen erforderlich sind sowie eine gezielte Funktionalisierung der Sonden mit CO. Die darin begründete inhärente Komplexität beschränkt die Etablierung von AFM mit submolekularer oder subatomarer Auflösung auf vergleichsweise wenige Arbeitsgruppen weltweit. Diese haben aber in wenigen Jahren zahlreiche fundamentale Einblicke auf atomarer oder molekularer Ebene erzielt.

22.3.4 Molekulare Erkennung

Als molekulare Erkennung bezeichnet man die nicht kovalente Wechselwirkung zwischen Molekülen, die spezifisch ist für genau diese Kombination von Molekülen. Aufgrund der Spezifität spricht man auch von *Schlüssel-Schloss-Prinzip*. Relevant ist eine Vielzahl intermolekularer Wechselwirkungen, die insbesondere Wasserstoffbrückenbindungen, van der Waals-Kräfte, Komplexbildungswechselwirkungen, Hydrophobieeffekte, π-Komplexe, Halogenbindungen und elektrostatische Kräfte mit einschließt. Molekulare Erkennungen sind von großer Bedeutung für biologische Systeme in Form von Rezeptor-Ligand-, Antigen-Antikörper-, DNA-Protein- oder auch Enzym-Substrat-Wechselwirkungen. Aber auch in der in Kap. 15 behandelten supramolekularen Chemie ist die molekulare Erkennung bei der Bildung von Wirts-Gast-Komplexen ausschlaggebend. Ein diesbezügliches Beispiel sind die diskutierten Kronenether, die nur an bestimmte Kationen binden. Elemente der molekularen Erkennung lassen sich mit AFM verbinden, wenn eines von zwei spezifisch wechselwirkenden Molekülen an der Sonde befestigt ist und sich das andere auf der Probenoberfläche befindet. Die grundlegende Idee wird aus Abb. 22.122 deutlich. Eine spezifische Bindung zwischen Sonde und Probe führt bei Zurückbewegen der Sonde zu einer zunehmenden Durchbiegung des Cantilevers. Erst bei Überwindung der Bindungskraft lösen sich Sonde und Probe abrupt voneinander. Problematisch ist allerdings a priori, dass auch unspezifische Wechselwirkungen – beispielsweise Adhäsionskräfte – zu einer sehr ähnlichen Kraft-Abstands-Kurve führen können. Außerdem ist das Aufnehmen entsprechender Kurven in jedem Bildpunkt recht zeitaufwändig oder erlaubt keine hohe Lateralauflösung. Einen Ausweg bietet die *Erkennungsabbildung (Recognition Imaging)* [22.291].

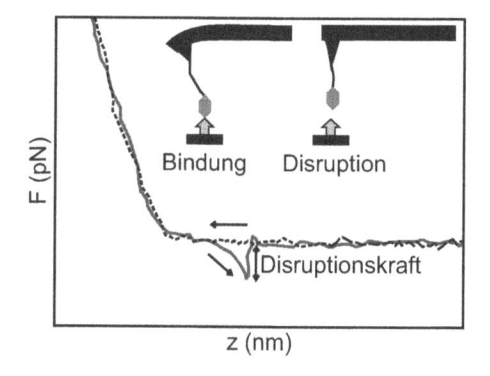

Abb. 22.122. Kraft-Abstands-Kurve für eine spezifische Sonden-Proben-Bindung [22.290].

Bei dieser AFM-Technik wird der bindungsfähige Ligand über ein flexibles Linker-Molekül mit der Sonde verbunden. Im dynamischen Betriebsmodus –beispielsweise im Tapping Mode – wird wie üblich die Topographie erfasst. Kommt es zu einer Rezeptor-Ligand-Bindung, so wird während eines Teils des Oszillationszyklus das Linker-Molekül, welches schematisch in Abb. 22.122 abgebildet ist, gedehnt, wenn seine Länge etwa dem Doppelten der Oszillationsamplitude entspricht. Hierdurch kommt es zu einer messbaren attraktiven Wechselwirkung. Abbildung 22.123 zeigt ein Beispiel.

Als Linker-Molekül eignet sich Polyethylenglycol (PEG), welches eine hohe konformatorische Flexibilität besitzt. Das Linker-Molekül sollte ausreichend lang sein, so

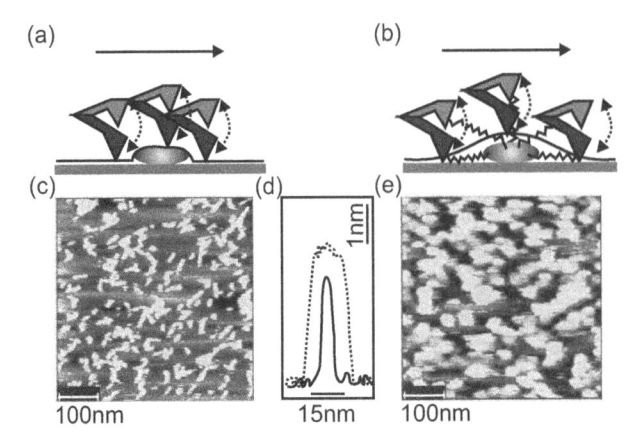

Abb. 22.123. Abbildung von Lysozym [22.291]. (a) Wechselwirkung einer nackten Sonde mit dem Enzym und Höhenprofil. (b) Wechselwirkung bei einer mit einem Antikörperfragment funktionalisierten Sonde. (c) Topographische Abbildung einzelner Lysozymmoleküle. (d) Höhenprofile aus topographischer und Erkennungsabbildung. (e) Erkennungsabbildung unter Nutzung der Antikörper-Antigen-Wechselwirkung.

dass die Sonde keine unspezifische Wechselwirkung mit der Probe erfährt, wenn sich die spezifische Wechselwirkung durch Streckung des Linkers manifestiert. Eine Auswertung des Cantilever-Oszillationssignals im oberen Umkehrpunkt liefert dann den Erkennungskontrast, während das Signal im unteren Umkehrpunkt den topographischen Kontrast liefert. Für die entsprechende Auswertung stehen kommerzielle Komponenten zur Verfügung.

Das Binden sowie auch das Brechen der spezifischen Bindung haben eine stochastische Komponente. So ist die Lebensdauer einer Bindung gegeben durch $\tau = \tau_0 \exp(E_D/[k_B T])$ [22.292]. $\tau_0 = 1/\nu_{osc}$ ist durch eine natürliche Bindungsoszillationsfrequenz gegeben. E_D ist die Energiebarriere für die Dissoziation. Aufgrund thermischer Anregung kann es also eine endliche Wahrscheinlichkeit zur Separation des Rezeptor-Ligand-Komplexes geben. Wird nun eine zusätzliche Kraft F auf den gebundenen Komplex ausgeübt, so deformiert die energetische Landschaft und die Dissoziationsbarriere wird erniedrigt. Die Lebensdauer ist nunmehr gegeben durch $\tau(F) = \tau_0 \exp([E_D - Fx]/[k_B T])$. x ist ein Maß für die Entfernung zwischen Energieminimum und E_D. Während des Cantilever-Oszillationszyklus kommt es zur Kraftveränderungsrate $r = dF/dt$. Diese hat zur Folge, dass es zu einer Verteilung von Kräften kommt, bei denen jeweils die Bindung bricht. Diese Verteilung hat für eine bestimmte Kraft $F_0(r)$ ein Maximum. Es gilt $F_0(r) = (k_B T/x) \ln(rx\tau(0)/[k_B T])$ [22.293]. Ein logarithmischer Zusammenhang $F_0(r)$ wurde für verschiedene Rezeptor-Ligand-Systeme gemessen und ist auch in Abb. 22.124(a) erkennbar.

Eine weitere dynamische Eigenschaft spezifischer Bindungen spiegelt sich in einem Zusammenhang zwischen Wechselwirkungsdauer und Bindungsfrequenz wider

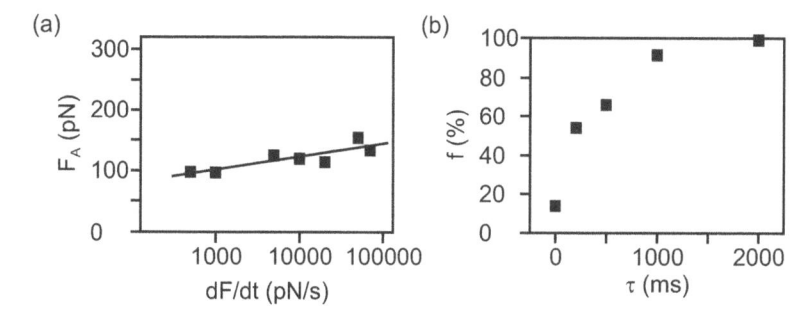

Abb. 22.124. Dynamik von Rezeptor-Ligand-Wechselwirkungen [22.295]. (a) Applizierte Kraft beim Aufbrechen von Bindungen zwischen vancomycinfunktionalisierter Sonden und einer D-Alanyl-D-Alanyl-Carboxypeptidase-Probe. (b) Bindungsfrequenz als Funktion der Wechselwirkungsdauer für das unter (a) genannte System.

[22.294]. Auch hier erlaubt es die Erkennungskraftspektroskopie, diese Abhängigkeit an Einzelmolekülen direkt zu messen, wie Abb. 22.124(b) zeigt.

AFM mit molekularer Erkennung eröffnet zahlreiche neue analytische Möglichkeiten bei hoher Kraft- und Ortsauflösung. Dies ist von großer Bedeutung in zahlreichen Bereichen der Molekularbiologie und Biochemie, der medizinischen und der pharmazeutischen Forschung. Ein Beispiel für die Anwendungsrelevanz entsprechender Analysen stellt Abb. 22.125 dar. An lebenden Bakterien lassen sich Bindungsstellen für Antibiotika lokalisieren, indem ortsaufgelöst Adhäsionskräfte gegenüber entsprechend funktionalisierten Sonden gemessen werden.

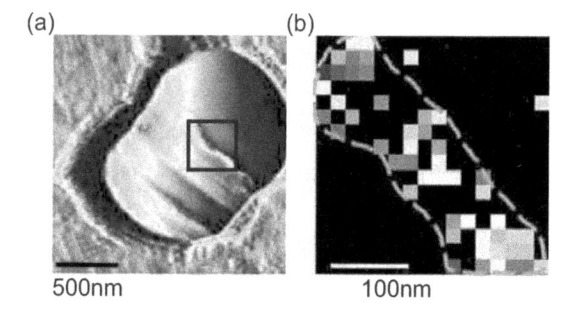

Abb. 22.125. Identifikation von Bindungsstellen für Vancomycin an dem Bakterium Lactococcus lactis [22.295]. (a) Topographie einer Bakterienzelle. Für den markierten Bereich wird angenommen, dass er reich an Peptidoglycan ist. (b) Adhäsionskarte mit einer Spannweite von 100 pN in der in (a) markierten Septumsregion.

AFM mit molekularer Erkennung lässt sich nicht nur nutzen, um bestimmte Moleküle auf der Probenoberfläche zu identifizieren, sondern auch, um intramolekulare Eigenschaften zu analysieren. Ein diesbezügliches Beispiel zeigt Abb. 22.126 in Form einer Kraft-Dehnungs-Kurve für Titin. Dabei handelt es sich um ein elastisches Protein, dessen humane Variante mit etwa 34.000 Aminosäuren und 320 Proteindomänen das größte bekannte menschliche Protein darstellt. Das Entfalten der Domänen führt zu dem ausgeprägten Sägezahnmuster in Abb. 22.126. Entsprechende Messungen liefern völlig neue Einblicke in den Zusammenhang zwischen Struktur und Funktionalität einzelner Moleküle. Dabei kommt der Analyse der Entfaltungs-Zurückfaltungs-Kinetik und -Energetik eine große Bedeutung zu [22.296].

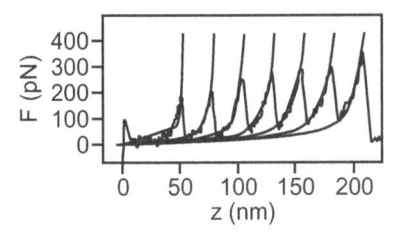

Abb. 22.126. Kraft-Dehnungs-Kurve für ein Titinmolekül zwischen Sonde und Probenoberfläche [22.298].

Zahlreiche weitere Untersuchungen wurden mittels Molekularerkennungs-AFM durchgeführt [22.297]. Es gibt gut etablierte Funktionalisierungsstrategien für Sonden und auch optimierte Gerätevarianten für diese AFM-Variante. Die Breite der Anwendungsmöglichkeiten des Verfahrens ist ungeheuer groß.

22.3.5 Magnetische Austauschkraftmikroskopie und spinabhängige Reibung

Magnetisierungs- und Spinkonfigurationen lassen sich, wie in Abschn. 22.2.6 diskutiert, mittels SP-STM höchstauflösend abbilden. SP-STM ist allerdings nur bei metallischer Leitfähigkeit von Proben durchführbar. Spinkonfigurationen sind aber auch bei Isolatoren von großem Interesse. Das Pendant zu SP-STM stellt die *magnetische Austauschkraftmikroskopie (Magnetic Exchange Force Microscopy, MExFM)* dar [22.299]. MExFM ist eine AFM-basierte Technik und setzt damit keine leitfähigen Proben voraus. Im Konkreten basiert das Verfahren auf Hochauflösungs-NC-AFM.

Wie SP-STM nutzt MExFM die relative Orientierung des Sondenapexspins in Bezug auf den nächstgelegenen Spin in der Probenoberfläche. Die Wechselwirkung ist im Heisenberg-Modell gegeben durch $\hat{H}_{ex} = 2J\hat{\mathbf{S}}_S \cdot \hat{\mathbf{S}}_p$. J ist das Austauschintegral und $\hat{\mathbf{S}}_S$ sowie $\hat{\mathbf{S}}_p$ beschreiben die Spins von Sonde und Probe. Die ferro- oder antiferromagnetischen Filme, mit denen die Cantilever-Sonde beschichtet wird, müssen Eigenschaften haben, die identisch sind mit denjenigen der Beschichtungen der metallischen SP-STM-Sonden. Die Sonden können parallel oder senkrecht zur Probenoberfläche magnetisiert sein. Bei senkrechter Orientierung treten aber langreichweitige dipolare Wechselwirkungen auf, welche die kurzreichweitigen Austauschwechselwirkungen überlagern. Daher sind in diesem Fall antiferromagnetische Schichten beispielsweise aus Cr zu bevorzugen.

Damit MExFM atomare Auflösung liefern kann, muss letztlich $\hat{H}_{ex}$ hinreichend empfindlich von der Sonden-Proben-Distanz abhängen. Betrachten wir dazu vereinfachend ein Zwei-Elektronen-System, welches den Sonden- und den Probenspin repräsentieren möge. Die Gesamtwellenfunktion ist gegeben durch $\Psi(\mathbf{r}_S, \mathbf{r}_p) = \psi(\mathbf{r}_S, \mathbf{r}_p)\chi(S, P)$. ψ ist die Ortswellenfunktion, die durch

$$\psi_\pm(\mathbf{r}_S, \mathbf{r}_p) = \frac{1}{\sqrt{2}}\left[\psi_S(\mathbf{r}_S)\varphi_p(\mathbf{r}_p) \pm \varphi_S(\mathbf{r}_p)\varphi_p(\mathbf{r}_S)\right] \quad (22.43a)$$

gegeben ist. $\varphi_S(\mathbf{r}_S)$ und $\varphi_p(\mathbf{r}_p)$ sind hier die Ein-Elektron-Wellenfunktionen von Sonde und Probe. Die Zwei-Elektronen-Spinwellenfunktionen sind durch

$$\chi(S,P) = \begin{cases} \chi_\uparrow(S)\chi_\uparrow(P), \\ \chi_\downarrow(S)\chi_\downarrow(P), \\ \frac{1}{\sqrt{2}}\left[\chi_\uparrow(S)\chi_\downarrow(P) \pm \chi_\downarrow(S)\chi_\uparrow(P)\right] \end{cases} \quad (22.43b)$$

gegeben. Die ersten drei Funktionen (+) entsprechen hier dem Triplett- und die vierte (−) dem Singulettzustand. Die Gesamtwellenfunktion ist dann durch $\Psi(\mathbf{r}_S, \mathbf{r}_p) = \psi_\pm(\mathbf{r}_S, \mathbf{r}_p)\chi_\mp(S,P)$ gegeben.

Die Wechselwirkung von Sonde und Probe beinhaltet in diesem Modell einen Coulomb-Anteil sowie einen Anteil aufgrund des Pauli-Prinzips. Der Hamiltonian ist durch $\hat{H} = \hat{H}_S + \hat{H}_p + \hat{H}_{ex}$ gegeben. Das für $\hat{H}_{ex}$ maßgebliche Austauschintegral ist in der Tat abhängig vom Überlapp der Wellenfunktionen von Sonde und Probe:

$$J = \int\int \varphi_S(\mathbf{r}_S)\varphi_p(\mathbf{r}_p)\,\hat{H}_{ex}\,\varphi_S(\mathbf{r}_p)\varphi_p(\mathbf{r}_S)\,d^3\mathbf{r}_S d^3\mathbf{r}_p\,. \quad (22.44)$$

Damit ist offensichtlich, dass im vorliegenden Kontext J vergleichbar ist mit dem Tunnelmatrixelement der Bardeenschen Theorie, die wir in Abschn. 22.2.2 behandelten. Dies impliziert in der Tat, das MExFM analog zu STM atomare Auflösung liefern sollte.

Die Erzielbarkeit atomarer Auflösung bestätigt Abb. 22.127. Abgebildet ist eine Ni(001)-Oberfläche. Bei diesem Isolator sollten sich durch O^{2-}-Reihen getrennte antiparallel orientierte Ni^{2+}-Reihen ablösen. Dies zeigt schematisch Abb. 22.127(a). Ist die Sonde parallel zur Probenoberfläche magnetisiert, dies ist in Abb. 22.127(b) der Fall, so lassen sich zwar deutlich Ni^{2+}- und O^{2-}-Reihen unterscheiden – dies ist ein Effekt der gesamten Valenzladungsverteilung –, nicht aber die alternierend antiparallel magnetisierten Ni^{2+}-Reihen. Unterschiede zwischen den Ni-Reihen werden hingegen erst deutlich, wenn die Sonde in einem hinreichend großen Magnetfeld senkrecht zur Probenoberfläche magnetisiert wird, was in Abb. 22.127(c) der Fall ist.

Dass $J(\mathbf{r}_S, \mathbf{r}_p)$ aus Gl. (22.44) einen kurzreichweitigen Spin und abstandsabhängigen Verlauf aufweist, zeigt Abb. 22.128. Hier wurde mittels DFT die Sonden-Proben-Wechselwirkung für die MExFM-Abbildung einer Ni(001)-Oberfläche mit einer Fe-Sonde berechnet. Während sich ein deutlicher Unterschied zwischen O^{2-}-Ionen und

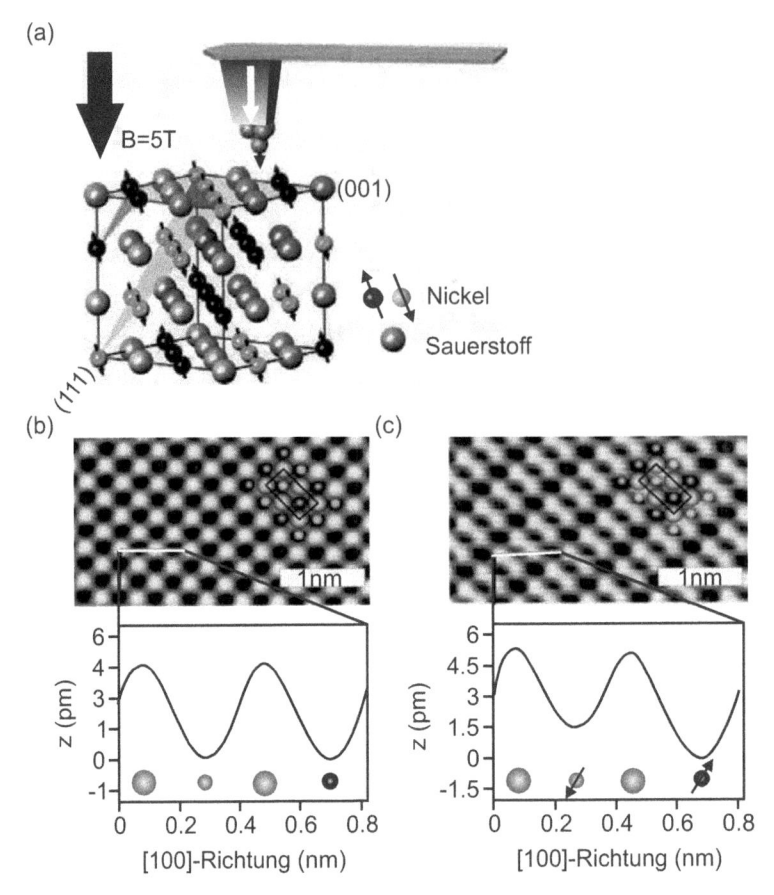

Abb. 22.127. Atomar aufgelöster spinsensitiver Kontrast mittels MExFM [22.299]. (a) Spinkonfiguration von Sonde und Probe. (b) Chemischer Kontrast zwischen O^{2-}-Ionen (hell) und Ni^{2+}-Ionen (dunkel) bei Sondenmagnetisierung in Probenebene. (c) Spinaufgelöster atomarer Kontrast.

Ni^{2+}-Ionen einerseits ergibt, so ist andererseits der spinaufgelöste Kontrast zwischen den antiparallelen Ni^{2+}-Ionen vergleichsweise gering und derjenige zwischen antipa-

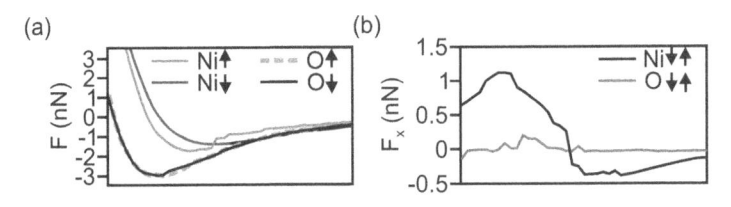

Abb. 22.128. Berechnete Sonden-Proben-Wechselwirkung für das System aus Abb. 22.127 [22.300]. (a) Kraft-Abstands-Kurven jeweils über den vier inäquivalenten Ionen der 2 × 1-Einheitszelle. (b) Kraftdifferenzen für jeweils identische chemische Spezies aus (a).

rallelen O^{2-}-Ionen verschwindend. Natürlich sind alle Wechselwirkungen stark abstandsabhängig, und damit ist es der spinsensitive Kontrast ebenfalls.

Da NC-AFM auch in der Lage ist, atomare Auflösung an metallischen Proben zu liefern, mag es nicht überraschen, dass MExFM als spezielle Variante einen spinaufgelösten atomaren Kontrast auch für metallische Antiferromagnetika liefert [22.301]. Dies zeigt Abb. 22.129. Eine Fe-Monolage auf W(001) ist antiferromagnetisch geordnet. Neben der atomaren Periodizität zeigt die MExFM-Aufnahme noch ein magnetisches Supergitter mit Spin up- und Spin down-Fe-Zuständen.

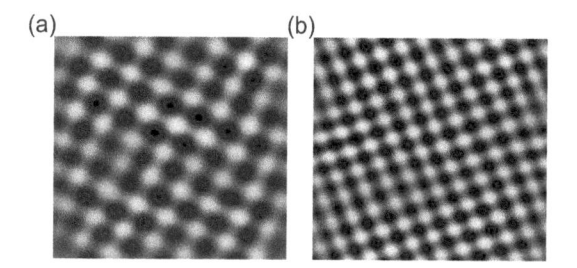

Abb. 22.129. MExFM-Aufnahmen einer antiferromagnetisch geordneten Monolage Fe auf W(001) [22.301]. (a) Fourier-gefilterte Aufnahme mit Spinkontrast. (b) Simultan erhaltene entsprechende Aufnahme der atomaren Periodizität.

In Abschn. 22.2.6 hatten wir Skyrmionen als ausgesprochen interessante mikromagnetische Konfigurationen kennengelernt. Ihre Abbildung im Ortsraum gelang mittels SP-STM. Im Geist der verdeutlichten Analogien von SP-STM und MExFM ist es naheliegend anzunehmen, dass sich Skyrmionen auch per spinsensitiver Kraftmikroskopie abbilden lassen. Abbildung 22.130 zeigt, dass dies in der Tat möglich ist [22.302]. Da das Skyrmiongitter mit dem atomaren Gitter der pseudomorphen hexagonalen Fe-Monolage auf Ir(111) gleichzeitig sichtbar ist, lassen sich beide korrelieren. Abbildung 22.130(b) zeigt, dass atomare und magnetische Gitter inkommensurabel sind.

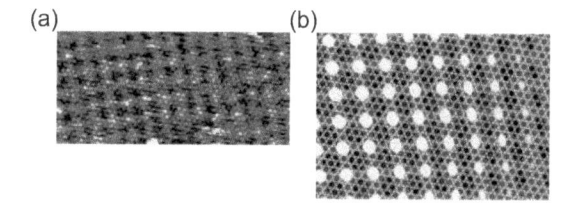

Abb. 22.130. MExFM-Abbildung eines Skyrmiongitters in einer Fe-Monolage auf Ir(111). (a) Skyrmiongitter und hexagonales atomares Gitter. (b) Skyrmiongitter aus (a) mit durch Kreise hinterlegten Atompositionen.

Zusammenfassend kann festgestellt werden, dass MExFM in der Tat das kraftmikroskopische Pendant zu SP-STM darstellt. Beide Techniken sind spinsensitiv und atomar auflösend. Beide Techniken sind geeignet, komplexe Spinkonfigurationen einer Probe im Ortsraum abzubilden. Während aber SP-STM auf metallische oder halbleitende Proben beschränkt bleibt, kann MExFM auch von Isolatoroberflächen atomar spinaufgelöste Abbildungen liefern.

Wir haben bereits diskutiert, dass STM und AFM durchaus simultan zur Abbildung genutzt werden können, insbesondere, wenn der QPlus-Sensor verwendet wird. Damit lassen sich auch SP-STM und MExFM prinzipiell simultan benutzen. Der besondere Bezug beider Abbildungstechniken zueinander wird auch deutlich, wenn SP-STM in Form einer atomaren Manipulationsabbildung genutzt wird. Dabei wird ein magnetisches Adatom mit der magnetischen STM-Sonde über eine magnetische Probenoberfläche geführt und quasi eine räumliche Verteilung der Stabilität der Adatompositionen aufgenommen [22.303]. Abbildung 22.131 zeigt, dass die Mobilität des Adatoms auf dem magnetischen Substrat eine Spinabhängigkeit besitzt. Dabei lässt sich der Spin des Adatoms durch eine Austauschwechselwirkung mit der SP-STM-Sonde beeinflus-

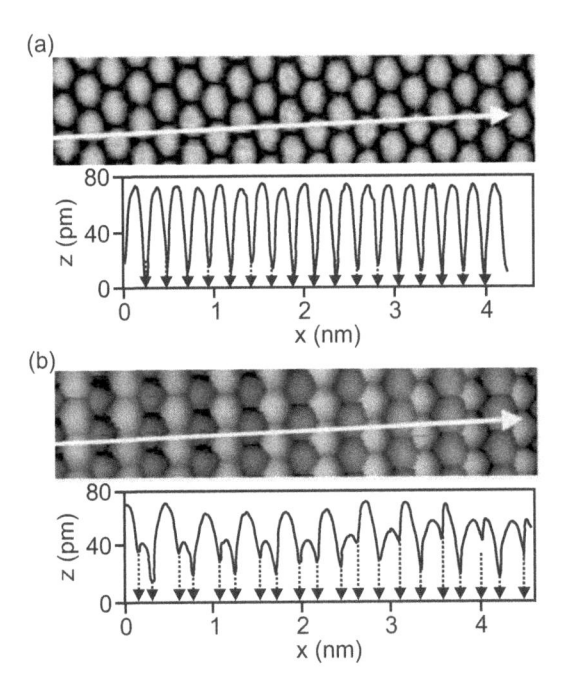

Abb. 22.131. Spinreibung auf atomarer Ebene zwischen einem CO-Adatom auf Mn/W(110)-Proben [22.303]. (a) STM-Manipulationsabbildung bei unmagnetischer Sonde. (b) STM-Manipulationsabbildung bei magnetisierter Sonde und Austauschkopplung an das Adatom. Effekte der Spinreibung werden durch Vergleich der Profile in (a) und (b) deutlich.

sen. Neben elektronischen und phononischen Freiheitsgraden sind also offensichtlich auf atomarer Ebene auch Spinfreiheitsgrade im Hinblick auf Reibungsphänomene zu berücksichtigen. Die spinpolarisierte Manipulationsabbildung kann dabei zur Messung des Spinbeitrags genutzt werden. Ein STM-basiertes Verfahren liefert also Informationen zu atomaren Reibungsphänomenen, die typisch mittels AFM-basierter Verfahren – also insbesondere der Lateralkraftmikroskopie – analysiert werden.

22.3.6 Elektrische und Kelvin-Sonden-Rasterkraftmikroskopie

Bei Anwesenheit von Ladungen kann mittels AFM natürlich auch eine Coulomb-Kraft zwischen Sonde und Probe gemessen werden. In diesem Kontext haben sich in den vergangenen Jahren zahlreiche AFM-Betriebsmodi entwickelt, die dazu dienen, lokale elektronische Zustände, eingefangene Ladungen an Probenoberflächen oder auch ferroelektrische Domänen zu analysieren. Die einzelnen Varianten werden als *elektrische Rasterkraftmikroskopie (Electric Force Microscopy, EFM)* bezeichnet [22.232]. Eine optimierte Variante speziell zur Messung von Kontaktpotentialen ist die *Kelvin-Sonden-Rasterkraftmikroskopie (Kelvin Probe Force Microscopy, KPFM)* [22.304].

Definierte und lokalisierte elektrische Ladungen sind in den verschiedensten Anwendungsbereichen von Bedeutung. Ein Beispiel stellen die Floating Gate-Speicherzellen dar, bei denen es sich um Nanostrukturen handelt, in denen Ladung zur nicht flüchtigen Informationsspeicherung genutzt wird [22.305]. Ladung lässt sich injizieren und speichern in Nitrid-Oxid-Silizium-Strukturen (*NOS-Strukturen*). Injektion und Abbildung können, wie in Abb. 22.132 dargestellt, mittels EFM erfolgen. Je nach Potentialpuls zwischen EFM-Sonde und rückseitiger Metallekektrode lassen sich Löcher oder Elektronen in den Nitridfilm injizieren. Diese lassen sich dann bei modifizierter Potentialdifferenz mittels EFM abbilden. Die entsprechenden Abbildungen geben beispielsweise Aufschluss darüber, wie sich die eingefangenen Ladungen zeitlich verhalten. Während die Ladungen unter Umgebungsbedingungen relativ rasch zerfließen, zeigen sie unter UHV-Bedingungen eine zeitliche Stabilität, wie sie für Speicheranwendungen erforderlich ist.

Die Domänen ferroelektrischer Materialien manifestieren sich an Probenoberflächen in Ladungsmustern, die sich ebenfalls mit EFM abbilden lassen. Aus eindomänigen ferroelektrische Kristallen lassen sich Muster alternierender Polarisation durch Eindiffusion bestimmter Elemente erzeugen. Abbildung 22.133 zeigt das am Beispiel von $LiNbO_3$. Durch Eindiffusion von Ti lässt lässt sich lokal die Polarisation umkehren, was zu einem periodischen Ladungsmuster an der Oberfläche führt. Da die Ti-Dotierung zu einer Aufweitung des Gitters führt, lässt sie sich, wie in Abb. 22.133(a) sichtbar, in der topographischen AFM-Abbildung ausmachen. Die alternierende Oberflächenladung ist deutlich in Abb. 22.133(b) erkennbar.

Speziell zur Abbildung ferroelektrischer Domänen werden häufig zwei AFM-Kontaktmodi herangezogen [22.307]: die nichtlineare dielektrische Rastermikroskopie

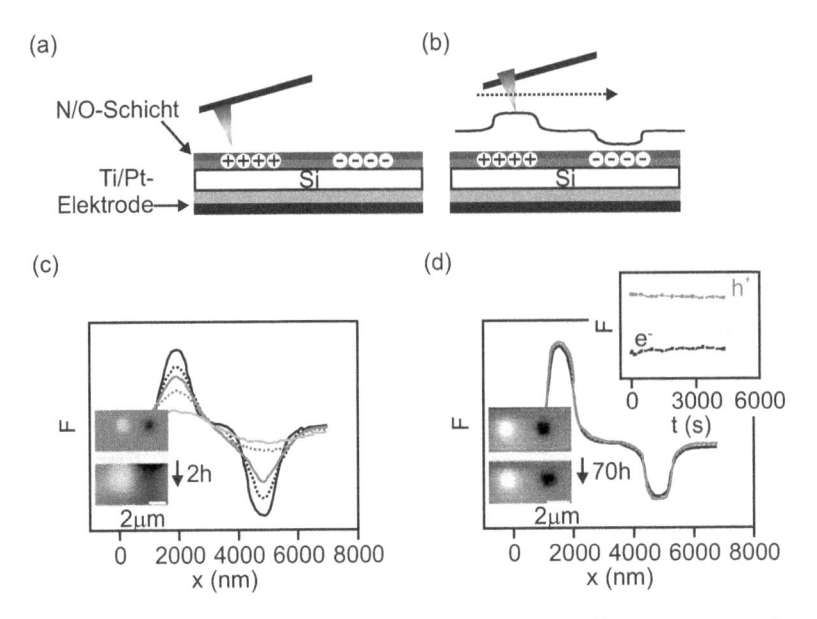

Abb. 22.132. Ladungsspeicherung in NOS-Strukturen [22.305]. (a) Injektion von Löchern und Elektronen durch Potentialpulse zwischen Sonde und rückseitiger Metallelektrode. (b) Abbildung der Ladungen durch Nutzung elektrostatischer Sonden-Proben-Wechselwirkungen. (c) Zeitliche Veränderung der Ladungsverteilung an Luft. (d) Entsprechende Veränderungen unter UHV-Bedingungen.

(*Scanning Nonlinear Dielectric Microscopy, SNDM*) [22.308] und die piezoelektrische Rasterkraftmikroskopie (*Piezoresponse Force Microscopy, PFM*) [22.309].

Ein großer Vorteil von EFM ist das Potential, auch Strukturen unterhalb der Probenoberfläche abbilden zu können, was aufgrund der Langreichweitigkeit der Wech-

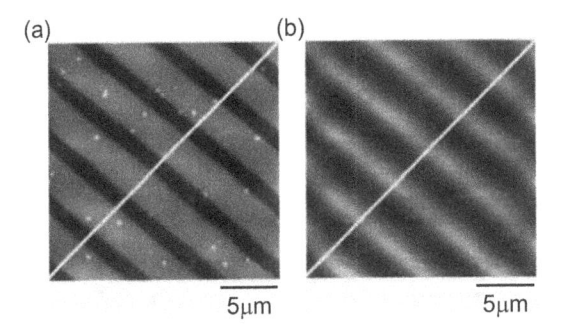

Abb. 22.133. EFM an periodisch dotierten LiNbO$_3$-Kristallen [22.306]. (a) Topographie. Die heller erscheinenden, höheren Regionen sind Ti-dotiert. (b) EFM-Abbildung der alternierenden Ladungsverteilung.

selwirkungen möglich ist, wenngleich auch mit Auflösungseinschränkungen. Ein technisch relevantes Beispiel zeigt Abb. 22.134. Einwandige Kohlenstoffnanoröhrchen wurden in einen Polyimidfilm eingebettet. Bei Anlegen eines Potentials zwischen Sonde und Probenrückseite werden Bündel der Kohlenstoffnanoröhrchen unter der Probenoberfläche sichtbar.

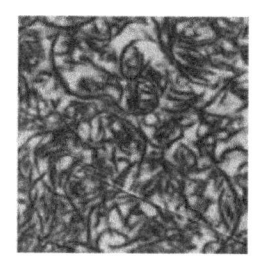

Abb. 22.134. EFM-Abbildung von SWNT unterhalb der Oberfläche eines Polyimidfilms [22.311]. Der Rasterbereich beträgt 8 μm × 8μm.

In der Regel wird EFM bei Applikation einer Potentialdifferenz zwischen Sonde und Probe durchgeführt. Dies führt zu einer elektrostatischen Kraft von $F = (dC/dz)V^2/2$. C ist dabei die durch Sonde und Probe gebildete Kapazität. Die Spannung kann im Allgemeinen aus zwei Anteilen bestehen: $V = V_{dc} + V_{ac}\sin(\omega t)$. Damit besitzt die resultierende Kraft drei Anteile: $F_{dc} \sim V_{dc}^2 + V_{ac}^2/2$, $F_\omega \sim V_{dc}V_{ac}\sin(\omega t)$ und $F_{2\omega} \sim V_{ac}^2\cos(2\omega t)$. Bei konstantem Sonden-Proben-Abstand und konstantem V_{ac} variiert $F_{2\omega}$ mit örtlich variierender Kapazität. In diesem Kontext spricht man daher auch von *Kapazitäts-Rasterkraftmikroskopie (Scanning Capacitance Force Microscopy, SCFM*.

Wird keine Gleichspannung von außen appliziert, so ist V_{dc} durch das Kontaktpotential gegeben: $V_{dc} = (\Phi_1 - \Phi_2)/e$. V_{dc} spiegelt in diesem Fall die Differenz der Austrittsarbeiten von Sonde und Probe wider. Mittels eines geschlossenen Regelkreises kann nun eine externe Spannung $V_{dc} = (\Phi_2 - \Phi_1)/e$ überlagert werden derart, dass stets $F_\omega = 0$ gilt. Damit lässt sich dann präzise $\Delta\Phi(x,y)$ messen. Dieser EFM-Modus wird als KPFM bezeichnet.

Gibt es in der Probe lokalisierte Ladungen Q, beispielsweise in einer isolierenden Schicht mit rückseitiger Elektrode, so führen diese zu einem zusätzlichen Anteil in der F_ω-Komponente: $F_\omega \sim V_{dc}dC/dz - QC/(4\pi\varepsilon_0 z^2)$. Bei hinreichend geringen Sonden-Proben-Abständen kann die Sonde durch eine Kugel mit Radius r angenähert werden. In diesem Fall gilt $F = \pi\varepsilon_0(R/z)V^2$.

KPFM lässt sich insbesondere auch einsetzen zur Charakterisierung nanoskaliger Strukturen. Ein Beispiel zeigt Abb. 22.135. In WSe$_2$ mit einer Dicke von wenigen Monolagen wurde ein Homokontakt erzeugt, indem ein Teil des zweidimensionalen Materials mit He$^+$-Ionen bestrahlt wurde, was zur Erzeugung von Defekten mit kontrollierbarer Dichte führt [22.311]. Dies manifestiert sich in einer Bandverbiegung und einer Variation des Oberflächenpotentials.

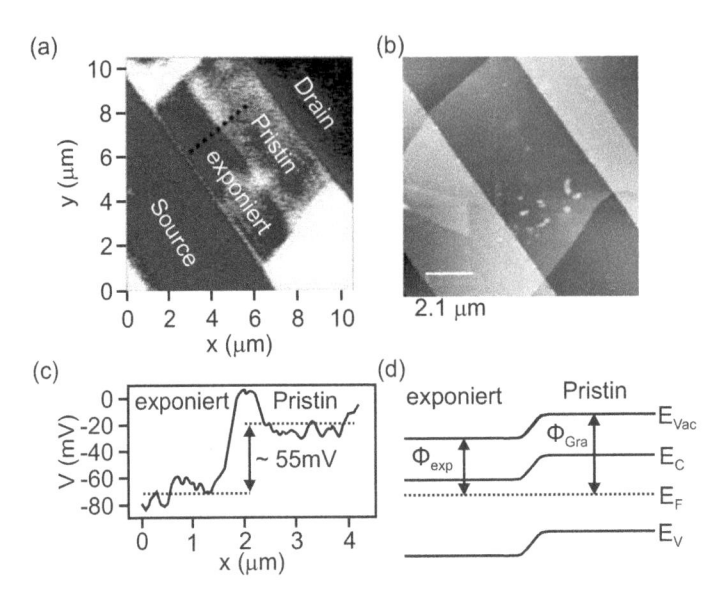

Abb. 22.135. Homokontakt in wenige Monolagen dickem WSe_2, welches teilweise mit He^+-Ionen bestrahlt wurde [22.311]. (a) KPFM-Abbildung. (b) Topographie. (c) Oberflächenpotential entlang der in (a) eingezeichneten Linie. (d) Schematische Darstellung der Bandstruktur.

Abbildung 22.136 zeigt, dass EFM-basierte Abbildungsverfahren geeignet sind, komplette elektronische Bauelemente zu charakterisieren. Im vorliegenden Fall handelt es sich um einen Kohlenstoffnanoröhrchen-Feldeffekttransistor (CNTFET). Die EFM- und KPFM-Abbildungen erlauben es, Ladungs- und Potentialvariationen in der Umgebung des Kanals zu analysieren.

Die EFM-Sonde kann auch zur Übertragung von Ladung verwendet werden. Dies zeigt Abb. 22.137. Einwandige Kohlenstoffnanoröhrchen wurden hier durch Ladungsinjektion an einer bestimmten Stelle des Netzwerks homogen geladen. Bei mehr-

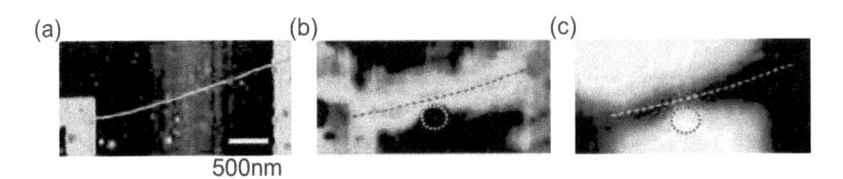

Abb. 22.136. CNTFET auf Si_2-Oberfläche [22.312]. (a) Topographie. (b) EFM-Abbildung bei $-2V$-Sondenpotential. Die CNT-Umgebung ist negativ geladen. Markiert ist zudem eine injizierte positive Ladung im Substrat. (c) KPFM-Abbildung bei einer Variation von $\Delta\Phi = 200$ meV.

wandigen entsprechend geladenen Nanoröhrchen wurde die Langzeitstabilität der Ladung analysiert.

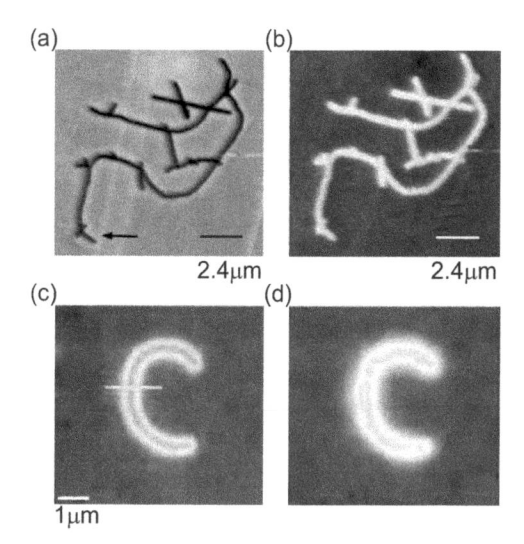

Abb. 22.137. Aufladung von Kohlenstoffnanoröhrchen mit der EFM-Sonde. (a) EFM-Abbildung eines SWNT-Netzwerks vor der Aufladung am markierten Punkt und (b) nach der Aufladung [22.313]. (c) EFM-Abbildung direkt nach Aufladung eines MWNT und (d) nach 13 Stunden [22.314].

Eine fundamentale Frage im Hinblick auf elektrisch geladene Nanostrukturen ist sicherlich die nach der absoluten Homogenität der Ladungsverteilung. Speziell für kurze CNT wurde ein V-förmiges Ladungsprofil mit Ladungsakkumulation an den Enden aufgrund von Coulomb-Abstoßung vorausgesagt. Abbildung 22.138 zeigt, dass es auch bei längeren SWNT offensichtlich eine leichte Akkumulation im Bereich der Enden gibt.

KPFM ist speziell geeignet, um den Ladungstransfer zwischen CNT und Substraten oder sogar entlang von CNT in Nanobaulementen während des Betriebs zu analysieren [22.312]. Abbildung 22.139 zeigt, dass der Ladungstransfer zwischen SWNT und einem Goldsubstrat stark von den Umgebungsbedingungen abhängig ist. Wäh-

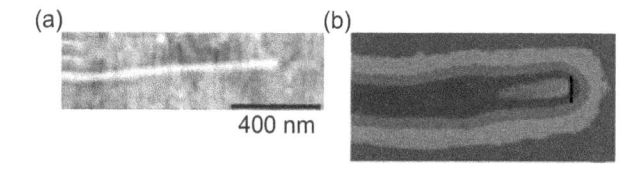

Abb. 22.138. SWNT mit einem Durchmesser von 1,6 nm und einer Länge von 2 μm [22.315]. (a) Topographie und (b) EFM-Abbildung. Die schwarze Linie markiert das CNT-Ende

rend die SWNT an Luft ein positives Potential in Bezug auf das Substrat aufweisen, zeigen sie nach längerer Zeit im UHV ein negativeres Potential als das Substrat. Sie sind also je nach Umgebungsbedingungen einmal positiv und einmal negativ geladen, was auf eine Verschiebung des Vakuumniveaus der CNT relativ zu demjenigen des Au-Substrats zurückzuführen ist, wie ebenfalls in Abb. 22.139 dargestellt. Im Ergebnis sind die SWNT also *p*- oder *n*-dotiert.

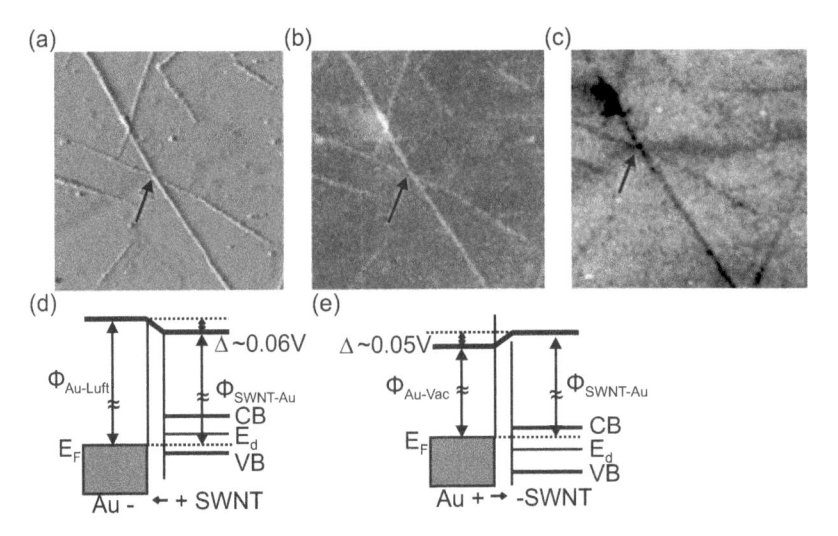

Abb. 22.139. SWNT unter variierenden Umgebungsbedingungen [22.316]. (a) AFM-Aufnahme der CNT auf einem Au-Substrat. (b) KPFM-Aufnahme der CNT an Luft. (c) Entsprechende Aufnahme nach längerer Zeit im UHV. (d) Bandstruktur zu (b). (e) Bandstruktur zu (c).

Abbildung 22.140 zeigt Abbildungen stromdurchflossener CNT und insbesondere Potentialverteilungen und Ladungstransfer in axialer Richtung. In Abb. 22.140(a) und (b) beträgt die Potentialdifferenz 150 meV, und es wurde eine Wechselspannung verwendet (ac-EFM). Der Potentialverlauf in Abb. 22.140(b) zeigt, dass der Transport diffusiv ist.

In Abb. 22.140(c) und (d) ist die Potentialverteilung innerhalb eines CNTFET bei varrierender Drain-Source-Spannung dargestellt. Die Potentialverteilung ist im Einklang mit Schottky-Barrie-FET-Modellen für CNTFET [22.319].

Die diskutierten Beispiele haben gezeigt, dass EFM und namentlich KPFM detaillierte Einblicke in den Ladungszustand und in die Potentialverteilung von Nanostrukturen erlauben. Generell wurden die Verfahren in der Analyse elektronischer, ionischer und elektrochemischer Funktionalitäten der unterschiedlichsten Systeme angewendet. Dies beinhaltete auch Fest-Flüssig-Grenzflächen und nichtlineare, verlustbehaftete Dielektrika. Die verfügbare Messtechnik macht dabei zunehmend auch eine

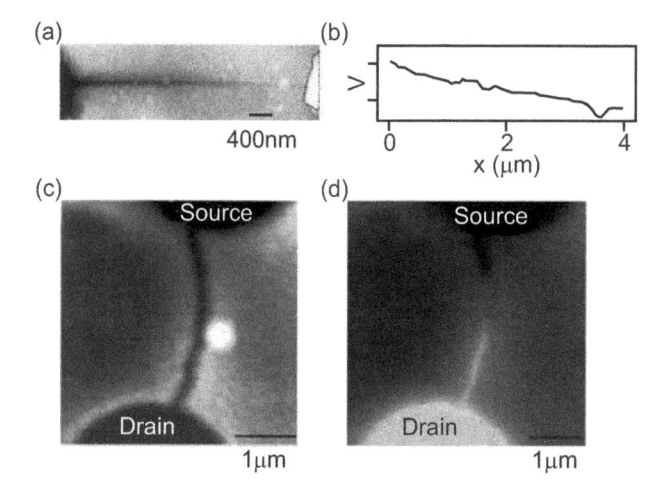

Abb. 22.140. EFM-Abbildung eines MWNT-Bündels mit einem Durchmesser von 9 nm bei einer Potentialdifferenz von 150 mV in axialer Richtung und (b) zugehöriger Potentialabfall [22.317]. (c) KPFM-Abbildung eines CNTFET mit einem Bündel von SWNT bei $V_{DS} = 1$ V und (d) bei $V_{DS} = 3$ V. In beiden Fällen gilt $V_{GS} = 3$ V [22.318].

hohe Zeitauflösung, die nicht durch die Cantilever-Bandbreite beschränkt ist, möglich [22.320].

22.3.7 Magnetische Rasterkraftmikroskopie

Beschichtet man die Cantilever-Sonde eines AFM mit einem magnetisch harten Ferromagneten, so verhält sich die Sonde unter dem Einfluss des Streufelds einer Probe wie ein mikroskopischer Magnet, der repulsiven und attraktiven Wechselwirkungen mit der Probe ausgesetzt ist. Die Stärke dieser Wechselwirkungen kann ortsaufgelöst abgebildet werden. Die entsprechende Variante der Kraftmikroskopie bezeichnet man als *magnetische Rasterkraftmikroskopie* oder *Magnetokraftmikroskopie (Magnetic Force Microscopy, MFM)*. Die magnetostatischen Wechselwirkungen sind langreichweitig und können daher relativ einfach durch Wahl eines hinreichend großen Sonden-Proben-Abstands von den sonstigen in Abschn. 22.3.2 diskutierten Intermolekular- und Oberflächenwechselwirkungen separiert werden. Variiert man zwischen zwei Sonden-Proben-Abständen, so kann die unterschiedliche Reichweite der magnetischen und sonstigen Wechselwirkungen dazu genutzt werden, die magnetische Konfiguration einer Probe zusammen mit der topographischen abzubilden, was zu Aufnahmen wie in Abb. 22.96 führt.

Aufgrund der Langreichweitigkeit der magnetostatischen Wechselwirkungen ist MFM keine atomar auflösende Technik wie das in Abschn. 22.3.5 behandelte ExFM. Die Stärke besteht vielmehr darin, dass eine Vielzahl von Proben ohne komplexe Präparation mit einer moderaten Auflösung von 10–20 nm unter den unterschiedlichsten Umgebungsbedingungen abbildbar ist [22.237]. Dies macht MFM, welches bereits kurz nach Entwicklung von AFM als dynamische Spezialvariante eingeführt wurde [22.236], zur verbreitetsten speziellen AFM-Technik. Unter allen verfügbaren magnetischen Abbildungsverfahren [22.321] hat MFM darüber hinaus heute den wohl größten Stellenwert.

Die Kraft, welche zwischen ferromagnetischer Sonde und Probe wirkt, ist allgemein gegeben durch [22.236]

$$\mathbf{F} = \mu_0 \int_S d^3\mathbf{r}\, \nabla\,(\mathbf{M}_S \cdot \mathbf{H}_P) = \mu_0 \int_P d^3\mathbf{r}\, \nabla\,(\mathbf{M}_P \cdot \mathbf{H}_S)\,. \tag{22.45}$$

S und P charakterisieren Sonde und Probe und $\mathbf{M}$ und $\mathbf{H}$ jeweils die Magnetisierung und das Streufeld. Das Streufeld resultiert dabei über $\mathbf{H} = -\nabla\phi$ aus einem magnetostatischen Potential, welches durch Oberflächen- und Volumenladungen gespeist wird:

$$\phi(\mathbf{r}) = \frac{1}{4\pi}\int d^2\mathbf{s}\cdot\frac{\mathbf{M}(\mathbf{r}')}{|\mathbf{r}-\mathbf{r}'|} - \int d^3\mathbf{r}'\,\frac{\nabla'\cdot\mathbf{M}(\mathbf{r}')}{|\mathbf{r}-\mathbf{r}'|}\,. \tag{22.46}$$

Die Cantilever-Sonde detektiert nur langreichweitige Kräfte in axialer Richtung: $F_z = \mathbf{n}\cdot\mathbf{F}$. Hier ist $\mathbf{n}$ der auswärts zeigende axiale Einheitsvektor und $\mathbf{F}$ die Gesamtkraft aus Gl. (22.45). Im dynamischen Modus des AFM wird allerdings nicht F_z detektiert, sondern vielmehr $\partial F_z/\partial z = (\mathbf{n}\cdot\nabla)(\mathbf{n}\cdot\mathbf{F})$.

Ändert sich das Probenstreufeld über das magnetisch relevante Volumen der Sonde nur wenig, so kann gemäß Gl. (22.45) mit einer Punktsondenapproximation gearbeitet werden: $F = \mu_0(q + \mathbf{m}\cdot\nabla)H$. q ist hier eine „magnetische Monopolladung", die resultieren kann, wenn eine sehr lange, dünne Sonde homogen in axialer Richtung magnetisiert ist und sich die Gegenladungen zu den Apexladungen nicht mehr im Wechselwirkungsbereich befinden. Für gewöhnlich gilt aber $q = 0$.

Zur Erzielung einer möglichst hohen Auflösung ist es wichtig, die magnetische Wechselwirkung auf den vordersten Apexbereich der Sonde zu begrenzen. Dies erfolgt, falls das Probenstreufeld hinreichend kurzreichweitig ist und/oder das magnetische Volumen der Sonde apexnah begrenzt ist. Da bei gegebener Konfiguration der Probe nur die Sonde optimierbar ist, haben sich viele Bemühungen auf die Produktion möglichst hochauflösender MFM-Sonden konzentriert. Eine Möglichkeit besteht in der Verwendung magnetisch beschichteter CNT, die an den eigentlichen Cantilever-Sonden befestigt werden. Ein entsprechendes Ergebnis zeigt Abb. 22.141

Eine weitere verbreitete Methode zur Herstellung hochauflösender MFM-Sonden, die ohne CNT auskommt, besteht darin, die Cantilever-Sonde zunächst flächig mit einem magnetischen Film zu beschichten. Danach wird über Kontaminationslithographie mittels eines fokussierten Elektronenstrahls im Apexbereich eine Ätzmaske aufgebracht. Anschließendes Trockenätzen beispielsweise durch Bestrahlung mit He^+-

22.3 Rasterkraftmikroskopie — 195

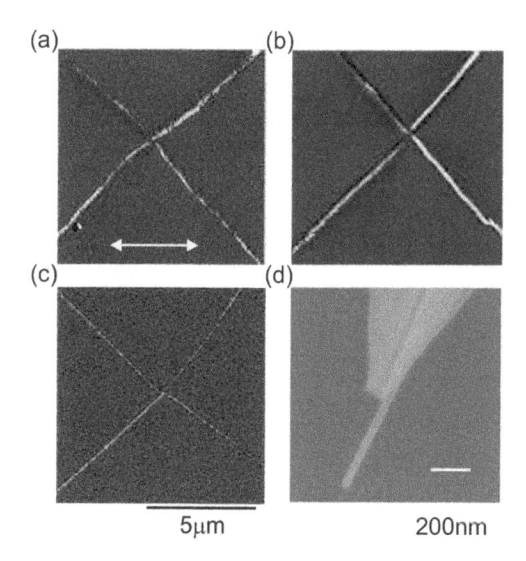

Abb. 22.141. MFM-Abbildungen der Domänenkonfiguration eines Permalloyquadrats der Größe 10 µm × 10 µm [22.322]. (a) Standard-MFM-Sonde. (b) Sonde mit geringem Dipolmoment. (c) CoFe-beschichtete CNT-Sonde. (d) Bild der Sonde aus (c).

Ionen hinterlässt dann ein nanoskaliges Magnetpartikel hinter der Ätzmaske. Diesen Ansatz zeigt Abb. 22.142.

Für die überwiegende Mehrzahl von MFM-Anwendungen reicht eine flächige Beschichtung der Sonde mit einem hartmagnetischen Film aus, um die benötigte Auflösung zu erreichen. Häufig verwendet man CoCr, welches einfach durch Sputtern deponiert werden kann. Die Magnetisierung in axialer Richtung erfolgt in einem starken Magnetfeld. Entsprechende Sonden sind auch kommerziell verfügbar. Eine direkte Abbildung des Sondenstreufelds kann mittels Elektronenstrahlholographie erhalten werden [22.237]. Ergebnisse zeigt Abb. 22.143.

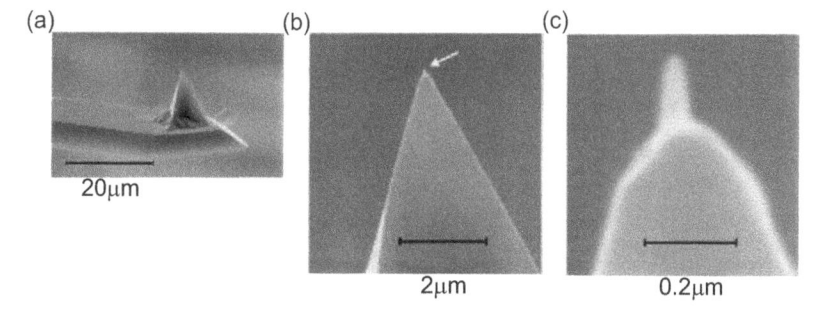

Abb. 22.142. Herstellung von MFM-sonden über Kontaminationslithographie [22.323]. (a) Gewöhnliche Cantilever-Sonde. (b) Deponierte Ätzmaske. (c) Detailansicht der Ätzmaske.

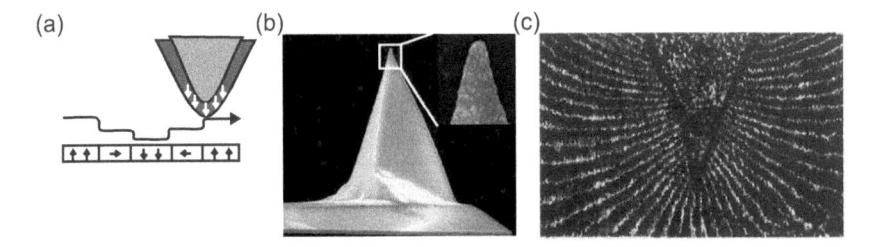

Abb. 22.143. Standard-MFM-Sonden. (a) Mangetisierung der Sonde und Kräfte in Abhängigkeit von der Probenmagnetisierung. (b) Si-Sonde mit deponierter CoCr-Schicht. (c) Elektronenstrahlholographische Abbildung des Apexstreufelds einer Sonde mit 16 nm dickem CoCrPt-Film in einem Bereich von 2,35 μm × 2,35μm [22.236].

MFM hat eine hohe Anwendungsrelevanz für die Untersuchung von Komponenten der Magnetspeichertechnologien. Insbesondere lässt sich das Streufeld eines Schreibkopfs, der heute durchaus nanoskalige Komponenten besitzt, abbilden. Da dieses Schreibfeld für die Ummagnetisierung des Speichermediums verantwortlich ist, sind seine richtige Ausdehnung und Stärke essentiell. Abbildung 22.144(a) zeigt schematisch den Aufbau eines modernen Schreibkopfs. Das Schreibfeld entsteht zwischen den Polschuhen. Mittels *Hochfrequenz-MFM (HF-MFM)* [22.324] lässt sich das Schreibfeld sogar bei Frequenzen analysieren, mit denen der Kopf typisch gepulst wird. Eine HF-MFM-Aufnahme ist in Abb. 22.144(b) gezeigt.

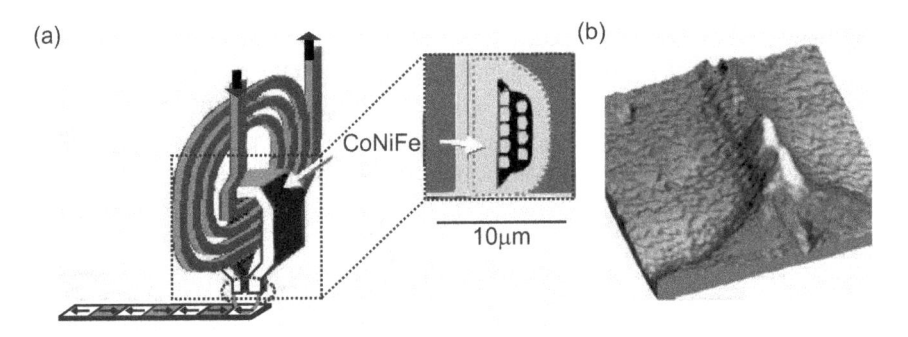

Abb. 22.144. (a) Aufbau eines Festplattenschreibkopfs. (b) HF-MFM-Aufnahme des Schreibfelds bei einer Feldänderungsfrequenz von 2 GHz [22.324]. Der Abstand der Polschuhe beträgt hier 500 nm.

Zur Erzielung möglichst großer Speicherdichten – diese werden quantifiziert in bit/in^2 – erfolgt die Magnetisierung des Speichermediums nicht, wie in Abb. 22.144(a) dargestellt, longitudinal, sondern, wie in Abb. 22.145(a) dargestellt, vertikal. Heutige Festplatten können Speicherdichten von über einem Tbit/in^2 besitzen. Die im Jahr 2015 erreichte maximale Dichte von 1,34 Tbit/in^2 entspricht dem $6 \cdot 10^8$-fachen der Speicherdichte der ersten Festplatte aus dem Jahr 1956. Mit Verfahren wie wärmeunterstütztem Speichern (*Heat-Assisted Magnetic Recording, HAMR*) oder mikrowellenunterstütztem Speichern (*Microwave-Assisted Magnetic Recording, MAMR*) wird sich die Dichte zukünftig weiter erhöhen lassen.

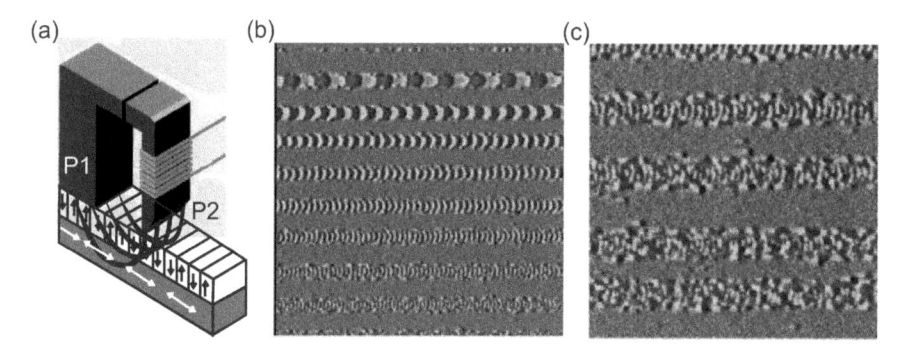

Abb. 22.145. (a) Aufbau eines Schreibkopfs für Vertical Recording. (b) MFM-Abbildung der vertikal magnetisierten Bereiche für 100, 300, 500, 700, 800, 1000 und 1200 kfci [22.325]. Der Abbildungsbereich beträgt 5 μm × 5μm. (c) Detailansicht für 900, 1000, 1100 und 1200 kfci bei einer Bildgröße von 2,5 μm × 2,5μm [22.325].

Bei entsprechend hohen Speicherdichten sind die Ausdehnungen eines einzelnen magnetisierten Bereichs durchaus nanoskalig. Das zeigt die MFM-Aufnahme in Abb. 22.145(b). Bei einem periodischen Testmuster entlang einer Spur auf der Festplatte quantifiziert man die Bitlänge in der Einheit kfci (kilo flux changes per inch) oder in nm/fc. Es gilt also 100 kfci = 254 nm/fc. MFM hat sich sehr bewährt bei der Abbildung kleinster magnetisierter Bereiche in Speichermedien.

Magnetische Domänen in ferromagnetischen Materialien lassen sich abbilden sowohl bei Magnetisierung innerhalb der Probenoberfläche als auch senkrecht dazu. Liegt die Magnetisierung innerhalb der Probenebene, so entsteht an der Oberfläche kein magnetisches Streufeld. Die Domänenanordnung wird anhand des Verlaufs der Domänenwände, die streufeldbehaftet sind, deutlich. Dies ist in Abbildung 22.146(a) sichtbar. Bei einer Magnetisierung senkrecht zur Probenoberfläche sind hingegen die Domänen streufeldbehaftet. Sie unterscheiden sich nunmehr im MFM-Bild anhand der Streufeldorientierung in Bezug auf die Sondenmagnetisierung. Dies erkennt man in Abb. 22.146(b).

MFM kann auch unter dem Einfluss externer Magnetfelder betrieben werden. Dabei muss natürlich berücksichtigt werden, dass neben der Probe je nach Konfiguration auch die Sonde ummagnetisiert werden kann. Feldabhängige Abbildungen der Domänenkonfiguration einer Probe eröffnen die Möglichkeit, Ummagnetisierungsprozesse im Detail zu studieren. Ein Beispiel zeigt Abb. 22.147.

Die Auflösung von MFM reicht aus, um Domänenwandsubstrukturen wie beispielsweise unterschiedlich magnetisierte Wandsegmente oder auch Vortices abbil-

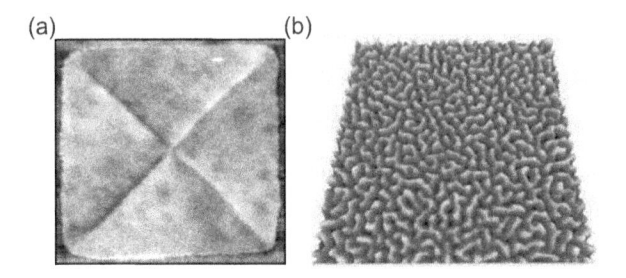

Abb. 22.146. MFM-Abbildungen magnetischer Domänen. (a) Landau-Konfiguration in einem Permalloyelement der Größe von 5 μm × 5 μm. (b) Labyrinth-Konfiguration in einem $La_{0,7}Sr_{0,3}MNO_3$-Film auf $LaAlO_3$(001) bei Magnetisierung senkrecht zur Probenebene [22.326]. Der Bildbereich ist 4 μm × 4 μm.

den zu können. Abbildung 22.148 zeigt ein Beispiel für Domänenwandfeinstrukturen in Form von Segmentierungen, die das Ergebnis von komplexen mikromagnetischen Konfigurationen innerhalb von Domänenwänden sind.

In Abschn. 22.2.6 hatten wir Skyrmionen als mikromagnetisch außerordentlich interessante Strukturen kennengelernt, die gegenwärtig aufgrund ihrer spektakulären topologischen Eigenschaften, aber auch im Hinblick auf mögliche Anwendungen in-

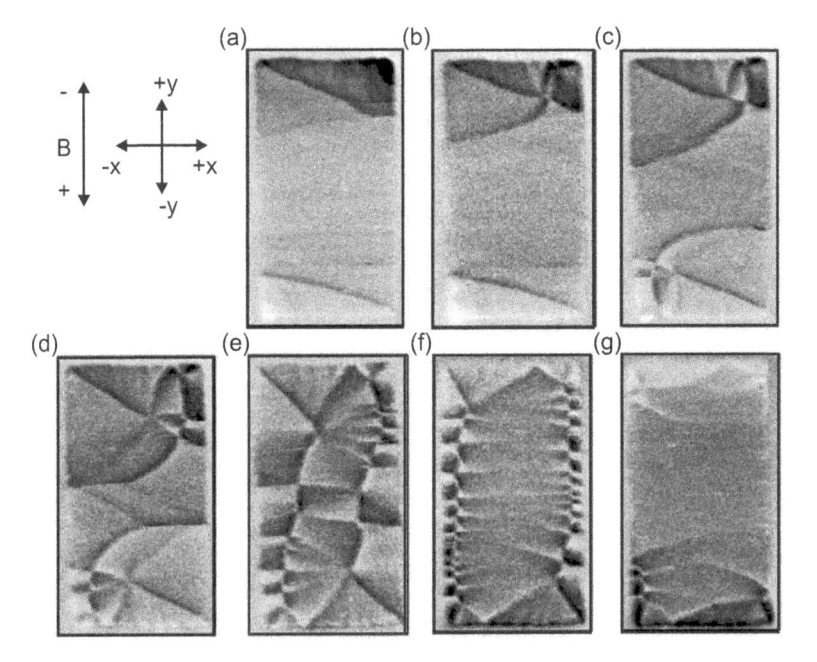

Abb. 22.147. MFM-Aufnahmen des Ummagnetisierungsprozesses eines Permalloyrechtecks der Abmessungen 9 μm × 18 μm und der Dicke 50 nm. (a) $B = +2{,}0$ mT. (b) $B = +1{,}7$ mT. (c) $B = +0{,}7$ mT. (d) $B = 0$. (e) $B = -0{,}1$ mT. (f) $B = -1{,}5$ mT. (g) $B = -2{,}3$ mT.

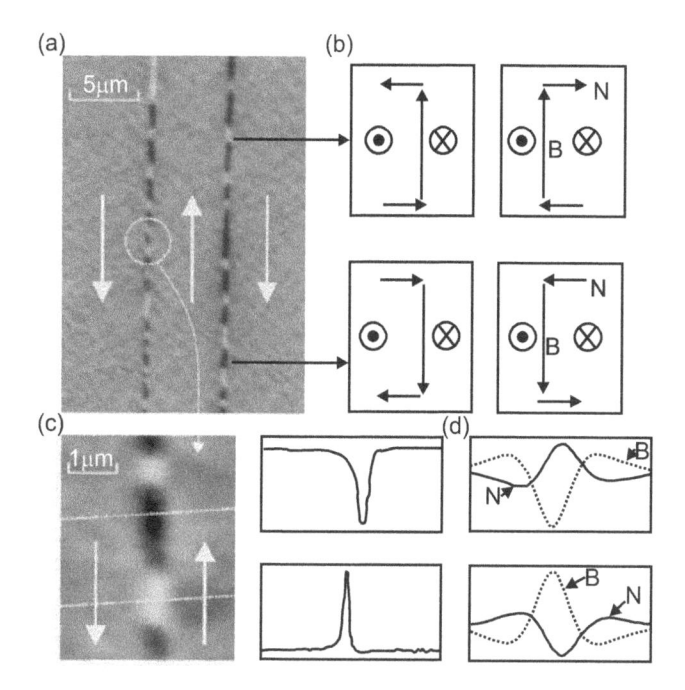

Abb. 22.148. Domänenwände in Co(1010)-Filmen der Dicke von 50 nm [22.327]. (a) MFM-Aufnahme von Wänden mit alternierender Magnetisierungsrichtung des Bloch-Kerns. (b) Vier mögliche Konfigurationen von Bloch-Kernen und Néel-Kappen. (c) Vergrößerte Ansicht einer Wand und MFM-Linienprofile. (d) Dekonvolution der Linienprofile in Bloch(B)- und Néel(N)-Anteile.

tensiv untersucht werden. Abbildung 22.149(a) zeigt schematisch ein Skyrmiongitter, welches sich in einem chiralen Magneten unter Verwendung äußerer Felder erzeugen lässt. Charakteristische Abmessungen für Skyrmionen lassen sich aus Abb. 22.62 entnehmen. Da Skyrmionen mit einem Streufeld verbunden sind und die Auflösung von MFM ausreicht, lassen sie sich auch mittels MFM abbilden. Ein Beispiel für die MFM-Abbildung eines Skyrmiongitters zeigt Abb. 22.149(b).

Ebenfalls mit einem auf Nanometerskala variierenden Streufeld verbunden sind Vortices in Typ-II-Supraleitern. In Abb. 22.38 ist der Streufeldverlauf dargestellt. Einen Eindruck von den Abmessungen von Vortices vermittelt Abb. 22.39. Auch Vortices in Supraleitern lassen sich mittels MFM abbilden [22.329]. Ein entsprechendes Beispiel zeigt Abb. 22.150.

Zusammenfassend zeigen die Beispiele im vorliegenden Abschnitt, dass MFM eine vielseitig einsetzbare AFM-Variante ist. Der Präparationsaufwand ist vergleichsweise gering, und die unterschiedlichsten Umgebungsbedingungen können realisiert werden. Berücksichtigt werden muss allerdings, dass MFM das aufgrund eines elektrischen Stroms oder einer Magnetisierungskonfiguration resultierende Streufeld nahe der Probenoberfläche abbildet. Daraus kann in vielen Fällen hinreichend gut auf die

(a) (b)

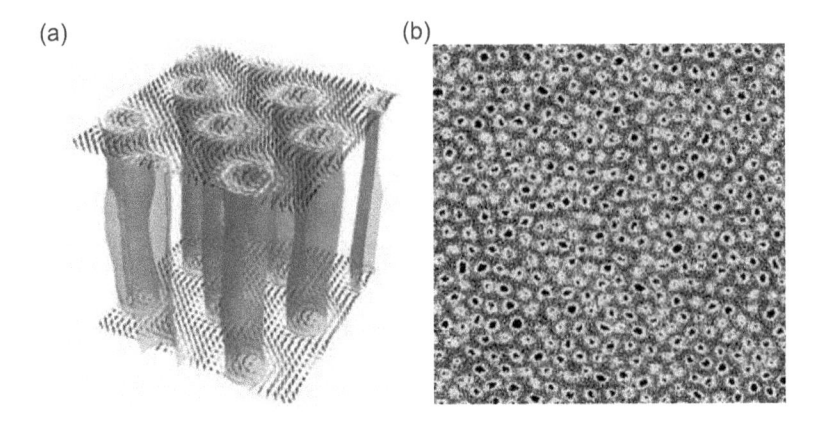

Abb. 22.149. Skyrmiongitter [22.328]. (a) Schematische Darstellung der Magnetisierungskonfiguration. (b) MFM-Abbildung eines $Fe_{0,5}Co_{0,5}Si$-Kristalls nach Feldkühlung bei B = 20 mT bis auf T = 10 K. Die Bildgröße beträgt etwa 2 μm × 2 μm.

Magnetisierungskonfiguration geschlossen werden, allerdings nicht in allen Fällen. Dies zeigt Abb. 22.151. Die streifenförmige Domänenstruktur kommt dadurch zustande, dass der abgebildete Permalloyfilm eine uniaxiale Anisotropie mit leichter Achse senkrecht zur Probebene besitzt. Die entsprechende mikromagnetische Simulation zeigt allerdings, dass nur eine geringfügige Verkippung der Probenmagnetisierung gegenüber der Probenoberfläche vorliegt, die zu dem mittels MFM detektierten Streufeld führt. Die MFM-Abbildung lässt allerdings keineswegs den Rückschluss zu, dass die Magnetisierung des strukturierten Permalloyfilms in Abb. 22.151 im Wesentlichen in der Probenoberfläche liegt.

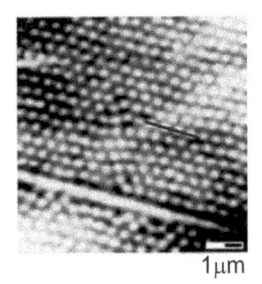

1 μm

Abb. 22.150. MFM-Abbildung des Abrikosov-Vortexgitters in einem BSCCO(2212)-Einkristall bei B = 16 mT und T = 4, 5 K [22.329].

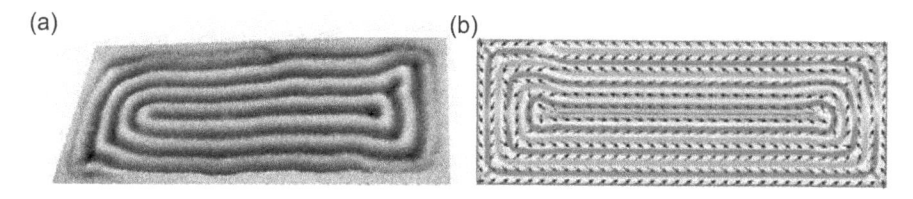

Abb. 22.151. Streifenförmige Domänen in einem Permalloyfilm der Abmessungen 2,3 μm × 6, 7μm und der Dicke 240 nm. (a) MFM-Abbildung. (b) Mikromagnetisch berechnete Magnetisierungskonfiguration.

22.3.8 Magnetresonanzkraftmikroskopie

Magnetische Resonanzabbildungen (*Magnetic Resonance Imaging, MRI*) besitzen in verschiedenen Anwendungsbereichen bekanntlich eine erhebliche Bedeutung. Das gilt im Besonderen für die Kernspinresonanz (*Nuclear Magnetic Resonance, NMR*), welche Grundlage der Kernresonanztomographie oder *Magnetresonanztomographie (MRT)* für die bildgebende medizinische Diagnostik ist. In Form der *Magnetresonanzkraftmikroskopie (Magnetic Resonance Force Microscopy, MRFM)* wurde eine AFM-basierte Variante zur ultrahochauflösenden MRI vorgeschlagen [22.330]. Die Empfindlichkeit von MRFM im Vergleich zu konventionellem induktiven MRI ist etwa acht Größenordnungen höher [22.331]. Neben dem Kernspin kann auch der Elektronenspin zur Abbildung genutzt werden (*Electron Spin Resonance, ESR*). Eine weitere recht spezielle Variante von MRFM ist die ferromagnetische Resonanzkraftmikroskopie (*Ferromagnetic Resonance Force Microscopy, FRFM*), welche die Resonanz eines magnetischen Moments nutzt [22.332].

MRFM basiert auf der mechanischen Messung schwacher magnetischer Kräfte zwischen einem mikroskopischen Ferromagneten und magnetischen Momenten in der Probe. Die Momente können gekoppelt sein an den Kernspin, den Elektronenspin oder die Magnetisierung einer ferromagnetischen Probe. Damit besteht a priori ein Bezug zwischen MRFM und MFM. Eine Symmetrie besteht im Hinblick auf die Detektion kleinster magnetischer Momente insofern, als dass sich das zu detektierende magnetische Moment fixiert auf den Cantilever gegenüber einem Magneten oder als Probe gegenüber einer MFM-Sonde befinden kann [22.333].

Das Ziel von MRFM ist es, die Ortsauflösung von AFM oder MFM mit der dreidimensionalen Abbildungsmöglichkeit von MRI zu kombinieren. Dies würde es ermöglichen, Elektronen- oder Kernspinzustände einzelner Moleküle oder sogar Atome zu detektieren. Die Auflösungsgrenze konventioneller MRI liegt bei etwa 10^{12} Kernspins [22.334], was 10^7 Elektronenspins entspricht [22.335]. Das erste MRFM wurde 1992 realisiert [22.336]. Seitdem ist es gelungen, das Signal-zu-Rausch-Verhältnis (*Signal-to-Noise Ratio, SNR*) dramatisch zu erhöhen [22.337]. Im Jahr 2004 gelang es schließlich, mittels MRFM einen einzelnen Elektronenpin zu detektieren [22.338]. Heute ist es möglich, bei einer Auflösung von unter 10 nm ein Ensemble von weniger als 100 Kernspins zu detektieren [22.339]. Intuitiv mag es verwundern, dass die Spinpräzession mit größerer Empfindlichkeit mechanisch als induktiv detektierbar ist. Allerdings zeigen die in Abschn. 2.1 behandelten Skalierungsrelationen klassischer Systeme, dass nanoskalige mechanische Systeme zum Teil erstaunliche und kontraintuitive Eigenschaften besitzen, die sie elektrischen oder magnetischen Systemen gegenüber messtechnisch überlegen machen. Wechselwirkungen zwischen Spins und nanomechanischen Systemen definieren das vergleichsweise neue Feld der *Spinmechatronik (Spin Mechatronics)* [22.340].

MRFM basiert also auf der mechanischen Detektion der Magnet- oder Spinresonanz. Bei der *Magnet-auf-Cantilever-Anordnung (Magnet-on-Cantilever Arrangement)* befindet sich ein Permanentmagnet auf der Cantilever-Spitze. Hierbei kann es sich um ein aufgeklebtes Partikel aus einem hartmagnetischen Material wie beispielsweise $SmCo_5$ handeln oder um einen deponierten Dünnfilm ähnlich demjenigen der MFM-Sonde. Das durch die Sonde erzeugte Magnetfeld wechselwirkt mit den Probenspins. Über eine in der Nähe der Probe befindliche Spule wird ein Wechselfeld erzeugt, welches im Wesentlichen senkrecht zum Sondenfeld orientiert ist. Dieses Feld wiederum dient zur Realisierung der adiabatischen Inversionsbedingung. Durch einen großen Feldgradienten der magnetischen Sonde wird die Larmor-Bedingung allerdings nur lokal erfüllt. Typischerweise haben MRFM-Sonden Feldgradienten in der Größenordnung von einigen mT/nm. Eine typische MRFM-Anordnung ist in Abb. 22.152(a) dargestellt.

Oszilliert der Cantilever so, wie es für eine empfindliche Detektion der Wechselwirkung im dynamischen AFM-Modus üblich ist und zuvor diskutiert wurde, so ist das durch die Sonde erzeugte Feld innerhalb der Probe natürlich nicht statisch, sondern oszilliert ebenfalls. Darüber hinaus ist es nicht homogen, sondern weist einen möglichst großen Gradienten auf. Allerdings ist die Resonanzfrequenz von Cantilevern in der Regel deutlich geringer als diejenige des benötigten Hochfrequenzfelds in der Spule. Erzeugt also die Spule nur kurze Hochfrequenzpulse, die so mit der Cantilever-Oszillation gekoppelt sind, dass sie immer für denselben Sonden-Proben-Abstand z ausgelöst werden, so kann instantan von einem hochfrequenten Wechselfeld ausge-

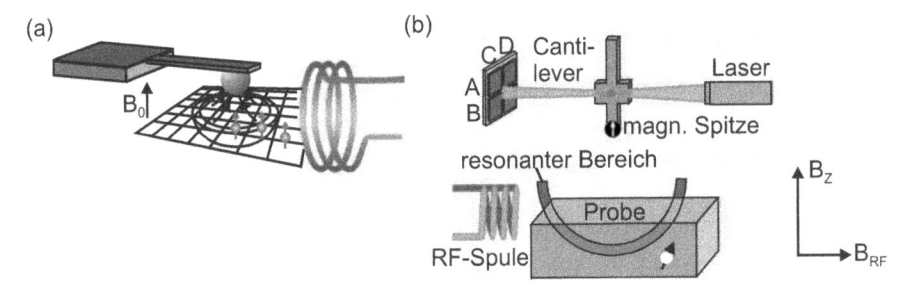

Abb. 22.152. MRFM-Anordnung mit Magnet-On-Cantilever-Arrangement. (a) Anordnung der magnetfelderzeugenden Komponenten. (b) Experimentell realisierte Anordnung.

gangen werden, welches ein lokal homogenes statisches Feld B_z überlagert. „Lokal" ist hier durch ein kleines Probenvolumen mit nur wenigen Spins oder sogar nur einem Elektronenspin definiert.

Wie wir zuvor gesehen haben, ist die im dynamischen Betrieb minimal detektierbare Kraft gegeben durch $F_{\min}/\sqrt{\Delta\nu} = \sqrt{2kk_BT/(\pi Q \nu_r)}$. Für die Detektion eines einzelnen Elektronenspins ist $F_{\min} \approx 1$ aN erforderlich. Entsprechend groß müssen Güte Q und Resonanzfrequenz ν_r und entsprechend klein müssen Kraftkonstante k und Temperatur T bei gegebener Bandbreite $\Delta\nu$ sein. Höchstempfindliche Messungen finden daher im UHV bei $T \lesssim 4{,}2$ K und $k \lesssim 1$ mN/m statt. Wegen des zuvor diskutierten Jump-To-Contact-Phänomens ist eine Anordnung gemäß Abb. 22.152(a) mit weichen Cantilevern nicht möglich. Deshalb bevorzugt man experimentell die in Abb. 22.152(b) dargestellte Anordnung mit senkrecht orientiertem schwingendem Cantilever.

An einem Ort **r** im Innern der Probe ist die *Larmor-Bedingung* erfüllt für $\omega_{rf} = \gamma B_\perp(\mathbf{r})$. ω_{rf} ist die Frequenz des Spulenfelds und $B_\perp(\mathbf{r}) = B_z(\mathbf{r}) + B_0$ eine Superposition aus Sondenfeld B_z und externem Magnetfeld $\mathbf{B}_0$. Das gyromagnetische Verhältnis für ein mit dem Spin **S** behaftetes Teilchen ist gegeben durch $\gamma = |\boldsymbol{\mu}|/|\mathbf{S}|$, wobei $\boldsymbol{\mu}_S$ das magnetische Moment quantifiziert. Für den Elektronenspin findet man $\gamma_e = 1{,}76 \cdot 10^{11}$ Hz/T und für den Protonenspin $\gamma_p = 2{,}66 \cdot 10^8$ Hz/T. Dementsprechend gilt $\gamma_p/\gamma_e = 1{,}52 \cdot 10^{-3}$ Hz/T.

Die Kombination der Felder $B_\perp$ und B_{rf} führt zu einer Präzession der magnetischen Momente $\boldsymbol{\mu}$ der Probe um $B_\perp$ gemäß $\partial \mathbf{L}/\partial t = \boldsymbol{\mu} \times \mathbf{B}_\perp$. **L** ist der Drehimpuls. Mit $\boldsymbol{\mu} = \gamma \mathbf{L}$ resultiert $\partial \boldsymbol{\mu}/\partial t = \gamma \boldsymbol{\mu} \times \mathbf{B}_\perp$. Eine Transformation in ein entsprechend rotierendes Koordinatensystem [22.341] liefert

$$\frac{\partial \boldsymbol{\mu}}{\partial t} = \gamma \boldsymbol{\mu} \times \left[\left(B_\perp - \frac{\omega}{\gamma}\right)\mathbf{k} + B_{rf}\mathbf{i}\right] = \gamma \boldsymbol{\mu} \times \mathbf{B}_{\text{eff}}. \tag{22.47}$$

i, **j** und **k** sind Einheitsvektoren entlang der Achsen des rotierenden Systems. Bei Erfüllen der Larmor-Bedingung $B_\perp = \omega_{rf}/\gamma$ gilt $B_{\text{eff}} = B_{rf}$ und die Präzessionsfrequenz ist gerade durch die Rabi-Frequenz $\omega_R = \gamma B_{rf}$ gegeben. Bei gegebener Spulenfrequenz lässt sich durch Adjustierung von B_0 die Resonanzbedingung einstellen. Die Präzession des magnetischen Moments für den Resonanzfall und für den allgemeinen Fall ist in Abb. 22.153 dargestellt.

Da sowohl das Feld $B_\perp(\mathbf{r})$ als auch das Feld B_{rf} Wechselfelder mit mehr oder weniger variabler Frequenz sind, sollten wir betrachten, welche Bedingungen sich daraus für $\omega \approx \omega_r$ und ω_{rf} ergeben. Diejenigen magnetischen Momente, für die die Resonanzbedingung erfüllt ist, führen genau bei der richtigen Cantilever-Position eine entsprechende Präzessionsbewegung um $\mathbf{B}_{\text{eff}}(\mathbf{r})$ aus. Das entsprechende, bei einem Bewegungszyklus des Cantilevers adressierte Probenvolumen ist in Abb. 22.152(b) angedeutet. Eine periodische Inversion entlang von $\mathbf{B}_{\text{eff}}(\mathbf{r})$ findet statt, wenn die adiabatische Bedingung $|\partial B_{\text{eff}}/\partial t| \ll |\gamma B_{\text{eff}}|$ erfüllt ist [22.341; 22.342]. Im ortsfesten Koordinatensystem muss gelten $|\partial B_\perp/\partial t| \ll \gamma B_{rf}^2$ [22.343]. Mit $B_z = B_z^0 \cos(\omega t)$ folgt

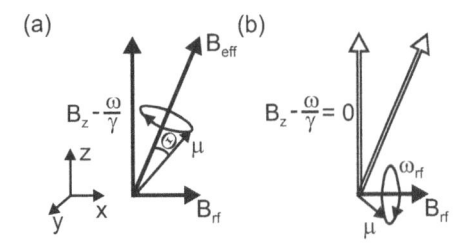

Abb. 22.153. Präzession des magnetischen Moments um das effektive Magnetfeld B_{eff}. (a) Allgemeiner Fall. (b) Resonanzfall.

für die adiabatische Bedingung $\omega \ll |\gamma B_{rf}|$ im rotierenden Koordinatensystem oder $\omega B_z^0 \ll \gamma B_{rf}^2$ im ortsfesten Koordinatensystem.

Abbildung 22.154 zeigt im Überblick mögliche Präzessionsbewegungen bei einem phasenstarr an die Cantilever-Bewegung gekoppelten Ein- und Ausschalten des rf-Signals. Für $B_0 > \omega_{rf}/\gamma$ präzidiert das magnetische Moment um $\mathbf{B}_{\text{eff}}$ und bei $B_{rf} = 0$ aufgrund der Drehimpulserhaltung um $\mathbf{B}_z$ [22.341; 22.342]. Da das rf-Signal in diesem Fall phasenorientiert mit der Cantilever-Position ein- und ausgeschaltet wird, wird μ nicht invertiert. Für $B_0 = \omega_{rf}/\gamma$ präzidiert μ um $\mathbf{B}_{\text{eff}} = \mathbf{B}_{rf}$ bei eingeschaltetem rf-Feld und um $\mathbf{B}_{\text{eff}} = \mathbf{B}_z$ bei ausgeschaltetem rf-Feld. Die Präzession um $\mathbf{B}_{rf}$ erfolgt mit der Rabi-Frequenz [22.344]. Diese beträgt im Fall des Elektronenspins etwa 8,4 MHz

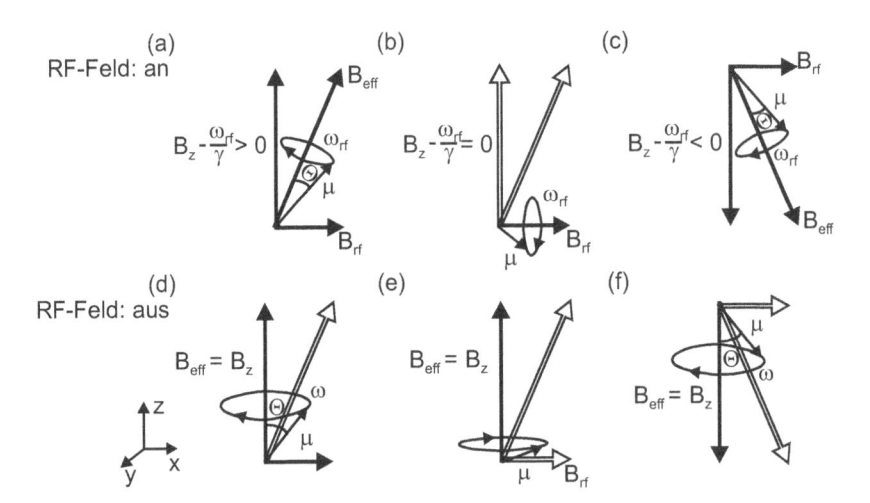

Abb. 22.154. Präzessionsbewegung des magnetischen Moments μ um das Effektivfeld B_{eff}. B_{rf} ist das Hochfrequenzfeld der Spule. (a) B_0 ist größer als aufgrund der Larmor-Bedingung erforderlich. (b) Die Larmor-Bedingung ist erfüllt. (c) B_0 ist kleiner als aufgrund der Larmorbedingung erforderlich. (d)–(f) Entsprechend (a)–(c).

[22.345]. Für $B_0 < \omega_{rf}/y$ entsprechen die Verhältnisse denjenigen des anfangs diskutierten Falls.

Um die Wechselwirkung zwischen magnetischer Sonde und einzelnen magnetischen Momenten in der Probe zu messen, wurden geeignete „Protokolle" entwickelt[4], über die die rf-Pulse sequentiell so generiert werden, dass die Sonden-Proben-Wechselwirkungen in messbare Frequenzverschiebungen des Cantilevers transferiert werden. Die Protokolle sehen definierte periodische Verzögerungen der rf-Pulse gegenüber der Cantilever-Oszillation vor. Dadurch kommt es alternierend zu Phasenverschiebungen von 0 und 180° zwischen Cantilever-Schwingung und Schwingung der μ_z-Komponente. Je nach Ausrichtung von $\boldsymbol{\mu}$ unter dem Einfluss von $\mathbf{B}_0$ wird unter dem Einfluss des schwingenden Cantilevers μ_z investiert. Daraus resultiert eine alternierende Kraft, die sich in eine messbare Frequenzverschiebung konvertieren lässt [22.347].

Im rotierenden Koordinatensystem gilt $B_\perp(t) - \omega_{rf}/y = A\cos(\omega t)\partial B_\perp/\partial x$ [22.348]. A quantifiziert hier die Amplitude der Cantilever-Oszillation und x die Achse des rf-Felds. Bei jedem Nulldurchgang des Cantilevers wird die Larmor-Bedingung erfüllt. Für $A\partial B_\perp/\partial x \gg |B_{rf}|$ oszilliert μ_z synchron zur Cantilever-Schwingung entlang von $\mathbf{B}_{\text{eff}}$, wenn die zyklische adiabatische Inversionsbedingung erfüllt ist. Änderungen von $\mathbf{B}_{\text{eff}}$ müssen sich also so langsam vollziehen, dass $\boldsymbol{\mu}$ entsprechend der Orientierungen in Abb. 22.154 folgen kann. Die zuvor beschriebenen Messprotokolle erlauben gleichsam eine periodische Modulation der Sonden-Proben-Wechselwirkung, welche ihre Messung in Form einer Frequenzverschiebung der Cantilever-Oszillation möglich macht.

Trotz ausgefeilter Messprotokolle wie iOSCAR [22.348] oder CERMIT[5] stellt die mechanische Detektion nur weniger Elektronen – oder gar Kernspins – messtechnisch eine beträchtliche Herausforderung dar. Dies ist auf die Kleinheit der Wechselwirkung in Kombination mit der Einhaltung von Resonanzbedingungen zurückzuführen. Bei gegebenen Umgebungsbedingungen stellen die mechanischen Eigenschaften der Cantilever, der magnetische Feldgradient der Sonde, das statische externe Feld B_0 und das Mikrowellenfeld B_{rf} experimentell variable Parameter dar. Abbildung 22.155 zeigt verschiedene speziell für MRFM konzipierte Cantilever, die bei Federkonstanten im Bereich von μN/m Empfindlichkeiten im aN-Bereich erlauben. Die Resonanzfrequenzen derartiger Cantilever liegen typisch im Bereich einiger kHz.

Als magnetische Sonde finden häufig manuell an den Cantilevern fixierte Mikropartikel, wie in Abb. 22.155(c) sichtbar, Anwendung. Die damit erreichbaren Gradienten betragen 10^5–10^6 T/m [22.352]. Der Resonanzbereich in der Probe hat dann nur noch eine Dicke im nm-Bereich.

---

[4] OSCAR: Oscillating Cantilever-Driven Adiabatic Reversal, iOSCAR: Interrupted OSCAR ([22.346]).
[5] Cantilever Enabled Readout of Magnetization Inversion Transients [22.349].

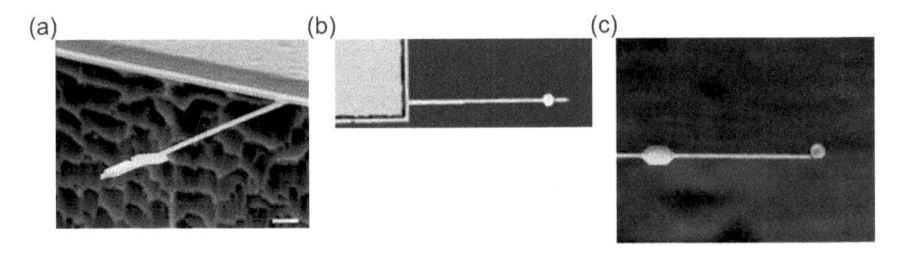

Abb. 22.155. MRFM-Cantilever. (a) Cantilever mit Massebeladung [22.350]. Der Maßstab umfasst 10 μm. (b) Massebeladener Si-Cantilever in Aufsicht mit einer Gesamtlänge von 120 μm [22.350]. (c) Cantilever mit 9 μm-Ni-Kugel als Sonde [22.351]. Die Länge beträgt 120 μm.

Die *rf*-Frequenz liegt üblicherweise im Bereich 0,1–10 GHz. Hier kommen in das AFM integrierte Spulen zum Einsatz. Felder in der Geößenordnung von mT lassen sich bei geringem Leistungsbedarf auch mit stromdurchflossenen Mikrodrähten erzeugen [22.353]. Das statische Magnetfeld B_0 lässt sich natürlich in üblicher Weise mittels supraleitender Spulen erzeugen und kann so auf einfache Weise über große Bereiche variiert werden. Der Feldgradient muss nicht notwendigerweise auf dem Cantilever erzeugt werden. Dies kann mittels miniaturisiertem Permanentenmagneten auch auf dem fixen Substrat erfolgen. Der Magnet kann dann räumlich mit dem *rf*-Mikrodraht auf dem Substrat kombiniert werden, während sich in diesem Fall die Probe auf dem Cantilever befindet. Ein Beispiel zeigt Abb. 22.156.

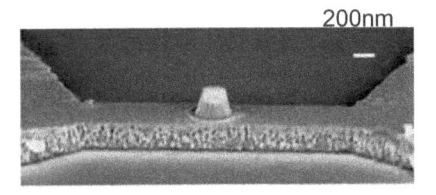

Abb. 22.156. Mikrodraht zur Erzeugung des *rf*-Felds mit integrierter magnetischer FeCo-Spitze, die einen Feldgradienten > 10^5 T/m liefert.

Bei maximaler Optimierung von MRFM-Experimenten sind die zu detektierenden Frequenzverschiebungen des Cantilevers im dynamischen AFM-Modus im ppm-Bereich oder darunter. Dies zeigt das in Abb. 22.157(a) dargestellte Resultat. Hier wurde die magnetische Resonanz von ^{71}Ga-Spins an einem GaAs-Wafer bei Feldern von $B_0 \approx 7$ T detektiert. Dazu wurden die Spins über einen definierten Zeitraum in geeigneter Weise polarisiert, was über diesen Zeitraum zu einer Frequenzverschiebung von etwa 40 mHz führt. Abbildung 22.157(b) zeigt das wahrlich epochale Ergebnis für einen einzigen Elektronenspin. Für die Messungen wurde die *schnelle adiabatische Passage (Adiabatic Fast Passage, AFP)* im Rahmen des iOSCAR-Messprotokolls genutzt [22.338]. Die für die Messung zu erwartende Frequenzverschiebung ist durch

$\Delta v = \pm[2v_r\mu_B/(\pi k A)]\partial B_\perp(\mathbf{r})/\partial x$ gegeben. v_r, k und A sind die Resonanzfrequenz, Federkonstante und Amplitude des schwingenden Cantilevers. $\mu_B = 9,3 \cdot 10^{-24}$ J/T ist das Bohrsche Magneton. $\partial B_\perp(\mathbf{r})/\partial x$ ist die maßgebliche Lateralkomponente des Sondenfelds, die im Experiment $2 \cdot 10^5$ T/m betrug [22.338]. Die zu erwartende Frequenzverschiebung lag im Experiment bei 3,7 mHz für $v_r = 5,5$ kHz, was $\Delta v/v_r = 0,7$ ppm entspricht. Bei einer Rauschamplitude von 25 mHz für eine Bandbreite von 1 Hz sind ausgefeilte Mittelungsstategien nötig. So beträgt die Mittelungszeit für den experimentellen Messwert in Abb. 22.157(b) 13 h!

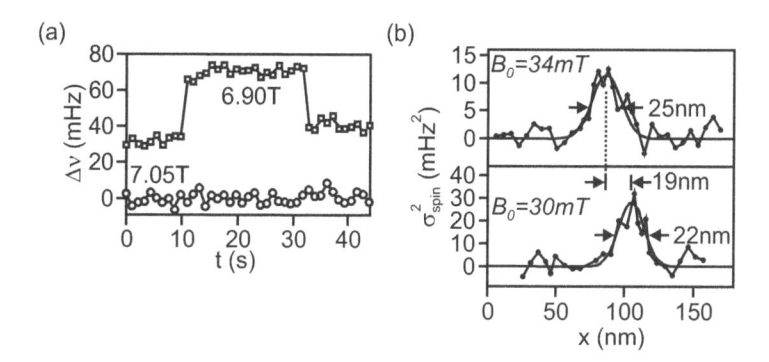

Abb. 22.157. (a) MRFM-Detektion der Magnetresonanz von ^{71}Ga-Spins nach einem Spin Flip-Prozess für einen Zeitraum von 20 s und Referenzkurve nach dem CERMIT-Protokoll [22.339]. (b) Einzelelektronenspindetektion in zwei unterschiedlichen Feldern B_0. Aufgetragen ist in diesem Fall die Varianz des spinbasierten Signals [22.338].

Von sehr großem Interesse ist natürlich MRI auf der Basis von MRFM. Die potentiell im Vergleich zu konvenionellen MRI-Abbildungen sehr hohe Auflösung lässt es extrem interessant erscheinen, MRFM insbesondere für Strukturuntersuchen an biologischen Objekten bis hin zu Proteinen und anderen einzelnen Biomolekülen einzusetzen. In der Tat gelang im Jahr 2009 die MRFM-Abbildung einzelner Tabakmosaikviren und Virenfragmente durch Detektion der Protonenkonzentration. Abbildung 22.158 zeigt die MRFM-Abbildung eines mehrwandigen Kohlenstoffnanoröhrchens mit einem Durchmesser von etwa 10 nm. Dies liefert einen Protonenkontrast wegen einer protonenreichen Kontaminationsschicht auf der Oberfläche, welche in ähnlicher Form auch auf anderen Oberflächen beobachtet wird.

Neben der örtlich aufgelösten Abbildung von Spindichten sind auch dynamische Eigenschaften kleiner Spinensemble mittels MRFM experimentell zugänglich [22.355]. So konnte beispielsweise die bereits von F. Bloch (1905–1983, Nobelpreis für Physik 1952) prognostizierte statistische Polarisation kleiner Ensemble von Kernspins [22.356] mittels MRFM nachgewiesen werden [22.357]. Auch Spinlebensdauern und Spinrelaxationszeiten sind direkt messbar [22.358]. Gerade in diesem Kontext ist sehr interessant, dass eine starke Kopplung zwischen Cantilever und Spins zu einer mecha-

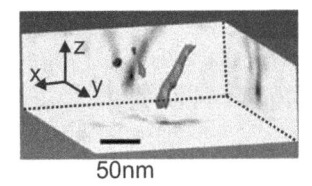

Abb. 22.158. MRFM-Abbildung der Protonendichte auf der Oberfläche eines mehrwandigen Kohlenstoffnanoröhrchens [22.354].

nischen Manipulation der Spinrelaxation führen kann. Die starke Kopplung kommt durch hohe Feldgradienten von zum Teil mehr als $5 \cdot 10^6$ T/m zustande. Hohe Feldgradienten können das thermische Rauschen des Cantilevers an den Spin koppeln und ihn so destabilisieren. Dies führt zu einer Erhöhung der Spin-Gitter-Relaxationsrate. Dadurch entsteht eine Abhängigkeit der Relaxationsrate vom Feldgradienten der an den Spin stark gekoppelten Sonde. Dies zeigt Abb. 22.159.

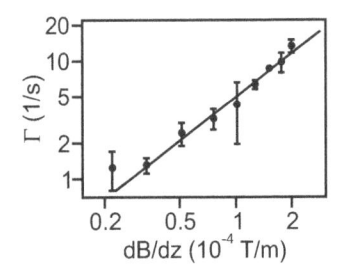

Abb. 22.159. Spinrelaxationsrate als Funktion des Sondenfeldgradienten für Kernspins, gemessen mittels MRFM [22.359].

Neben zahlreichen Experimenten mit kleinen Ensembles von Elektronen- und Kernspins wurde auch die ferromagnetische Resonanz intensiv mit MRFM analysiert. Da FMR eine zur Analyse magnetischer Schichten sehr wichtige Methode darstellt, ist die Bedeutung MRFM-basierter Verfahren a priori hoch. Entsprechende Messungen umfassen die Untersuchung von Temperaturabhängikeiten [22.360], von nanoskaligen Feldvariationen [22.361] und von Spininjektionsphänomenen [22.362].

Ein für MRFM besonders relevantes Problem ist die kontaktlose Reibung (*Non-contact Friction*) [22.363]. Diese ist verantwortlich für eine Dissipation während der Cantilever-Oszillation, die über die intrinsische Dissipation hinaus auftritt, also unter UHV-Bedingungen durch Anwesenheit der Probe bedingt ist. Hierfür kommen a priori verschiedene Ursachen in Betracht wie beispielsweise die van der Waals- oder Vakuumreibung [22.364], thermische Nahfeldstrahlung [22.365] oder dielektrische Fluktuationen [22.366]. Betrachten wir einen Cantilever unter dem Einfluss einer Langevin-artigen thermischen Anregung $F(t)$ und einer Reibung Γ, so ist die Bewegungsgleichung durch $m(d^2/dt^2) + \Gamma dx/dt + kx = F(t)$ gegeben. Dabei gilt $m = k/\omega_r^2$ und $\Gamma = m\omega/Q$. Der stochastische Term $F(t)$ besitzt die spektrale Leistungsdichte $S_F = 4\Gamma k_B T$, was sicherstellt, dass das Äquipartitionstheorem $k\langle x^2 \rangle = k_B T$ erfüllt ist. $\Gamma = \Gamma_i + \Gamma_p$ beinhaltet einen intrinsischen Term und den durch die Anwesenheit der Probe resultierenden Anteil. Dieser läst sich aus abstandsabhängigen Messungen extrahieren: $\Gamma_p(z) = m[\omega(z)/Q(z) - \omega_r/Q_0]$. ω_r und Q_0 charakterisieren den Cantilever ohne Anwesenheit der Probe. Abbildung 22.160 zeigt eine Messung der kontaktlosen Reibung zwischen einer Au(111)-Oberfläche und einem Au-beschichteten Cantilever für unterschiedliche Temperaturen. Die Ergebnisse lassen sich dadurch erklären, dass lokale Variationen der Austrittsarbeit der polykristallinen Sonde zu inhomogenen elektrischen Feldern führen, welche die Dissipationseffekte zur Folge haben [22.367].

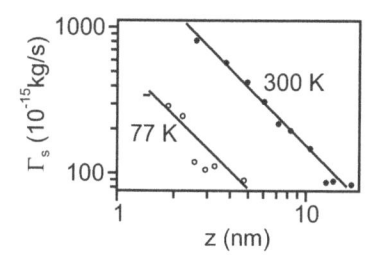

Abb. 22.160. Kontaktlose Reibung als Funktion des Sonden-Proben-Abstands zwischen einer Au(111)-Probe und Au-beschichtetem Cantilever [22.367].

Im Fall von MRFM bei aN-Empfindlichkeit dominiert in der Regel die kontaktlose Reibung: $\Gamma_p > \Gamma_i$. Für diese wurde gefunden, dass sie quadratisch mit einer Sonden-Proben-Potentialdifferenz oder mit vorhandenen Ladungen q skaliert [22.367]. Dies erhärtet die Annahme, dass fluktuierende elektrische Felder im Sonden-Proben-Raum eine Schlüsselbedeutung für die kontaktlose Reibung besitzen. Damit resultiert $\Gamma_p = q^2 S_E(\omega)/(4k_B T)$ und $S_E = 4 \int_0^\infty \cos(\omega t) \langle \delta E(t) \delta E(0) \rangle$ [22.368]. S_E ist in diesem Fall die spektrale Dichte der Fluktuationen des elektrischen Felds E. Dielektrische Fluktuationen können dabei eine besondere Rolle spielen [22.366].

Potentiell gibt es zahlreiche weitere Applikationen für die mechanische Detektion von Spinresonanzen. Dazu gehört sicherlich auch die Detektion von Spinzuständen im Kontext der in Abschn. 3.4 behandelten Quanteninformationstechnologie. So wurde die Implementierung von MRFM in diesem Kontext konkret betrachtet [22.369]. Die Physik einzelner Spins oder kleiner Spinensemble erfordert auch verfeinerte theoretische Ansätze zur Analyse von MRFM-Daten. So müssen Quantensprünge der Magnetisierung, der Kollaps von Wellenfunktionen und die Rückwirkung der Detektion auf die Spins dezidiert mit einbezogen werden [22.370]. MRFM-Anordnungen werden dazu in Form gekoppelter Quantensysteme behandelt [22.371]. Auch die Spindiffusion in starken Feldgradienten [22.372] sowie neue Aspekte der dynamischen Polarisation [22.373] sind gegenwärtig im Fokus theoretischer Ansätze.

Insgesamt stellt MRFM eine komplexe, aber äußerst wichtige AFM- oder genauer MFM-Variante dar. Der Komplexität der Messungen steht die Detektierbarkeit einzelner Elektronen und nur weniger Kernspins gegenüber. Diese ist von überragender Bedeutung für ein Verständnis vieler grundlegender Mechanismen in der Materialphysik und in der molekularen Welt. Besonders verspricht die Analyse von Biomolekülen und biologischen Objekten mittels MRFM zukünfig große Erkenntnisgewinne. In technischer Hinscht kann MRFM als dasjenige Verfahren betrachtet werden, welches das vergleichsweise neue Gebiet der Spinmechatronik begründet hat.

22.3.9 Atomare und Oberflächenmanipulationen

Wie STM kann auch AFM zur atomaren und Oberflächenstrukturierung eingesetzt werden. Dies beinhaltet auch die atomare Manipulation. Dabei lässt sich eine Präzision erzielen, die derjenigen, die bei den in Abschn. 22.2.7 diskutierten STM-Experimenten erzielt wird, in nichts nachsteht. Das ist auch insofern verständlich, als dass auch bei der Manipulation mittels STM in der Regel Kräfte eine maßgebliche Rolle spielen. Und die übt natürlich auch die AFM-Sonde aus. Allerdings gibt es auch entscheidende Unterschiede zwischen AFM- und STM-Manipulationen. So können AFM-Strukturierungen beispielsweise auf isolierenden Substraten erfolgen, STM-Strukturierungen wiederum durch tunnelstrominduziertes Brechen von Bindungen. Viele atomare Manipulationen mittels AFM lassen sich sogar bei Raumtemperatur ausführen [22.374], während für STM-Manipulationen meist kryogene Temperaturen notwendig sind. AFM ist insbesondere auch geeignet, auf gröberen Skalen, bis in den Bereich von 100 μm, Oberflächenstrukturierungen zu realisieren. Dabei können die unterschiedlichsten Sonden-Proben-Wechselwirkungen genutzt und insbesondere auch elektrische und magnetische Felder mit einbezogen werden. Für die atomare Manipulation ist die Dominanz kurzreichweitiger Wechselwirkungen erforderlich. Diese ist für Sonden-Proben-Abstände von weniger als 5 Å gegeben. In diesem Abstandsbereich ist es, wie diskutiert, nötig, im dynamischen Modus zu arbeiten.

Die ersten wohldefinierten atomaren Manipulationen wurden an Si(111)-7×7-Oberflächen durchgeführt [22.375]. Dabei gelang es, Kanten- oder Zentraladatome der rekonstruierten Oberfläche zu entfernen, indem lokal die AFM-Sonde angenähert wurde. Ebenso gelang die Deposition von Adatomen in entsprechenden Leerstellen. In weiteren Arbeiten konnte die Deposition einzelner Adatome von der Sonde auf eine Ge(111)-c2×8-Oberfläche und ihre Verschiebung entlang atomarer Reihen der Oberfläche demonstriert werden [22.376]. Modellrechnungen präzisierten dann das Potential von AFM-basierten Verfahren zur Manipulation selbst stark chemisorbierter Spezies auf Oberflächen [22.377]. Eine komplexere Manipulation zeigt Abb. 22.161. Durch Schaffung von Leerstellen und laterale Verschiebung von Fremdatomen

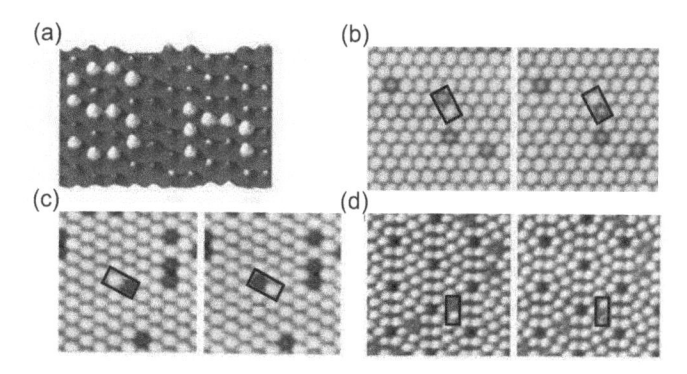

Abb. 22.161. Dotierung mit atomarer Präzision mittels AFM-Manipulation [22.374]. (a) Substitution von Ge-Atomen der Ge(111)-c2×8-Oberfläche durch Sn-Atome. (b) Entsprechende Manipulation an der Sn/Si(111)-$\sqrt{3} \times \sqrt{3}$R30°-Oberfläche. (c) Entsprechende Manipulation an der In/Si(111)-$\sqrt{3} \times \sqrt{3}$R30°-Oberfläche. (d) Substitution von Si-Atomen durch Sb-Atome an der Si(111)-7×7-Oberfläche.

wurden an Si(111)-7×7-Oberflächen und Monolagen darauf mit atomarer Präzision Dotierungen mit Atomen der dritten und fünften Hauptgruppe vorgenommen. Grundlage entsprechender Prozesse ist die Tatsache, dass die Anwesenheit der AFM-Sonde die „energetische Landkarte" so beeinflusst, dass entsprechende Diffusionsprozesse bei Raumtemperatur möglich werden. Dies wird als FM-stimulierter substitutioneller Austauschprozess bezeichnet.

Während Abb. 22.161 Ergebnisse eines lateralen Austauschprozesses darstellt, ist in Abb. 22.162 das vertikale Pendant dargestellt. Durch Variation des Sonden-Proben-Abstands lassen sich reversibel Atome zwischen AFM-Sonde und Probenoberfläche transferieren. Auch dieser vertikale Substitutionsprozess findet bei Raumtemperatur statt und ist thermisch stimuliert. Dass sich auch Adatome an der Oberfläche von Isolatoren präzise manipulieren lassen, zeigt Abb. 22.163. Viele weitere atomare [22.378] und molekulare [22.379] AFM-Manipulationsprozesse wurden in den vergangenen Jahren vorgestellt. Das Fazit sieht in etwa so aus, wie für die in Abschn. 22.2.7 vorgestellten STM-Manipulationsprozesse. Die Verfahren sind äußerst anspruchsvoll, eröffnen aber völlig neue Wege im Hinblick auf die Analyse vieler fundamentaler Prozesse auf atomarer oder molekularer Skala und werden von darauf spezialisierten Arbeitsgruppen mit erstaunlicher Präzision und Reproduzierbarkeit beherrscht.

Vorteilhaft ist es, wenn Sonde und Probe es zulassen, STM und AFM simultan zu nutzen, wie es auch schon in Abschn. 22.2.3 und 22.3.3 diskutiert wurde. Abbildung 22.164 zeigt ein Beispiel. Kontaktsteifigkeit $k_{SP} = \partial F/\partial z$ und Leitwert $G = \partial I/\partial V$ lassen sich gleichzeitig messen. Die Messungen lieferten $\Delta k_{SP} = 19$ N/m für Co und $\Delta k_{SP} = 9$ N/m für CO bei Steifigkeiten von 10–100 N/m für Metall-Metall-Bindungen. Von fundamentalem Interesse ist nun die Frage, wie groß Kräfte sind, die benötigt werden, um verschiedene Adsorbate über das Substrat zu bewegen. Eine diesbezügliche AFM/STM-Messung [22.380] lieferte 210 pN für Co auf Pt(111) und nur 17 pN für Co

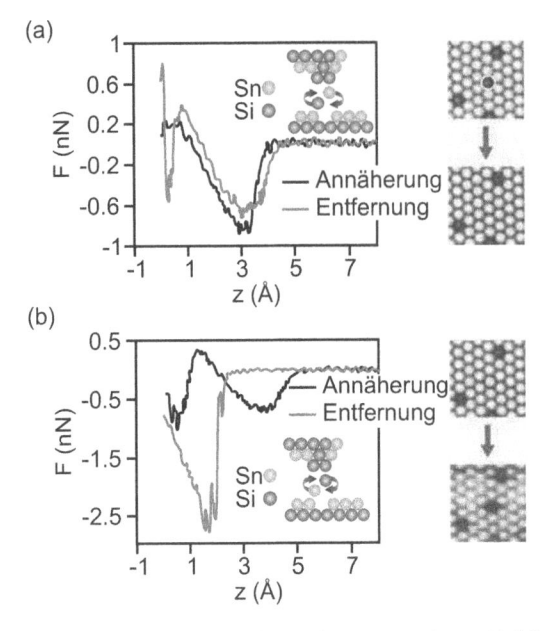

Abb. 22.162. Vertikaler Substitutionsprozess [22.374]. (a) Substitution eines Si-Defekts (markiert) der Sn(111)-$\sqrt{3} \times \sqrt{3}$R30°-Oberfläche durch ein Sn-Atom. (b) Substitution des Sn-Atoms (markiert) durch ein Si-Atom.

auf Cu(111). Die benötigten Kräfte variieren stark mit der Adsorbat-Substrat-Bindung. Abbildung 22.165 zeigt den Verlauf der vertikalen und lateralen Kraftkomponenten bei Bewegung der Sonde über ein CO-Molekül auf Cu(111) bei unterschiedlichen Sonden-Proben-Abständen. Bei $z = 80$ pm hüpft das Molekül von einer Bindungsposition zur nächsten. Die kritische Lateralkraft konnte zu 160 pN bestimmt werden und ist damit eine Größenordnung größer als für Co auf Cu(111). Auch die Lateralverteilung der kritischen Kraft ist für CO völlig anders als für Metalladsorbate. Im Gegensatz zum s-Wellencharakter für Co-Atome ist sie für CO praktisch isotrop [22.380].

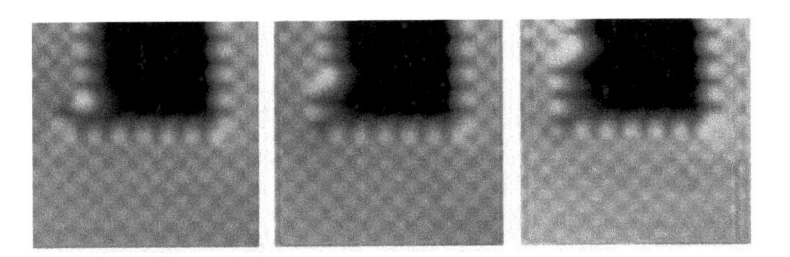

Abb. 22.163. Manipulation von Atomen an der Kinkenposition einer Wachstumskante von KBr(100) bei 80 K [22.374].

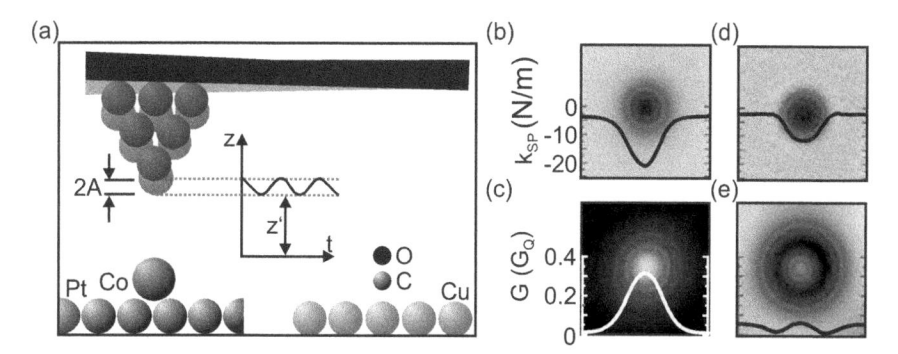

Abb. 22.164. Simulatane AFM- und STM-Abbildung [22.380]. (a) Leitfähige AFM/STM-Sonde über Adsorbaten auf zwei verschiedenen Substraten bei einer Oszillationsamplitude von A = 30 pm. (b) Sonden-Proben-Steifigkeit k_{SP} für ein Co-Atom auf Pt(111). (c) Simultan gemessener Tunnelleitwert. (d) Wie in (b), aber für ein CO-Molekül auf Cu (111). (e) Wie in (c), aber für das System aus (d).

Messungen, wie in Abb. 22.165 dargestellt, erlauben es, „Potentiallandkarten" der Adsorbate auf den Substratoberflächen zu erstellen. Dies zeigt Abb. 22.166. Aus den Abbildungen lassen sich die stabilen Adsorptionspositionen für die Adsorbate und die

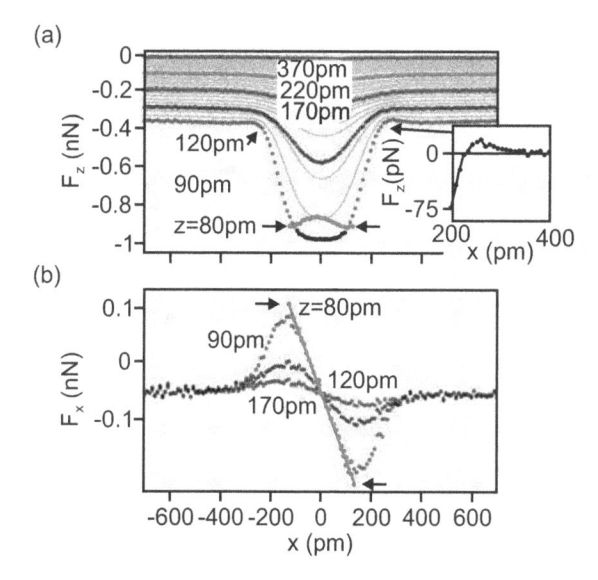

Abb. 22.165. Vertikal- und Lateralkräfte für CO auf Cu(111) [22.380]. (a) Vertikalkräfte für unterschiedliche Sonden-Proben-Abstände. Bei z = 80 pN bewegt sich das CO-Atom. Die eigentlich relevante Kraft F_z^* ergibt sich aus F_z nach Abzug von Hintergrundkräften. Sie ist bei x = ±300 pm repulsiv, was in der Teilabbildung sichtbar ist. (b) Lateralkräfte. Der lineare Verlauf für z = 80 pm liefert k_x = −1,2 N/m.

Potentialbarrieren zwischen ihnen entnehmen [22.380]. Außerdem wird die bereits erwähnte unterschiedliche Symmetrie der Bindungspositionen für Co und CO auf Cu(111) deutlich.

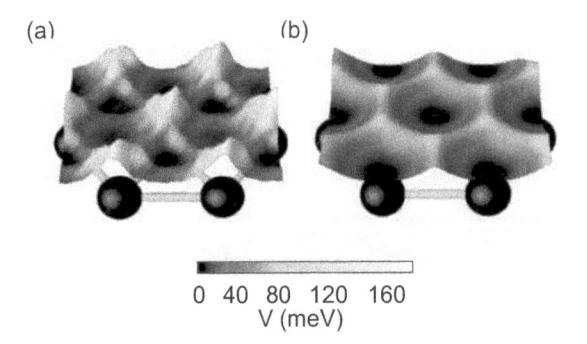

Abb. 22.166. Sonden-Adsorbat-Energielandkarte während der Manipulation [22.380]. Die Bildgröße beträgt 550 pm × 480 pm. (a) Co auf Cu(111). (b) CO auf Cu(111).

Entsprechende AFM-Manipulationsexperimente liefern wichtige Erkenntnisse zur Oberflächendiffusion und zur Stabilität nanofabrizierter Oberflächenstrukturen. Simultane STM-Messungen erlauben eine elektronische Charakterisierung der atomaren Strukturen und insbesondere eine lokale Bestimmung der Tunnelkanäle, indem $\partial I / \partial V$ in Einheiten des in Abschn. 3.6.3 eingeführten Leitwertquantums G_Q gemessen wird [22.380].

Selbstverständlich lässt sich die AFM-Sonde auch auf gröberer Skala als Werkzeug oder Manipulationsinstrument einsetzen. Dabei können auf eine Probe mechanische Kräfte sowie elektrische oder magnetische Felder ausgeübt werden. Gerade im Zusammenhang mit Strukturierungen über Kräfte, aber auch mit elektrochemischen Prozessen wird häufig von *AFM-Lithographie* gesprochen. Abbildung 22.167 zeigt Bei-

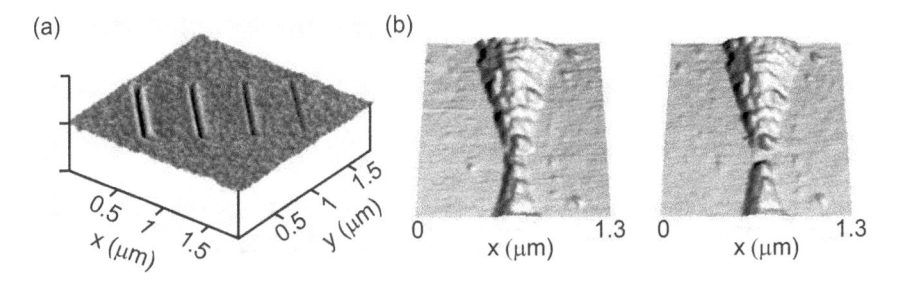

Abb. 22.167. Mechanische Oberflächenmanipulation und Abbildung derselben mittels AFM [22.381]. (a) Linien in einer Al-Maske nach Applikation unterschiedlicher Auflagekräfte im μN-Bereich. (b) Durchtrennung einer Mikrobrücke.

spiele für die mechanische Manipulation mittels AFM. Derartige Manipulationen können neben lithographischen Aufgabenstellungen auch Verschleißmessungen dienen.

Eine äußerst interessante elektrochemische Lithographievariante ist die anodische Oxidation mittels AFM [22.382]. Eine geeignete elektrochemische Umgebung der leitfähigen AFM-Sonde wird durch einen Wassermeniskus zwischen Sonde und Probe realisiert. Dazu liegt die Luftfeuchte typisch bei 30–60 %. Bei Anlegen einer Spannung entstehen Oxyanionen, insbesondere OH^- und O^-, welche die Probe oxidieren. Für eine metallische Probe M läuft die Reaktion gemäß

$$M + nH_2O \rightarrow MO_n + 2nH^+ + 2ne^- \tag{22.48a}$$

und

$$M^n + 2nH_2O + 2ne^- \rightarrow nH_2 + 2nOH^- + M \tag{22.48b}$$

ab. Dabei entsteht an der AFM-Sonde H_2-Gas: $2H^+ + 2e^- \rightarrow H_2$.

Besonders relevant ist die Oxidation von Si, welches in diesem Fall die Anode darstellt:

$$Si + 2h^+ + 2(OH)^- \rightarrow Si(OH)_2 \rightarrow SiO_2 + 2H^+ + 2e^- \, . \tag{22.49}$$

Wiederum entsteht an der AFM-Sonde H_2. Die *Oxidationslithographie* erlaubt die Erzeugung komplexer Muster auf der Probenoberfläche, wie Abb. 22.168 zeigt.

Insbesondere lassen sich durch AFM-induzierte lokale Oxidation auch funktionsfähige elektronische und optische Bauelemente fertigen. Diese können in eine vorhandene oder nachträglich lithographisch erzeugte komplexe Umgebung eingepasst werden. Abbildung 22.169 zeigt Beispiele.

Eine Vielzahl weiterer elektrochemischer, chemischer und templatbasierter Verfahren zur Lithographie mittels AFM-Sonden wurde in den letzten Jahren entwickelt [22.383]. Einige dieser Verfahren, wie die besprochene anodische Oxidation, sind relativ universell einsetzbar, andere an spezielle Materialien oder Umgebungsbedingungen gebunden. Zu den recht universellen Verfahren gehört in diesem Kontext auch die in Abschn. 8.1 bereits angesprochene Dip Pen-Lithographie.

Ein sich bei AFM bietender Freiheitsgrad ist die Applikation elektrischer Felder zwischen leitfähiger AFM-Sonde und leitfähiger Probe. Befindet sich an der Probenoberfläche ein isolierender Film, so lassen sich in diesem lokal Ladungen akkumulieren, wenn die AFM-Sonde pulsförmige elektrische Felder genügender Stärke generiert. Die Ladungsakkumulation kann beispielsweise durch Koronaentladung direkt im Isolator erfolgen. Nachdem so lokalisierte Ladungen erzeugt wurden, kann das AFM wiederum in den Betriebsmodi EFM oder KPFM, die wir in Abschn. 22.3.6 diskutierten, zur Abbildung der Ladungsverteilung genutzt werden. Das Verfahren erlaubt die Erzeugung und Visualisierung einzelner Elementarladungen und ihrer zeitlichen Entwicklung [22.386]. Abbildung 22.170 zeigt ein Beispiel für die Ladungserzeugung und -visualisierung in einem SiO_2-Film, in den einzelne Si-Nanokristalle eingebettet sind. Der Film befindet sich auf der Oberfläche eines dotierten Si-Substrats.

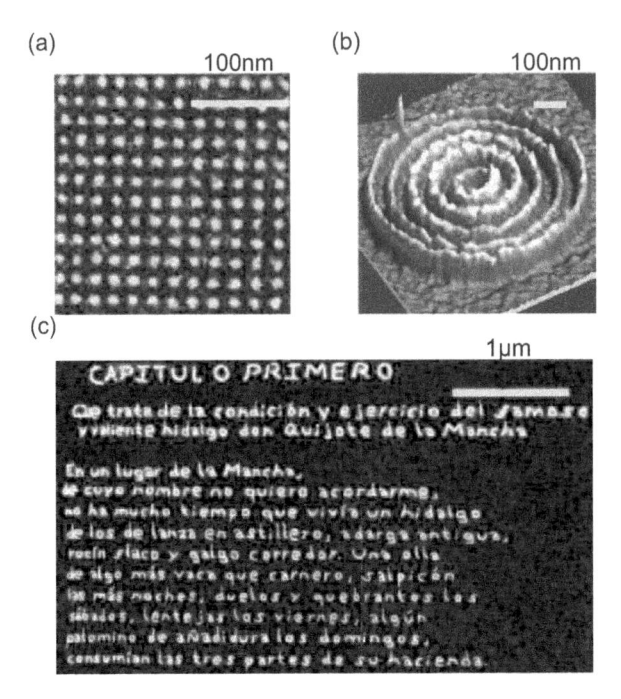

Abb. 22.168. AFM-Oxidationslithographie auf Si [22.383]. (a) 10 nm große Oxiddots. (b) Konzentrische Oxidringe. (c) Erster Absatz aus „Don Quixote".

In optimierten Anordnungen lassen sich Ladungen wohldefiniert, voneinander getrennt und dennoch dicht gepackt speichern. Dies wird in den weit verbreiteten *Flash-Speichern (Flash Memories)* genutzt. Die Ladung wird hier nichtflüchtig auf *Floating Gates (FG)* gespeichert [22.388]. Ebenfalls in Abb. 22.170 dargestellt ist die Injektion von Ladungen in ein mechanisch flexibles FG auf Basis von Au-Nanopartikeln [22.389].

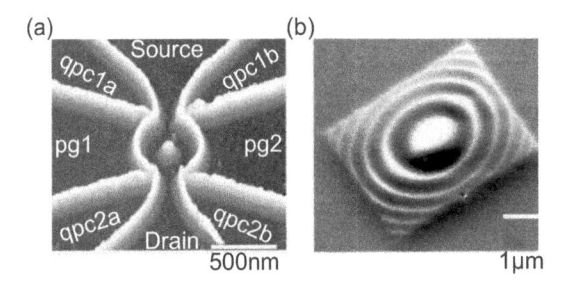

Abb. 22.169. Funktionale Bauelemente, erzeugt durch Oxidationslithographie auf Si. (a) Quantenring mit Gate-Elektroden [22.384]. (b) Konzentrische Mikrolinsen [22.385].

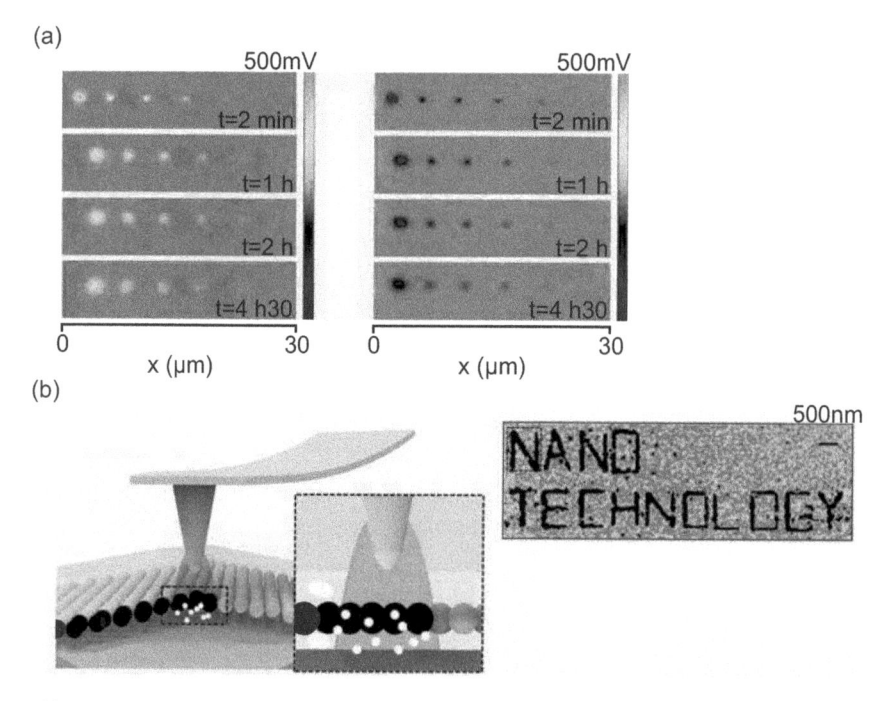

Abb. 22.170. AFM-basierte Probenmanipulation durch Ladungsinjektion. (a) Injektion bei positivem Sondenpotential von 12 V, 10 V, 8 V, 6 V, 4 V und 2 V für 10 s. Die Visualisierung erfolgte mittels KPFM nach unterschiedlichen Zeiten [22.387]. (b) Identisches Experiment mit negativem Sondenpotential [22.387]. (c) Injektion und Visualisierung komplexer Ladungsmuster an einem Au-Nanopartikel-FG [22.389].

Die Ladungsinjektion lässt sich quasi auf ein einzelnes Atom herunterskalieren. Dabei verschwimmt wiederum der Unterschied zwischen AFM und STM. Von der AFM-Sonde kann bei Applikation eines Potentials und geringen Sonden-Proben-Abstands ein Tunnelstrom fließen. Bei derartig geringen Arbeitsabständen sind wiederum die Kräfte auf die apexnahen Atome der STM-Sonde nicht vernachlässigbar. Abbildung 22.171(a) zeigt eine geeignete Anordnung. Das AFM besitzt eine metallische Sonde und erlaubt simultan die Messung von Kräften und Tunnelströmen. Auf einem Cu(111)-Substrat befinden sich zwei Monolagen von NaCl. Ein pulsförmiges Potential geeigneter Größe und Dauer an der Sonde gestattet es, die Ladungszustände der Adatome zu manipulieren [22.390]. Abbildung 22.171(b) und (c) zeigen, dass sich das Au^--Ion in den STM-Modi vom Au-Atom unterscheiden lässt. Abbildung 22.171(d) zeigt, dass sich auch mittels AFM eine Elementarladung mit atomarer Auflösung nachweisen lässt. Schließlich erkennt man in Abb. 22.171(e), dass sich der Ladungszustand eines einzelnen Au-Ions durch Spannungspulse an der Sonde gezielt umschalten lässt.

Auch die MFM-Sonde kann als Manipulationswerkzeug verwendet werden. Sie eignet sich zur Manipulation von Objekten, welche sensibel gegenüber Magnetfeldern

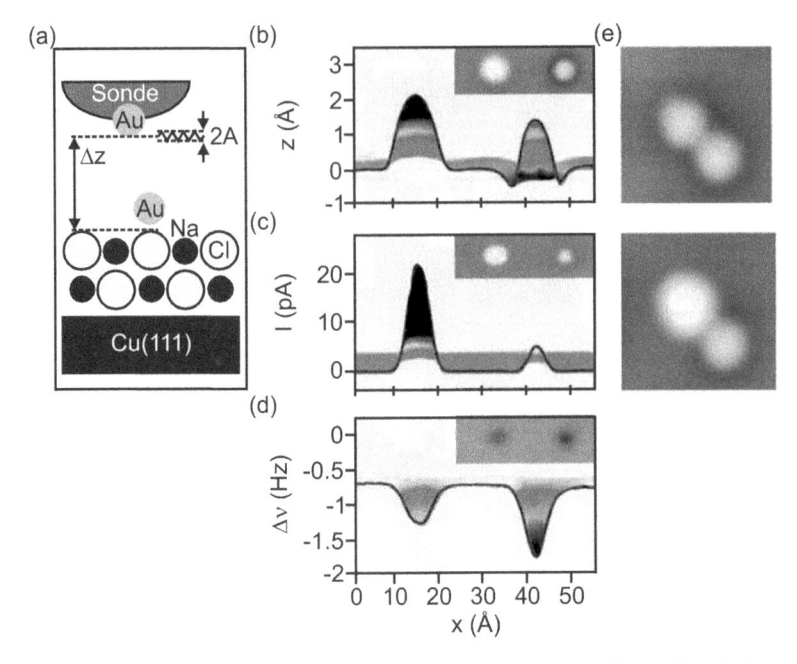

Abb. 22.171. Injektion und Nachweis einer Elementarladung mittels AFM/STM bei atomarer Auflösung [22.391]. (a) Experimentelle Anordnung. (b) STM im Modus konstanten Stroms. (c) STM im Modus konstanter Höhe. (d) AFM simultan im Modus konstanter Höhe. (e) Umschalten eines Au^--Ions (oben) in ein Au-Atom durch h^+-Injektion.

sind. Derartige Objekte in Form von Domänen, Domänenwänden, Feinstrukturen und Skyrmionen in magnetischen Materialien oder auch Vortices in Supraleitern hatten wir in Abschn. 22.3.7 kennengelernt. Bei der Analyse dieser Objekte ist ihre Manipulation in der Regel unerwünscht. Zur Erzeugung bestimmter magnetischer Konfigurationen wird die magnetische Manipulation von Proben aber durchaus eingesetzt. Ein Beispiel liefert Abb. 22.172

Wie wir an den zahlreichen Beispielen gesehen haben, lässt sich AFM auf vielfältige Weise für die Manipulation an Oberflächen verwenden. Die laterale Skala reicht

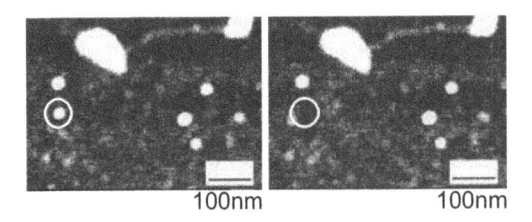

Abb. 22.172. Manipulation von Fe_3O_4-Partikeln auf einem Glimmersubstrat über magnetostatische Wechselwirkungen. Ein Partikel (markiert) wird mit der MFM-Sonde entfernt [22.392].

dabei von einem Atom bis in die Größenordnung von 100 µm. Die involvierten Kräfte bewegen sich zwischen einigen pN und einigen µN und umfassen damit sechs Größenordnungen.

22.4 Optische Rasternahfeldmikroskopie

22.4.1 Grundlagen

In Abschn. 20.2.6 hatten wir diskutiert, dass das Abbe-Limit nicht zwangsläufig das Auflösungsvermögen eines Lichtmikroskops beschränken muss. Superlinsen erlauben theoretisch eine unendlich hohe Ortsauflösung. Eine Auflösung von Bruchteilen der Lichtwellenlänge lässt sich auch mit der *optischen Rasternahfeldmikroskopie (Scanning Near-Field Optical Microscopy, SNOM)*[6] erzielen [22.393].

Das optische Nahfeldmikroskop basiert auf Überlegungen, die lang vor der Realisierung angestellt wurden [22.394]. Zwischenzeitlich konnte dann ein Unterschreiten des Abbe-Limits mittels Mikrowellen erreicht werden [22.395]. Aber erst die in Abschn. 22.1 diskutierten, die Grundlagen der Rastersondenverfahren bildenden Messprinzipien ermöglichen die Realisierung von SNOM. Zur Erzeugung und/oder Detektion des optischen Nahfelds wird eine Spitze in die Nähe der Probenoberfläche gebracht. Typische Arbeitsabstände sind 1–10 nm. Der prinzipielle Aufbau entspricht dem in Abb. 22.1. Zur Realisierung eines konstanten Arbeitsabstands gibt es mehrere Möglichkeiten: Es könnte der Tunnelstrom zwischen Spitze und Probe genutzt werden. Es könnten Wechselwirkungen wie bei den üblichen in Abschn. 22.3 diskutierten AFM-Betriebsmodi genutzt werden. Es kann – und dies ist am verbreitetsten – die *Scherkraftdetektion (Shear Force Detection)* genutzt werden.

Dazu wird die Spitze mittels eines Schwingers, etwa eines Piezoaktors oder eines Schwinquarzes, in laterale Oszillationen versetzt. Bei Änderung des Spitzen-Proben-Abstands kommt es aufgrund von Scherkraftänderungen zu Veränderungen im Schwingungsverhalten, die mittels eines Regelkreises zur Konstanthaltung des Abstands eingesetzt werden können [22.396].

Die Scherkräfte können unterschiedliche Ursachen haben. Unter Umgebungsbedingungen oder in Flüssigkeiten kommen hydrodynamische Kräfte in Betracht. Aber selbst unter UHV-Bedingungen und unter kryogenen Bedingungen werden Scherkräfte erfolgreich zur Abstandsregelung eingesetzt. Dabei könnten beispielsweise viskose Kräfte aufgrund von Adsorbaten auf Probenoberflächen eine Rolle spielen [22.397] und letztlich auch die in Abschn. 22.3.8 diskutierte kontaktlose Reibung. Abbildung 22.173 zeigt das typische Resultat einer Scherkraftmessung. Die Oszillationen wurden hier mittels einer Quarzgabel realisiert. Aufgrund des piezoelektrischen Effekts kann

---

[6] Außerhalb Europas auch als Near-Field Scanning Optical Microscopy (NSOM) bezeichnet.

die Änderung der Schwingungsdynamik direkt an der Quarzgabel detektiert werden. Dies nutzt auch der in Abschn. 22.3.1 diskutierte qPlus-Sensor. Aufgrund elastischer und inelastischer Wechselwirkungen zwischen Spitze – im vorliegenden Fall eine Au-Spitze – und Probe – im vorliegenden Fall HOPG – kommt es bei Abständen unterhalb von etwa 25 nm zu einer Reduktion der Schwingungsamplitude und der Resonanzfrequenz.

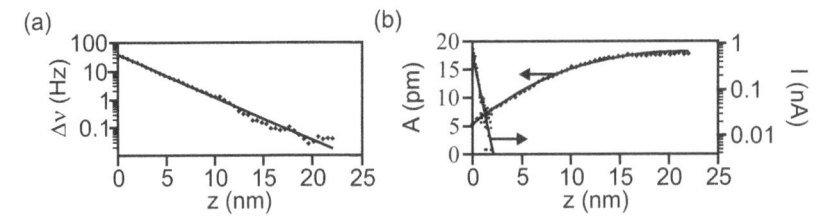

Abb. 22.173. Scherkraftmessung zwischen einer Au-Spitze und einer HOPG-Probe [22.397]. (a) Änderung der Resonanzfrequenz. (b) Änderung der Amplitude für $\lim_{z\to\infty} A = 18$ pm sowie Änderung des Tunnelstroms.

Eine SNOM-Anordnung unter Verwendung einer Quarzgabel (*Tuning Fork*) zur Oszillationsdetektion und eines separaten Anregungspiezos zur Erzielung größerer Lateralamplituden ist in Abb. 22.174(a) dargestellt. Grundsätzlich kommen zwei Kategorien von Spitzen zum Einsatz, lichtleitende Spitzen mit Apertur und aperturlose Spitzen. Beispiele sind in Abb. 22.174(b)–(d) dargestellt.

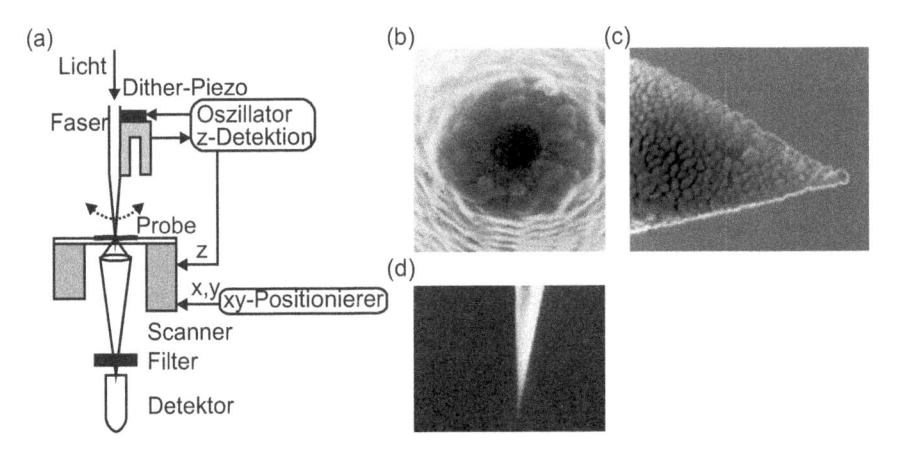

Abb. 22.174. (a) Aufbau eines SNOM. (b) Spitze mit Apertur [22.398]. (c) Aperturlose Spitze mit polykristallinem Ag-Film [22.399]. (d) Nasschemisch geätzte Glasfaserspitze.

Lichtleitende Spitzen mit Apertur können als Lichtquelle oder als Detektor eingesetzt werden. Benutzt man sie als Lichtquelle, so wird wie bei einer aperturlosen Spitze auch nur der Probenbereich unterhalb der Spitze einem optischen Nahfeld am Spitzenapex ausgesetzt. Probe und Sonde werden relativ zueinander rasterförmig bewegt und dabei wird die Topographie über das Abstandssignal sowie das optische Signal aufgezeichnet. Das optische Signal kann dabei aus den verschiedensten Betriebsmodi, die aus der konventionellen Lichtmikroskopie bekannt sind, resultieren. Es kann sich also beispielsweise um eine Fluoreszenzaufnahme handeln. Ein Beispiel zeigt Abb. 22.175.

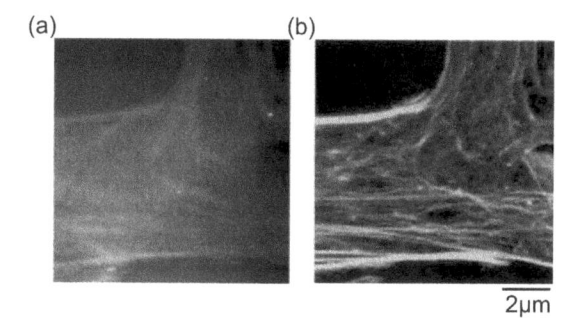

Abb. 22.175. Lamellipodium eines Mausfibroblasten [22.400]. (a) Scherkraftaufnahme. (b) SNOM-Fluoreszenzaufnahme.

Als Aperturspitze kommen, wie in Abb. 22.174(b) dargestellt, gezogene oder geätzte Glasfaserspitzen, die mit einem Al- oder Ag-Film beschichtet sind, zum Einsatz. Die Aperturen haben einen Durchmesser im Bereich von 10–100 nm, sind also klein gegenüber der Wellenlänge im sichtbaren Bereich. Wird Laserlicht in die Faser eingekoppelt, so fungiert die Apertur als Subwellenlängenlichtquelle. Die Probe befindet sich im Subwellenlängen-Abstand davon. Die Wechselwirkung findet im Nahfeldbereich statt. Das dabei reflektierte, emittierte oder transmittierte Licht kann mittels konventioneller Fernfeldoptik erfasst und ausgewertet werden. Auch der umgekehrte Ansatz ist realisierbar. Die Probe wird über ein Fernfeld illuminiert. Die Wechselwirkung wird über die Apertur im Nahfeldbereich detektiert und das durch die Sonde transmittierte Licht im Fernfeldbereich ausgewertet. Transmission durch die oder Reflexion an der Probe sind möglich.

Aperturlose Spitzen sind entweder komplett aus Metall oder besitzen, wie in Abb. 22.174(c) dargestellt, einen Metallfilm auf Glas oder Si. Im Fokus eines Laserstrahls resultiert eine Plasmonenanregung. Wiederum entsteht im Apexbereich ein Nahfeld, welches zur Wechselwirkung mit der Probe genutzt wird. Die Detektion findet ebenfalls im Fernfeld statt. Abbildung 22.176 zeigt schematisch den Einsatz beider Sondentypen im Vergleich. Ebenfalls dargestellt ist eine Anordnung, bei der an der

Probenoberfläche evaneszente Wellen erzeugt werden. Dies erfolgt in der Regel über Totalreflexion. Mit einer dielektrischen Sonde kann dann ein Anteil von 10^{-7} oder weniger [22.400] an Energie aus dem evaneszenten Feld in propagierende Wellen zur Detektion im Fernfeld transferiert werden. In einer weiteren Variante können über Totalreflexion auch Oberflächenplasmonen angeregt werden. Bei Anwesenheit einer metallischen Spitze werden diese gestreut, was sich in einer Abschwächung des total reflektierten Lichts detektieren lässt [22.401]. Eine entsprechende SNOM-Abbildung wurde in Abb. 2.16 dargestellt.

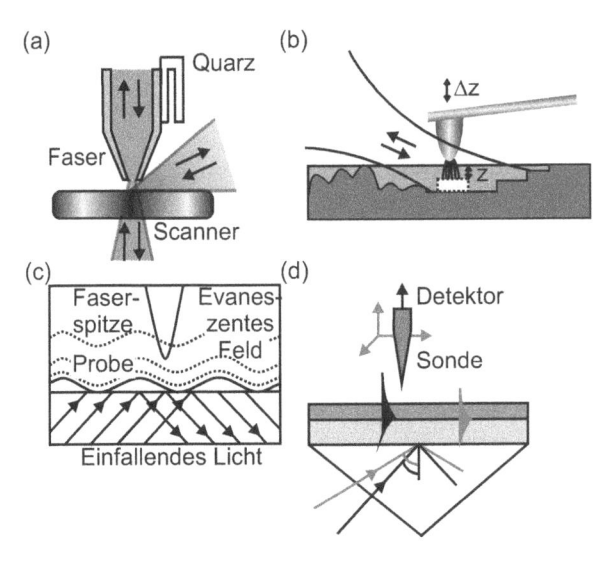

Abb. 22.176. Ansätze zur Realisierung von SNOM. (a) Apertursonde. (b) Aperturlose Sonde im Streumodus (*Scattering SNOM*) in Kombination mit AFM. (c) SNOM mittels evaneszenter Wellen (*Photon Scanning Tunneling Microscopy, PSTM*). (d) SNOM an Oberflächenplasmonen.

Ein enormer Vorteil von SNOM ist es, dass viele der aus der konventionellen Lichtmikroskopie bekannte und hochentwickelte Spezialmodi unmittelbar implementierbar sind. So kann SNOM spektroskopisch, im Polarisationsmodus, im Interferenzmodus, Im Fluoreszenzmodus, magnetooptisch und/oder zeitaufgelöst betrieben werden.

22.4.2 Theoretische Grundlagen

Fundamentale Eigenschaften des optischen Nahfelds hatten wir bereits in Abschn. 2.2.5 diskutiert. Im Folgenden sollen die erhaltenen allgemeinen Ergebnisse konkret unter Einbeziehung typischer SNOM-Anordnungen angewendet werden mit dem Ziel, wesentliche Eigenschaften von SNOM-Abbildungen verstehen und interpretieren zu können [22.402]. Das betrifft insbesondere auch die erreichte hohe Ortsauflösung und ihre Abhängigkeit vom konkreten instrumentellen Aufbau des SNOM.

Eine wichtige Grundlage der Standardtheorien des SNOM ist das *Reziprozitätstheorem des Elektromagnetismus* [22.403]. Im vorliegenden Fall beinhaltet dieses Theorem zwei unterschiedliche Anordnungen [22.404], die in Abb. 22.177 dargestellt sind. In der „experimentellen Anordnung" wird der generische SNOM-Aufbau zugrunde gelegt. Die Probe strahlt die monochromatische Stromdichte $j_{exp}(\omega)$ ab. Die Strahlung resultiert entweder durch Primäremission, etwa durch optische Übergänge, oder durch Sekundäremission aufgrund von Anregung mit der Stromdichte $j_{pri}(\omega)$ einer punktförmigen Primärquelle im Fernfeldbereich. Sekundäremission entsteht beispielsweise bei Fluoreszenzmessungen oder Plasmonenanregung in der Probe. Die durch die Probe emittierte Strahlung wird mittels einer lokalen Sonde detektiert und im Fernfeld ausgewertet. In der reziproken Anordnung wird die Sonde durch eine hypothetische monochromatische Punktquelle $j_{rec}(\omega)$ beleuchtet, die sich an der Detektorposition befindet. Das Reziprozitätstheorem liefert dann [22.403]

$$\mathbf{E}_{det} \cdot \mathbf{j}_{rec} = \mathbf{E}_{rec}(\mathbf{r}_{pri}) \cdot \mathbf{j}_{pri} + \int_S \left(\mathbf{E}_{exp} \times \mathbf{H}_{rec} - \mathbf{E}_{rec} \times \mathbf{H}_{exp} \right) \cdot d\mathbf{S} \,. \tag{22.50}$$

E und **H** sind hier die elektrischen und magnetischen Felder in der experimentellen und in der reziproken Situation. Ferner gilt $d\mathbf{S} = dS\,\mathbf{e}_z$, wobei $\mathbf{e}_z$ ein Einheitsvektor entlang der Sondenachse ist. Im räumlichen Bereich zwischen Sonde und Probe können die elektromagnetischen Wellen in Form eines Spektrums ebener Wellen dargestellt werden. Beispielsweise gilt für $\mathbf{r} = (\mathbf{R}, z)$

$$\mathbf{E}_{exp}(\mathbf{r}) = \int \left\{ \mathbf{E}_{exp}^+(\mathbf{K}) \exp(i[\mathbf{K} \cdot \mathbf{R} + \kappa z]) + \mathbf{E}_{exp}^-(\mathbf{K}) \exp(i[\mathbf{K} \cdot \mathbf{R} - \kappa z]) \right\} d\mathbf{K} \,. \tag{22.51}$$

Dabei gilt $\kappa(\mathbf{K}) = \sqrt{k^2 - K^2}$ mit $k = \omega/c$ sowie $\mathrm{Re}(\kappa) > 0$ und $\mathrm{Im}(\kappa) > 0$. Das Integral erstreckt sich über den Bereich $0 < K < \infty$, so dass propagierende Wellen mit $K \leq k$ und evaneszente mit $K > k$ berücksichtigt werden. Entsprechendes gilt für $\mathbf{H}_{exp}(\mathbf{r})$, wobei aus den Maxwell-Gleichungen zusätzlich

$$\mathbf{k}^\pm \times \mathbf{E}_{exp}^\pm(\mathbf{K}) = \omega\mu_0 \mathbf{H}_{exp}^\pm(\mathbf{K}) \tag{22.52}$$

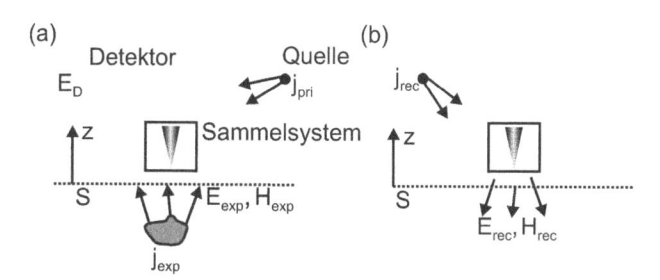

Abb. 22.177. Reziprozitätstheorem. (a) Experimentelle Situation. (b) Reziproke Situation.

folgt. Hier gilt $\mathbf{k}^\pm = (\mathbf{K}, \pm\kappa)$. Aus Gl. (22.50) folgt

$$\mathbf{E}_{\text{det}} \cdot \mathbf{j}_{\text{rec}} = \mathbf{E}_{\text{rec}}(\mathbf{r}_{\text{pri}}) + \int_S \left[\mathbf{E}_{\exp} \cdot (\mathbf{H}_{\text{rec}} \times \mathbf{e}_z) - \mathbf{H}_{\exp} \cdot (\mathbf{e}_z \times \mathbf{E}_{\text{rec}}) \right] d\mathbf{R} \,. \tag{22.53}$$

Das Spektrum des reziproken Felds ist in Anlehnung an Gl. (22.51) gegeben durch

$$\mathbf{E}_{\text{rec}}(\mathbf{r}) = \int \mathbf{E}_{\text{rec}}^-(\mathbf{K}) \exp\left(i[\mathbf{K} \cdot \mathbf{R} - \kappa z]\right) \,. \tag{22.54}$$

Entsprechendes gilt für das Magnetfeld, für das ebenfalls ein ähnlicher Zusammenhang wie in Gl. (22.52) folgt. Allerdings beinhalten die reziproken Wellen nur propagierende oder evaneszente Komponenten entlang von $z < 0$.

Einsetzen aller spektralen Entwicklungen in Gl. (22.53) liefert schließlich

$$\mathbf{E}_{\text{det}} \cdot \mathbf{j}_{\text{rec}} = \mathbf{E}_{\text{rec}}(\mathbf{r}_{\text{pri}}) \cdot \mathbf{j}_{\text{pri}} - \frac{8\pi^2}{\omega\mu_0} \int \kappa(\mathbf{K}) \, \mathbf{E}_{\text{rec}}^-(-\mathbf{K}) \cdot \mathbf{E}_{\exp}^+(\mathbf{K}) \, d\mathbf{K} \,. \tag{22.55}$$

Um zu einer Realraumformulierung zu kommen, muss man die spektrale Repräsentation von $E_{\exp}^+$ und E_{rec}^- invertieren. Aus Gl. (22.51) erhält man

$$E_{\exp}^+(\mathbf{K}) \exp(i\kappa z) = \frac{1}{4\pi^2} \int E_{\exp}^+(\mathbf{R}, z) \exp(-i\mathbf{K} \cdot \mathbf{R}) \, d\mathbf{R} \,. \tag{22.56a}$$

Aus Gl. (22.54) wiederum folgt

$$-i\kappa \mathbf{E}_{\text{rec}}(-\mathbf{K}) \exp(-i\kappa z) = \frac{1}{4\pi^2} \int \frac{\partial \mathbf{E}_{\text{rec}}^-}{\partial z} \exp(i\mathbf{K} \cdot \mathbf{R}) \, d\mathbf{R} \,. \tag{22.56b}$$

Einsetzen von Gl. (22.56) in Gl. (22.55) liefert

$$\mathbf{E}_{\text{det}} \cdot \mathbf{j}_{\text{rec}} = \mathbf{E}_{\text{rec}}(\mathbf{r}_{\text{pri}}) \cdot \mathbf{j}_{\text{pri}} - \frac{2i}{\omega\mu_0} \int_S \frac{\partial \mathbf{E}_{\text{rec}}}{\partial z}(\mathbf{R}, z) \cdot \mathbf{E}_{\exp}^+(\mathbf{R}, z) \, d\mathbf{R} \,. \tag{22.57}$$

Das Integral erstreckt sich über eine Ebene konstanter Koordinate z, die in Abb. 22.177 eingezeichnet ist. Gleichung (22.55) und (22.57) liefern exakte Ausdrücke für die Komponente des elektrischen Felds parallel zu $\mathbf{j}_{\text{rec}}$ an der Detektorposition. Allerdings setzen sie die Gültigkeit des Reziprozitätstheorems voraus. Dies wiederum bedeutet, dass das gesamte lichtsammelnde System aus optisch linearen Materialien besteht, die durch symmetrische konstitutive Tensoren beschrieben werden [22.403]. Das lichtsammelnde System besteht gemäß Abb. 22.177(a) aus der Sonde und der Detektoroptik. Nur unter dieser Bedingung kann eine Transformation in die Anordnung aus Abb. 22.177(b) erfolgen. Beispielsweise wäre das Reziprozitätstheorem nicht anwendbar, wenn magnetische Materialien involviert wären. Hingegen berücksichtigen Gl. (22.55) und (22.57) vollumfänglich Mehrfachreflexionen zwischen Sonde und Probe, da $\mathbf{E}_{\exp}^+$ ja jenes Feld ist, welches die Sonde beleuchtet, wenn die Gegenwart der Sonde explizit angenommen wird.

Der jeweils erste Term in Gl. (22.55) und (22.57) beschreibt eine direkte Beleuchtung des Detektors durch die von der Probe getrennte Primärquelle. Damit beinhaltet dieser Term keinerlei Information über die Probe, und er verschwindet, wenn die Probe selbst die Primärquelle ist.

Gleichung (22.55) liefert Informationen darüber, wie eine räumliche Frequenz $\mathbf{K}$ des experimentellen Felds detektiert wird. Da der Anteil mit $\mathbf{E}_{rec}^{-}(-\mathbf{K})$ skaliert, wird eine Frequenz $\mathbf{K}$ dann effizient detektiert, wenn sie im Feld $\mathbf{E}_{rec}$, welches durch das lichtsammelnde System bei Beleuchtung vom Detektor produziert wird, vorkommt. Eine Sonde detektiert also genau dann effizient eine hohe räumliche Frequenz, wenn sie selbst solche Frequenzen bei Beleuchtung aus dem Fernfeld generiert.

Gleichung (22.57) wiederum zeigt, dass das detektierte Feld durch ein Überlappintegral vom experimentellen Feld und einem Term, der proportional zur Ableitung des reziproken Felds ist, gegeben ist. Dieser Term ist eine Antwortfunktion des Instruments, welche die Verortung des Detektionsprozesses, Polarisationseffekte und das Spektralverhalten beschreibt. Gleichung (22.57) stellt in gewissem Sinn eine Generalisierung von Bardeens berühmtem Resultat zum Tunneleffekt dar, welches wir in Gl. (22.15e) wiedergegeben hatten [22.405]. Dies zeigt, welche Parallelen zwischen SNOM und dem Tunneleffekt zwischen zwei schwach gekoppelten Elektroden [22.9] bestehen.

Eine interessante Frage ist a priori, ob SNOM präferentiell elektrische oder magnetische Felder detektiert [22.406]. Ausgehend von Gl. (22.50) und unter Benutzung von Gl. (22.51) und (22.52) lässt sich das elektrische Feld am Detektor durch Magnetfelder ausdrücken:

$$\mathbf{E}_{det} \cdot \mathbf{j}_{rec} = \mathbf{E}_{rec}(\mathbf{r}_{pri}) \cdot \mathbf{j}_{pri} + \frac{2i}{\omega\varepsilon_0} \int \frac{\partial \mathbf{H}_{rec}}{\partial z}(\mathbf{R}, z) \cdot \mathbf{H}_{exp}^{+}(\mathbf{R}, z) \, d\mathbf{R} \, . \quad (22.58)$$

Diese Gleichung und Gl. (22.52) sind absolut äquivalent. Dies macht deutlich, dass die Form der Antwortfunktionen $\partial \mathbf{E}_{rec}/\partial z$ und $\partial \mathbf{H}_{rec}/\partial z$ entscheidet, ob das detektierte Signal eher $\mathbf{E}_{exp}^{+}$ oder eher $\mathbf{H}_{exp}^{+}$ ähnelt. Die Form der Antwortfunktion hängt aber ab von der Sondenbeschaffenheit und der Beschaffenheit der Detektionsoptik. Es ist nun vorstellbar, dass eine Sonde eine stark lokalisierte und hochsymmetrische Antwortfunktion $\partial \mathbf{E}_{rec}/\partial z$ besitzt, so dass die detektierte Intensität $I = |\mathbf{E}_{det} \cdot \mathbf{j}_{rec}|^2$ die Verteilung der elektrischen Felder widerspiegelt, während eine andere Sonde gerade eine hochgradig lokalisierte und symmetrische Antwortfunktion $\partial \mathbf{H}_{rec}/\partial z$ besitzt. So wurden Unterschiede zwischen dielektrischen und metallischen Sonden gefunden [22.406].

Um eine konkrete experimentelle Antwortfunktion zu erhalten, müssen realitätsnahe Modelle entwickelt werden. Das betrifft insbesondere das Modell für die Sonde. Die Konzeption eines solchen Modells ist vergleichsweise einfach für eine aperturlose Sonde [22.404]. In diesem Fall ist das reziproke Feld $\mathbf{E}_{rec}$ gegeben durch das Feld nahe dem Sondenapex. Dies erhalten wir unter Annahme eines perfekt leitenden Kegels, der durch einen elektrischen Dipol an der Position des Detektors aus dem Fernfeld heraus beleuchtet wird. In der Umgebung des Apex für $kr \ll 1$ gilt [22.408; 22.409]

$$\mathbf{E} = k(kr)^{\nu-1} \sin\beta \left[\mathbf{u}_r + \frac{\mathbf{u}_\Theta}{\nu} \frac{\partial}{\partial \Theta} \right] a(\Theta_0, \Theta, \alpha) \,. \tag{22.59}$$

a ist eine Funktion des Einfallswinkels Θ_0, des Beobachtungswinkels Θ und des halben Aperturwinkels der Sonde α. β quantifiziert die Polarisationsrichtung der einfallenden Welle: $\beta = 0$ für s- oder TE-Polarisation und $\beta = \pi/2$ für p- oder TM-Polarisation. $\mathbf{u}_r$ und $\mathbf{u}_\Theta$ sind die Einheitsvektoren in sphärischen Koordinaten. $0 < \nu < 1$ hängt vom Öffnungswinkel der Sonde ab [22.407]. Der Ausdruck aus Gl. (22.59) ist keine elektrostatische Approximation und beinhaltet Retardierungseffekte [22.407; 22.408]. Das Nahfeld ist im Apexbereich sehr stark erhöht und hängt in seinem räumlichen Verlauf nicht von den Beleuchtungsbedingungen ab. Gleichung (22.59) macht eine konkrete Prognose zur Abhängigkeit der detektierten Intensität $I = |\mathbf{E}_{\text{det}} \cdot \mathbf{j}_{\text{rec}}|^2$ von der Polarisationsrichtung β. I ist durch das Integral in Gl. (22.57) gegeben, wenn die Primärquelle nicht direkt in den Detektor einkoppelt. Befindet sich die aperturlose Metallsonde einige nm von einer reflektierenden Probe entfernt, so ist das die Sonde beleuchtende Feld $\mathbf{E}_{\text{exp}}^+$ im Wesentlichen das verstärkte Feld am Sondenapex, welches dort durch die Probe reflektiert wird. Damit gilt $\mathbf{E}_{\text{exp}}^+ \sim \mathbf{E} \sim \sin\beta$, was zu $I \sim \sin^2\beta$ führt. Dieses Resultat stimmt mit Messungen überein, die mit einer W-Sonde und einer Si-Probe durchgeführt wurden [22.409].

Insbesondere für SNOM-Spektroskopie ist von Bedeutung, wie die Wellenlängenabhängigkeit der instrumentellen Antwortfunktion aussieht. Betrachten wir auch diesbezüglich eine metallische Sonde und eine perfekt reflektierende Probe. Gemäß Gl. (22.59) gilt $\mathbf{E} \sim \omega^\nu$. Dementsprechend sollte dies auch für $\mathbf{E}_{\text{rec}}$ gelten, wobei sich der beleuchtende Dipol wiederum an der Detektorposition befindet. Das Feld $\mathbf{E}_{\text{exp}}^+$ beinhaltet verschiedene Beiträge wie das Feld, welches durch die Probe reflektiert wird, ohne mit der Sonde zu wechselwirken, oder das überhöhte Feld am Sondenapex, welches durch die Probe reflektiert wird. Der zuerst genannte Anteil sollte keine spektrale Abhängigkeit besitzen, während der zweite genannte nach Gl. (22.59) zu $\mathbf{E}_{\text{exp}}^+ \sim \omega^\nu$ führt. Dies bedeutet aber nach Gl. (22.57), dass wir ein Signal $\sim \lambda^{1-2\nu}$ erwarten sollten. Für eine einfache metallische Spitze als Sonde sollte das Nahfeldspektrum also eine entsprechende Dispersion aufweisen! Da ν zudem vom Öffnungswinkel der Sonde abhängig ist, sollte sich der spektrale Verlauf für Sonden mit unterschiedlichem Öffnungswinkel auch noch unterschiedlich gestalten. Abbildung 22.178 zeigt, dass diese intuitiv überraschende Verhaltensweise tatsächlich experimentell beobachtet wird.

Da es a priori nicht naheliegend ist, warum SNOM und STM so große Ähnlichkeit im Hinblick auf die jeweils zugrunde liegende Theorie aufweisen, soll dieser Sachverhalt im Folgenden noch etwas genauer analysiert werden. Das Bardeensche Resultat aus Gl. (22.15e) beschreibt den Ladungstransport über eine fiktive Ebene zwischen Sonde und Probe des Tunnelmikroskops. Die hier diskutierte Theorie behandelt in Form von Gl. (22.57) den Photonentransport zwischen Sonde und Probe in sehr ähn-

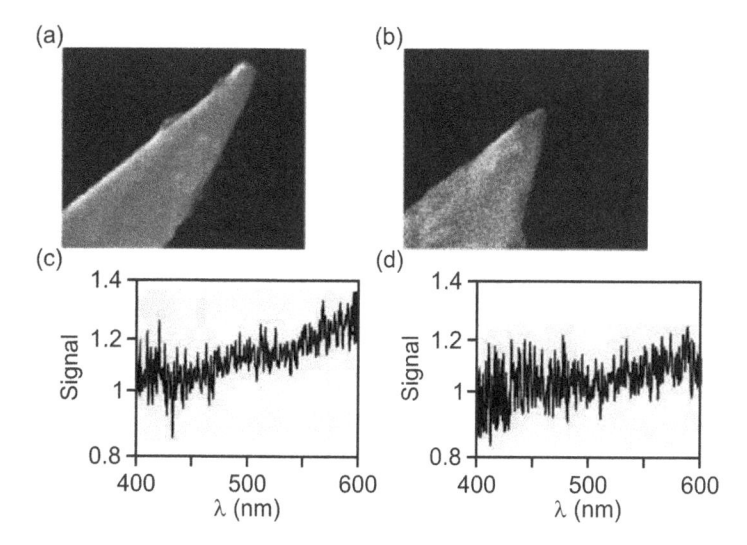

Abb. 22.178. SNOM mit metallischer Sonde auf metallischer Probe [22.410]. (a) W-Sonde mit kleinerem Öffnungswinkel. (b) W-Sonde mit größerem Öffnungswinkel. (c) Auf die Fernfelddetektion normiertes Spektrum an einer Al-Probe für die Sonde aus (a). (d) Spektrum für die Sonde aus (b).

licher Weise. Grundlage ist das Reziprozitätstheorem. Dieses beschreibt, wie in Abb. 22.177 dargestellt, die Relation zwischen zwei äquivalenten Beleuchtungsszenarien. Abbildung 22.179 stellt dies in generalisierterer Weise erneut dar. In Szenario 1 ist nur die Sonde vorhanden, während in Szenario 2 Sonde und Probe berücksichtigt werden. Dass die Sonde ohne Bezug zu einer bestimmten Probe charakterisiert werden kann, erlaubt es, Probeneigenschaften zu eruieren, obwohl die Wechselwirkung mit der Sonde Signale generiert, die durch Sonde und Probe verursacht werden. Innerhalb des in Abb. 22.179 markierten Volumens V sind die dort befindlichen Materialien identisch in Szenario 1 und 2. Außerhalb können sich Komponenten unterscheiden. Auf der Oberfläche δV möge $\nabla \cdot \mathbf{E} = 0$ gelten. Für punktförmige Stromquellen $J_{\text{pri}}^{1,2} = j_{1,2}\delta(\mathbf{r} - \mathbf{r}_{a,b})$ gilt entsprechend

$$\frac{1}{i\omega\mu_0}\oint_{\delta V}\left(\mathbf{E}_{1j} \cdot \partial_i \mathbf{E}_{2j} - \mathbf{E}_{2j} \cdot \partial_i \mathbf{E}_{1j}\right) d\mathbf{S} = \mathbf{E}_1 \cdot \mathbf{j}_2\bigg|_{\mathbf{r}_b} - \mathbf{E}_2 \cdot \mathbf{j}_1\bigg|_{\mathbf{r}_a}. \tag{22.60}$$

Die Anwendbarkeit der Reziprozitätstheorie lässt sich motivieren durch ihre Bezüge zur Energieerhaltung [22.411]. Die Verwandtschaft von Gl. (22.60) mit Gl. (22.15e) wiederum lässt sich zurückführen auf die Verwandtschaft der Maxwell-Gleichungen mit der Schrödinger-Gleichung.

Der Energiefluss in der Optik wird durch den Poynting-Vektor quantifiziert: $\mathbf{S} = \mathbf{E} \times \mathbf{H}$. Unter seiner Verwendung lässt sich ein „optischer Energieerhaltungssatz" formulieren [22.412]. Gemäß Gl. (22.50) beinhaltet das Reziprozitätstheorem dem Poynting-Vektor sehr ähnliche Terme: $\mathbf{E}_2 \times \mathbf{H}_1 - \mathbf{E}_1 \times \mathbf{H}_2$. Terme des Typs $\mathbf{E}_2 \times \mathbf{H}_1 + \zeta \mathbf{E}_1 \times \mathbf{H}_2$

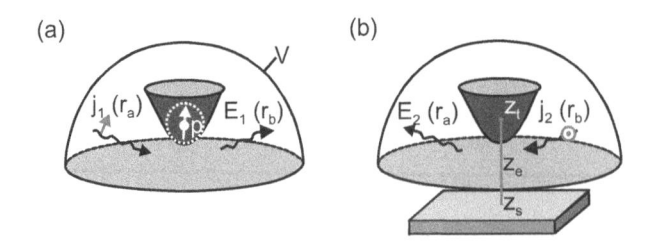

Abb. 22.179. Reziproke Szenarien (a) Licht einer Quelle $\mathbf{j}_1$ bei der Position $\mathbf{r}_a$ wird durch die Sonde gestreut und bei $\mathbf{r}_b$ detektiert. (b) Eine Probe in der Distanz z_S vom Sondenapex ist eingefügt. Quelle und Detektor haben gegenüber der Anordnung in (a) ihre Rolle vertauscht. Eine fiktive Ebene bei z_e wird betrachtet.

erlauben es, für $\zeta = \pm 1$ die Reziprozität und Energieerhaltung in einem Formalismus gleichzeitig zu betrachten [22.411]. Aus den Maxwell-Gleichungen

$$\nabla \times \mathbf{E} = -\frac{\partial \mathbf{B}}{\partial t} \tag{22.61a}$$

und

$$\nabla \times \mathbf{H} = -\frac{\partial \mathbf{D}}{\partial t} + \mathbf{j} \tag{22.61b}$$

mit $\mathbf{D} = \underline{\underline{\varepsilon}}\, \mathbf{E}$, $\mathbf{B} = \underline{\underline{\mu}}\, \mathbf{H}$ und $\mathbf{j} = \underline{\underline{\sigma}}\, \mathbf{E}$ folgt

$$-\nabla \cdot \left(\mathbf{E}_2 \times \mathbf{H}_1 + \zeta \mathbf{E}_1 \times \mathbf{H}_2 \right) = \mathbf{H}_1 \cdot \frac{\partial \mathbf{B}_2}{\partial t} + \zeta \mathbf{H}_2 \cdot \frac{\partial \mathbf{B}_1}{\partial t} + \mathbf{E}_2 \cdot \frac{\partial \mathbf{D}_1}{\partial t}$$
$$+ \zeta \mathbf{E}_1 \cdot \frac{\partial \mathbf{D}_2}{\partial t} + \mathbf{E}_2 \cdot \mathbf{j}_1 + \zeta \mathbf{E}_1 \cdot \mathbf{j}_2\,. \tag{22.61c}$$

Alle Felder sind hier reelle Funktionen von Ort und Zeit. Die Indizes beziehen sich auf die Szenarien aus Abb. 22.179. Ein zweckmäßiger Übergang in die komplexe Schreibweise ergibt sich gemäß $\mathbf{E} \to \mathrm{Re}(\mathbf{E}) = (\mathbf{E} + \mathbf{E}^*)/2$.

Im Folgenden zerlegen wir die Stromdichte in primäre Quellenanteile und sekundäre Streuanteile: $\mathbf{j} = \mathbf{j}^{\mathrm{pri}} + \mathbf{j}^{\mathrm{sec}}$. Ferner fassen wir Permittivität und Leitfähigkeit zusammen: $\underline{\underline{\tilde{\varepsilon}}} = \underline{\underline{\varepsilon}} - \underline{\underline{\sigma}}/(i\omega)$. Damit folgt aus Gl. (22.61c)

$$\mathrm{Re}\left(\nabla \cdot \left[\mathbf{E}_2^* \times \mathbf{H}_1 + \mathbf{E}_1^* \times \mathbf{H}_2 \right] \right) = \mathrm{Re}\left(2i\omega \left[\mathbf{E}_1^* \cdot \underline{\underline{\tilde{\varepsilon}}}_{as} \mathbf{E}_2 + \mathbf{H}_2 \cdot \underline{\underline{\mu}}_{as} \mathbf{H}_1 \right] \right)$$
$$-\mathrm{Re}\left(\mathbf{E}_1 \cdot \mathbf{j}_2^{\mathrm{pri}} - \mathbf{E}_2 \cdot \mathbf{j}_1^{\mathrm{pri}} \right) \tag{22.62a}$$

für $\zeta = 1$ und

$$\mathrm{Re}\left(\nabla \cdot \left[\mathbf{E}_1 \times \mathbf{H}_2 - \mathbf{E}_2 \times \mathbf{H}_1 \right] \right) = \mathrm{Re}\left(2i\omega \left[\mathbf{E}_1 \cdot \underline{\underline{\tilde{\varepsilon}}}_{as} \mathbf{E}_2 + \mathbf{H}_2 \cdot \underline{\underline{\mu}}_{as} \mathbf{H}_1 \right] \right)$$
$$-\mathrm{Re}\left(\mathbf{E}_1 \cdot \mathbf{j}_2^{\mathrm{pri}} - \mathbf{E}_2 \cdot \mathbf{j}_1^{\mathrm{pri}} \right) \tag{22.62b}$$

für $\zeta = -1$. Die Zusammenhänge gelten für den monochromatischen Fall [22.413]. Berücksichtigt wurden in Gl. (22.62a) nur statische Terme und in Gl. (22.62b) nur solche, die mit $\exp(-2i\omega t)$ oszillieren. Die „langsamen" Terme im Energieerhaltungssatz ähneln also den „schnellen" im Reziprozitätstheorem [22.411]. $\underline{\tilde{\varepsilon}}_{as}$ und $\underline{\mu}_{as}$ quantifizieren anti-Hermitesche und antisymmetrische Anteile von Permittivität und Permeabilität. Diese Anteile können natürlich aus Symmetriegründen verschwinden. Während der Energieerhaltungssatz durchaus auf magnetische Materialien, welche die Zeitumkehrsymmetrie brechen, anwendbar ist, nicht aber auf dissipative Medien, ist das Reziprozitätstheorem, wie erwähnt, nicht auf magnetische, wohl aber auf dissipative Medien anwendbar. Diese Ausführungen geben zumindest einen Hinweis auf die Symmetrien, die zwischen Energieerhaltung, Zeitumkehrsymmetrie und Reziprozität bestehen [22.411].

Aus Gl. (22.62b) folgt unmittelbar Gl. (22.60), wenn eine symmetrische Permittivität und unmagnetische Materialien angenommen werden. Dazu integriert man über das in Abb. 22.179 angegebene Volumen und nutzt sodann das Gaußsche Theorem, um zu einer Oberflächenintegration zu gelangen.

Mittels Gl. (22.60) kann Gl. (22.57) noch etwas weiter entwickelt werden, um das Resultat enger an die typischen apparativen Gegebenheiten von SNOM anzupassen [22.411]. Dazu werden das Feld, welches durch die Sonde allein gestreut wird, und das Feld, das durch Streuung am Gesamtsystem mit Probe zustandekommt, berechnet: $\mathbf{T} = \mathbf{E}_1|_{z_e}$ und $\mathbf{S} = \mathbf{E}_2|_{z_e}$. Dazu erfolgt die Darstellung wiederum gemäß Gl. (22.51) in Form eines winkelabhängigen Spektrums und ähnlich Gl. (22.59) durch geometrische Beschreibung der Sonde [22.414]. Daraus resultiert ein vergleichsweise einfaches Ergebnis für das SNOM-Signal [22.411]:

$$\mathbf{E}_2 \cdot \mathbf{j}_1 \bigg|_{\mathbf{r}_a} = \mathbf{E}_1 \cdot \mathbf{j}_2 \bigg|_{\mathbf{r}_b} - i\omega \int \mathbf{T}(\mathbf{r}) \cdot \underline{\underline{\Delta \varepsilon}}(\mathbf{r}) \, \mathbf{S}^+(\mathbf{r}) \, d^3\mathbf{r} \, . \quad (22.63)$$

Das Integral erstreckt sich über den apexnahen Bereich der Sonde. $\mathbf{T}$ und $\mathbf{S}^+$ sind Feldkomponenten in der Fläche δV in Abb. 22.179 oder S in Abb. 22.177. $\underline{\underline{\Delta \varepsilon}}$ quantifiziert die Differenz zwischen Streuer und Hintergrundmedium. $\mathbf{T}(\mathbf{r})$ und $\mathbf{S}^+(\mathbf{r})$ lassen sich mittels selbstkonsistenter Streuansätze auf Basis von Greenschen Funktionen [22.415] berechnen [22.411].

Im Fall einer punktförmigen Sonde mit dem Dipolmoment $\mathbf{p}(\mathbf{r}_S) = V_S \, \mathbf{T}(\mathbf{r}_S) \, \underline{\underline{\Delta \varepsilon}}(\mathbf{r}_S)$ resultiert aus Gl. (22.63)

$$\mathbf{E}_2 \cdot \mathbf{j}_1 \bigg|_{\mathbf{r}_a} = \mathbf{E}_1 \cdot \mathbf{j}_2 \bigg|_{\mathbf{r}_b} - i\omega \, \mathbf{p}(\mathbf{r}_S) \cdot \mathbf{S}^+(\mathbf{r}_S) \, . \quad (22.64)$$

Dies ist das Äquivalent zu der Formulierung aus Gl. (22.19) für den Tunnelstrom im STM nach dem Tersoff-Hamann-Modell [22.10]. Während allerdings $\mathbf{S}^+$ das Feld am Sondenort ist, welches durch die Gesamtanordnung erzeugt wird, wird der Tunnelstrom in Gl. (22.19) durch die Probenwellenfunktionen am Sondenort bestimmt.

22.4.3 SNOM-Sonden

SNOM-Sonden SNOM ist eine faszinierende Methode, um konventionelle beugungsbegrenzte optische Verfahren jenseits des Beugungslimits zu betreiben. Da es eine Vielzahl unverzichtbarer optischer Verfahren gibt, die nicht nur Mikroskopien, sondern auch spektroskopische Verfahren beinhalten, ist die potentielle Bedeutung von SNOM entsprechend groß. Um SNOM aber als leistungsfähiges Standardverfahren zu etablieren, bedarf es eines hohen Maßes an Reproduzierbarkeit der erhaltenen Ergebnisse. Diese wiederum hängt an der Verfügbarkeit optimierter Sonden.

In den vergangenen Jahren wurden die unterschiedlichsten aperturbehafteten und aperturlosen Sonden untersucht [22.416]. Entscheidend für die Güte einer Sonde ist letztendlich, welche räumliche Auflösung und welche Reproduzierbarkeit im Hinblick auf die Auflösung erreicht wird und ob die Sonde die gewünschte optische Funktionalität zeigt. Dabei ist zu berücksichtigen, dass es a priori keine Limitierungen bezüglich Funktionalität und räumlicher Auflösung gibt. Primär ist das richtige Sondendesign von Bedeutung. Für dieses Design gibt es Rahmenbedingungen, die mit den optischen Eigenschaften der Sonden-Proben-Kavität zusammenhängen. Dabei ist die Sonde gestaltbar, die Probe im Allgemeinen nicht.

Grundsätzlich ist es das Ziel, ein intensives Nahfeld im Bereich des Sondenapex zu erzeugen. Bei aperturlosen Sonden handelt es sich um optische Antennen, bei aperturbehafteten sind von Bedeutung die Transmission durch die Apertur und die erreichbaren Abmessungen der Apertur. In jedem Fall spielt die Polarisationsrichtung oder -ebene des beleuchtenden Primärlichts eine Rolle. Allerdings hängt die Eignung einer Sonde nicht nur davon ab, welche Komponenten des elektrischen Felds parallel und senkrecht zur Sondenachse im Apexbereich erzeugt werden, sondern auch davon, welche Orientierung die Übergangsdipolmomente bezüglich der zu analysierenden Probenstrukturen besitzen. Generell hat jedes Sondenkonzept seine spezifischen Vor- und Nachteile [22.416]. Um diese zu bewerten, werden im Folgenden einige Konzepte diskutiert.

Apertursonden werden meist realisiert in Form scharfer Glasfaserspitzen, welche mit einem Metall beschichtet werden. Im Apexbereich befindet sich eine Subwellenlängenapertur. Diese dient entweder als Subwellenlängenlichtquelle oder/und als Subwellenlängendetektoreinheit. Wir wählen bezüglich der Spitze hier etwas unscharf in jedem Fall die Bezeichnung Sonde. Alternativ zur Glasfasersonde kann auch ein AFM-Cantilever verwendet werden [22.418], wie Abb. 22.180 zeigt. Der Vorteil dieser Anordnung ist es, dass simultan zu SNOM AFM realisiert wird, wobei die auf die Sonde ausgeübten Kräfte oder daraus abgeleitete Größen für die Abstandsregulierung verwendet werden.

Die durch eine einfache kreisförmige Subwellenlängenapertur transmittierten Intensitäten sind relativ gering. Bestimmte Aperturformen, die Antennenformen oder „negative" Antennenformen beinhalten, begünstigen den Intensitätstransfer [22.419]. Abbildung 22.181(a) zeigt ein entsprechendes Beispiel.

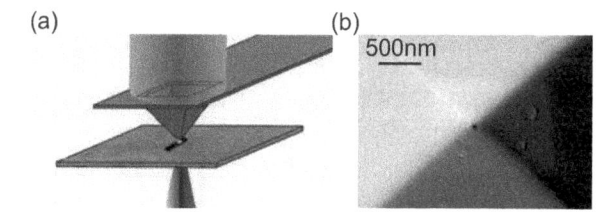

Abb. 22.180. (a) AFM-Cantilever als SNOM-Sonde. (b) Apertur einer Cantilever-Sonde [22.417].

Auch optische Koaxialsonden wurden realisiert, wie Abb. 22.181(b) zeigt. Aufgrund der ringförmigen Apertur entstehen ausgeprägte optische Resonanzen im Sichtbaren, die sich über den Ringdurchmesser abstimmen lassen.

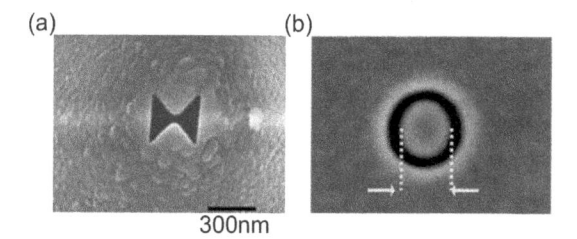

Abb. 22.181. (a) SNOM-Apertursonde mit negativer Antennenform [22.420]. (b) Koaxialapertursonde [22.421].

Andere Konstruktionen versuchen, Aperturen mit Wellenleiterstrukturen zu kombinieren, die Licht effektiv durch die Apertur aus- oder in sie hineinkoppeln sollen. Beispiele für solche Konstruktionen zeigt Abb. 22.182

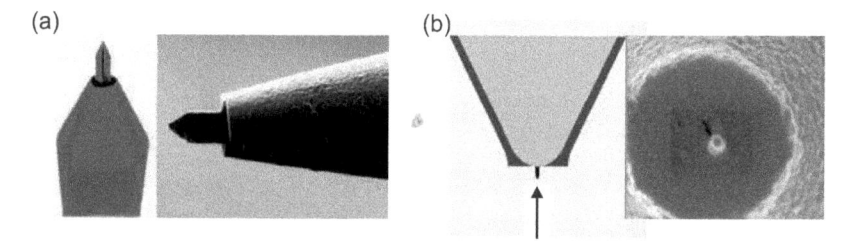

Abb. 22.182. (a) „Glockenturmspitze"[22.416]. (b) Antennenspitze [22.422].

Aperturlose Sonden sind a priori leichter zu realisieren als aperturbehaftete und vermeiden hohe Transmissionsverluste. Die erzielbare Auflösung hängt nur vom Sondenradius und vom Sonden-Proben-Abstand ab. Neben scharfen Spitzen aus Massivmetall finden auch Dielektrika mit deponiertem Metallfilm Anwendung. Eine Alternative dazu sind dielektrische Sonden bei denen am Apex eine photonisch funktionale Nanostruktur durch Adsorption eines möglichst kleinen Metallpartikels oder durch Strukturierung eines Metallfilms im fokussierten Ionenstrahl (*Focused Ion Beam, FIB*) realisiert wird. Abbildung 22.183 zeigt diesbezügliche Beispiele.

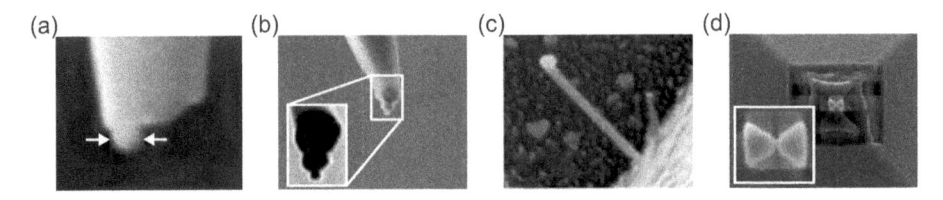

Abb. 22.183. Nanostrukturierte aperturlose SNOM-Sonden. (a) Au-Nanopartikel an einer Glasfaser [22.418]. (b) Selbstähnliches Au-Partikeltrimer an einer Glasfaser [22.423]. (c) Au-Partikel an der Spitze eines Si-Nanodrahts [22.416]. (d) Antennenstruktur auf einer Cantileversonde [22.424].

Nanooptische Konzepte, welche im Rahmen sonstiger Kontexte entwickelt wurden, legen weitere Ansätze zur Nanofokussierung von Licht durch die aperturlose SNOM-Sonde nahe. Dabei kommt natürlich plasmonischen Ansätzen eine besondere Bedeutung zu. Die plasmonische Pyramide in Abb. 22.184(a) fokussiert einerseits das Licht und lässt andererseits einen Wechsel zwischen transversaler und longitudinaler Polarisation zu. Die in Abb. 22.184(b) dargestellte Sonde erlaubt es, relativ weit vom Sondenapex entfernt einzukoppeln. Die angeregten Oberflächenplasmonen führen dann zu einer nanoskalig fokussierten Emission im Apexbereich, wie Abb. 22.184(c) und (d) zeigen.

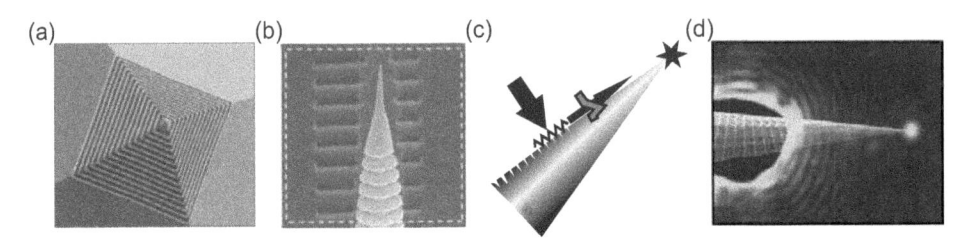

Abb. 22.184. Plasmonische SNOM-Sonden. (a) Plasmonische Pyramide [22.425]. (b) Konische Sonde mit plasmonischem Gitter [22.426]. (c) Anregungsschema für die Sonde aus (b) [22.427]. (d) Anregung der plasmonsichen Sonde und Emission am Apex [22.428].

Alle vorgestellten SNOM-Sondenkonzepte haben – wie bereits erwähnt – ihre spezifischen Stärken und Schwächen. Allein die unterschiedlichen Anwendungen von SNOM, die im Folgenden zu diskutieren sein werden, führen dazu, dass nicht ein Konzept in toto zu favorisieren ist, sondern dass spezifische Anwendungen jeweils einen

Sondentyp oder im Allgemeinen sogar mehrere Sondenarten besonders geeignet erscheinen lassen.

22.4.4 Anwendungen

Bei typischen lichtmikroskopischen Abbildungen ist das bevorzugte Ziel, eine möglichst hohe Auflösung mittels SNOM zu erreichen, die in jedem Fall sehr deutlich unter einer Wellenlänge – beispielsweise 500 nm – liegt [22.429]. Die erzielbare Auflösung hängt, wie diskutiert, wesentlich von der Beschaffenheit der Sonde und vom Arbeitsabstand ab, aber auch von der Probe und vom Abbildungsmodus. Diese Zusammenhänge zeigt Abb. 22.185 anhand einiger der ersten SNOM-Aufnahmen überhaupt [22.430]. Heute werden routinemäßig Auflösungen von einigen 10 nm erreicht. Da topographische Abbildungen allerdings mittels AFM mit höchster Auflösung im Allgemeinen wesentlich einfacher realisiert werden können als mittels SNOM, ist SNOM eher von großem Interesse für spezifisch lichtmikroskopische Betriebsmodi.

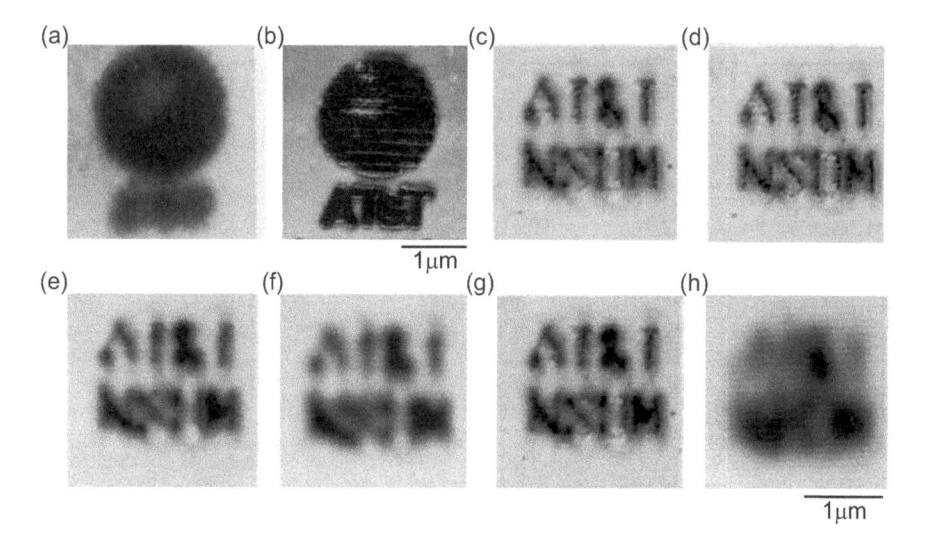

Abb. 22.185. Auflösung von SNOM [22.430]. (a) Abbildung einer Teststruktur mittels maximal auflösender konventioneller Lichtmikroskopie. (b) Abbildung derselben Struktur mittels SNOM. (c) Abbildung einer Teststruktur in Kontakt. (d) Abbildung bei einem Abstand von 5 nm, (e) 10 nm, (f) 25 nm, (g) 100 nm und (h) 400 nm.

In Abschn. 20.2.6 hatten wir „Superlinsen" diskutiert, bei denen nahfeldoptische Effekte sowie die Plasmonenanregung eine große Rolle spielen. Die Eigenschaften solcher Superlinsen lassen sich mittels SNOM untersuchen [22.431]. Die diesbezügliche Anordnung ist in Abb. 22.186(a) dargestellt. Die Nahfeldlinse besteht in einer Au-

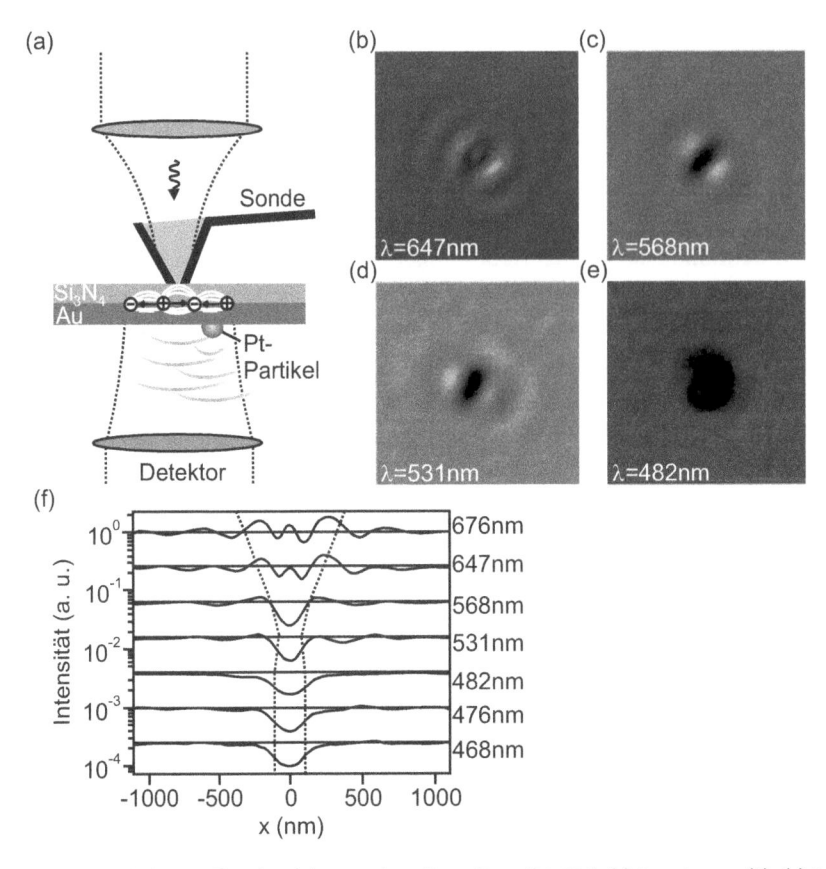

Abb. 22.186. SNOM-Charakterisierung einer Superlinse [22.431]. (a) Anordnung. (b)–(e) Fernfeldabbildungen bei variierenden Wellenlängen. (f) Linienprofile parallel zur Polarisationsachse für verschiedene Wellenlängen. Die Punkte markieren die Bildweite.

Schicht auf einer Si_3N_4-Membran. Die SNOM-Sonde in Kontakt mit der Si_3N_4-Schicht dient damit als Subwellenlängen-Lichtquelle. In der Linse werden Oberflächenplasmonen angeregt. Diese lassen sich über ein Pt-Partikel auf der Oberfläche des Au-Films in Form eines optischen Fernfelds auskoppeln. Dieses Fernfeld bildet in der Tat die Apertur der SNOM-Sonde ab, wie Abb. 22.186(b) bis (e) zeigen. Bei Wellenlängen von 647 nm und 568 nm erfolgt noch keine Nahfeldfokussierung durch die Linse. Das Intensitätsmuster resultiert aus Interferenzen zwischen dem aus der Linse ausgekoppelten und dem direkt von der SNOM-Sonde resultierenden Licht. Das ausgekoppelte Licht resultiert aus der Nahfelanregung propagierender Oberflächenplasmonen. Für eine Wellenlänge von 531 nm ist nahezu die Bedingung für plasmoneninduzierte Nahfeldfokussierung (538 nm) erfüllt. Hier zeigt das Bild am präzisesten die in der Apertur der SNOM-Sonde herrschende Feldverteilung. Bei 482 nm werden hingegen keine Oberflächenplasmonen mehr angeregt. Abbildung 22.186(f) zeigt Intensitätslinienprofile entlang der Polarisationsachse der SNOM-Sonde. Hier erkennt man, dass bei Nahfeldfokussierung (531 nm) die geringste Bildweite und damit höchste Auflösung registriert wird.

Eine weitere häufig verwendete Variante der Lichtmikroskopie ist die Polarisationsmikroskopie, die Nutzung des Polarisationszustands des einfallenden und transmittierten oder reflektierten Lichts zur Kontrastentstehung. Ein Anwendungsfeld ist in diesem Kontext die Magnetooptik. Über den Kerr- und den Faraday-Effekt lassen sich im Lichtmikroskop magnetische Domänen sichtbar machen [22.432]. Die Implementierung der Verfahren in Kombination mit SNOM erlaubt die Abbildung magnetischer Bereiche, die kleiner sind als 100 nm [22.434]. Dies zeigt Abb. 22.187 am Beispiel von Informationseinheiten, die in ein magnetooptisches Speichermedium [22.435] geschrieben wurden.

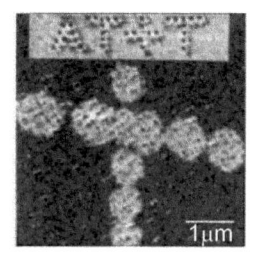

Abb. 22.187. Abbildung von „Bits" in einem magnetooptischen Speichermedium mittels SNOM [22.433]. Die großen kreisförmigen Bereiche wurden konventionell erzeugt. Die kleinen Bereiche im oberen Bildteil wurden mittels SNOM erzeugt und haben einen Durchmesser von 60 nm.

Eine unter anderem für biologische Materialien außerordentlich wichtige Methode ist die Fluoreszenzmikroskopie, die natürlich – konventionell betrieben – beugungslimitiert ist. Bereits in Abb. 2.17 hatten wir gezeigt, dass sich mittels SNOM sogar einzelne fluoreszenzmarkierte Moleküle abbilden lassen. Da die Fluoreszenz einen proteinspezifischen Kontrast realisiert, ist die Nahfeldfluoreszenzmikroskopie a priori eine für die Biologie sehr vielversprechende Technik. Abbildung 22.188 zeigt SNOM-Abbildungen fluoreszenzmarkierter Zellen.

Ein interessanter Aspekt ist, dass eine Metallsonde in Form einer streuenden Spitze oder einer Apertur einen Einfluss auf die Fluoreszenzlebensdauer und auf das Emissionsmuster eines Fluorophors hat. Damit kann die Strahlung in unmittelbarer Umgebung der Sonde in gewissen Grenzen kontrolliert werden.

An Halbleiterquantenpunkten, die wir in Abschn. 19.6.2 behandelten, lässt sich mittels SNOM örtlich und spektral hochaufgelöste Photolumineszenzspektroskopie durchführen [22.436]. Auf diese Weise lassen sich insbesondere einzelne Quantenpunkte vergleichen, was bei ausschließlicher Verwendung makroskopischer optischer Verfahren nicht möglich ist. Abbildung 22.189 zeigt ein Beispiel.

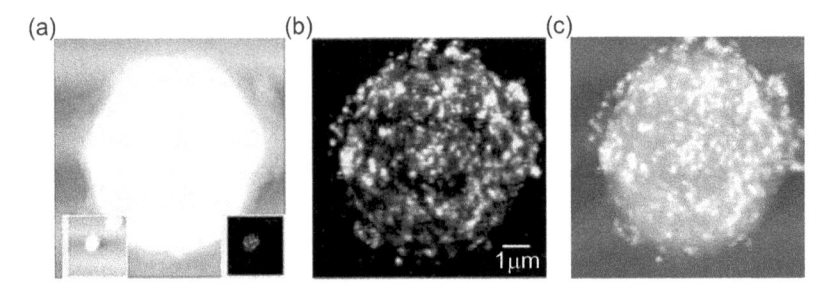

Abb. 22.188. SNOM-Abbildung von T-Lymphozyten [22.435]. (a) Scherkraftabbildung. (b) SNOM-Immunofluoreszenzabbildung. (c) Topographie und Fluoreszenzsignal überlagert.

Die Kombination von hoher örtlicher und zeitlicher Auflösung eröffnet neuartige Möglichkeiten der optischen Spektroskopie. Femtosekundenspektroskopie ermöglicht es, Relaxationsprozesse an Halbleiternanosystemen zu untersuchen. Die Ladungsträgerdynamik lässt sich auf Nanometerskala analysieren. Die kohärente Kontrolle der elektronischen Anregung von Halbleiterquantensystemen ist wiederum von Bedeutung für die in Abschn. 3.4 diskutierten Realisierungsmöglichkeiten der Quanteninformationstechnologie [22.438].

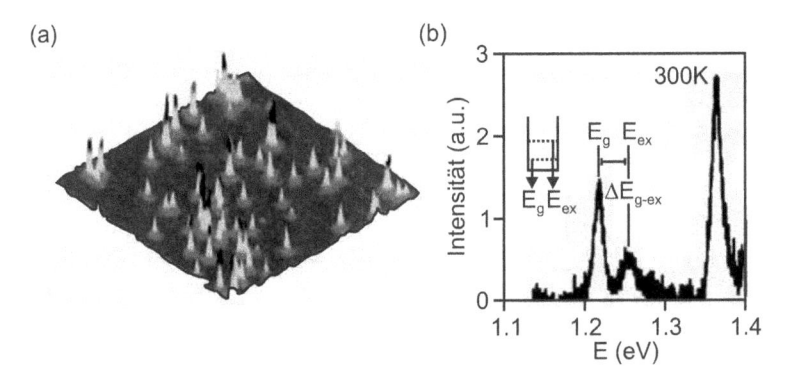

Abb. 22.189. Photolumineszenzabbildung von InGaAs-Quantenpunkten mittels SNOM [22.437]. (a) Ensemble von Quantenpunkten. (b) Spektrum eines einzelnen Quantenpunkts.

Bei der Entwicklung neuer Materialien und Systeme ist die Raman-Spektroskopie eine wichtige Standardmethode, wie wir an vielen Beispielen gesehen haben. Für die Raman-Spektroskopie an einzelnen Nanostrukturen ist eine Subwellenlängenauflösung zwingend erforderlich und Raman-SNOM die Methode der Wahl. Eine besondere Herausforderung sind dabei die äußerst niedrigen Intensitäten, welche aus dem kleinen Raman-Streuquerschnitt resultieren. Dies umso mehr als kleine Aperturen die detektierbare Intensität stark verringern, wie Abb. 22.190 zeigt.

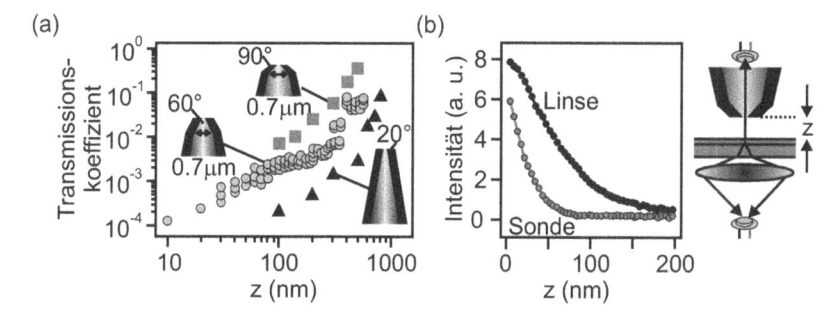

Abb. 22.190. Verhalten von Glasfaserapertursonden [22.437]. (a) Transmissionskoeffizient bei verschiedenen Öffnungswinkeln. (b) Detektionseffizienz einer 20 nm-Apertur als Funktion des Sonden-Proben-Abstands bei Photolumineszenzmessung an einem Quantenpunkt.

Ein gewisser Ausweg ist die Verwendung von Sonden, welche die Transmission großer Intensitäten zerstörungsfrei erlauben. So gelingt es, deutlich mehr als 10 μW auf eine Probenoberfläche von 100 nm Durchmesser zu deponieren. Abbildung 22.191 zeigt, dass auf diese Weise Raman-Spektroskopie mittels SNOM realisierbar ist. Hier wurde die Apertursonde sowohl zur Anregung als auch zur Detektion des Raman-Signals verwendet. Der Vergleich von Nah- und Fernfeldspektrum zeigt, dass das Nahfeldspektrum keinen Fernfeldhintergrund aufweist. Ein bestimmter Bereich des Spektrums lässt sich verwenden für eine ortsaufgelöste Abbildung. In Abb. 22.191(b) wurde die Raman-Intensität am $C = C$-Peak (1460 cm^{-1}) gewählt.

Aperturlose SNOM-Sonden könnten für die Raman-Spektroskopie einige Vorteile besitzen. Durch die starke Feldüberhöhung im Bereich der Spitze ist auch die Raman-Intensität überhöht und das Verhältnis zur Intensität des Streulichts deutlich verbessert. Außerdem lässt sich eine höhere Auflösung als bei Apertursonden erzielen. Diese Aspekte konnten in der Tat experimentell bestätigt werden, indem es gelang, einzelne Farbstoffmoleküle mit einer Ortsauflösung von 30 nm zu spektroskopieren [22.439]. Dies ist ebenfalls in Abb. 22.191 gezeigt.

Jenseits der bloßen Abbildung nanoskaliger Objekte gibt es zahlreiche photonische Szenarien, bei denen es von Interesse ist, selektiv elektrische oder magnetische Komponenten des optischen Nahfelds zu detektieren oder das optische Nahfeld dreidimensional zu vermessen [22.440]. Während in der Regel Komponenten des elektrischen Felds maßgeblich zur SNOM-Abbildung beitragen [22.441], ist die selektive Messung magnetischer Feldkomponenten eine größere Herausforderung [22.442]. Speziell ausgelegte Apertursonden mit Spalt oder in Pyramidenform erlauben eine Detektion magnetischer Feldkomponenten senkrecht zur oder in Probenebene. Dies zeigt Abb. 22.192(a) für plasmonische Nanoantennen. Allerdings konnte auch gezeigt werden, dass gewöhnliche Apertursonden in Ausnahmefällen gleich empfindlich gegenüber elektrischen und magnetischen Nahfeldkomponenten sein können [22.443]. Ein

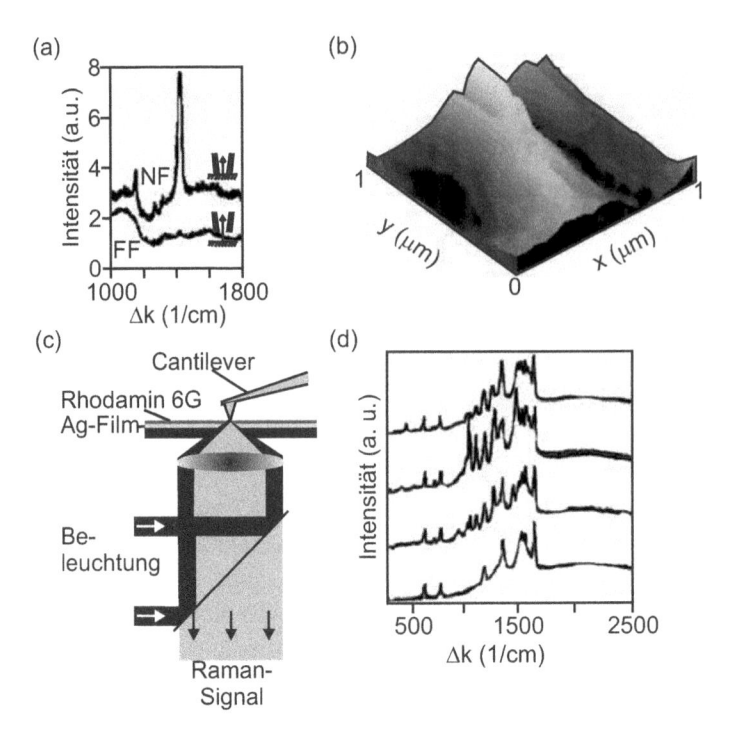

Abb. 22.191. Nahfeld-Raman-Spektroskopie mittels SNOM. (a) Spektrum eines Polydiacetylenfilms, aufgenommen mit einer Apertursonde im Nah- sowie im Fernfeld [22.437]. (b) Ortsaufgelöste Abbildung der Raman-Intensität am $C = C$-Peak [22.437]. (c) Anordnung zur Raman-Spektroskopie an Rhodaminmolekülen [22.439]. (d) Ramanspektren, jeweils 30 nm voneinander entfernt aufgenommen [22.439].

Beispiel für die Detektion magnetischer Feldkomponenten an einem photonischen Kristall mittels einer gewöhnlichen Apertur-SNOM-Sonde zeigt Abb. 22.192(b).

Eine Analyse der dreidimensionalen Nahfeldverteilung gestattet 3D-SNOM. Der prinzipielle Aufbau ist in Abb. 22.193 dargestellt. Eine streulichtarme Einkopplung von Licht kann mittels eines inversen Mikroskops erfolgen, die Detektion mit Fokussierung auf den Sondenapex mit einem konfokalen Mikroskop. Neben abstandsabhängigen zweidimensionalen Intensitätsprofilen lassen sich mittels 3D-SNOM auch Intensitätsprofile über den gesamten Abstandsbereich zwischen Nah- und Fernfeld aufnehmen. Diese Möglichkeiten illustriert Abb. 22.194. Die in der AFM-Aufnahme sichtbaren Nanopartikel sind deutlich kleiner als die Lichtwellenlänge, und ihr mittlerer Abstand ist ebenfalls kleiner. Im transmittierten Licht der Quelle streuen diese Partikel bei ausgeprägter Vorwärtsstreuung in Abhängigkeit vom Partikeldurchmesser. Relevant ist hier die in Abschn. 18.6.1 behandelte Mie-Streuung. Das Streulicht wird repräsentiert durch eine Superposition von Multipolanteilen und nicht durch einen reinen Dipolcharakter [22.446]. Dies wiederum hat zur Konsequenz, dass es abstandsabhängig ein ausge-

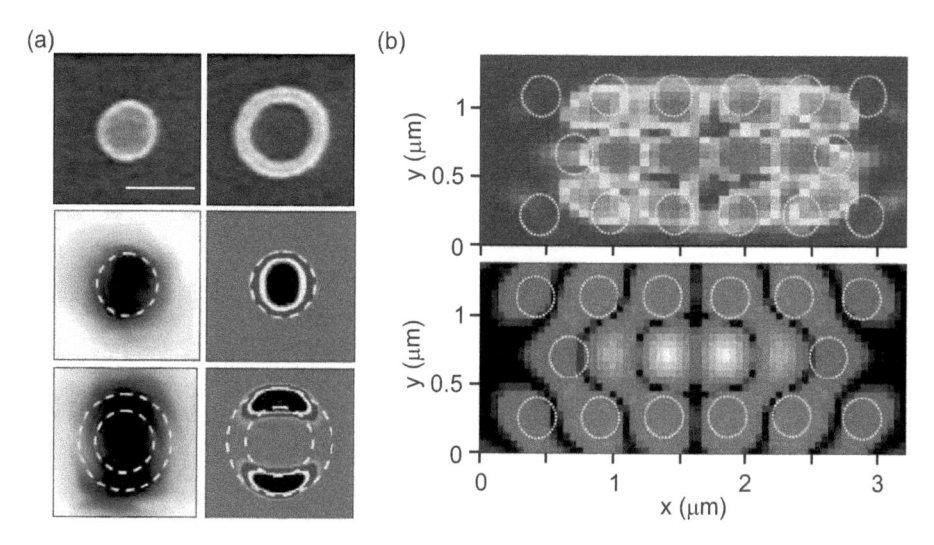

Abb. 22.192. Detektion magnetischer Feldkomponenten mittels Apertursonden. (a) Plasmonische Nanoantenne mit elektronenmikroskopischer Abbildung der Struktur (Balkenlänge 300 nm), simulierter H_y^2-Verteilung und mittels pyramidaler Sonde gemessener H_y^2-Verteilung [22.444]. (b) Resonanzverschiebung $\Delta\lambda/\lambda_0$ einer Nanokavität eines photonischen Kristalls, gemessen mit gewöhnlicher Sonde und berechnete H_z- Verteilung [22.445].

prägtes Interferenzmuster geben sollte, welches deutlich in Abb. 22.194(c) sichtbar ist, jedoch für ein reines Dipolfeld nicht exisitieren sollte [22.447].

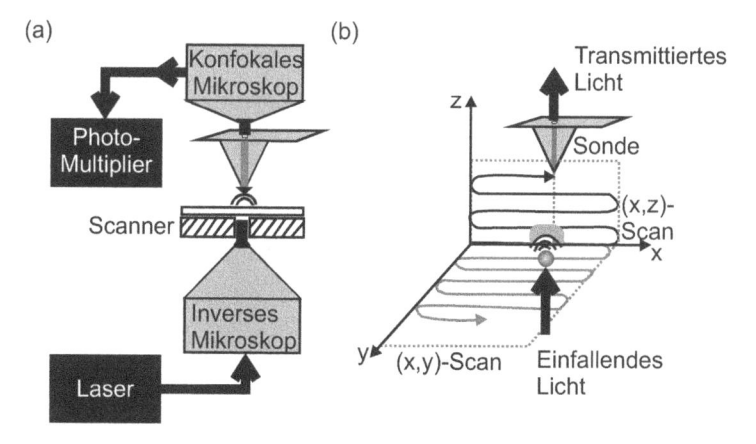

Abb. 22.193. Aufbau eines 3D-SNOM [22.446]. (a) Komponenten. (b) Schema für die Aufnahme von (x,y)-Schnitten sowie (x,z)-Schnitten der Nahfeldintensitätsverteilung.

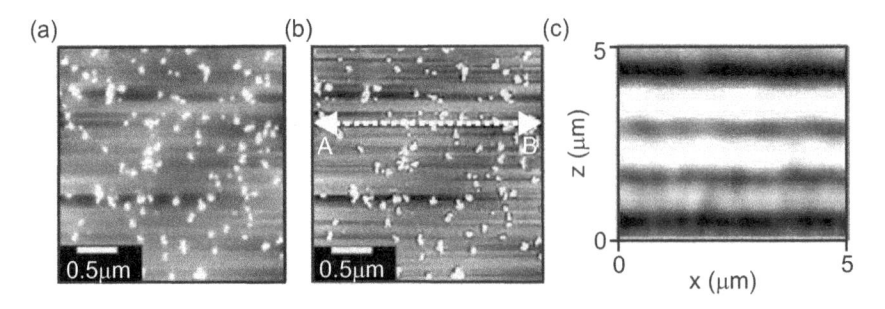

Abb. 22.194. Kupfernanopartikel auf einem Glassubstrat [22.446]. (a) AFM-Aufnahme. (b) (x,y)-SNOM-Aufnahme. (c) (x,z)-Querschnittsprofil entlang $\overline{AB}$ aus (b).

Bei nanoskaligen Antennen ist die dreidimensionale Nahfeldkonfiguration ganz offensichtlich von Interesse, um die Antennengeometrie rational optimieren zu können. Hier leistet 3D-SNOM im Besonderen sehr wichtige Beiträge. Abbildung 22.195 zeigt dies am Beispiel einer bikonischen Nanoantenne.

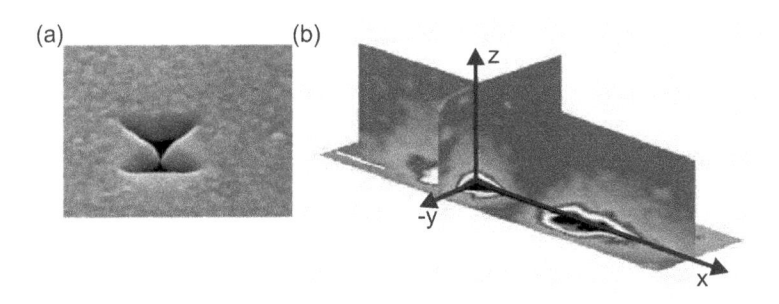

Abb. 22.195. Bikonische „Bowtie"-Antenne mit einer Ausdehnung von 150 nm [22.448]. (a) Rasterelektronenmikroskopische Aufnahme. (b) 3D-SNOM-Aufnahme.

3D-SNOM wurde extensiv eingesetzt, um die optischen Nahfelder an Wellenleitern aus photonischen Kristallen zu analysieren. Auch hierbei sind sowohl die elektrischen als auch die magnetischen Feldkomponenten relevant. 3D-SNOM erlaubt es, zwischen den zahlreichen Bloch-Harmonischen zu differenzieren, die zum Wellenfeld beitragen und die jeweils unterschiedliche Abklinglängen senkrecht zur Probenoberfläche besitzen. Ein Vergleich zwischen den experimentellen SNOM-Daten und berechneten Intensitätsverteilungen erlaubt es, zu identifizieren, welche Feldkomponenten jeweils bevorzugt gemessen werden. Dies zeigt Abb. 22.196. Im Allgemeinen werden Überlagerungen von **H**- und **E**-Komponenten detektiert. Dies wird besonders deutlich in Abb. 22.196(d), wo das detektierte Signal eher der H_x- als wie zu erwarten der E_y-Komponente entspricht.

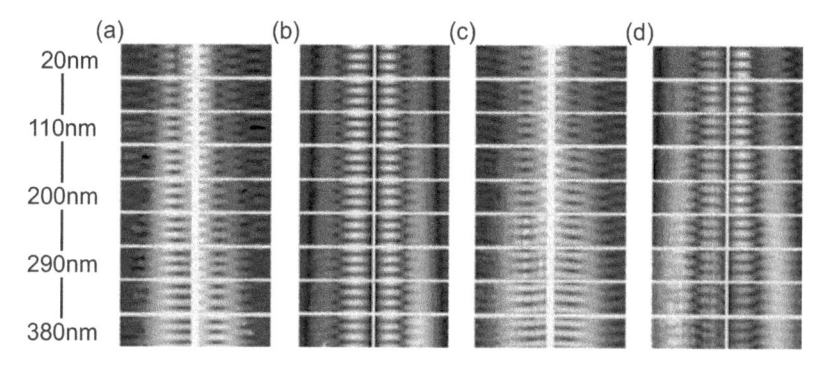

Abb. 22.196. 3D-SNOM an einem photonischen Kristall [22.449]. (a), (b) Berechnete elektrische und magnetische Feldkomponenten für verschiedene Distanzen z. (c), (d) Gemessene und aus der Rechnung angepasste Intensitätsverteilungen für eine bevorzugte Messung der E_x-Komponente und der E_y-Komponente.

Wie STM und AFM kann SNOM nicht nur zur hochauflösenden Abbildung und Spektroskopie genutzt werden, sondern ebenfalls zur Manipulation von Oberflächen. Im Fall von SNOM wird also das durch die Sonde transmittierte oder von ihr gestreute Licht als Werkzeug zur Modifikation einer Probenoberfläche eingesetzt. Dabei bietet sich an, wie in der konventionellen Lithographie vorzugehen, in der man a priori beugungsbegrenztes Licht, Elektronen oder Ionen verwendet, um ein gegenüber diesen Strahlen empfindliches Material zu belichten. Bei Verwendung von SNOM zur Lithographie kann die Beugungsbegrenzung der optischen Lithographie überwunden werden. Entsprechende Verfahren werden als *optische Rasternahfeldlithographie (Scanning Near-Field Optical Lithography, SNOL)* bezeichnet [22.450]. Die typischen SNOL-Anordnungen in Analogie zu den SNOM-Anordnungen, die wir diskutiert hatten, sind in Abb. 22.197 dargestellt.

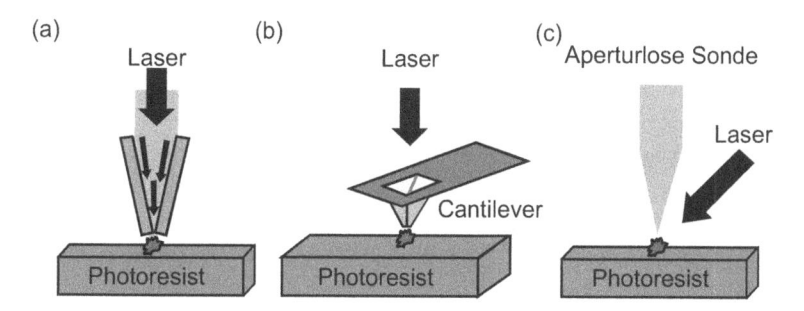

Abb. 22.197. SNOL-Anordnungen. (a) Glasfaserapturquelle. (b) Cantilever-Quelle. (c) Aperturlose Quelle.

Eine einfache Abschätzung der Intensitätsverteilung unterhalb der nanoskaligen Nahfeldquelle erhält man für die Aperturanordnung aus Abb. 22.197(a), wenn man eine Apertur vom Radius $r \ll \lambda$ als Loch in einem perfekt leitfähigen Metallfilm annimmt [22.451]. Bei Propagation einer ebenen Welle in z-Richtung und Polarisation entlang der x-Achse sind die Feldkomponenten direkt an der Apertur gegeben durch

$$E_x = -\frac{4i\omega E_0}{3\pi c} \frac{2r^2 - x^2 - 2y^2}{\sqrt{r^2 - x^2 - y^2}} , \qquad (22.65a)$$

$$E_y = -\frac{4i\omega E_0}{3\pi c} \frac{xy}{\sqrt{r^2 - x^2 - y^2}} \qquad (22.65b)$$

und

$$H_z = -\frac{4H_0}{\pi} \frac{y}{\sqrt{r^2 - x^2 - y^2}} . \qquad (22.65c)$$

Die resultierende transmittierte Energiedichte [22.452] ist in Abbildung 22.198 dargestellt.

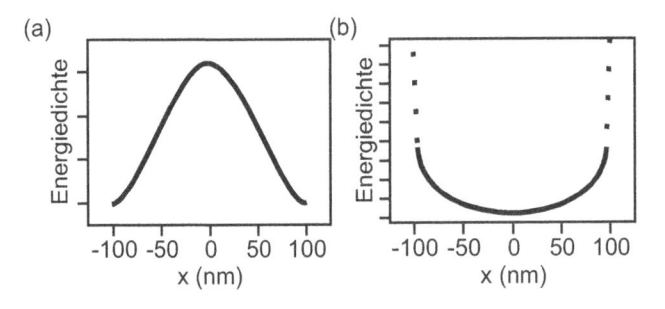

Abb. 22.198. Verteilung der elektrischen Energiedichte direkt an einer Apertur mit einem Radius von $r = 100$ nm. (a) TE-Mode. (b) TM-Mode.

Photolithographie auf Basis von SNOM lässt sich realisieren, wenn beispielsweise die Apertursonde – zunächst verwendet als Subwellenlängenlichtquelle, betrieben mit einer geeigneten Wellenlänge – über einem Photoresistfilm derart gerastert wird, dass die gewünschte Struktur in zwei Dimensionen abgebildet wird. Ein konstanter Abstand lässt sich über eine simultane Kraftdetektion erreichen. Auf diese Weise wurden photolithographisch Strukturen realisiert, deren Abmessungen deutlich unterhalb einer Wellenlänge lagen [22.453]. Verwendung finden typische Resistfilme und Substrate. Der Beleuchtungsprozess ist natürlich sequentiell, entweder kontinuierlich oder Puls für Puls. Abbildung 22.199 zeigt ein typisches Beispiel.

Zusammenfassend kann man feststellen, dass es mittels SNOM-basierter Verfahren möglich ist, Oberflächen mit Licht bei Subwellenlängenauflösung abzubilden, spektroskopisch zu analysieren und zu manipulieren. Dabei kommen Verfahren zum

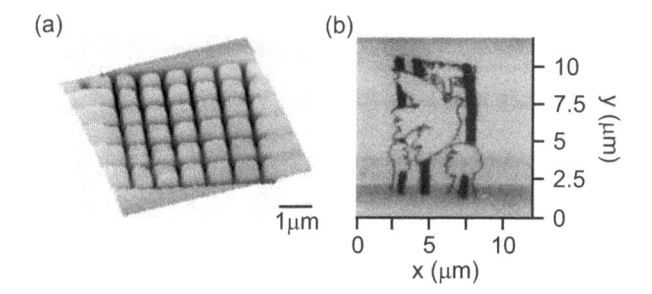

Abb. 22.199. Photolithographie mittels SNOM [22.453]. (a) Strukturierung von Si in einem Feld von 4 µm × 4 µm. (b) Reproduktion eines Picasso-Bilds durch SNOM-Photolithographie.

Einsatz, die aus der konventionellen Fernfeldoptik bekannt sind. A priori ist kein ultimatives Auflösungslimit für die erreichbare Auflösung bestimmend, sondern vielmehr die Optimierung der beteiligten apparativen Komponenten, insbesondere die der Nahfeldsonde oder Nahfeldlichtquelle. Als Folge dieses Sachverhalts ist SNOM gegenwärtig weniger stark verbreitet als AFM oder STM.

22.5 Weitere Rastersondenverfahren

22.5.1 Generelles

Grundsätzlich lässt sich der generelle Ansatz zur Messung von Wechselwirkungen zwischen einer Sonde und einer Probenoberfläche natürlich auf die unterschiedlichsten weiteren Sonden übertragen. So könnten etwa miniaturisierte Hall-Sonden über die Oberfläche gerastert werden, um quantitativ Magnetfeldverteilungen zu messen. Oder es könnten kleinste Photodioden verwendet werden, um ortsaufgelöst optische Emissionsverteilungen zu messen. Im vorliegenden Kontext sollen im Folgenden aber nur solche Rastersondenverfahren diskutiert werden, bei denen durch eine hinreichende Lokalisierung der Sonde und durch einen minimalen Sonden-Proben-Abstand Wechselwirkungen mit einer Auflösung gemessen werden, die deutlich jenseits derjenigen konventioneller Verfahren liegt. A priori sind dabei Verfahren zu betrachten, die Wechselwirkungen messen, die sich auch mit den diskutierten STM-, AFM- oder SNOM-basierten Verfahren messen ließen. Dabei ist zum einen von Interesse die messtechnische Alternative bei Erreichung einer im Vergleich zu den bereits diskutierten Verfahren vergleichbaren Auflösung oder sogar eine möglicherweise noch bessere Auflösung. Zum anderen ist von Interesse die ortsaufgelöste Detektion weiterer Wechselwirkungen, die sich mit den bislang diskutierten Verfahren nicht so ohne Weiteres messen lassen. Diesbezügliche Beispiele sind etwa die nanoskalige Verteilung von Temperaturunterschieden innerhalb einer Probenoberfläche oder die Variation des Transports bestimmter Ionen durch eine biologische Oberfläche. Zur Erreichung einer unkonventionell hohen Ortsauflösung ist es erforderlich, dass die Sonde spitzenförmig gestaltet ist und ein möglichst kleines, in jedem Fall nanoskaliges sensitives Volumen aufweist. Dabei kann die Sonde eine Detektor- oder Quellenfunktion haben. Die Sonde muss in einem möglichst geringen Abstand über die Probenoberfläche bewegt werden. Es kann die gemessene Wechselwirkung selbst zur sensitiven Regulierung des Abstands genutzt werden, indem ein Regelkreis den Abstand so regelt, dass die Wechselwirkung konstant gehalten wird. Das entspricht dem Betrieb von STM im Modus konstanten Stroms. Zur Regelung des Abstands kann aber auch ein weiterer Wechselwirkungskanal verwendet werden, etwa in Form der Kräfte zwischen Sonde und Probe. Dies entspricht beispielsweise der Scherkraftregelung beim SNOM-Betrieb.

22.5.2 Rasterthermomikroskopie

In etwa gleichzeitig mit AFM wurde die *Rasterthermomikroskopie (Scanning Thermal Microscopy, SThM)* entwickelt [22.454]. Das Verfahren dient dazu, thermische Eigenschaften von Proben ortsaufgelöst zu erfassen. Hierzu gibt es verschiedene Varianten, denen gemeinsam ist, dass ein Wärmetransfer zwischen Sonde und Probe stattfindet.

Eine offensichtliche Möglichkeit, einen derartigen Wärmetransfer zu messen, besteht darin, in die Sonde des Mikroskops ein Thermoelement zu integrieren. Eine entsprechende Sonde zeigt Abb. 22.200. Die Sonde beinhaltet ein Au-Cr-Thermoelement und eine Au-Spitze mit einem Durchmesser von etwa 300 nm. Neben einem Tunnelstrom lassen sich Temperaturunterschiede zwischen Sonde und Probe über die induzierte Thermospannung bei kleiner thermischer Zeitkonstante erfassen [22.455]. Bei

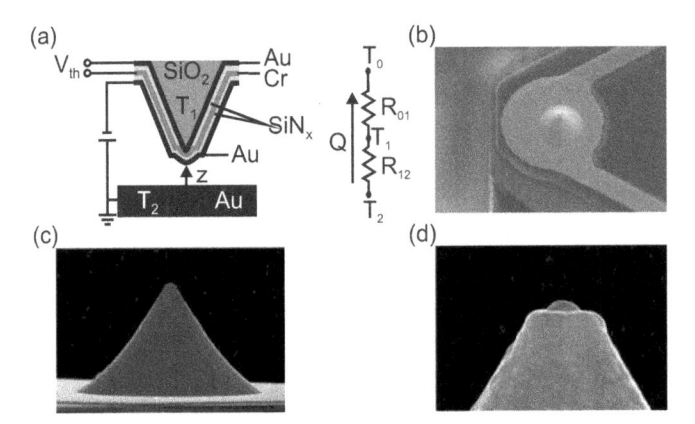

Abb. 22.200. SThM-Sonde [22.455]. (a) Aufbau der Sonde und Wärmeflussdiagramm. (b) Sonde in Aufsicht. (c) Apexbereich. (d) Spitze mit einem Durchmesser von etwa 300 nm.

hinreichend geringen Sonden-Proben-Abständen ändert sich die Sondentemperatur durch einen radiativen Wärmefluss zwischen Sonde und Probe. Die Abhängigkeit des Wärmetransports über eine Vakuumlücke von der Lückenweite ist von grundsätzlichem Interesse [22.456]. Insbesondere gibt es auf Basis theoretischer Ansätze [22.365] Prognosen, dass bei einer Lückenweite von wenigen Nanometern der radiative Wärmefluss das Plancksche Limit für Schwarze Strahler um ein Vielfaches übersteigen könnte [22.457]. Derartige Nahfeldeffekte sind zu erwarten, wenn der Sonden-Proben-Abstand bedeutend kleiner ist als die Wiensche Länge[7]. Verschiedene experimentelle Ergebnisse aus neuerer Zeit deuten tatsächlich auf einen „Super-Planckschen" Wärmetransport hin [22.458].

Abbildung 22.201 zeigt eine SThM-Messung zum abstandsabhängigen Wärmetransport zwischen der Sonde aus Abb. 22.200 und einer um 40 K wärmeren Au-Oberfläche. Neben dem Wärmefluss wurde bei hinreichend kleinen Sonden-Proben-Abständen zusätzlich der Tunnelstrom gemessen. Entsprechende Messungen zeigen insbesondere eine sehr starke Abhängigkeit des radiativen Wärmeflusses vom Kontaminationsgrad der involvierten Oberflächen [22.455].

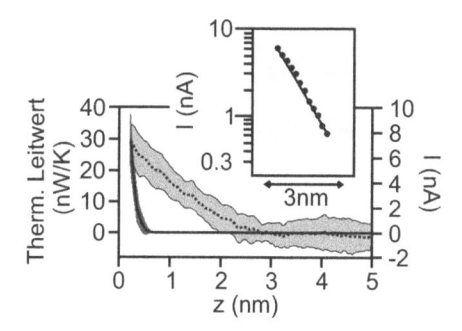

Abb. 22.201. SThM-Messung zum radiativen Wärmefluss und Tunnelstrom über eine Vakuumlücke Δz zwischen der Sonde aus Abb. 22.200 und einer um $\Delta T = 40$ K wärmeren Au-Oberfläche [22.455].

Ein weiterer Ansatz für SThM besteht darin, eine mikrofabrizierte *Bolometersonde* zu verwenden, um die thermische Leitfähigkeit einer Probe zu analysieren. Häufig wird eine solche Bolometersonde als Cantilever ausgeführt [22.459]. Sie besteht in einer resistiven Wärmequelle, die mit einer Wheatstone-Brücke kombiniert wird. Wird die Sonde über eine Probe mit variierender thermischer Leitfähigkeit gerastert, so variiert die Sondentemperatur, was wiederum empfindlich mit der integrierten Brückenschaltung gemessen werden kann. Eine entsprechende Anordnung zeigt Abb. 22.202(a). Die Messung wird im Sonden-Proben-Kontakt durchgeführt. Entsprechende Sonden lassen sich mittels Ergebnissen aus Finite-Elemente-Simulationen kalibrieren [22.460].

---

[7] Etwa 10 μm bei Raumtemperatur.

Messungen an dreiphasigem $Yb_{0,7}Co_4Sb_{12}$ zeigen, dass die unterschiedlichen Phasen quantitativ mit lokal unterschiedlichen Wärmeleitfähigkeiten korreliert werden können, wie Abb. 22.202(b) und (c) zeigen.

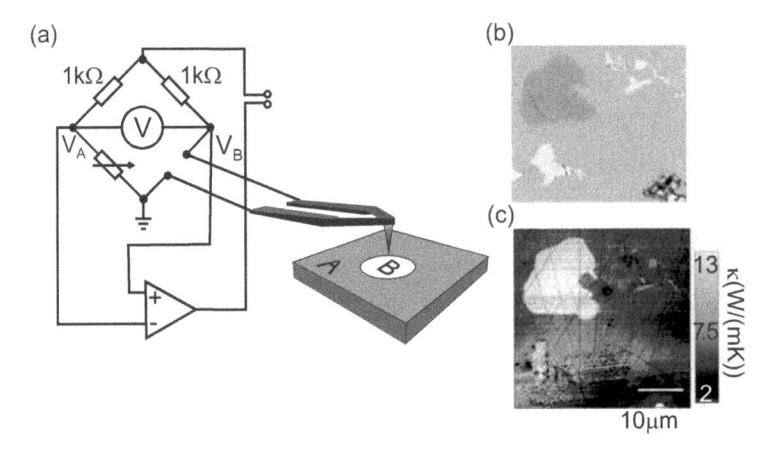

Abb. 22.202. Bolometrisches SThM zur quantitativen Analyse der Wärmeleitfähigkeit von Proben [22.460]. (a) SThM-Anordnung mit resistiver Wärmequelle und Wheatstone-Brücke. (b) Elektronenrückstreuabbildung (Back-Scattered Electron, BSE) einer $Yb_{0,7}Co_4Sb_{12}$-Probe mit drei unterschiedlichen Mikrophasen. (c) SThM-Abbildung der Region aus (b).

22.5.3 Ionenleitfähigkeitsmikroskopie

Alle STM-basierten Verfahren, die wir in Abschn. 22.2 behandelt haben, beruhen auf dem Transport von Elektronen zwischen Sonde und Probe. Elektrische Leitfähigkeit kann aber natürlich auch durch den Transport von Ionen zustande kommen. Dies ist Grundlage der *Ionenleitfähigkeitsmikroskopie (Scanning Ion Conductance Microscopy, SICM)* [22.461]. SICM hat insofern eine Sonderstellung unter den Rastersondenverfahren, als dass die Methode in wässrigen Elektrolyten zum Einsatz kommt und insbesondere einen Stellenwert hat für biologische Analysen an lebenden Systemen [22.462]. Auf Basis der Anordnung aus Abb. 22.203 misst SICM den Ionenstrom durch die Apertur einer Mikro-oder Nanopipette. Dieser Ionenstrom wird reduziert, wenn sich die Sonde in unmittelbarer Nähe einer nichtleitenden Oberfläche befindet. Stromvariationen können also ähnlich wie bei STM genutzt werden, um die Topographie einer Oberfläche zu analysieren, beispielsweise im Modus konstanten Ionenstroms.

Wenngleich SICM natürlich eine deutlich schlechtere Ortsauflösung vermuten lässt als STM, so wurden doch immerhin 3–6 nm erreicht [22.462]. Natürlich hängt die erreichbare Auflösung mit dem Aperturdurchmesser – wie in Abb. 22.203(b) zu sehen – zusammen [22.464]. Der Ionenstrom durch eine gegebene Pipette unter ge-

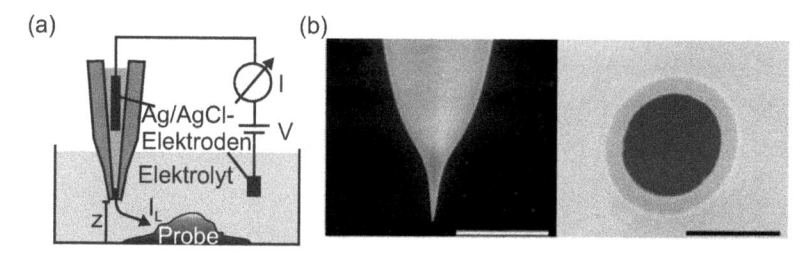

Abb. 22.203. Ionenleitfähigkeitsmikroskopie [22.463]. (a) Aufbau des SICM. (b) Sonde mit Aperturöffnung.

gebenen elektrolytischen Rahmenbedingungen lässt sich berechnen [22.465]. Bei gegebener Spannung zwischen den Elektroden in Abb. 22.203(a) wird er beschrieben durch einen abstandsabhängigen Widerstand $R(z)$, der für $z \to \infty$ gegen R_∞ konvergiert. Eine typische $R(z)$-Kurve zeigt Abb. 22.204. Im Wesentlichen zeigt diese Kurve eine $R \sim 1/z$-Abhängigkeit [22.466]. Diese vergleichsweise schwache Abstandsabhängigkeit reicht aus, um Oberflächen biologischer Systeme mit einer Auflösung abzubilden, die derjenigen konventioneller Techniken zum Teil deutlich überlegen ist. Abbildung 22.205 zeigt SICM-Abbildungen einer lebenden Zelle mit einem sichtbaren Ablauf physiologischer Prozesse.

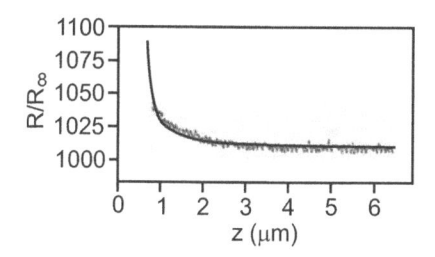

Abb. 22.204. Typische SICM-Widerstand-Abstands-Kurve [22.463].

Die Abbildung lebender Zellen mittels Rastersondenverfahren ist in der Regel recht diffizil, weil Zellen im Vergleich zu Festkörpern recht weich sind und zelluläre Prozesse zu dynamischen Entwicklungen während und zwischen sequentiellen Abbildungen führen können, was man ja in Abb. 22.205 deutlich sieht. Da bei SICM vergleichsweise große Sonden-Proben-Abstände und damit schwache Sonden-Proben-Wechselwirkungen realisiert werden können, kann das Verfahren trotz geringerer inhärenter Ortsauflösung spezifische Vorteile beispielsweise gegenüber AFM-basierten Verfahren besitzen. Dies zeigt Abb. 22.206. Die Abbildung zeigt charakteristische Unterschiede zwischen SICM und AFM sowohl bedingt durch die höhere Auflösung von AFM, als auch durch unbeabsichtigte Oberflächenmanipulation während der AFM-Abbildung, was insbesondere in den Linienprofilen in Abb. 22.206(d) sichtbar wird.

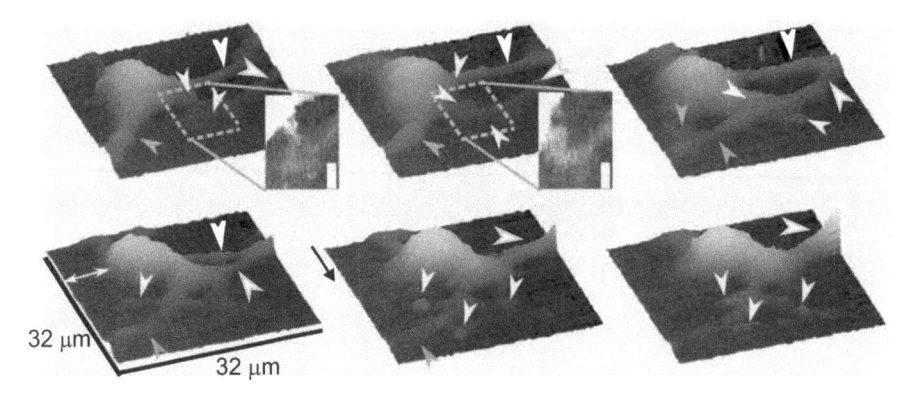

Abb. 22.205. Langzeitbeobachtung einer lebenden Zelle eines Rattenhirns [22.467]. Die Akquisitionszeit pro Bild betrug etwa 30 min. Die Pfeile markieren zeitlich veränderliche zelluläre Prozesse.

SICM lässt sich mit weiteren Rastersondenverfahren kombinieren. Neben AFM ist dies SNOM [22.469]. Natürlich gibt es auch recht sinnvolle Kombinationen mit herkömmlichen mikroskopischen Standardverfahren der Biologie, wie Fernfeldfluoreszenzmikroskopie oder konfokale Mikroskopie. SICM lässt sich auch in einem „spektroskopischen Modus" betreiben. An bestimmten Lokationen – beispielsweise an Ionenkanälen in der Zellmembran – kann die Sonde abgesenkt werden, und es können bei

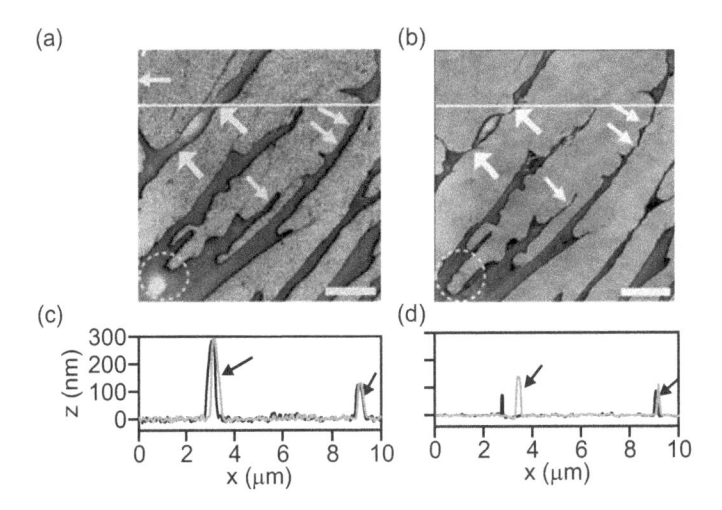

Abb. 22.206. Ausläufer eines fixierten Fibroblasten, vergleichend abgebildet mittels SICM und AFM [22.468]. (a) SICM. (b) AFM im Tapping-Modus. Die dünnen diagonalen Pfeile markieren Lokationen, an denen die höhere Auflösung von AFM sichtbar ist. Die dicken Pfeile markieren Lokationen, an denen während der AFM-Abbildung die Oberfläche manipuliert wird, nicht jedoch während der SICM-Abbildung. (c) Linienprofil (Trace und Retrace) entlang der Linie in (a). (d) Entsprechendes Profil aus (b).

Applikation bestimmter Spannungsprotokolle elektrophysiologische Messungen durchgeführt werden [22.470]. Diese Methode wird auch als *Smart Patch Clamp* bezeichnet. Doppelelektroden erlauben sogar die Spezifikation bestimmter ionischer Spezies und die Quantisierung der ionischen Konzentration [22.463; 22.471].

SICM kann auch in einem „Manipulationsmodus" verwendet werden. Mit der Sonde lassen sich Zellen stimulieren. Dadurch lassen sich mechanische Eigenschaften der Zellmembran messen [22.472] oder mechanosensitive Ionenströme verifizieren [22.473].

Eng verwandt mit SICM ist die *elektrochemische Rastermikroskopie (Scanning Electrochemical Microscopy, SECM)* [22.474]. Diese ist insbesondere chemisch spezifisch [22.475]. SECM ist geeignet, um flüssig/fest, flüssig/gasförmig oder fest/fest-Grenzflächen zu analysieren [22.476]. Zentrale Komponente eines SECM ist die *Ultramikroelektrode (UME)*, die auch in diesem Fall einen diffusionsbegrenzten Strom detektiert. Dieser ist gegeben durch $I = 4nFcDr$. n charakterisiert die Anzahl zur Verfügung stehender Elektronen: $O + ne^- \rightarrow R$. Handelt es sich in der Lösung beispielsweise um das Redoxpaar Fe^{2+}/Fe^{3+}, so wird bei negativem Potential an der Sonde Fe^{3+} zu Fe^{2+} reduziert [22.477]. F ist die Faraday-Konstante, c die Konzentration der oxidierten Spezies in Lösung, D die Diffusionskonstante und r der Radius der UME-Sonde. Das Verhalten des Ionenstroms in der Nähe von Oberflächen ist schematisch in Abb. 22.207 dargestellt.

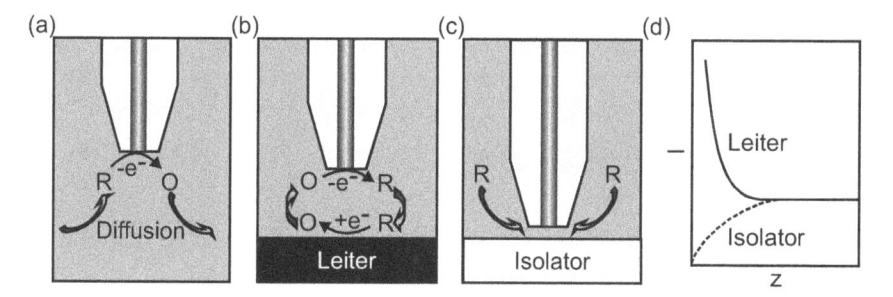

Abb. 22.207. Funktionsprinzip von SECM. (a) Zustandekommen des diffusionsbegrenzten Stroms. (b) Sonde in der Nähe eines metallischen Leiters. (c) Sonde in der Nähe eines Isolators. (d) Abstandsabhängigkeit der Ströme für (b) und (c).

Betreibt man SICM und SECM simultan, so kann der Sonden-Proben-Abstand über den Ionenstrom eingestellt werden und unabhängig davon der Faraday-Strom gemessen werden. Abbildung 22.208 zeigt einen entsprechenden Aufbau sowie die verwendeten Doppelsonden.

Mittels SICM/SECM ist es möglich, an Membranen den Ionenstrom durch Poren zu messen, die in der Topographie lokalisiert werden können. Es ist ganz offensicht-

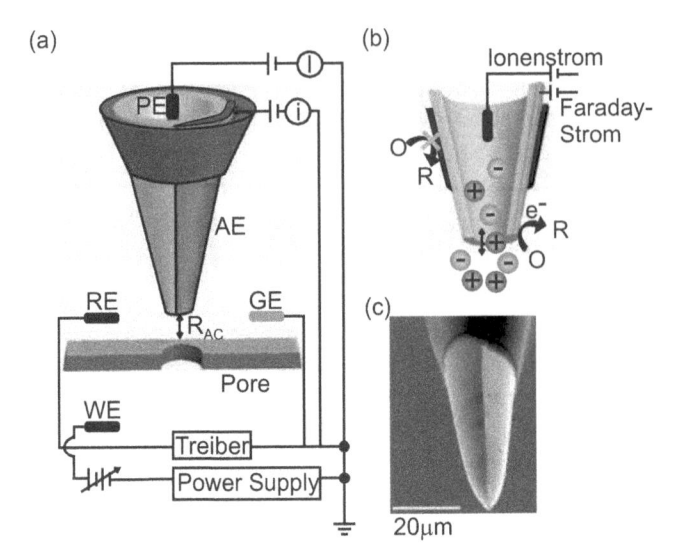

Abb. 22.208. Aufbau eines SICM/SECM-Hybridinstruments [22.478]. (a) Wesentliche Komponenten. PE: Pipettenelektrode. AE: Außenelektrode. RE: Referenzelektrode. GE: Gegenelektrode. WE: Arbeitselektrode. (b) Prinzip der Doppelsonde. (c) Doppelsonde aus Quarz mit Au-Außenelektrode.

lich, dass entsprechende Messungen an Zellmembranen biologischer Zellen äußerst relevant sind. Ein typisches Resultat für eine synthetische Membran zeigt Abb. 22.209.

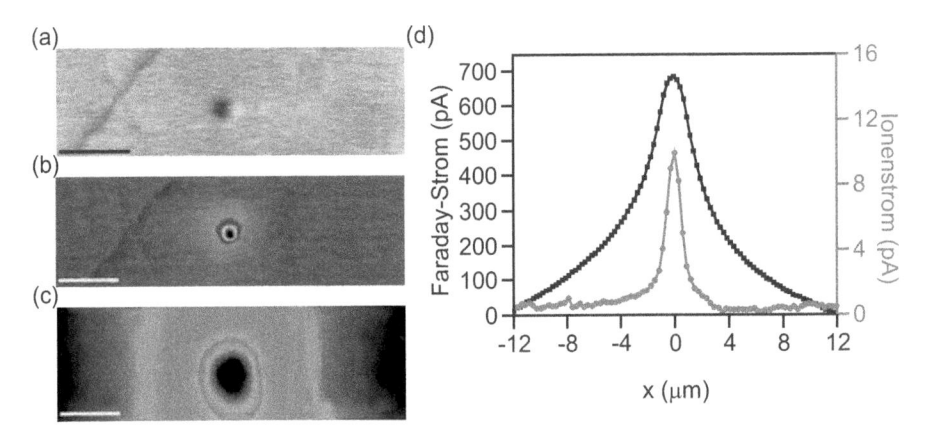

Abb. 22.209. SICM-SECM-Resultate an einer 900 nm-Pore einer synthetischen Membran [22.478]. (a) Topographie über eine SICM-Abbildung. (b) Ionenstrom aus einer SICM-Abbildung bei konstanter Höhe. (c) Simultan aufgenommener Faraday-Strom im SECM-Modus. (d) Querschnittsprofile der Ströme aus (b) und (c).

22.5.4 Raster-SQUID-Mikroskopie

Supraleitende Quanteninterferenzdetektoren (Superconducting Quantum Interference Device, SQUID) hatten wir bereits in Abschn. 3.4.3 kennengelernt. Mittels SQUID lassen sich äußerst empfindlich magnetische Flüsse messen [22.479]. Da verschiedene physikalische Größen wie etwa eine Magnetisierung oder eine elektrische Stromstärke in magnetischen Flussdichten resultieren, haben SQUID eine beträchtliche messtechnische Anwendungsbreite. Dazu gehört auch die *Raster-SQUID-Mikroskopie (Scanning SQUID Microscopy, SSM)* [22.480]. Die spektrale Rauschdichte von SQUID erreicht 1 ft/$\sqrt{\text{Hz}}$. SQUID werden aus Tief- und Hochtemperatursupraleitern gefertigt, und es ist zwischen RF-SQUID mit einem Josephson-Kontakt und DC-SQUID mit zwei Kontakten zu unterscheiden [22.480]. Seit einigen Jahren gibt es eine Vielzahl von Ansätzen, SQUID mit Abmessungen im nanotechnologisch interessanten Größenbereich *(Nano-SQUID)* zu realisieren [22.481]. Damit lässt sich insbesondere Magnetometrie an einzelnen Nanostrukturen betreiben, aber SSM kann damit auch in einen Auflösungsbereich vorstoßen, der mit dem von MFM vergleichbar ist. Insbesondere bietet sich dabei die Verwendung von DC-SQUID an. Der Aufbau wurde bereits in Abb. 3.42 dargestellt und ist in Abb. 22.210 schematisch reproduziert.

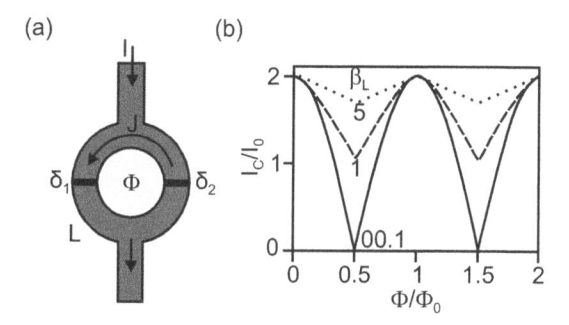

Abb. 22.210. DC-SQUID. (a) Aufbau. (b) Kritischer Strom als Funktion des äußeren Flusses für verschiedene Abschirmparameter β_L.

Ein äußerer Fluss Φ durch den durch zwei Josephson-Kontakte unterbrochenen supraleitenden Ring führt zu einer bestimmten Differenz der Phasendifferenzen φ_1 und φ_2 über die Kontakte [22.480]

$$\Delta\varphi = \varphi_1 - \varphi_2 = 2\pi\left(\frac{\Phi + LJ}{\Phi_0} - n\right) . \qquad (22.66a)$$

Hier ist $\Phi_0 = h/(2e)$, n eine ganze Zahl, L die Induktivität des SQUID und J der in ihm zirkulierende Strom. Mit dem maximalen Suprastrom I_0, den wir bereits in Gl. (3.193) einführten, ist der Abschirmparameter gegeben durch $\beta = 2LI_0/\Phi_0$. Für $\beta \ll 1$ ist der Fluss LJ in Gl. (22.66a) vernachlässigbar. Wenn in beiden Josephson-Kontakten zudem identische Werte für I_0 vorliegen, erhält man für den maximalen Suprastrom durch den SQUID den kritischen Strom

$$I_C = 2I_0 \left| \cos\left(\pi \frac{\Phi}{\Phi_0}\right) \right| . \tag{22.66b}$$

Diese $I_C(\Phi)$-Abhängigkeit wird gemäß Abb. 22.210(b) genutzt, um magnetische Flüsse mit maximaler Sensitivität zu messen.

Nano-SQUID haben vergleichsweise kleine Induktivitäten, was gemäß Gl. (22.66a) vorteilhaft ist. Kleine Induktivitäten begünstigen wiederum kleine Abschirmfaktoren. Darüber hinaus sind Nano-SQUID natürlich eine Voraussetzung für die Realisierung hochauflösender SSM. Dafür finden sowohl SQUID aus Tief- wie auch Hochtemperatursupraleitern Verwendung [22.482]. Wie bei den anderen Rastersondenverfahren auch muss die Sonde, in diesem Fall der SQUID oder eine „Flussantenne", in einen möglichst geringen Abstand zur Probenoberfläche gebracht werden. Hierzu gibt es mehrere Strategien: Die Verwendung miniaturisierter Einkoppelschleifen (*Pick-Up Loop*), die Verwendung ferromagnetischer Spitzen als Flusskonzentrator oder Flussantenne oder die Verwendung eines SQUID auf einer nanoskaligen Spitze (*SQUID on Tip, SOT*).

Abbildung 22.211 zeigt eine Anordnung, bei der eine weichmagnetische amorphe Sonde aus $(FeMoCo)_{73}(BSi)_{27}$ als Flusskonzentrator und Flussleiter verwendet wird. Der auswechselbare Flussleiter ist durch die Einkoppelschleife geführt, die ebenso wie der SQUID aus $YBaCu_3O_{7-x}$ in Multilagentechnologie gefertigt ist. Verwendung findet hier also ein Hochtemperatursupraleiter mit $T_C = 92$ K. Durch einen Flux-Locked Loop-Betrieb mit Hilfe einer integrierten Modulations- und Kompensationsspule wird

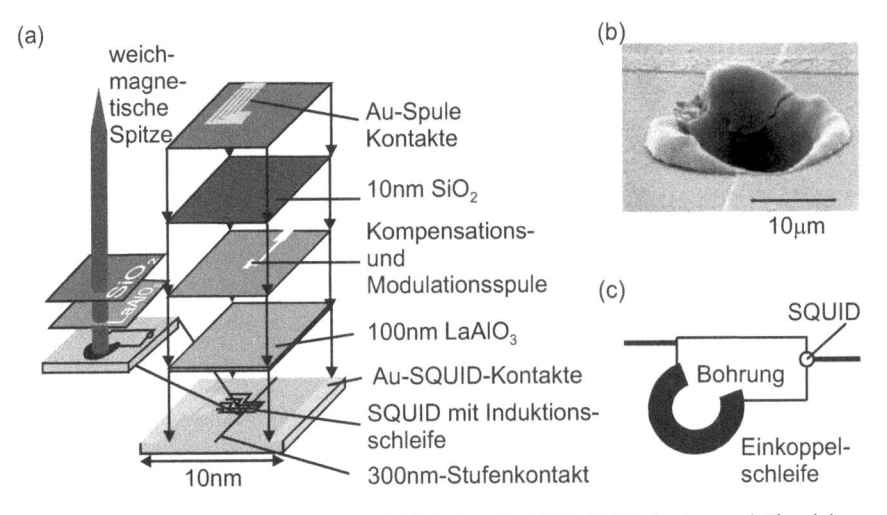

Abb. 22.211. Flussführendes SSM [22.331]. (a) Aufbau des YBCO-SQUID-Systems mit Flussleiter in Mehrlagentechnik. (b) Loch im Substrat zur Aufnahme der Sonde. (c) Einkoppelschleife und Stufenkontakt-SQUID.

sichergestellt, dass der SQUID in einem konstanten Arbeitspunkt der Kurve aus Abb. 22.210(a) gehalten wird und das nichtlineare oder sogar hysteretische Ummagnetisierungsverhalten der Sonde keine Rolle spielt. A priori sollte die Ortsauflösung derjenigen von MFM entsprechen. Dass mittels flussgeführter SSM tatsächlich eine derartige Auflösung erreichbar ist, zeigt Abb. 22.212.

Abb. 22.212. Eingetrocknete Aggregate aus Ferrofluidpartikeln ähnlich derjenigen aus Abb. 4.1(b), hier aber abgebildet mittels eines flussführenden SSM gemäß Abb. 22.211(a) [22.331]. Der abgebildete Bereich umfasst eine Fläche von 2 μm×2 μm.

Ein alternativer Ansatz ist SOT [22.483]. Hier wird ein SQUID aus Nb oder auch Pb an der Spitze einer ausgezogenene Quarzkapillare realisiert. Die beiden die Josephson-Kontakte formenden Brücken (*Weak Links*) entstehen zwischen den supraleitenden Kontakten auf beiden Seiten der Kapillaren. Dabei lassen sich SQUID-Durchmesser von etwa 50 nm oder vielleicht auch weniger erzielen [22.483]. Abbildung 22.213 zeigt die Anordnung sowie realisierte SOT.

Eine Anwendung für SOT-Mikroskope ist die Abbildung einzelner isolierter Elektronenspins. Diese mikroskopische Herausforderung hatten wir bereits in Abschn. 22.3.8 im Zusammenhang mit MRFM diskutiert. Abbildung 22.214 zeigt rechnerische

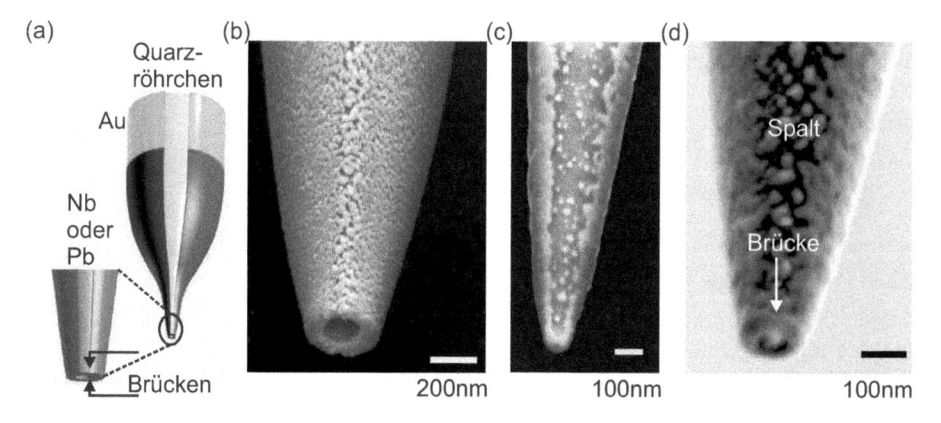

Abb. 22.213. SOT [22.483]. (a) Anordnung. (b) Nb-SOT mit einem Durchmesser von 238 nm. (c) Pb-SOT mit einem Durchmesser von 56 nm. (d) Pb-SOT mit einem Durchmesser von 160 nm.

Ergebnisse zur Flusseinkopplung durch einzelne Elektronenspins, die sich bei unterschiedlichen Orientierungen 10 nm entfernt von der SQUID-Sonde befinden. Befindet sich der Spin nahe der SQUID-Kanten und nicht im Zentrum des Rings, so lässt sich eine besonders hohe Orts- und Flussauflösung und damit Spinsensivität erzielen [22.484]. Für den 160 nm-SOT beträgt der eingekoppelte Fluss maximal 65 nΦ_0 bei senkrechter und 88 nΦ_0 bei paralleler Orientierung des Spins. Bei einem SQUID-Rauschen von 50 n$\Phi_0/\sqrt{Hz}$ resultieren Spinsensitivitäten von 0,77 $\mu_B/\sqrt{Hz}$ und 0,57 $\mu_B/\sqrt{Hz}$. Die erreichbare Ortsauflösung wäre etwa 20 nm, also wesentlich kleiner als der SQUID-Durchmesser. Für einen 46 nm-SOT würde man 0,53 $\mu_B/\sqrt{Hz}$ erreichen. Einzelne Elektronenspins sind also mittels der SOT-Variante der SSM abbildbar [22.483].

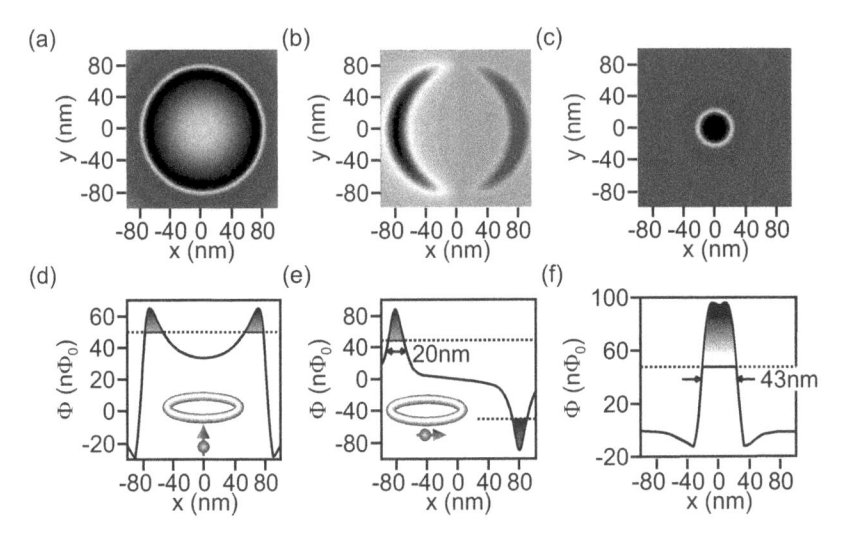

Abb. 22.214. Berechneter Fluss im SOT als Funktion der Position eines einzelnen Elektronenspins 10 nm unterhalb des SQUID. (a) 160 nm-SOT und Spin mit senkrechter Orientierung. (b) Wie in (a), aber Spin mit paralleler Orientierung. (c) Wie in (a) aber für einen 46 nm-SOT. (d)–(e) Schnitte für $y = 0$. Die markierten Bereiche zeigen Spinpositionen, bei denen eine Empfindlichkeit von mindestens 1 $\mu_B/\sqrt{Hz}$ erreicht wird.

22.5.5 Mikroskopie mit NV-Zentren

In Abschn. 19.6.3 hatten wir im Kontext von Einzelphotonenquellen kurz Farb- oder NV-Zentren in Diamant diskutiert. Derartige Defekte mit atomarer Ausdehnung lassen sich heute gezielt an vorgegebenen Positionen induzieren. Die optischen Eigenschaften lassen sich im ersten Überblick aus Abb. 19.206 entnehmen.

NV-Zentren in Diamant können als hochauflösende Sonden in der Rastersondenmikroskopie verwendet werden, wenn das NV-Zentrum relativ zu einer Probenoberfläche gerastert und über die Emissionseigenschaften des NV-Zentrums seine Wechselwirkung mit der Probenoberfläche ortsabhängig erfasst wird. Naheliegend ist die Verwendung von NV-Zentren in einer geeigneten Sonde zur Realisierung einer empfindlichen und örtlich hochauflösenden Magnetometrie [22.485] als Alternative zu MFM oder MRFM, wie in Abschn. 22.3.7 und 22.3.8 diskutiert. Grundlage ist wiederum Abb. 19.206. Zwei verschiedene Modifikationen des NV-Defekts in Diamant sind heute bekannt [22.486]: der neutrale NV^0- und der negativ geladene NV^--Zustand mit sehr unterschiedlichen Spin- und optischen Eigenschaften. Im vorliegenden Kontext ist nur NV^- interessant, weil dieser Defekt einen Spintriplettgrundzustand beinhaltet, der initialisiert, kohärent manipuliert und optisch ausgelesen werden kann. Details sind in Abb. 22.215(a) dargestellt. In der Regel wird der für mikroskopische Anwendungen wichtige NV^--Defekt als *NV-Defekt* bezeichnet.

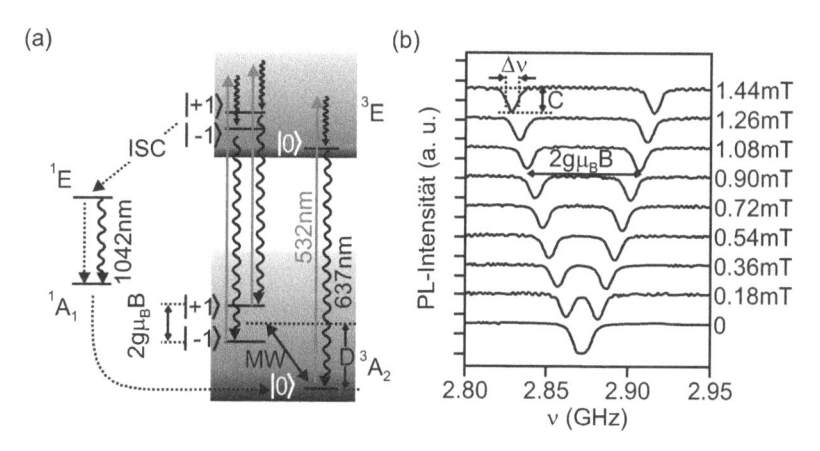

Abb. 22.215. NV-Zentrum in Diamant [22.488]. (a) Energieniveaus mit optischen Übergängen zwischen den Triplettzuständen ^3A und ^3E und Übergängen (gestrichelt) zwischen den Singulettzuständen ^1E und ^1A. (b) Optisch detektierte Elektronenspinresonanz für ein variierendes äußeres Magnetfeld.

Der NV-Defekt verhält sich wie ein künstliches Atom, besitzt C_{3v}-Symmetrie, eine breitbandige Photolumineszenz und eine Nullphononenlinie von 1,945 eV (λ = 637) nm. Individuelle NV-Zentren können mittels konvokaler Mikroskopie bei Raumtemperatur detektiert werden [22.487]. Der Grundzustand $^3A_2$ ist ein Spintriplettzustand, dessen Subniveaus sich in ein Singulett mit m_s = 0 und ein Dublett mit m_s = ±1 unterteilen. Im feldfreien Zustand beträgt die Differenz D = 2,87 GHz. Die intrinsische Magnetisierungsachse ist parallel zur Verbindungslinie zwischen N-Atom und Fehlstelle in Abb. 19.206(a).[8] Der NV-Defekt kann optisch in den ^3E-Zustand angeregt werden. ^3E ist ebenfalls ein Spintriplett. Das orbitale Dublett dieses Zustands zeigt eine Aufspaltung von 1,42 GHz mit derselben Quantisierungsachse und demselben gyromagntischen Verhältnis wie der Grundzustand [22.489]. Die Relaxation von ^3E nach ^3A kann radiativ über den Anregungspfad erfolgen oder über einen zweiten Pfad, der nichtstrahlende Interniveauübergänge (*Intersystem Crossings, LSC*) auf die Singulettzustände ^1E und $^1A_1$ beinhaltet. Die Singulettzustände sind von Bedeutung für die Spindynamik der NV-Zentren. Während die optischen Übergänge im Wesentlichen spinerhaltend sind, $\Delta m_s = 0$, sind ISC in den ^1E-Singulettzustand stark spinselektiv. Der NV-Defekt relaxiert über diesen Pfad bevorzugt von $^1A_1$ in den $^3A_2$-Grundzustand mit $m_s = 0$. Durch optisches Pumpen lässt sich eine große Spinpolarisation in $m_s = 0$ hinein realisieren. Da die ISC nicht radiativ sind, ist die Photolumineszenzintensität des NV-Defekts höher, wenn $m_s = 0$ bevölkert ist. Die spinabhängige Photolumineszenz wiederum erlaubt eine ESR-Detektion an einem einzelnen NV-Defekt auf optische Weise [22.487].

Wenn ein NV-Defekt zunächst durch optisches Pumpen im $m_s = 0$-Zustand präpariert wird, so lässt er sich durch ein resonantes Mikrowellenfeld [MW in Abb.22.215(a)] in den $m_s = \pm 1$-Zustand treiben. Dies führt, wie in Abb. 22.215(b) sichtbar, zu einer Abnahme der Photolumineszenz. Dieser Effekt ist Grundlage verschiedener Überlegungen, NV-Zentren für die in Abschn. 3.4 diskutierte Quanteninformationsverarbeitung zu nutzen [22.490]. Das NV-Zentrum bildet dann ein Festkörperspin-Q-Bit mit hoher Kohärenzdauer.

In weitgehender Analogie zu optischen Magnetometern, welche die Präzession spinpolarisierter Gase nutzen [22.491], lässt sich auch der NV-Defekt nutzen. Ein äußeres Feld hebt die Entartung der $m_s = \pm 1$-Zustände auf, und es kommt zu einer *Zeeman-Verschiebung* von $2g\mu_B B$. Das ESR-Spektrum zeigt dann zwei Resonanzen wie in Abb. 22.215(b) sichtbar. Damit kann man den NV-Defekt als Magnetfeldsensor atomarer Ausdehnung betrachten [22.492; 22.485]. Auch der IR-Übergang in Abb. 22.215(a) kann zur optischen Magnetometrie herangezogen werden, weil er an die spinabhängigen Populationen der Singulettzustände $^1A_1$ und ^1E ankoppelt [22.493].

Die Projektion eines äußeren Magnetfelds **B** auf die Achse des NV-Zentrums resultiert in einer Aufspaltung des ESR-Spektrums mit den spektralen Positionen v_+ und v_-. Der Zusammenhang dieser Frequenzen mit dem äußeren Feld ergibt sich aus dem Grundzustands-Hamiltonian:

$$\hat{H} = h\left[D\underline{\underline{\sigma}}_z^2 + E\left(\underline{\underline{\sigma}}_x^2 - \underline{\underline{\sigma}}_y^2\right)\right] + g\mu_B \mathbf{B} \cdot \underline{\underline{\sigma}} \,. \tag{22.67}$$

D und E sind Nullfeldparameter entsprechend Abb. 22.215(a), σ_i Pauli-Spinmatrizen gemäß Gl. (3.133) und $\underline{\underline{\sigma}}$ der Matrixvektor. $g \approx 2,0$ ist der Landé-Faktor. Hyperfein-

---

[8] Dies ist die [111]-Achse [22.488].

wechselwirkungen mit Kernspins des umgebenden Diamantgitters werden dabei vernachlässigt.

Die Nullfeldaufspaltung von $D = 2,87$ GHz resultiert aus der Spin-Spin-Wechselwirkung zwischen den zwei ungepaarten Elektronen des Defekts. Der zweite Parameter E resultiert aus lokalen Spannungen innerhalb des Diamantgitters, die die C_{3v}-Symmetrie verringern. E hängt empfindlich von der kristallinen Qualität des Diamanten ab und liegt zwischen 100 kHz und einigen MHz.

Durch Berechnung der Eigenenergien für $\hat{H}$ aus Gl. (22.67) lassen sich die ESR-Frequenzen $\nu_\pm$ für jedes Feld **B** ermitteln. Ein entsprechendes Ergebnis zeigt Abb. 22.216(b). Mit $\hat{H}_\parallel = hD\underline{\underline{\sigma_z^2}} + g\mu_B B_z \underline{\underline{\sigma_z}}$ und $\hat{H}_\perp = g\mu_B(B_x\underline{\underline{\sigma_x}} + B_y\underline{\underline{\sigma_y}})$ aus Gl. (22.67) gilt im Niedrigfeldregime $\hat{H}_\perp \ll \hat{H}_\parallel$ und damit

$$\nu_\pm(B_z) = D \pm \sqrt{\left(\frac{g\mu_B}{h}B_z\right)^2 + E^2} \ . \tag{22.68}$$

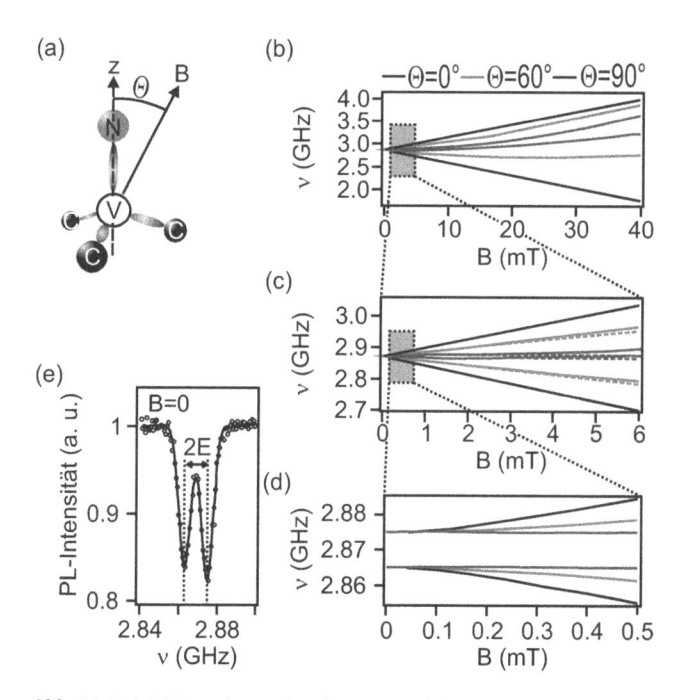

Abb. 22.216. ESR an einem einzelnen NV-Defekt in Diamant bei variablen äußeren Feldern **B** [22.494]. (a) Geometrie. (b) ESR-Frequenzen $\nu_\pm$ für verschiedene Feldorientierungen und -stärken. (c) Niedrigfeldregime mit Approximation gemäß Gl. (22.68). (d) Niedrigfeldregime. (e) Nullfeldspektrum für einen Nanodiamanten mit $E \approx 5$ MHz.

B_z ist die Projektion von **B** auf die Symmetrieachse gemäß Abb. 22.216(a). Die Gültigkeit von Gl. (22.67) ist durch $B_\perp = \sqrt{B_x^2 + B_y^2} \ll hD/(g\mu_B) \approx 100$ mT begrenzt. Dies zeig Abb. 22.216(c). Gilt im Extremfall $g\mu_B B_z \ll hE$, so resultiert aus Gl. (22.68) $\nu_\pm = D \pm E$. In diesem Fall ist das NV-Zentrum unsensitiv gegenüber dem Magnetfeld, wie Abb. 22.216(d) zeigt. Eine hohe Empfindlichkeit erhält man dagegen durch Anlegen eines Hilfsfelds B_0 mit $B_0 \gg hE/(g\mu_B)$. In diesem Fall gilt $\nu_\pm = D \pm g\mu_B(B_0 + B_z)/h$.

Für $B_z = 0$ ist die Kohärenzzeit besonders groß, weil die lokalen Spannungen E gleichsam den Zentralspin vor externen Magnetfeldfluktuationen schützen. In diesem Regime kann der NV-Defekt zur Detektion elektrischer Felder genutzt werden [22.495].

Wenn die Bedingung $\hat{H} \ll \hat{H}_\parallel$ nicht mehr erfüllt ist, so hängen $\nu_\pm$ stark von der Orientierung von **B** ab, wie Abb. 22.216(b) zeigt. Allerdings ist m_s gegebenenfalls keine gute Quantenzahl mehr. $B_\perp$ verursacht eine Mischung von Spinzuständen, und die Eigenzustände des Spin-Hamiltonians sind Superpositionen von $m_s = 0$ und $m_s = \pm 1$ [22.496]. Die optisch induzierte Spinpolarisation wird ineffizient. Abbildung 22.217 zeigt, dass der Kontrast der spinabhängigen Photolumineszenz abnimmt. Dieser Effekt ist begleitet von einer Abnahme der Photolumineszenzintensität [22.497].

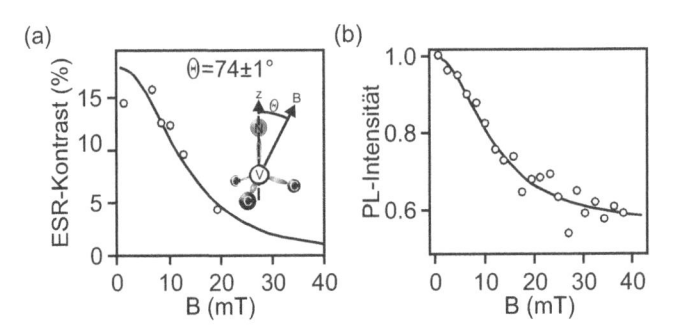

Abb. 22.217. Verhalten eines NV-Defekts bei größeren Magnetfeldern mit $B_\perp$-Komponente [22.496]. (a) Kontrast. (b) Photolumineszenzintensität.

Die Sensitivität aller spinbasierten Magnetometer ist limitiert durch Quantenrauschen, welches mit der Spinprojektion zusammenhängt. Bei optischen Methoden des Auslesens kommt noch das photonische Schrotrauschen *(Shot Noise)* hinzu, welches in der Praxis in der Regel die eigentliche Limitierung darstellt [22.494]. Verwendet man N NV-Defekte, so wird das Lumineszenzsignal N-fach verstärkt und damit die photonische Sensitivität um den Faktor $1/\sqrt{N}$ verbessert. Für die hochauflösende Rastersondenmikroskopie benötigt man allerdings ein einziges Defektzentrum.

Gemäß Abb. 22.215(b) muss der Kontrast C so hoch wie möglich sein. In der Regel erhält man $C = 20\,\%$. Zusätzlich sollte die ESR-Linienweite $\Delta\nu$ klein sein. $\Delta\nu$ hängt zum einen mit der Dephasierungszeit zusammen, die wir bereits in Abschn. 3.4.1 eingeführt hatten. Zum anderen verursachen die Ausleselaser und das Mikrowellenfeld

Linienverbreiterungen. Dieses Problem lässt sich durch eine zeitliche Separation von Spinmanipulation, Spinauslesen und Phasenakkumulation[9] lösen [22.494]. Die notwendige Ramsey-Puls-Sequenz führt zu einem Protokoll, welches vergleichbar ist mit dem in Abschn. 22.3.8 behandelten für MRFM. Die letzlich relevante Materialeigenschaft des NV-Zentrums ist die inhomogene Dephasierungszeit T_2^*, die in perfekten Diamantkristallen bis zu 100 μs betragen kann. Damit erreicht man dann Magnetfeldempfindlichkeiten von der Größenordnung 40 nT/$\sqrt{\text{Hz}}$ [22.494].

Eine Steigerung der Empfindlichkeit der *NV-Magnetometrie* lässt sich erreichen bei der Messung magnetischer Wechselfelder. Das entsprechende Verfahren wird zuweilen als *Quanten-Lock In-Verstärkung (Quantum Lock-In Amplification)* bezeichnet [22.498]. Unter Verwendung komplexerer Entkopplungsschemata, beispielsweise mittels der *Carr-Purcell-Meiboom-Gill-Pulssequenzen* [22.499], können die Dekohärenzzeiten T_2^* um ein Vielfaches überschreiten [22.499]. Die dadurch erreichbaren Feldstärkeempfindlichkeiten liegen bei 10 nT/$\sqrt{\text{Hz}}$ [22.500]. Damit wird die Detektion eines einzelnen Elektronenspins möglich [22.501] oder auch diejenige eines kleinen nuklearen Spinsembles [22.502].

Im Hinblick auf den praktischen Betrieb eines NV-Magnetometers ist auch die effiziente Detektion der Photolumineszenz von Bedetung. Diese wird insbesondere durch den Brechungsindex von n=2,4 von Diamant limitiert. Der kleine kritische Winkel von $\Theta_c = 22{,}6°$ für Totalreflexion sorgt bei konventioneller Detektion dafür, dass die meisten Photonen in der Diamantmatrix verbleiben. Dies zeigt schematisch Abb. 22.218. Eine Möglichkeit, die Totalreflexion zu unterdrücken, besteht darin, den NV-Defekt in

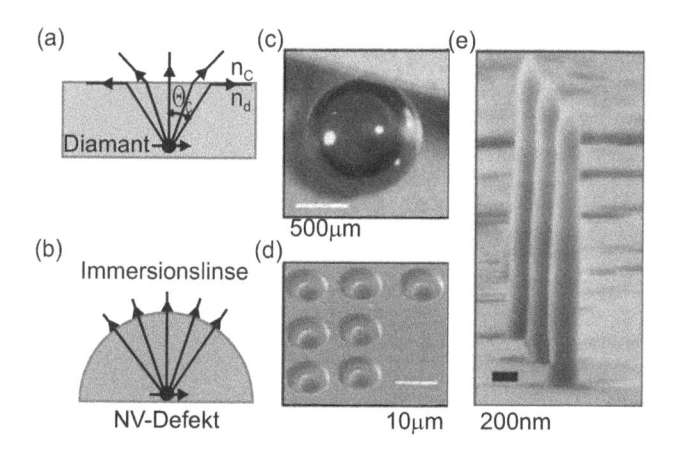

Abb. 22.218. Detektion der NV-Photolumineszenz. (a) Lichtbrechung an der Diamant-Luft-Grenzfläche. (b) NV-Defekt im Zentrum einer Immersionslinse. (c) Makro- [22.504] und (d) Mikroimmersionslinsen [22.505]. (e) Diamantsäulen mit NV-Defekt als Sonden in der Rastersondenmikroskopie oder als Einzelphotonenquellen [22.503].

---

[9] Magnetfeldmessung.

das Zentrum einer festen Immersionslinse zu verlegen. Dies zeigt schematisch Abb. 22.218(b). Derartige Immersionslinsen können durch FIB mikrofabriziert werden, wie Abb. 22.218(c) und (d) zeigen. Für die Rastersondenmikroskopie sind insbesondere Nanosäulen, wie in Abb. 22.218(e) gezeigt, von Interesse. Neben der sondengeeigneten Geometrie erlauben die Säulen auch eine effektive Wellenleitung, stellen also photonische Strukuren dar [22.503].

Abbildung 22.219 zeigt, wie eine auf einem einzigen NV-Defekt basierende Sonde eines Rastersondenmikroskops aufgebaut sein könnte. Das Mikroskop selbst besteht, wie in Abb. 22.219(a) sichtbar, aus einem typischen AFM-Aufbau, integriert in ein konvokales optisches Mikroskop und ausgestattet mit einer Mikrowellenquelle. Die ideale Diamantsonde sollte lange Spinkohärenzzeiten haben, einen NV-Defekt möglichst nahe am Sondenapex und eine hohe Detektionseffizienz für die Photolumineszenz. Eine solche Sonde zeigt Abb. 22.219(b) in Form einer monolitischen Diamantstruktur, die an einem AFM-Cantilever befestigt wurde. Die Herstellung entsprechender Son-

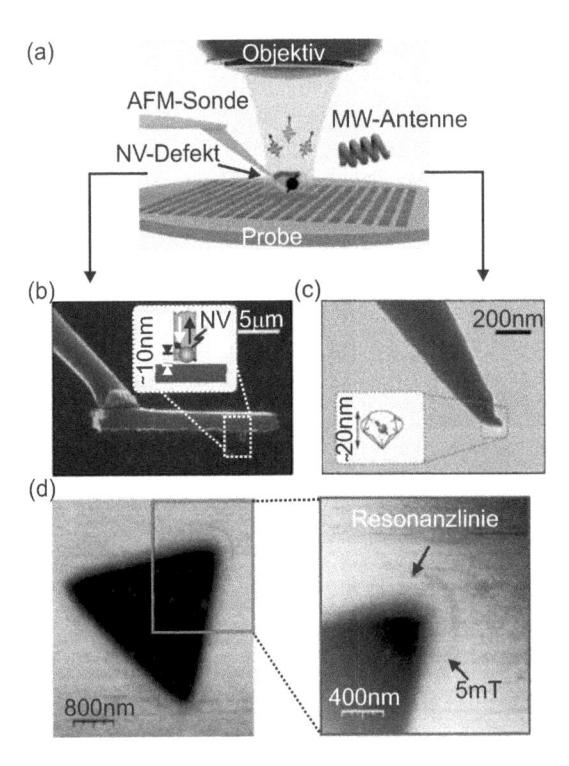

Abb. 22.219. Sonden für die Mikroskopie mit NV-Zentren. (a) Aufbau des Rastersondenmikroskops. (b) Mikrofabrizierte monolithische Sonde aus Diamant [22.507]. (c) Sonde mit aufgeklebtem Diamantnanokristall [22.508]. (d) Allererste NV-Aufnahme einer Linie konstanten Magnetfelds von 5 mT in der Umgebung eines dreieckigen Mikromagneten [22.509].

den erfordert eine extensive Mikrostrukturierung. Eine Alternative stellt die Verwendung von Diamantnanokristallen dar, die in Größen von 10 bis 100 nm kommerziell verfügbar sind. Enthalten die Kristalle bereits N-Atome als paramagnetische Verunreinigung, so können NV-Defekte durch eine Kombination aus hochenergetischem Elektronenbeschuss und Glühen der Proben erzeugt werden. Kontrollierter können die NV-Zentren natürlich durch Ionenimplantation positioniert werden [22.506].

Da die NV-Mikroskopie zwar im Hinblick auf die theoretisch zu erreichende Ortsauflösung und Feldempfindlichkeit sehr leistungsfähig ist, aber sich als in der Praxis schwierig zu handhabende Methode erweist, sind probate, praktisch zu handhabende Arbeitsmodi von besonderer Bedeutung. Eine naheliegende Vorgehensweise ist die Abbildung von Isofeldstärkekonturen. Dabei wird die Probenoberfläche rasterförmig adressiert und die Photolumineszenzintensität wird bei gegebener Mikrowellenfrequenz erfasst. In dunklen Bildbereichen ist dann der Spinübergang in Resonanz mit der gewählten Mikrowellenfrequenz v. Dazu muss das lokale Feld gegeben sein durch $B = \pm 2\pi(v - D)/y_e$, mit $y_e = 28$ MHz/mT. Abbildung 22.219(d) zeigt ein entsprechendes Beispiel. Die jeweilige Isofeldkontur wird vorgegeben durch die variabel einstellbare Mikrowellenfrequenz. Hintergundintensitäten lassen sich durch konsekutive Messung bei zwei Frequenzen v_1 und v_2 und anschließende Differenzbildung eliminieren. Das entsprechende NV-Bild zeigt dann wie Abb. 22.220 positive und negative Signalbereiche für $B(v_1)$ und $B(v_2)$ sowie Nullsignalbereiche für alle anderen B-Werte.

Die gesamte Feldverteilung erhält man, wenn man in jedem Bildpunkt das komplette ESR-Spektrum aufnimmt. Um das Abbildungsverfahren dennoch hinreichend schnell zu machen, wurden spezielle Lock In-Methoden entwickelt [22.510]. Abbildung 22.220 zeigt ein Beispiel für eine quantitativ erfasste Streufeldverteilung. Obwohl der NV-Sensor nur atomare Ausmaße hat, ist die letztlich erreichte Ortsauflösung natürlich vom Sonden-Proben-Abstand, also vom Abstand zwischen Probenoberfläche und NV-Sensor abhängig [22.496]. Dies zeigt Abb. 22.220(d) deutlich.

Geht es um die Lokalisierung und Abbildung einzelner Spins in einer Probe, so bietet sich ein anderer Betriebsmodus der NV-Mikroskopie an: die *gradientenunterstützte Spektroskopie*. Dazu wird ein starker variabler Magnetfeldgradient erzeugt. Dies kann durch eine permanentmagnetische Sonde erfolgen, wenn sich die Spins – beispielsweise in Form von NV-Zentren – in der Probenoberfläche befinden. Die Anordnung zeigt Abb. 22.221(a). Eine Veränderung Δx der Lage des Probenspins in Bezug auf den Feldgradienten ∇B der Sonde führt zu einer Änderung der Mikrowellenresonanz von $g\mu_B \, \partial B/\partial x \, \Delta x/\hbar$. Die resultierende Ortsauflösung ist dann durch $\delta x = \hbar \, \Delta v/(g\mu_B \, \partial B/\partial x)$ gegeben. Δv ist hier die ESR-Linienbreite. In der Praxis erreicht man $\partial B/\partial x = 10^6$ T/m und $\Delta v = 200$ kHz. Dies resultiert in einer nominellen Auflösung von 7 pm!

In realiter wurde in ersten Experimenten eine Auflösung von 5 nm erreicht, wie Abb. 22.221(b) zeigt. Weitere Verfeinerungen des Verfahrens führten, wie in Abb. 22.221(c)–(e) dargestellt, zu höheren Auflösungen und größeren Empfindlichkeiten.

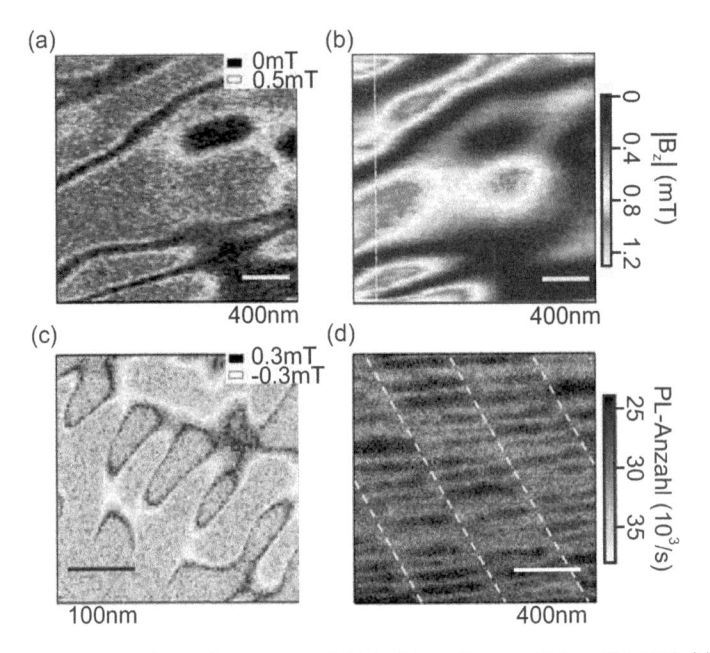

Abb. 22.220. (a) Duale Isomagnetfeldabbildung für z = 250 nm [22.507]. (b) Lock In-Abbildung der gesamten Feldverteilung für z = 250 nm! (c) Duale Isomagnetfeldabbildung bei verringertem Arbeitsabstand [22.508]. (d) Photolumineszenzabbildung ohne Mikrowellenanregung bei geringem Arbeitsabstand [22.507]. Große Feldstärken in den dunklen Bereichen führen zu einem Auslöschen (*Quenching*) der Photolumineszenz aufgrund von Zustandsmischung (*Spin Mixing*).

Die NV-Magnetometrie oder NV-Mikroskopie kombiniert gleichsam die Vorteile von MFM und SSM. Nichtinvasiv wird bei hoher Ortsauflösung das Streufeld einer Probe quantitativ erfasst oder einzelne Spins werden ortsaufgelöst abgebildet. Diese Möglichkeiten definieren die Anwendungsfelder der NV-Mikroskopie. Eine besondere Herausforderung ist beispielsweise die Abbildung sehr kleiner mikromagnetischer Objekte wie Vortices oder Skyrmionen, wie wir in Abschn. 22.2.6 gesehen haben. Hier bietet die NV-Mikroskopie eine echte Alternative zu SP-STM, was spezielle Probenpräparationen und UHV-Bedingungen voraussetzt. Abbildung 22.222 zeigt die Abbildung eines Vortex in einem mikrometergroßen Permalloyquadrat. Die Abbildung ist vergleichbar mit Abb. 22.57. Allerdings erlaubt die NV-Mikroskopie eine quantitative Analyse des Streufelds über der Probenoberfläche und SP-STM bildet eher qualitativ die Magnetisierung ab, die dieses Streufeld verursacht.

Auch die Abbildung von Domänenwänden in magnetischen Schichten, die nur wenige Atomlagen dick sind, ist eine messtechnische Herausforderung, bei der die NV-Mikroskopie viel Potential verspricht [22.514]. Eine Herausforderung schlechthin ist natürlich die Detektion eines isolierten Elektronenspins, wie wir es schon in Abschn. 22.3.8 diskutiert hatten. Diese gelang mittels MRFM, aber sie gelang auch mittels NV-

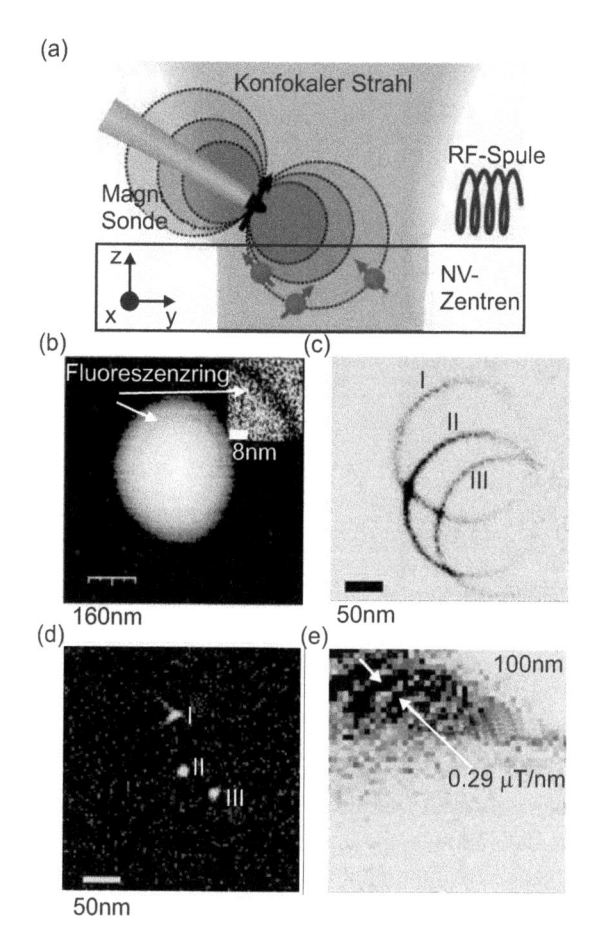

Abb. 22.221. Gradientenverfahren bei der NV-Mikroskopie. (a) Aufbau des Rastersondenmikroskops. (b) Erste experimentelle Demonstration [22.500; 22.509]. (c) Abbildung von drei NV-Defekten [22.511]. (d) Position der NV-Zentren aus (c) nach Datendekonvolution mit einer Auflösung von ≈ 0, 2 nm [22.511]. (e) Linien konstanter Magnetfeldgradienten, die mittels eines Modulationsverfahrens erhalten werden [22.512].

Mikroskopie [22.501]. Die entsprechende Anordnung für die Einzelspindetektion ist in Abb. 22.223(a) dargestellt. Resultate entsprechender Messungen zeigen 22.223(b) und (c). Die Akquisitionszeit von 42 Minuten pro Bildpunkt ist zwar vergleichsweise lang, aber immer noch kürzer als die Zeit für kryogene MRFM-Messungen [22.338].

Eine der größten Herausforderungen der Rastersondenmikroskopie ist die Abbildung einzelner oder weniger Kernspins, die sich nahe der rasternden Sonde befinden. Dies eröffnet die Perspektive auf eine Abbildung einzelner Moleküle mit unbekannter Struktur über NMR und MRI [22.515]. Ein Meilenstein auf diesem Weg war sicherlich die erfolgreiche Abbildung weniger Kernspins mittels NV-Mikroskopie im Jahr 2013

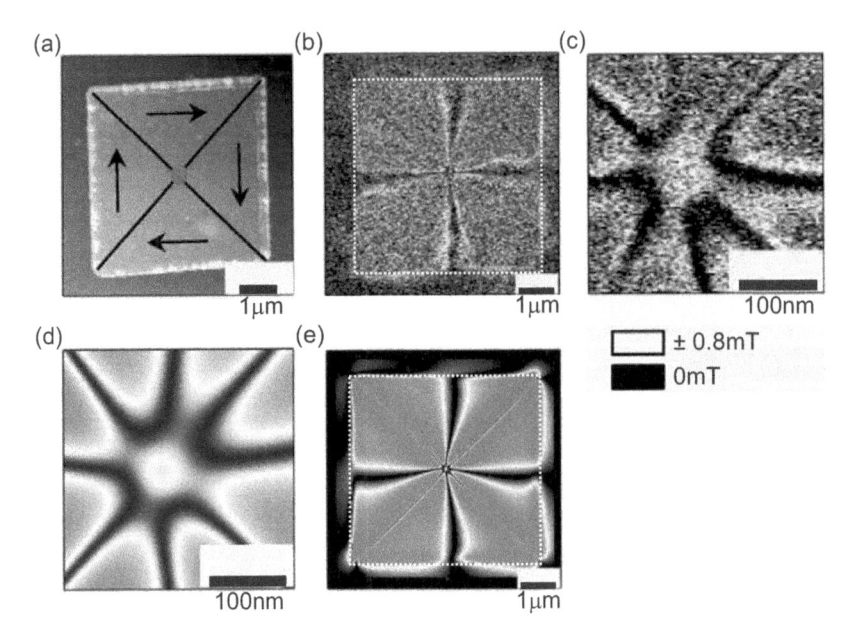

Abb. 22.222. NV-Abbildung der mikromagnetischen Struktur eines nanoskaligen Permalloyquadrats von 5 μm × 5μm Größe [22.513]. (a) Probe mit Magnetisierungskonfiguration und Vortexposition. (b) Duales Isomagnetfeld-NV-Bild. (c) NV-Bild des Vortexkerns. (d), (e) Simulationen von (b) und (c).

[22.502]. Auch in diesem Kontext liefern NV-Mikroskopie und MRFM wieder vergleichbare Resultate, wobei der Betrieb der NV-Mikroskopie unter Umgebungsbedingungen gegenüber den erforderlichen kryogenen Bedingungen für MRFM ein unschätzbarer Vorteil ist.

Im Hinblick auf potentielle Anwendungen in der Biologie ist dieser Vorteil offensichtlich. Darüber hinaus ist es von Vorteil, dass Diamant recht biokompatibel ist und wenig toxisch wirkt. Dies eröffnet Anwendungen der NV-Magnetometrie auch über die Rastersondenmikroskopie hinaus. So wurde das ESR-Signal eines NV-Zentrums in einem Diamantnanokristall genutzt, um die Position dieses Kristalls als Funktion der Zeit in einer lebenden Zelle zu beobachten [22.516].

In Abschn. 12.1 hatten wir Beispiele für die Biomineralisation diskutiert. Ein spektakuläres Beispiel sind permanente Magnete, die in den verschiedensten Organismen vorkommen können, beispielsweise in den magnetotaktischen Bakterien aus Abb. 12.2. Derartige Bakterien zeigt auch Abb. 22.224(a). Die Magnetpartikel innerhalb der Bakterien erzeugen ein magnetisches Streufeld, welches sich mit subzellulärer Auflösung detektieren lässt, wenn man die Bakterien auf die Oberfläche eines NV- iamantchips gebracht werden. Eine Streufeldaufnahme wie in Abb. 22.224(b) hätte dabei auch durchaus mit einem NV-Rastersondenmikroskop erhalten werden können.

Weitere biologische Anwendungen der NV-Nanomagnetometrie liegen in der Detektion magnetischer Feldfluktuationen, welche durch paramagnetische Spezies

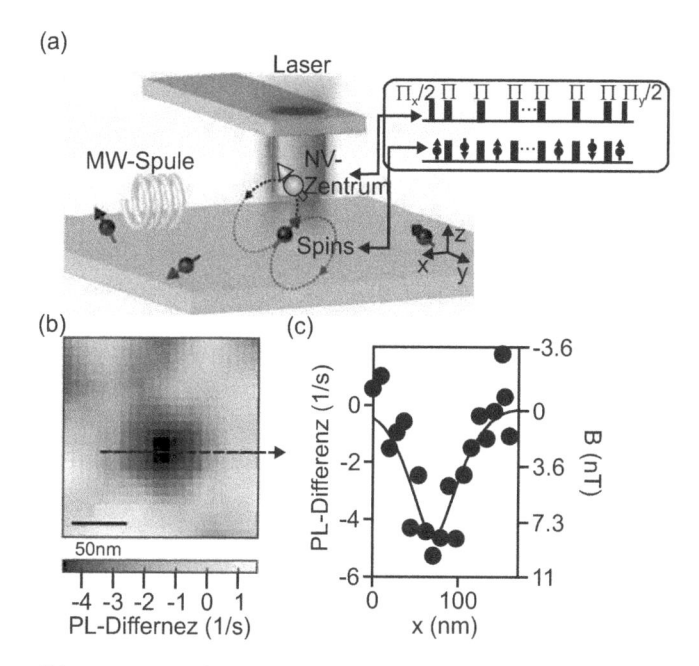

Abb. 22.223. Einzelspinabbldung mittels NV-Mikroskopie [22.501]. (a) Anordnung. (b) Magnetfeldabbildung eines einzelnen Probenspins. (c) Linienprofil entlang des in (b) eingezeichneten Pfeils.

verursacht werden. Verbreitet ist diesbezüglich etwa der Proteinkomplex *Ferritin*. Auch können biologische Moleküle für die Analyse bestimmter Prozesse mit „Spinlabeln" versehen werden. Mittels NV-Zentren kann die Spur des Labels dann während des biologischen Transports verfolgt werden. Zur Auswertung können die Dekohärenzzeit τ_2 und die Relaxationszeit τ_1 herangezogen werden.

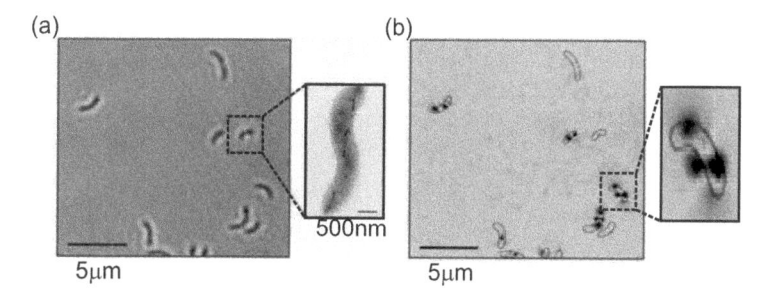

Abb. 22.224. Abbildung von magnetotatktischen Bakterien mittels NV-Magnetometrie [22.517]. (a) Lichtmikroskopische Aufnahme der Bakterien auf der Oberfläche eines NV-Diamantchips. (b) Streufeldaufnahme des NV-Magnetometers.

Die Rasterspinsonde des NV-Mikroskops lässt sich auch für die hochauflösende Messung thermischer Eigenschaften, wie in Abschn. 22.5.2 beschrieben, nutzen. Grundlage dafür ist die starke Abhängigkeit der Spinresonanzfrequenz von der Temperatur in der Umgebung des NV-Zentrums [22.518]. Zur Durchführung von Wärmeleitungsmessungen kann ein Diamantnanokristall mit definiertem NV-Zentrum an einem AFM-Cantilever befestigt werden. Eine integrierte Heizvorrichtung erlaubt eine definierte Erwärmung der Sonde. Die entsprechende Anordnung zeigt Abb. 22.225(a). Das Mikrowellenfeld wird hier mittels eines stromdurchflossenen mikrofabrizierten Leiters erzeugt. Die Anregung und Detektion der Fluoreszenz erfolgt durch ein Objektiv mit großer numerischer Apertur. Das interne Magnetfeld ist senkrecht zur Probenoberfläche orientiert. Die Abbildungen 22.225(b) und (c) bestätigen, dass sich in der Diamantspritze ein NV-Zentrum befindet. Wird nun die erwärmte Sonde über eine mikrostrukturierte Oberfläche bei Kontakt gerastert, so variiert lokal die Wärmeleitung, was zu einer detektierbaren Verschiebung der NV-ESR führt. Dies wiederum manifestiert sich in dem Kontrast in Abb. 22.225(d).

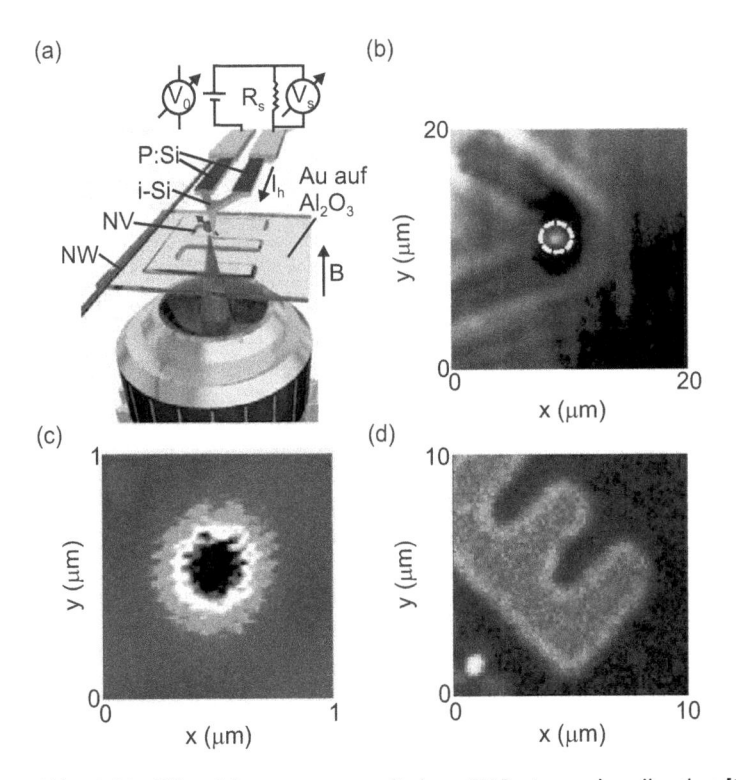

Abb. 22.225. Wärmeleitungsmessung mit einem NV-Rastersondenmikroskop [22.519]. (a) Aufbau des NV-Mikroskops. (b) Fluoreszenzabbildung der Diamantsonde am Cantilever. (c) Vergrößerte Abbildung der NV-Fluoreszenz. (d) Wärmeleitungsabbild einer 18 nm dicken Au-Struktur auf einem Al_2O_3-Substrat.

Die absolute Sondentemperatur lässt sich aus dem gemessenen Zusammenhang zwischen Temperatur und Resonanzfrequenzen für jede Messsituation bestimmen. Abbildung 22.226 zeigt den gemessenen Zusammenhang zwischen NV-ESR und NV-Temperatur.

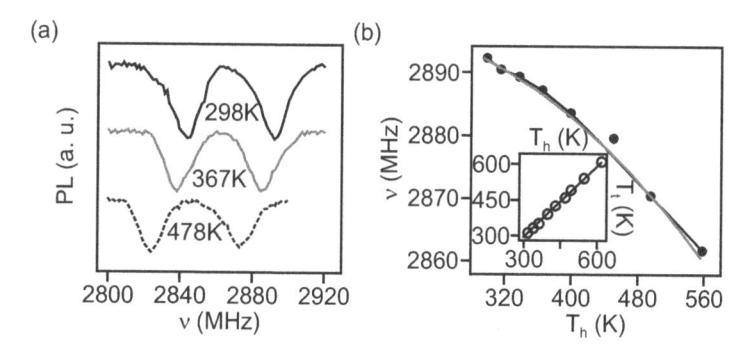

Abb. 22.226. Kalibrierung des NV-Thermo-Rastersondenmikroskops [22.519]. (a) NV-ESR für den Übergang $m_s = 0 \leftrightarrow m_s = \pm 1$ zwischen den Niveaus des NV-Grundzustandsspintripletts für drei unterschiedliche Temperaturen. Die Aufspaltung resultiert aus einem Feld von $B = 1$ mT entlang der NV-Achse. (b) Temperaturabhängigkeit der Übergangsfrequenz für $m_s = 0 \leftrightarrow m_s = +1$. Ebenfalls dargestellt ist der Zusammenhang zwischen der Heizertemperatur und der Temperatur der NV-Sonde unter Umgebungsbedingungen.

Da das beschriebene NV-Mikroskop im mechanischen Kontakt zwischen Sonde und Oberfläche arbeitet, sollte die erzielbare Ortsauflösung bei der Thermographie vom involvierten Sonden-Proben-Volumen und von der Temperatur der Sonde abhängig sein. Eine hohe Auflösung kann erwartet werden, wenn beide Größen minimiert werden. Abbildung 22.227 zeigt, dass unter günstigen Bedingungen Auflösungen von einigen 10 nm erreichbar sind.

NV-Defekte erlauben es ebenfalls, elektrische Felder hochauflösend und empfindlich zu messen [22.495]. In entsprechenden Messungen wurde eine Empfindlichkeit von ≈ 200 V/(cm$\sqrt{\text{Hz}}$) erreicht, was ausreicht, um eine Elementarladung in einer Entfernung von 150 nm bei einer Mittelungszeit von 1 s zu detektieren [22.495]. Die Ursache für die Abhängigkeit der ESR von externen Feldern ist im *Stark-Effekt* begründet [22.520]. Dazu betrachten wir den Grundzustands-Hamiltonian aus Gl. (22.67) etwas genauer und für den allgemeinen Fall bei Anwesenheit eines Magnetfelds **B**, eines elektrischen Felds $\mathbf{E}_e$ und eines Spannungsfelds $\mathbf{E}_s$:

$$\hat{H} = (hD + d_z E_z)\left[\sigma_z^2 - \frac{1}{3}\sigma(\sigma+1)\right] + g\mu_B \mathbf{B} \cdot \boldsymbol{\sigma}$$
$$- d_{xy}\left[E_x(\sigma_x\sigma_y + \sigma_y\sigma_x) + E_y(\sigma_x^2 - \sigma_y^2)\right]. \tag{22.69}$$

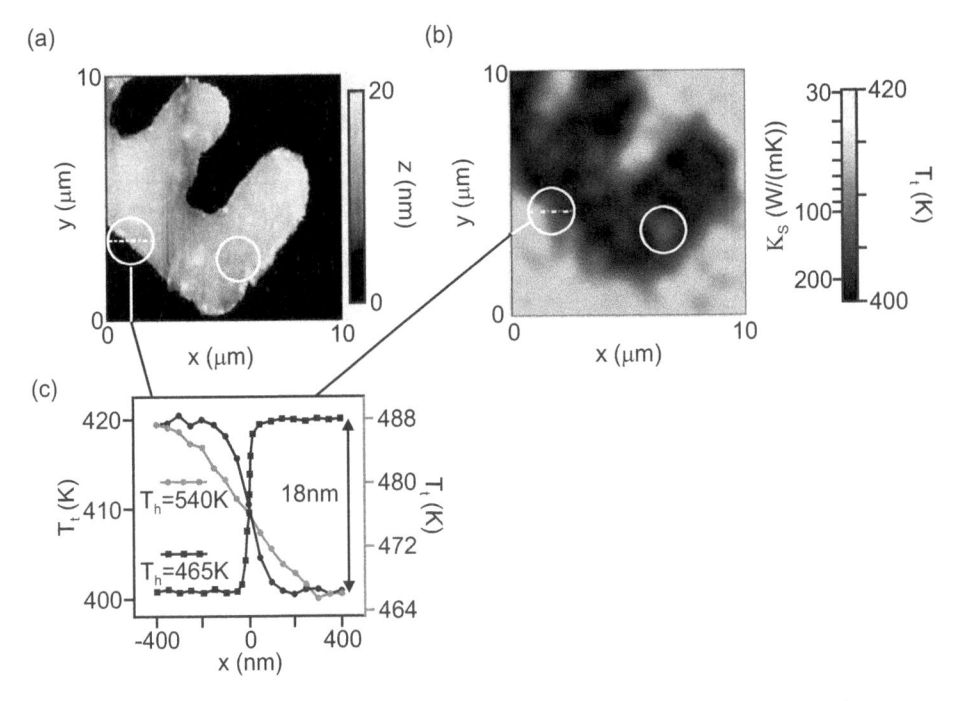

Abb. 22.227. Hochauflösende Thermographie mittels NV-Rastersondenmikroskopie [22.519]. (a) AFM-Aufnahme der Au-Teststruktur auf Al_2O_3-Substrat. (b) Thermographie bei 465 K mit Absolutwerten der Wärmeleitfähigkeit κ und der NV-Temperatur T. Die Kreise markieren Variationen der thermischen Eigenschaften ohne topographisches Pendant. (c) AFM-Profil der in (a) und (b) markierten Kante sowie Temperaturprofile für zwei verschiedene Heizertemperaturen.

$d_z/h = 3,5 \cdot 10^{-3}$ Hz m/V und $d_{xy}/h = 0,17$ Hz m/V sind die axialen und nichtaxialen Komponenten des elektrischen Dipolmoments **d** des Grundzustandstripletts des NV-Defekts [22.520]. $\mathbf{E} = \mathbf{E}_e + \mathbf{E}_s$ setzt sich hier aus elektrischem und Spannungsfeld zusammen [22.520]. Für $D \gg g\mu_B B$ und $D \gg dE$ kann Störungsrechnung zweiter Ordnung verwendet werden, um die Energieniveaus zu berechnen. Für die durch das elektrische Feld verursachte ESR-Frequenzänderung für Übergänge zwischen $m_s = 0$ und $m_s = \pm 1$ folgt

$$h\nu_{\pm} = d_z E_{ez} \pm \left[F(\mathbf{B}, \mathbf{E}_e, \mathbf{E}_s) - F(\mathbf{B}, 0, \mathbf{E}_s) \right] , \tag{22.70a}$$

mit

$$F(\mathbf{B}, \mathbf{E}_e, \mathbf{E}_s) = \sqrt{\mu_B^2 g^2 B_z^2 + d_{xy}^2 E_{xy}^2 - \frac{g^2 \mu_B^2}{D} B_{xy}^2 d_{xy} E_{xy} \cos(2\phi_B + \phi_E) + \frac{g^4 \mu_B^4}{4D^2} B_{xy}^4} . \tag{22.70b}$$

Es gilt $E_{xy}^2 = E_x^2 + E_y^2$, $B_{xy}^2 = B_x^2 + B_y^2$ sowie $\tan \phi_E = E_y/E_x$ und $\tan \phi_B = B_y/B_x$.

Abbildung 22.228 zeigt die experimentelle Bestätigung der Messbarkeit der Stark-Verschiebung der ESR in Anwesenheit eines variablen externen elektrischen Felds. Dieses wurde mittels einer lithographisch hergestellten Elektrodenanordnung erzeugt.

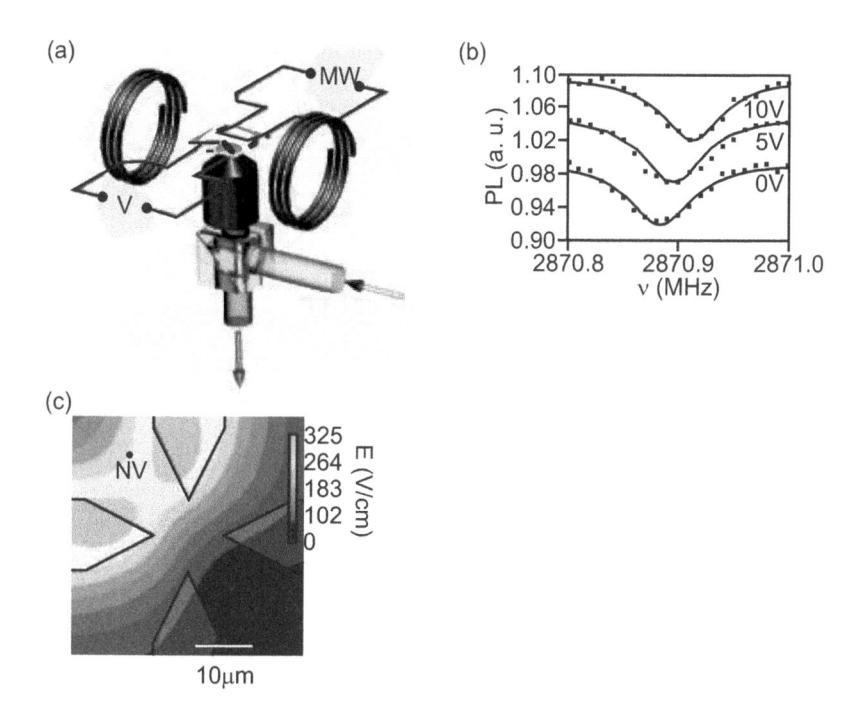

Abb. 22.228. Messung elektrischer Felder mit einem NV-Defekt über die Stark-Verschiebung der ESR [22.495]. (a) Aufbau der Anordnung. (b) Verschiebung der Resonanz für verschiedene Spannungen an einer lithographisch hergestellten Elektrodenanordnung. (c) Elektrodenanordnung mit NV-Defekt und berechneter Verteilung der elektrischen Feldstärke in der Ebene des Defekts für eine Spannung von 1 V.

Neben der Abbildung magnetischer Streufelder und thermischer Leitfähigkeiten lässt sich ein NV-Rastersondenmikroskop also auch für die hochauflösende und sensitive Abbildung elektrischer Feldverteilungen einsetzen. Werden die Felder durch lokalisierte Ladungen erzeugt, so könnte eine einzelne Elementarladung detektiert werden.

Die diskutierten Beispiele zeigen, dass sich die NV-Mikroskopie als neue quantenmetrologische Methode äußerst vielseitig einsetzen lässt. Im Hinblick auf zuvor vorgestellte Verfahren der Rastersondenmikroskpie wie MFM, MRFM oder EFM werden ähnliche oder bessere Empfindlichkeiten erreicht. Allerdings erreicht die NV-Mikroskopie diese Empfindlichkeiten unter Umgebungsbedingungen, was ihren Einsatz besonders in der Biologie sehr vielversprechend macht.

Literatur

[22.1] E.L. Wolf, *Principles of Electron Tunneling* (Oxford Univ. Press, New York, 1985).
[22.2] R. Young, J. Ward and F. Scire, Rev. Sci. Instrum. **43**, 999 (1972).
[22.3] G. Binning and H. Rohrer, Rev. Mod. Phys. **59**, 615 (1987).
[22.4] R.D. Young, Rev. Sci. Instrum. **37**, 275 (1966).
[22.5] R. Young, J. Ward and F. Scire, Phys. Rev. Lett. **27**, 922 (1971).
[22.6] G. Binnig and H. Rohrer, Helv. Phys. Acta **55**, 726 (1982); G. Binnig, H. Rohrer, Ch. Gerber and E. Weibel, Physica B **109/110**, 2075 (1982); Phys. Rev. Lett. **49**, 57 (1984).
[22.7] G. Binnig, H. Rohrer, Ch. Gerber and E. Weibel, Phys. Rev. Lett. **50**, 120 (1983).
[22.8] E.C. Teague, J. Natl. Bur. Stand. **91**, 171 (1986).
[22.9] J. Bardeen, Phys. Rev. Lett. **6**, 57 (1961).
[22.10] J. Tersoff and D.R. Hamann, Phys. Rev. Lett. **50**, 1998 (1983).
[22.11] W.A. Hofer, A.S. Foster and A.L. Shluger, Rev. Mod. Phys. **75**, 1287 (2003); D. Drakova, Rep. Progr. Mod. Phys. **64**, 205 (2001).
[22.12] J.R. Oppenheimer, Phys. Rev. **13**, 66 (1928); C.B. Duke, *Tunneling in Solids* (Academic Press, New York, 1969).
[22.13] P.A.M. Dirac, *The Principles of Quantum Mechanics* (Oxford Univ. Press, New York, 1958).
[22.14] D.P. Craigh and T. Thirunamachandran, *Molecular Quantum Electrodynamics* (Dover Publications, New York, 1998).
[22.15] N. Garcia, Vu Thien Binh and S.T. Purcell, Surf. Sci. Lett. **293**. L 884 (1993); H. Ness and F. Gautier, J. Phys.: Condens. Matter **7**, 6625 (1995); A.L. Vázquez de Parga, O.S. Hernán, R. Miranda, A. Levy Yeyati, N. Mingo, A. Martín-Rodero and F. Flores, Phys. Rev. Lett. **80**, 357 (1998).
[22.16] C.J. Chen, Phys. Rev. B **42**, 8841 (1990).
[22.17] A.D. Gottlieb and L. Wesoloski, Nanotechnology **17**, R 57 (2006).
[22.18] C.J. Chen, Phys. Rev. Lett. **65**, 448 (1990); J. Vac. Sci. Technol. A**9**, 44 (1991).
[22.19] N.D. Lang, Phys. Rev. Lett. **55**, 230 (1985); Phys. Rev. Lett. **56**, 1164 (1986); M. Tsukada, K. Kobayachi and S. Ohnishi, J. Vac. Sci. Technol. A**8**, 160 (1990); K. Kobayashi and M. Tsukada, J. Vac. Sci. Technol. A**8**, 170 (1990); W.A. Hofer and J. Redinger, Surf. Sci. **447**, 51 (2000).
[22.20] J.K. Gimzewski and R. Möller, Phys. Rev. B. **36**, 1284 (1987); W. A. Hofer, A.J. Fisher, R.A. Wolkow and P. Grütter, Phys. Rev. Lett. **87**, 236104 (2001); W.A. Hofer, J. Redinger, A. Biederman and P. Varga, Surf. Sci. Lett. **466**, L 795 (2000).
[22.21] F.J. Giessibl, Appl. Phys. Lett. **73**, 5956 (1998).
[22.22] M. Herz, F.J. Giessibl, and J. Mannhardt, Phys. Rev. B **68**, 045301 (2003).
[22.23] A.N. Chaika, *High Resolution STM Imaging*, in: Ch.S.S.R. Kumar, *Surface Science Tools for Nanomaterials Characterization* (Springer, New York, 2015).
[22.24] A.N. Chaika, S.S. Nazin, V.N. Semenov, S.I. Bozhko, O. Lübben, S.A. Krasnikov, K. Radican and I.V. Shvets, Europhys. Lett. **92**, 46003 (2010); A.N. Chaika, S.S. Nazin, V.N. Semenov, N.N. Orlova, S.I. Bozhko, O. Lübben, S.A. Krasnikov, K. Radican and I.V. Shvets, Appl. Surf. Sci. **267**, 219 (2013); A.N. Chaika, N.N. Orlova, V.N. Semenov, E.Yu Postnova, S.A. Krasnikov, M.G. Lazarev, S.V. Chekmazov, V. Yu Aristov, V.G. Glebovsky, S.I. Bozhko and I.V. Shvets, Sci. Rep. **4**, 3742 (2014).
[22.25] A.N. Chaika and A.N. Myagkov, Chem. Phys. Lett. **453**, 217 (2008).
[22.26] F.J. Giessibl, S. Hembacher, H. Bielefeldt and J. Mannhardt, Science **289**, 422 (2000); S. Hembacher, F.J. Giessibl, J. Mannhardt and C.F. Quate, Phys. Rev. Lett. **94**, 056101 (2005).
[22.27] H. Dai, J.H. Hafner, A.G. Rinzler, D.T. Colbert and R.E. Smalley, Nature **384**, 147 (1996).

https://doi.org/10.1515/9783110636840-005

[22.28] K. Kelly, D. Sakar, G.D. Hale, S.J. Oldenburg and N.J. Halas, Science **273**, 1371 (1996); C. Chiutu, A.M. Sweetman, A.J. Lakin, A. Stannard, S. Jarvis, L. Kantorovich, J.L. Dunn and P. Moriarty, Phys. Rev. Lett. **108**, 268302 (2012).

[22.29] J. Repp. G. Meyer, S.M. Stojkovic, A. Gourdon and C. Joachim, Phys. Rev. Lett. **94**, 026803 (2005); Z. T. Deng, H. Lin, W. Ji, L. Gao, X. Lin, Z.H. Cheng, X.B. He, J.L. Lu, D.X. Shi, W.A. Hofer and H.-J. Gao, Phys. Rev. Lett. **96**, 156102 (2006); R. Temirov, S. Soubatch, O. Nencheva, A.C. Lassise and F.S. Tantz, New J. Phys. **10**, 053012 (2008); L. Gross, N. Moll, F. Mohn, A. Curioni, G. Meyer, F. Hanke and M. Persson, Phys. Rev. Lett. **107**, 086101 (2011).

[22.30] C. Weiss, C. Wagner, C. Kleimann, M. Rohlfing, F.S. Tantz and R. Temirov, Phys. Rev. Lett. **105**, 086103 (2010); J.I. Martinez, E. Abad, C. Gonzales, F. Flores and J. Ortega, Phys. Rev. Lett. **108**, 246102 (2012).

[22.31] A.N. Chaika, D.A. Fokin, S.I. Bozhko, A.M. Ionov, F. Debontridder, V. Dubort, T. Creu and D. Roditchev, J. Appl. Phys. **105**, 034304 (2009); A.N. Chaika, V.N. Semenov, V.G. Glebovskiy and S.I. Bozhko, Appl. Phys. Lett. **95**, 173107 (2009).

[22.32] J. Repp, G. Meyer, S. Paavilainen, F.E. Olssen and M. Persson, Phys. Rev. Lett. **95**, 225503 (2005); E.E. Olsson, S. Paavilainen, M. Persson, J. Repp and G. Meyer, Phys. Rev. Lett. **98**, 176803 (2007).

[22.33] K. Bobrov, A.J. Mayne and G. Dujardin, Nature **413**, 616 (2001).

[22.34] M.R. Castell, S.L. Dudarev, G.A.D. Briggs and A.P. Sutton, Phys. Rev. B **59**, 7342 (1999).

[22.35] J.V. Barth, G. Constantini and K. Kern, Nature **437**, 671 (2005); A. Mugarza, C. Krull, R. Robles, S. Stepanow, G. Ceballos and P. Gambardella, Nature Commun. **2**, 490 (2011).

[22.36] F. Mohn, L. Gross, N. Moll and G. Meyer, Nature Nanotechnol. **7**, 227 (2012).

[22.37] J. Wintterlin, J. Wiechers, T. Gritsch, H. Hofer and R.J. Behm, Phys. Rev. Lett. **62**, 59 (1989); V. Hallmark, S. Chiang, J. Rabalt, J. Swalen and R. Wilson, Phys. Rev. Lett. **59**, 2897 (1987).

[22.38] J. Tersoff and N.D. Lang, Phys. Rev. Lett. **65**, 1132 (1990), C.J. Chen, Phys. Rev. Lett. **69**, 1656 (1992).

[22.39] W. Sacks, Phys. Rev. B **61**, 7656 (2000).

[22.40] H. Choi, R.C. Longo, M. Huang, J.N. Randall, R.M. Wallace and K. Cho, Nanotechnology **24**, 105201 (2013); C.A. Wright and D. Solares, Nano Lett. **11**, 5026 (2011); Appl. Phys. Lett. **100**, 163104 (2012).

[22.41] C.A. Wright and D. Solares, J. Phys. D: Appl. Phys. **46**, 155307 (2013).

[22.42] G. Binnig, N. Garcia, H. Rohrer, J.M. Soler and F. Flores, Phys. Rev. B **30**, 4816 (1984).

[22.43] N.J. Zheng and I.S.T. Tsong, Phys. Rev. B **41**, 2671 (1990); W.A. Hofer, Progr. Surf. Sci. **71**, 147 (2003).

[22.44] J. Klijn, L. Sacharow, C. Meyer, S. Blügel, M. Morgenstern and R. Wiesendanger, Phys. Rev. B **68**, 205327 (2003); F. Calleja, A. Arnau, J.J. Hinarejos, A.L. Vazquez de Parga, W.A. Hofer, P. M. Echenique and R. Miranda. Phys. Rev. Lett. **92**, 206101 (2004); J.M. Blanco, C. González, P. Jelinek, J. Ortega, F. Flores, R. Pérez, M. Rose, M. Salmeron, J. Méndez, J. Wintterlin and G. Ertl, Phys. Rev. B **71**, 113402 (2005); T. Woolcot, G. Teobaldi, C.L. Pang, N.S. Beglitis, A.J. Fisher, W.A. Hofer and G. Thornton, Phys. Rev. Lett. **109**, 156105 (2012); H. Mönig, M. Todorovic, M.Z. Baykara, T.C. Schwendemann, L. Rodrigo, E.I. Altman, R. Pérez and U.D. Schwarz, ACS Nano **7**, 10233 (2013).

[22.45] M.H. Wangbo, W. Liang, J. Ren, S.N. Magonov, A. Wawkuschewski, J. Phys. Chem. **98**, 7602 (1994); G. Teobaldi, E. Inami, J. Kanasaki, K. Tanimura and A.L. Shluger, Phys. Rev. B **85**, 085433 (2012)

[22.46] M. Ondracek, P. Pou, V. Rozsival, C. Gonzalez, P. Jelinek and R. Perez, Phys. Rev. Lett. **106**, 176101 (2011).

[22.47] S. Murphy, K. Radican, I.V. Shevets, A.N. Chaika, V.N. Semenov, S.S. Nazin and S.I. Bozhko, Phys. Rev. B **76**, 245 (2007).
[22.48] A.N. Chaika and S.I. Bozhko, JETP Lett. **82**, 416 (2005).
[22.49] P. Jelinek, M. Shvec, P. Pou, R. Perez and V. Chab, Phys. Rev. Lett. **101**, 176101 (2008).
[22.50] R.M. Feenstra, J.A. Stroscio, J. Tersoff and A-P. Fein, Phys. Rev. Lett. **58**, 1192 (1987).
[22.51] L.V. Yashina, R. Püttner, A.A. Volykhov, P. Stojanov, J. Riley, S. Yu Vassiliev, A. N. Chaika, S.N. Dedyulin, M.E. Tamm, D.V. Vyalikh and A.I. Belogorokhov, Phys. B. **85**, 075409 (2012).
[22.52] M. Schmid, H. Stadler and P. Varga, Phys. Rev. Lett. **70**, 1441 (1993); M. Schmid and P. Varga, *Segregation and Surface Chemical Ordering - An Experimental View on the Atomic Scale*, in D.P. Wooruff (Ed.), *Surfaces and Surface Alloys, The Chemical Physics of Solid Surfaces* (Elsevier, Amsterdam 2002).
[22.53] W.A. Hofer, G. Ritz, W. Hebenstreit, M. Schmid, P. Varga, J. Redinger and R. Podloucky, Surf. Sci. **405**, L514 (1998); W.A. Hofer and J. Redinger, Surf. Sci. **447**, 51 (2000).
[22.54] E.L.D. Hebenstreit, W. Hebenstreit, P. Schmid and P. Varga, Surf. Sci. **441**, 441 (1999).
[22.55] L.A. Zotti, W.A. Hofer and F.J. Giessibl, Chem. Phys. Lett. **420**, 177 (2006); H.J. Hug, M.A. Lantz, A. Abdurixit, P.J.A. van Schendel, R. Hoffmann, P. Kappenberger and A. Baratoff, Science **291**, 2509a (2001); F. Giessibl, H. Bielefeldt, S. Hembacher and J. Mannhardt, Ann. Phys. **10**, 887 (2001); C.J. Chen, Nanotechnology **17**, S 195 (2006); A. Campbellova, M. Ondracek, P. Pou, R. Perez, P. Klapetek and P. Jelinek, Nanotechnology **22**, 295710 (2011).
[22.56] A. Fasolino, J.H. Los and M.I. Katsnelson, Nature Mat. **6**, 858 (2007).
[22.57] A.N. Chaika, O.V. Molodtsova, A.A. Zakharov, D. Marchenko, J. Sanchez-Barriga, A. Varykhalov, I.V. Shvets and V. Yu. Aristov, Nano Res. **6**, 562 (2013).
[22.58] R.J. Hamers and D.G. Cahill, J. Vac. Sci. Technol. B **9**, 514 (1991); S. Weiss, D. Botkin, D.F. Ogletree, M. Salmeron and D.S. Chemia, Phys. Stat. Sol. B **188**, 343 (1995); R.H.M. Groenveld and H. van Kempen, Appl. Phys. Lett. **69**, 2294 (1996); M.R. Freeman, A.Y.Elezzabi, G.M. Steevas and G.R. Nunes, Surf. Sci. **366**, 290 (1997); M.J. Feldstein, P. Vohringer, W. Wang and N.F. Scherer, J. Phys. Chem. **100**, 4739 (1996); N.N. Kusnatdinov, T.J. Nagle and G. Nunes, Appl. Phys. Lett. **77**, 4434 (2000); V. Gerstner, A. Knoll, W. Pfeiffer, A. Thon and G. Gerber, J. Appl. Phys. **88**, 4851 (2000); O. Takeuchi, R. Morita, M. Yamashita and H. Shigekawa, Jpn. J. Appl. Phys. **41**, 4994 (2002); Y. Terada, M. Aoyama, H. Kondo, A. Taninaka, O. Takeuchi and H. Shigekawa, Nanotechnology **18**, 044028 (2007).
[22.59] B.S. Schwarzentruber, A.P. Smith and H. Jonsson, Phys. Rev. Lett. **77**, 2518 (1996); B. Uder, H. Gao, P. Kunnas, N. de Jonge and U. Hartmann, Nanoscale **10**, 2148 (2018).
[22.60] T. Sato, M. Iwatsuki and H. Tochihara, J. Electron. Microsc. **48**, 1 (1999).
[22.61] K. Hata, Y. Sainoo and H. Shigekawa, Phys. Rev. Lett. **86**, 3084 (2001); S. Yoshida, T. Kimura, O. Takeuchi, K. Hata, H. Oigawa, T. Nagamura, H. Sakama and H. Shigekawa, Phys. Rev. B **70**, 235411 (2004); F. Ronci, S. Colonna, S.D. Thorpe, A. Cricenti and G. Le Lay, Phys. Rev. Lett. **95**, 156101 (2005); Y. Pennec, M. Horn van Hoegen, X. Zhu, D.C. Fortin and M.R. Freeman, Phys. Rev. Lett. **96** 026102 (2006); M. Lastapis, M. Martin, D. Riedel, L. Hellner, G. Comtet and G. Dujardin, Science **308**, 1000 (2005); P. Liljeroth, J. Repp, G. Meyer, Science **317**, 1203 (2007).
[22.62] A. van Houselt, R. van Gastel, B. Poelsema and H.J.W. Zandvliet, Phys. Rev. Lett. **97** 266104 (2006).
[22.63] H.J.W. Zandvliet and A. van Houselt, Annu. Rev. Anal. Chem. **2**, 37 (2009).
[22.64] O. Gurlu, H.J.W. Zandvliet and B. Poelsema, Phys. Rev. Lett. **93**, 066101 (2004).
[22.65] N. Oncel, A. van Houselt, J. Huijben, A.S. Hallbäck, O. Gurlu, H.J.W. Zandvliet and B. Poelsema, Phys. Rev. Lett. **95**, 116801 (2005).

[22.66] A. van Houselt, N. Oncel, B. Poelsema and H.J.W. Zandvliet, Nano Lett. **6**, 1439 (2006).
[22.67] N. Oncel, A.S. Hallbäck, H.J.W. Zandvliet, E.A. Speets, B.J. Ravoo, D.N. Reinhoudt and B. Poelsema, J. Phys. Chem. **123**, 044703 (2005).
[22.68] J.A. Stroscio, R.M. Feenstra and A.P. Fein, Phys. Rev. Lett. **57**, 2579 (1986); Phys. Rev. Lett. **58**, 1668 (1987).
[22.69] R.J. de Vries, A. Saedi, D. Kockmann, A. van Houselt, B. Poelsema and H.J.W. Zandvliet, Appl. Phys. Lett. **92**, 17401 (2008).
[22.70] K.H. Gundlach, Solid State Electron. **9**, 949 (1966).
[22.71] J.H. Coombs and J.K. Gimzewski, J. Microsc. **152**, 841 (1988); O.Y. Kolesnychenko, O.I. Shklyarevskii and H. van Kempen Rev. Sci. Instrum. **70**, 1442 (1999); O.Y. Kolesnychenko, Y.A. Kolesnychenko O.I. Shklyarevskii and H. van Kempen, Physica B **291**, 246 (2000).
[22.72] R.C. Jaklevic and J. Lambe, Phys. Rev. Lett. **17**, 1139 (1966).
[22.73] G. Binnig, N. Garcia and H. Rohrer, Phys. Rev. B **32**, 1336 (1985).
[22.74] B.C. Stripe, M.A. Razaei and W. Ho, Science **280**, 1732 (1998); W. Ho, J. Chem. Phys. **117**, 11033 (2002); Y. Sainoo, Y. Kim, T. Komeda and M. Kawai, J. Chem. Phys. **120**, 7249 (2004).
[22.75] A.S. Hallbäck, N. Oncel. J. Huskens, H.J.W. Zandvliet and B. Poelsema, Nano Lett. **4**, 2393 (2004).
[22.76] R.M. Feenstra, G. Meyer, F. Moresco and K.H. Rieder, Phys. Rev. B **66**, 165204 (2002).
[22.77] M.M. Ugeda, A.J. Bradley, Y. Zhang, S. Onishi, Y. Chen, W. Ruan, C. Ojeda-Aristizabal, H. Ryn, M.T. Edmonds, H.-Z Tsai, A. Riss, S.-K. Mo, D. Lee, A. Zettl, Z. Hussain, Z.-X. Shen and M.F. Crommie, Nature Phys. **12**, 92 (2016).
[22.78] R. Peierls, Annal. Phys. **396**, 121 (1930).
[22.79] R. Grüner, Rev. Mod. Phys. **60**, 1129 (1988); P. Monceau, Adv. Phys. **61**, 325 (2012); R.E. Thome, Phys. Tod. **49**, 42 (1996); G. Grüner, *Density Waves in Solids* (Addison-Wesley, Boston, 1994); G. Grüner and A. Zettl, Phys. Rep. **119**, 117 (1985); L. Gorkow and G. Grüner (Eds), *Charge Density Waves in Solids* (North Holland, Amsterdam, 1989).
[22.80] A. Soumyanarayanan, M.M. Yee, Y. He, J. van Wezel, D.J. Rahn, K. Rossnagel, E.W. Hudson, M.R. Norman and J.E. Hoffman, Proc. Natl. Acad. Sci. USA **110**, 1623 (2013); W. Chen, B. Giambattista, C.G. Slough, R.V. Coleman and M.A. Subramanian, Phys. Rev. B **42**, 8890 (1990).
[22.81] H.F. Hess, R.B. Robinson and J.V. Waszczak, Physica B **169**, 422 (1991).
[22.82] C. Caroli, P.G. de Gennes and J. Matricon, Phys. Lett. **9**, 307 (1964).
[22.83] H.F. Hess, R.B. Robinson, R.C. Dynes, J.M. Valles and J.V. Waszczak, Phys. Rev. Lett. **62**, 214 (1989).
[22.84] H. Träuble and U. Essmann, Phys. Stat. Sol. **18**, 813 (1966); **25**, 373 (1968).
[22.85] S.J. Bending, Adv. Phys. **48**, 449 (1999).
[22.86] H. Suderow, I. Guillamón, J.G. Rodrigo and S. Vieira, Supercond. Sci. Technol. **27**, 063001 (2014).
[22.87] H.F. Hess, R.B. Robinson and J.V. Waszczak, Phys. Rev. Lett. **64**, 2711 (1990).
[22.88] A.S. Melnikov, D.A. Ryzhov and M.A. Silaev, Phys. Rev. B **79**, 134521 (2009).
[22.89] I. Guillamón, H. Suderow and S. Vieira, Phys. Rev. B **77**, 134505 (2008).
[22.90] I. Guillamón, H. Suderow, S. Vieira and P. Rodiere, Physica C **468**, 537 (2008).
[22.91] V.Crespo, A.Maldonado, J.A. Galvis, P. Kulkarni, I. Guillamón, J.G. Rodrigo, H. Suderow, S. Vieira, S. Banerjee and P. Rodiere, Physica C **479**, 19 (2012).
[22.92] P. Martínez-Samper, H. Suderow, S. Vieira, J.P. Brison, N. Luchier, P. Lejay and P.C. Canfield, Phys. Rev. B **67**, 014526 (2003).
[22.93] V.G. Kogan, A. Gurevich, J.H. Cho, D.C. Johnston, M. Xu, J.R. Thompson and A. Martynovich, Phys. Rev. B **54**, 12386 (1996); V.G. Kogan, M. Bullock and B. Harmon, Phys. Rev. B

[22.94] **55**, 8693 (R) (1997); H. Nishimori, K. Uchiyama, S. Kaneko, A. Tokura, H. Takeya, K. Hirata and N. Nishida, J. Phys. Soc. Jap. **73**, 3247 (2004).
[22.94] Y. Kamihara, H. Hiramatsu, M. Hirano, R. Kawamura, H. Yanagi, T. Kamiya and H. Hosono, J. Am. Chem. Soc. **128**, 10012 (2006); Y. Kamihara, T. Watanabe, M. Hirano and H. Hosono, J. Am. Chem. Soc. **130**, 3296 (2008).
[22.95] J.E. Hoffmann, Rep. Progr. Phys. **74**, 124513 (2011); P.J. Hirschfeld, M.M. Korshunov and I.I. Mazin, Rep. Progr. Phys. **74**, 124508 (2011).
[22.96] C.L. Song, Y.-L. Wang, P. Cheng, Y.-P. Jiang, W. Li, T. Zhang, Z. Li, K. He, L. Wang, J.-F. Jia, H.-H. Huang, C. Wu, X. Ma, X. Chen and Q.-K. Xue, Science **332**, 1410 (2011).
[22.97] B.B. Zhou, S. Misera, E.H. da Silva Neto, P. Aynajian, R.E. Baumbach, J.D. Thompson, E.D. Bauer and A. Yazdani, Nature Phys. **9**, 468 (2013).
[22.98] P. Martínez-Samper, J.G. Rodrigo, G. Rubio-Bollinger, H. Suderow, S. Vieira, S. Lee and S. Tajima, Physica C **385**, 233 (2003); M.P. Allan, F. Massee, D.K. Morr, J. van Dyke, A.W. Rost, A.P. Mackenzie, C. Petrovic and J.C. Davis, Nature Phys. **9**, 474 (2013).
[22.99] C.E. Sosolik, J.A. Stroscio, M.D. Stiles, E.W. Hudson, S.R. Blankenship, A.P. Fein and R.J. Celotta, Phys. Rev. B **68**, 140503 (2003); P. Petrovic, Y. Fasano, R. Lortz, C. Senatore, A. Demuer, A.B. Antunes, A. Par, D. Salloum, P. Gougeon, M. Potel and S. Fischer, Phys. Rev. Lett. **103**, 257001 (2009); I. Guillamón, H. Suderow, S. Vieira, A. Fernandez-Pacheco, J. Sese, R. Cordoba, J.M. De Teresa and M.R Ibarra, New J. Phys. **10**, 093005 (2008).
[22.100] M. Zalalutdinov, H. Fujioka, S. Hashimoto, S. Katsumoto and Y. Iye, Physica B **284-288**, 817 (2000); H. le Sueur, P. Joyez, H. Pothier, C. Urbina and D. Esteve, Phys. Rev. Lett. **100**, 197002 (2008).
[22.101] H. Suderow, I. Guillamón and S. Vieira, Rev. Sci. Instrum. **82**, 033711 (2011).
[22.102] S.M. Virtanen and M.M. Salomaa, Phys. Rev. B **60**, 14581 (1999); C. Berthod, Phys. Rev. B **71**, 134513 (2005).
[22.103] R. Guerts, M.V. Milosevic and F.M. Peeters, Phys. Rev. B **81**, 214514 (2010).
[22.104] V.V. Moshchalkov, R. Wördenweber and W. Lang (Eds), *Nanoscience and Engineering in Superconductivity* (Springer, Berlin, 2010).
[22.105] I. Guillamón, H. Suderow, S. Vieira, A. Fernández-Pacheco, J. Sesé, R. Córdoba, J.M. De Teresa and M.R. Ibarra, J. Phys. Conf. Ser. **150**, 052064 (2009).
[22.106] M. Iavarone, R. Di Capua, G. Karapetrov, A.E. Koshelev, D. Rosenmann, H. Claus, C.D. Malliakas, M.G. Kanatzidis, T. Nishizaki and N. Kobayashi, Phys. Rev. B **78**, 174518 (2008).
[22.107] N.F. Mott and R.W. Gurney, Trans. Faraday Soc. **35**, 364 (1939); F.A. Lindemann, Phys. Zeitschr. 11, 609 (1910).
[22.108] W.F. Brinkmann, D.S. Fisher and D.E. Moncton, Science **217**, 693 (1982).
[22.109] V. Zhuravlev and T. Maniv, Phys. Rev. B **60**, 4277 (1999); T. Maniv, V. Zhuravlev, I. Vagner and P. Wyder, Rev. Mod. Phys. **73**, 867 (2001); B. Rosenstein and D. Li, Rev. Mod. Phys. **82**, 109 (2010).
[22.110] I. Guillamón, H. Suderow, A. Fernández-Pacheco, J. Sesé, R. Córdoba, J.M. De Teresa, M.R. Ibarra and S. Vieira, Nature Phys. **5**, 651 (2009).
[22.111] J. Lee, J.A Slezak and J.C. Davis, J. Phys. Chem. Sol. **66**, 1370 (2005).
[22.112] P.M. Tedrow and R. Mersevey, Phys. Rev. Lett. **26**, 192 (1971).
[22.113] M. Jullière, Phys Lett. A **54**, 225 (1975).
[22.114] R. Wiesendanger, H.-J. Güntherodt, G. Güntherodt, R.J. Gambino and H. Ruf, Phys. Rev. Lett. **65**, 247 (1990); Z. Phys. B: Cond. Mat. **80**, 5 (1990); Helv. Phys. Acta **63**, 778 (1990).
[22.115] R. Wiesendanger, *Spin-polarized Scanning Tunneling Microscopy*, in: R. Wiesendanger (Ed.); *Scanning Probe Microscopy* (Springer, Berlin, 1998).
[22.116] J.C. Slouczewski, Phys. Rev. B **39**, 6995 (1989).

[22.117] D. Wortmann, S. Heinze, P. Kurz, G. Bihlmeyer and S. Blügel, Phys. Rev. Lett. **86**, 4132 (2001).
[22.118] R. Wiesendanger, Rev. Mod. Phys. **81**, 1495 (2009).
[22.119] R. Wiesendanger, M. Bode and M. Getzlaff, Appl. Phys. Lett. **75**, 124 (1999).
[22.120] M. Bode, M. Getzlaff and R. Wiesendanger, Phys. Rev. Lett. **81**, 4256 (1998).
[22.121] M. Donath, B. Gubanka and F. Passek, Phys. Rev. Lett. **77**, 5138 (1996).
[22.122] S. Krause, L. Berbil-Bautista, T. Hainke, F. Vonau, M. Bode and R. Wiesendanger, Europhys. Lett. **76**, 637 (2006).
[22.123] S. Blügel, D. Pescia and P.H. Dederichs, Phys. Rev. B **39**, 1392 (1989).
[22.124] M. Kleiber, M. Bode, R. Ravlic and R. Wiesendanger, Phys. Rev. Lett. **85**, 4606 (2000); M. Kleiber, M. Bode, R. Ravlic, N. Tezuka and R. Wiesendanger, J. Magn. Magn. Mat. **240**, 64 (2002).
[22.125] O. Pietzsch, A. Kubetzka, M. Bode and R. Wiesendanger, Phys. Rev. Lett. **84**, 5212 (2000); M. Bode, A. Kubetzka, O. Pietzsch and R. Wiesendanger, Appl. Phys. A: Mat. Sci. Process **72**, S 149 (2001).
[22.126] A. Kubetzka, O. Pietzsch, M. Bode and R. Wiesendanger, Phys. Rev. B **67**, 020401 (2003).
[22.127] L. Berbil-Bautista, S. Krause, M. Bode and R. Wiesendanger, Phys. Rev. B **76**, 064411 (2007).
[22.128] R. Wiesendanger, *Scanning Probe Microscopy and Spectroscopy: Methods and Applicationes* (Cambridge Univ. Press, Cambridge, 1994).
[22.129] H.R. Hilzinger and H. Kronmüller, Phys. Stat. Sol. B **54**, 593 (1972).
[22.130] M. Pratzer, H.J. Elmers, M. Bode, O. Pietzsch, A. Kubetzka and R. Wiesendanger, Phys. Rev. Lett. **87**, 127201 (2001).
[22.131] E. Feldkeller and H. Thomas, Phys. Kond. Mat. **4**, 8 (1965).
[22.132] A. Wachowiak, J. Wiebe, M. Bode, O. Pietzsch, M. Morgenstern and R. Wiesendanger, Science **298**, 577 (2002); M. Bode, A. Wachowiak, J. Wiebe, A. Kubetzka, M. Morgenstern and R. Wiesendanger, Appl. Phys. Lett. **84**, 948 (2004).
[22.133] O. Pietzsch, S. Okatov, A. Kubetzka, M. Bode, S. Heinze, A. Lichtenstein and R. Wiesendanger, Phys. Rev. Lett. **96**, 237203 (2006).
[22.134] J. Li, W.D. Schneider, R. Berndt and S. Crampin, Phys. Rev. Lett. **80**, 3332 (1998); V. Madhavan, W. Chen, T. Jamneala, M.F. Crommie and N.S. Wingreen, Science **280**, 567 (1998).
[22.135] F. Meier, L. Zhou, J. Wiebe and R. Wiesendanger, Science **320**, 82 (2008).
[22.136] K. von Bergmann, M. Bode, A. Kubetzka, M. Heide, S. Blügel and R. Wiesendanger, Phys. Rev. Lett. **92**, 046801 (2004).
[22.137] M. Bode, Rep. Progr. Phys. **66**, 523 (2003).
[22.138] K. von Bergmann, S. Heinze, M. Bode, E.Y. Vedmedenko, G. Bihlmayer, S. Blügel and R. Wiesendanger, Phys. Rev. Lett. **96**, 167203 (2006)
[22.139] M. Bode, M. Heide, K. von Bergmann, P. Ferriani, S. Heinze, G. Bihlmayer, A. Kubetzka, O. Pietzsch, S. Blügel and R. Wiesendanger, Nature **447**, 190 (2007).
[22.140] S. Heinze, M. Bode, A. Kubetzka, O. Pietzsch, X. Nie, S. Blügel and R. Wiesendanger, Science **288**, 1805 (2000).
[22.141] P. Ferriani, K. von Bergmann, E.Y. Vedmedenko, S. Heinze, M. Bode, M. Heide, G. Bihlmayer, S. Blügel and R. Wiesendanger, Phys. Rev. Lett. **101**, 027201 (2008).
[22.142] T. Skyrme, Proc. R. Soc. A **247**, 260 (1958); A **260**, 127 (1961); A **262**, 237 (1961); Nucl. Phys. **31**, 556 (1962).
[22.143] U. Al Khawaja and H. Stoof, Nature **411**, 918 (2001).
[22.144] G. Baskaran, arcXiv: 1108.3562.
[22.145] N.S. Kiselov, A.N. Bogodanov, R. Schäfer and U.K. Rößler, J. Phys. D: Appl. Phys. **44**, 392001 (2011).

[22.146] G.E. Brown and M. Rho (Eds), *The Multifaceted Skyrmion* (World Scientific, Singapore, 2010).

[22.147] S. Mühlbauer, B. Binz, F. Jonietz, C. Pfleiderer, A. Rosch, A. Neubauer, R. Georgii and P. Böni, Science **323**, 915 (2009); X.Z. Yu, Y. Onose, N. Kanazawa, J.H. Park, J.H. Han, Y. Matsui, N. Nagaosa and Y. Tokura, Nature **465**, 901 (2010); W. Münzer, A. Neubauer, T. Adams, S. Mühlbauer, C. Franz, F. Jonietz, R. Georgii, P. Böni, B. Pedersen, M. Schmidt, A. Rosch and C. Pfleiderer, Phys. Rev. B **81**, 041203 (R) (2010); T. Adams, A. Chacon, M. Wagner, A. Bauer, G. Brandt, B. Pedersen, H. Berger, P. Lemmens and C. Pfleiderer, Phys. Rev. Lett. **108**, 237204 (2012); S. Seki, X.Z. Yu, S. Ishiwata and Y. Tokura, Science **336**, 198 (2012).

[22.148] S. Heinze, K. von Bergmann, M. Menzel, J. Brede, A. Kubetzka, R. Wiesendanger, G. Bihlmayer and S. Blügel, Nature Phys. **7**, 713 (2011).

[22.149] A. Bogdanov and A. Hubert, J. Magn. Magn. Mat. **138**, 255 (1994); U.K. Rößler, A. Bogdanov and C. Pfleiderer, Nature **442**, 797 (2006).

[22.150] N. Romming, C. Hanneken, M. Menzel, J.E. Bickel, B. Wolter, K. von Bergmann, A. Kubetzka and R. Wiesendanger, Science **341**, 636 (2013).

[22.151] N. Romming, A, Kubetzka, C. Hanneken, K. von Bergmann and R. Wiesendanger, Phys. Rev. Lett. **114**, 177203 (2015).

[22.152] B. Dupe, M. Hoffmann, C. Paillard and S. Heinze, Nature Commun. **5**, 4030 (2014).

[22.153] K. von Bergmann, A. Kubetzka, O. Pietzsch and R. Wiesendanger, J. Phys.: Condens. Matter **26**, 394002 (2014).

[22.154] H.-B. Braun, Phys. Rev. B **50**, 16485 (1994).

[22.155] M.N. Wilson, A.B. Butenko, A.N. Bogdanov and T.L. Monchesky, Phys. Rev. B **89**, 094411 (2014).

[22.156] A. Fert, V. Cros and J. Sampaio, Nature Nanotechnol. **8**, 152 (2013).

[22.157] F. Jonietz, S. Mühlbauer, C. Pfleiderer, A. Neubauer, W. Münzer, A. Bauer, T. Adams, R. Georgii, P. Böni, R.A. Duine, K. Everschor, M. Garst and A. Rosch, Science **330**, 1648 (2010); X.Z. Yu, N. Kanazawa, W.Z. Zhang, T. Nagai, T. Hara, K. Kimoto, Y. Matsui, Y. Onose and Y. Tokura, Nature Commun. **3**, 988 (2012); J. Sampaio, V. Cros, S. Rohart, A. Thiaville and A. Fert, Nature Nanotechnol. **8**, 839 (2013), N. Nagaosa and Y. Tokura, Nature Nanotechnol. **8**, 899 (2013)

[22.158] M. Hayashi, L. Thomas, R. Moriya, C. Rettner and S.S. Parkin, Science **320**, 209 (2008); S.S. Parkin, M. Hayashi and L. Thomas, Science **320**, 190 (2008).

[22.159] D. Eigler and E.K. Schweizer, Nature **344**, 524 (1990).

[22.160] L. Bartels, G. Meyer and K.-H. Rieder, Phys. Rev. Lett. **79**, 4 (1997).

[22.161] S.-W. Hla, J. Vac. Sci. Technol. B **23**, 1351 (2005).

[22.162] M.F. Crommie, C.P. Lutz and D.M. Eigler, Science **262**, 218 (1993).

[22.163] K.F. Braun and K.-H. Rieder, Phys. Rev. Lett. **88**, 096801 (2002).

[22.164] H.C. Monoharan, C.P. Lutz and D.M. Eigler, Nature **403**, 512 (2000).

[22.165] A.J. Heinrich, C.P. Lutz, J.A. Gupta and D.M. Eigler, Science **298**, 1381 (2002).

[22.166] L. Bartels, G. Meyer, K.-H. Rieder, D. Velic, E. Knösel, A. Hotzel, M. Wolf and G. Ertl, Phys. Rev. Lett. **80**, 2004 (1998); F. Moresco, G. Meyer, K.-H. Rieder, H. Tang, A. Gourdon and C. Joachim, Appl. Phys. Lett. **78**, 306 (2001); L. Bartels, G. Meyer and K.-H. Rieder, Appl. Phys. Lett. **71**, 213 (1997); I.-W. Lo and Ph. Avouris, Science **253**, 173 (1991); I.S. Tilinin, M.A. van Hove and M. Salmeron, Appl. Surf. Sci. **130–132**, 676 (1998).

[22.167] J.J. Saenz and N. Garcia, Phys. Rev. B **47**, 7537 (1993); T.T. Tsong, Phys. Rev. B **44**, 13703 (1991).

[22.168] D.M. Eigler, C.P. Lutz and W.E. Rudge, Nature **352**, 600 (1991).

[22.169] G. Meyer, S. Zöpfel and K.-H. Rieder, Appl. Phys. Lett. **63**, 557 (1996).

[22.170] S.W. Hla, G. Meyer and K.-H. Rieder, Chem. Phys. Chem. **2**, 361 (2001); J.I. Pascual, N. Lorente, Z. Song, H. Conrad and H.-P. Rust, Nature **423**, 525 (2002); S.W. Hla, G. Meyer and K.-H. Rieder, Chem. Phys. Lett. **370**, 431 (2003); T. Komeda, Y. Kim, M. Kawai, B.N.J. Persson and H. Keba, Science **295**, 2055 (2002); L.J. Lauhon and W. Ho, J. Phys. Chem. **104**, 2463 (2000); Y. Sainoo, Y. Kim, T. Komeda, and M. Kawai, J. Chem. Phys. **120**, 7249 (2004).

[22.171] S.W. Hla, L. Bartels, G. Meyer and K.-H. Rieder, Phys. Rev. Lett. **85**, 2777 (2000).

[22.172] B.C. Stipe, M.A. Rezaei, W. Ho, S. Gao, M. Persson and B.I. Lundqvist, Phys. Rev. Lett. **78**, 4410 (1997).

[22.173] G. Dujardin, A. Mayne, O. Robert, F. Rose, C. Joachim and H. Tang, Phys. Rev. Lett. **80**, 3085 (1998).

[22.174] S.W. Hla and K.-H. Rieder, Superlatt. Microstruc. **31**, 63 (2002).

[22.175] K.E. Drexler, *Nanosystems* (Wiley, New York, 1992).

[22.176] R. Otero, F. Rosei and F. Besenbacher, Annu. Rev. Phys. Chem. **57**, 497 (2006).

[22.177] M.T. Cuberes, R.R. Schlittler and J.K. Gimzewski, Appl. Phys. Lett. **69**, 3016 (1996); T.A. Jung, R.R. Schlittler, J.K. Gimzewski, H. Tang and C. Joachim, Science **271**, 181 (1996).

[22.178] A. Gourdon, Eur. J. Org. Chem. **12**, 2797 (1998).

[22.179] R. Otero, F. Hümmelink, F. Sato, S.B. Legoas, P. Thostrup, E. Laegsgaard, I. Stensgaard, D.S. Galvão and F. Besenbacher, Nature Mat. **3**, 779 (2004).

[22.180] F. Ullmann, G.M. Meyer, O. Löwenthal and O. Gilli, Annal. Chem. **331**, 38 (1904).

[22.181] K. Itaya and E. Tomita, Surf. Sci. **201**, 507 (1988); A.J. Bard and M.W. Mirkin (Eds), *Scanning Electrochemical Microscopy* (CRC Press, Boca Raton, 2012).

[22.182] J. Davis, B. Peters, W. Xi and D. Axford, Current Nanosci. **4**, 62 (2008).

[22.183] P. Muralt and D.W. Pohl, Appl. Phys, Lett. **48**, 514 (1986); A.P. Baddorf, *Scanning Tunneling Potentiometry*, in: S. Kalinin and A. Gruverman (Eds), *Scanning Probe Microscopy* (Springer, New York, 2008).

[22.184] T. Nakamura, R. Yoshino, R. Hobara, S. Hasegawa and T. Hirahara, e-J. Surf. Sci, Nanotechnol. **14**, 216 (2016).

[22.185] K.H. Bevan, Nanotechnol. **25**, 415701 (2014).

[22.186] R. Hoffmann-Vogel, Nanotechnol. **25**, 480501 (2014).

[22.187] J.H. Coombs, J.K. Gimzewski, B. Reihl, J.K. Sass and R.R. Schlittler, J. Microsc. **156**, 325 (1988)

[22.188] P. Johansson, R. Monreal and P. Apell, Phys. Rev. B **42**, 9210 (1990); J. Aizpurua, S.P. Apell and R. Berndt, Phys. Rev. B **62**, 2065 (2000).

[22.189] R. Pechou, R. Coratger, F. Ajustron and J. Beauvillain, Appl. Phys. Lett. **72**, 671 (1998); G. Hoffmann, R. Berndt and P. Johansson, Phys. Rev. Lett. **90**, 046803 (2003).

[22.190] C. Chen, C.A. Bobisch and W. Ho, Science **325**, 981 (2009).

[22.191] P. Dirac, Proc. R. Soc. London A **114**, 243 (1927); G Wenzel, Z. Phys. **43**, 524 (1927); E Fermi, *Nuclear Physics* (Chicago Univ. Press, Chicago, 1950).

[22.192] L.D. Bell and W.J. Kaiser, Phys. Rev. Lett. **61**, 2368 (1988); Annu. Rev. Mat. Sci. **26**, 189 (1996).

[22.193] M.K. Weilmeier, W.H. Rippard and R.A. Buhrman, Phys. Rev. B **59**, R2521 (1999).

[22.194] W.J. Kaiser and L.D. Bell, Phys. Rev. Lett. **61**, 1406 (1988).

[22.195] L.D. Bell, W.J. Kaiser, M.H. Hecht and L.C. Davis, *Ballistic Electron Emission Microscopy*, in: J. Stroscio and W.J. Kaiser (Eds), *Scanning Tunneling Microscopy* (Academic Press, San Diego, 1993).

[22.196] R. Ludeke and A. Bauer, Phys. Rev. Lett. **71**, 1760 (1993).

[22.197] M. Prietsch, Phys. Rep. **253**, 163 (1995).

[22.198] H. von Känel, E.Y. Lee, H. Sirringhaus and U. Kafader, Thin Solid Films **207**, 89 (1995); E.Y. Lee, H. Sirringhaus, U. Kafader and H. von Känel, Phys. Rev B **52**, 1816 (1995).
[22.199] P.A. Bennett and H. von Känel, J. Phys. D: Appl. Phys. **32**, R71 (1999).
[22.200] H. Sirringhaus, E.Y. Lee and H. von Känel, Surf. Sci, **331**, 1277 (1995); Phys. Rev. Lett. **74**, 3999 (1995).
[22.201] G. Binnig, C.F. Quate and Ch. Gerber, Phys. Rev. Lett. **56**, 930 (1986).
[22.202] NanoWorld, Type: USC-F1.2-k7.3; NanoWorld AG, Neuchâtel, Switzerland; www.nanoworld.com.
[22.203] Nano And More GmbH, Wetzlar, Germany; www.nanoandmore.com.
[22.204] Nanosensors, Type: Advanced TEC, NanoWorld AG, Neuchâtel, Switzerland; www.nanoworld.com.
[22.205] D. Sarid, *Scanning Force Microscopy* (Oxford Univ. Press, New York, 1994).
[22.206] C. Mate, G. McClelland, R. Erlandsson and S. Chiang, Phys. Rev. Lett. **59**, 1942 (1987).
[22.207] Y. Martin, C.C. Williams and H.K. Wickramasinghe, J. Appl. Phys. **61**, 4723 (1997).
[22.208] T.R. Albrecht, P. Grütter, D. Horne and D. Rugar, J. Appl. Phys. **69**, 668 (1991).
[22.209] F.J. Giessibl and M. Tortonese, Appl. Phys. Lett. **70**, 2529 (1997).
[22.210] J. Goldstein, *Classical Mechanics* (Addison Wesley, Reading, 1980).
[22.211] U. Dürig, Surf. Interf. Anal. SIA **27**, 467 (1999); A.I. Livshits, A.L. Shluger, A.L. Rohl and A.S. Foster, Phys. Rev. B **59**, 2436 (1999).
[22.212] U. Dürig, Appl. Phys. Lett. **75**, 433 (1999).
[22.213] F.J. Giessibl, Appl. Phys. Lett. **78**, 123 (2001).
[22.214] F.J. Giessibl, Rev. Mod. Phys. **75**, 949 (2003).
[22.215] A. Schirmeisen, B. Anaczykowski and H. Fuchs, *Dynamic Force Microscopy*, in: B. Bushan, H. Fuchs and S. Hosaka (Eds), *Applied Scanning Probe Methods* (Springer, Berlin, 2004).
[22.216] P. Gleyzes, P.K. Kuo and A.C. Boccara, Appl. Phys. Lett. **58**, 2989 (1991).
[22.217] U. Dürig, New J. Phys. **2**, 5.1 (2000).
[22.218] J.P. Cleveland, B. Anczykowski, A.E. Schmid and V.B. Elings, Appl. Phys. Lett. **72**, 2613 (1998); R. Garcia, J. Tamayo, M. Calleja and F. Garcia, Appl. Phys. A **66**, S309 (1998); J. Tamayo and R. Garcia, Appl. Phys. Lett. **71**, 2394 (1997).
[22.219] B. Anczykowski, B. Gotsmann, H. Fuchs, J.P. Cleveland and V.B. Elings, Appl. Surf. Sci. **140**, 376 (1999).
[22.220] R. Garcia, J. Tamayo and A. San Paulo, Surf. Interf. Anal. **27**, 312 (1999); J. Tamayo and R. Garcia, Appl. Phys. Lett. **73**, 2926 (1998).
[22.221] B. Capella and G. Dietler, Surf. Sci. Rep. **34**, 1 (1999).
[22.222] F.J. Giessibl, Phys. Rev. B **56**, 16015, (1997).
[22.223] E. Gerber and A. Ballato (Eds), *Precision Frequency Control* (Academic Press, Orlando, 1985).
[22.224] F.J. Giessibl, *Vorrichtung zum berührungslosen Abtasten einer Oberflächew und Verfahren dafür*, German Patent DE19633546 (1996); Appl. Phys. Lett. **73**, 3956 (1998); **76**, 1470 (2000).
[22.225] F.J. Giessibl, *Principles and Applications of the qPlus Sensor*, in: S. Morita, F.J. Giessibl and R. Wiesendanger (Eds), *Noncontact Atomic Force Microscopy* (Springer, Berlin, 2009).
[22.226] J.A. Morán Meza, J. Polesel-Maris, C. Lubin, F. Thoyer, A. Makky, A. Ouerghi and J. Cousty, Curr. Appl. Phys. **15**, 1015 (2015).
[22.227] J.N. Israelachvili, *Intermolecular and Surface Forces (Academic Press, London, 1992)*.
[22.228] T. Aoki, M. Hiroshima, K. Kitamura, M. Tokunaga and T. Yanagida, Ultramicroscopy **70**, 45 (1997).
[22.229] V.S.J. Craig, Colloids Suf. A **129-130**, 75 (1997); P.M. Caesson, T. Ederth, V. Bergeron and M.W. Rutland, Adv. Colloid Interf. Sci. **67**, 119 (1996).

[22.230] U. Hartmann, *Theory of Non-Contact Force Mircroscopy*, in: H.-J. Güntherodt and R. Wiesendanger (Eds), *Scanning Tunneling Microscopy III: Theory of STM and Related Techniques* (Springer, Heidelberg, 1993); Adv. Electron. Electron Phys. **87**, 49 (1993).

[22.231] B. Uder, PhD Thesis, Saarland University, Saarbrücken, Germany (2018).

[22.232] B.D. Terris, J.E. Stern, D. Rugar and H.J. Mamin, Phys. Rev. Lett. **63**, 2669 (1989); C. Schönenberger, S.F. Alvarado, S.E. Lambert and I.L. Sanders, J. Appl. Phys. **67**, 7278 (1990); F. Saurenbach and B.D. Terris, Appl. Phys. Lett. **56**, 1704 (1990).

[22.233] Y. Martin, D.W. Abraham and H.K. Wickramasinghe, Appl. Phys. Lett. **52**, 1103 (1988).

[22.234] A.S. Hou, F. Ho and D.-M. Bloom, Electron. Lett. **28**, 203 (1988); C. Bohm, F. Saurenbach, P. Taschner, C. Roths and E. Kubalek, J. Phys. D: Appl. Phys. **26**, 842 (1996).

[22.235] L. Olsson, N. Lin, V. Yakimov and R. Erlandsson, J. Appl. Phys. **84**, 4060 (1988); B.M. Law and F. Rienford, Phys. Rev. B **66**, 035402 (2002).

[22.236] Y. Martin and H.K. Wickramasinghe, Appl. Phys. Lett. **50**, 1455 (1987).

[22.237] U. Hartmann, Annu. Rev. Mat. Sci. **29**, 53 (1999).

[22.238] L. Kong and S.Y. Chou, Appl. Phys. Lett. **70**, 2043 (1997).

[22.239] H. Liu, L. Lizarraya, L.A. Bottomley and J.C. Merredith, J. Colloid Interf. Sci. **442**, 133 (2015).

[22.240] T. Thundat, X.-Y. Zheng, G.Y. Chen and R.J. Warmack, Surf. Sci. Lett. **294**, L939 (1993); T. Thundat, X-Y. Zheng, G. Y. Chen, S.L. Sharp, R.J. Warmack and L.J. Schowalter, Appl. Phys. Lett. **63**, 2150 (1993); A. Torii, M. Sasaki, K. Hane and S. Okuma, Sens. Act. A **40**, 71 (1994); L. Xu, A. Lio, J. Hu, D.F. Ogletree and M. Salmeron, J. Phys. Chem. B **102**, 540 (1998); L. Xu and M. Salmeron, Langmuir **14**, 2187 (1998).

[22.241] M. Fujihira, D. Aoki, Y. Okabe, H. Takano, H. Hokari, J. Frommer, Y. Nagatani and F. Sakai, Chem. Lett. **7**, 499 (1996); M. Binggeli and C.M. Mate, Appl. Phys. Lett. **65**, 415 (1994); L. Olsson, P. Tengvall, R. Wigren and R. Erlandsson, Ultramicroscopy **42–44**, 73 (1992); M.C. Friedenberg and C.M. Mate, Langmuir **12**, 6138 (1996).

[22.242] H. von Helmholtz, Ann. Phys. **243**, 337 (1879).

[22.243] L.G. Guy, J. Phys. **9**, 457 (1910); D.L. Chapman, Phil. Mag. **25**, 475 (1913).

[22.244] O. Stern, Z. Elektrochem. **30**, 508 (1994).

[22.245] V.A. Parsegian and G. Dingell, Biophys. J. **12**, 1192 (1972).

[22.246] H.-J. Butt, Biophys. J. **60**, 777 (1991).

[22.247] X.-Y. Lin, F. Creuzet and H. Arribant, J. Phys. Chem. **97**, 7272 (1993).

[22.248] A.M. Wierenga, T.A. Lenstra and A.P. Philipse, Colloids Surf. A **134**, 359 (1998).

[22.249] I. Siretanu, D. Ebeling, M.P. Andersson, S.L.S. Stipp, A. Philipse, M.C. Stuart, D. van den Ende and F. Mugele, .Sci. Rep. **4**, 4956 (2014).

[22.250] R. Atkin and G.G. Warr, J. Phys. Chem. C **111**, 5162 (2007).

[22.251] S.J. O'Shea, M.E. Welland and T. Rayment, Appl. PHys. Lett. **60**, 2356 (1992).

[22.252] H.-J. Butt, B. Capella and M. Kappel, Surf. Sci. Rep. **59**, 1 (2005).

[22.253] G. Cerv, Faraday Trans. **87**, 2733 (1991); S. Leikin, V.A. Parsegian, D.C. Rau and R.P. Rand Annu. Rev. Phys. Chem. **44**, 369 (1993); J.N. Israelachvili and H. Wennerström, Nature **379**, 219 (1996).

[22.254] F. Stillinger and T. Weber, Phys. Rev. B **31**, 5262 (1985).

[22.255] M. Huang, M. Cuma and F. Liu, Phys. Rev. Lett. **90**, 256101 (2003); S.-H. Ke, T. Uda, K. Terakura, R. Perez and I. Stich, *Chemical Interactions in NC-AFM on Semiconductor Surfaces,* in: S. Morita and R. Weisendanger (Eds), *Noncontact Atomic Force Microscopy* (Springer, Berlin, 2002); R. Perez, I. Stich, M.C. Payne and K. Terakura, Phys. Rev. Lett. **78**, 678 (1997); Phys. Rev. B **58**, 10835 (1998); J. Tobik, F. Stich and K. Terakura, Phys. Rev. B **63**, 245324 (2001).

[22.256] F.J. Giessibl and G. Binnig, Ultramicroscopy **42–44**, 281 (1992).

[22.257] H. Hertz, J. Reine Angew. Math. **92**, 156 (1882).
[22.258] U.L. Johnson, K. Kendall and A.D. Roberts, Proc. R. Soc. London A **324**, 301 (1971).
[22.259] B.V Derjaguin, V.M. Müller and Y.P. Toporov, J. Colloid Interf. Sci. **53**, 314 (1975); V.M. Müller, V.S. Yushchenko and B.V. Derjaguin, J. Colloid Interf. Sci. **77**, 91 (1980); V.M. Müller, B.V Derjaguin and Y.P. Toporov, Colloids Surf. **7**, 251 (1983).
[22.260] D. Maugis, J. Colloid Interf. Sci. **150**, 243 (1992); M.A. Lantz, S.J. O'Shea, M.E. Welland and K.L. Johnson, Phys. Rev. B 55, 10776 (1997).
[22.261] I.N. Sneddon, Int. J. Eng. Sci. **3**, 47 (1965).
[22.262] U. Landman, W.D. Luedtke, N.A. Burnham and R.J. Colton, Science **248**, 454 (1990).
[22.263] B.L. Weeks and M.W. Vaughn, Langmuir **21**, 8096 (2015).
[22.264] X. Yu, N.A. Burnham, R.B. Mallik and M. Tao, Fuel **113**, 443 (2013).
[22.265] A. Rosa-Zelser, E. Wellandt, S. Hildt and O. Marti, Meas. Sci. Technol. **8**, 1333 (1997).
[22.266] B. Bhushan, Phil. Trans. R. Soc. A **366**, 1351 (2007).
[22.267] E. Gnecco, R. Bennewitz, O. Pfeiffer, A. Socoline and E. Meyer, *Friction and Wear on the Atomic Scale*, in: B.Bushan (Ed.), *Nanotribology and Nanomechanics* (Springer, Berlin, 2005).
[22.268] P. Bau, *Amontons Law of Friction* , in: Q.J. Wang and Y.W. Chung (Eds); *Encyclopedia of Tribology* (Springer, Boston, 2013).
[22.269] R. Bennewitz, Mat. Tod., May, 42 (2005).
[22.270] J.G. Vilhena, C. Pimentel, P. Pedraz, F. Luo, P.A. Serena, C.M. Pina, E. Gnecco and R. Pérez, ACS Nano **10**, 4288 (2016).
[22.271] L. Agmon, I. Shahar, D. Yosufov, C. Pimentel, C.M. Pina, E. Gnecco and R. Berkovich, Sci. Rep. **8**, 4681 (2018).
[22.272] R. Lüthi, E. Meyer, H. Haefke, L. Howald, W. Gutmannsbauer, M. Guggisberg, M. Bammerlin and H.-J. Güntherodt, Surf. Sci. **338**, 247 (1995)
[22.273] H.M. Horn and D.V. Deere, Géotechnique **12**, 319 (1962).
[22.274] G.A. Tomlinson, Phil. Mag. **7**, 905 (1929); L. Prandtl, J. Appl. Math. Mech. **8**, 85 (1928); V.L. Popov and J.A.T. Gray, J. Appl. Math. Mech. **92**, 683 (2012).
[22.275] T. Gyalog, M. Bammerlin, R. Lüthi, E. Meyer and H. Thomas, Europhys. Lett. **31**, 269 (1995).
[22.276] B. Bhushan, *Micro/Nanotribology and Materials Characterization Studies Using Scanning Probe Microscopy*, in: B. Bhushan (Ed.), *Nanotriboloby and Nanomechanics* (Springer, Berlin, 2005).
[22.277] C.-W. Yang, K. Leung, R.-F. Ding, H.-C. Ko, Y.-H. Lu, C.-K. Fang and I.-S. Hwang, Sci. Rep. **8**, 3125 (2918).
[22.278] F.J. Giessibl Mat. Tod., May, 32 (2005).
[22.279] S. Hembacher, F.J. Giessibl, J. Mannhardt and C.F. Quate, Proc. Natl. Acad. Sci. USA **100**, 12539 (2003).
[22.280] S. Hembacher, F.J. Giessibl and J. Mannhardt, Science **305**, 380 (2004).
[22.281] L. Gross, F. Mohn, N. Moll, B. Schuler, A. Criado, E. Guitián, D. Peña, A. Gourdon and G. Meyer, Science **337**, 1326 (2012); D.G. de Oteyza, P. Gorman, Y.-C. Chen, S. Wickenburg, A. Riss, D.J. Mowbray, G. Etkin, Z. Pedramrazi, H.-Z. Tsai, A. Rubio, M.F. Crommie and F.R. Fisher, Science **340**, 1434 (2013).
[22.282] J.C. Slater, Phys. Rev. B **36**, 57 (1930).
[22.283] R. Smoluchowski, Phys. Rev. **60**, 661 (1941).
[22.284] M. Emmrich, F. Huber, F. Pielmeier, J. Welker, Th. Hofmann, M. Schneiderbauer, D. Meurer, S. Polesya, S. Mankovsky, D. Ködderitzsch, H. Ebert and F.J. Giessibl, Science **348**, 308 (2015).
[22.285] J. Welker and F.J. Giessibl, Science **336**, 444 (2012).

[22.286] L. Gross, F. Mohn, N. Moll, P. Lilgeroth and G. Meyer, Science **325**, 1110 (2009).
[22.287] M. Kim and J.R. Chelikowsky, Appl. Phys. Lett. **107**, 163109 (2015).
[22.288] F. Mohn, B. Schuler, L. Gross and G. Meyer, Appl. Phys. Lett. **102**, 073109 (2013).
[22.289] A. Shiotari and Y. Sugimoto, Nature Commun. **8**, 14313 (2017).
[22.290] S. Senapati and S. Lindsay, Acc. Chem. Res. **49**, 503 (2016).
[22.291] P. Hinterdorfer, A. Raab, W. Han, D. Badt, S.J. Smith-Gill, S.M. Lindsay and H. Schindler, Nature Biotechnol. **17**, 902 (1999).
[22.292] G.I. Bell, Science **200**, 618 (1978).
[22.293] T. Strunz, K. Oroszlan, I. Schumakovitch, H.-J. Güntherodt and M. Hegner, Biophys. J. **79**, 1206 (2000).
[22.294] Y.F. Dufrêne and P. Hinterdorfer, Pflugers Arch. - Eur. J. Physiol. **256**, 237 (2008).
[22.295] Y. Gilbert, M. Deghorain, L. Wang, B. Xu, P.D. Pollheimer, H.J. Gruber, J. Errington, B. Hallet, X. Haulot, C. Verbelen, P. Hols and Y.F. Dufrêne, Nano Lett. **7**, 796 (2007).
[22.296] A.D.L. Humphris, J. Tamayo and M.J. Miles, Langmuir **16**, 7891 (2000).
[22.297] P. Hinterdorfer, *Molecular Recognition Microscopy*, in: B. Bhushan, *Nanotribology and Nanomechanics* (Springer, Berlin, 2005).
[22.298] M. Rief, M. Gautel, F. Oesterhelt, J.M. Fernandez, H.E. Gaub, Science **276**, 1109 (1997).
[22.299] U. Kaiser, A. Schwarz and R. Wiesendanger, Nature **446**, 522 (2007).
[22.300] M. Ganovskij, A. Schrön and F. Bechstedt, New. J. Phys. **16**, 023020 (2014).
[22.301] R. Schmidt, C. Lazo, H. Hölscher, U.H. Pi, V. Caciuc, A. Schwarz, R. Wiesendanger and S. Heinze, Nano Lett. **9**, 200 (2009)
[22.302] J. Grenz, A. Köhler, A. Schwarz and R. Wiesendanger, Phys. Rev. Lett. **119**, 047205 (2017).
[22.303] B. Wolter, Y. Yoshida, A. Kubetzka, S.W. Hla, K. von Bergmann and R. Wiesendanger, Phys. Rev. Lett. **109**, 116102 (2012).
[22.304] M. Nonnenmacher, M.P. O'Boyle and H.K. Wickramasinghe, Appl. Phys. Lett. **58**, 2921 (1991); M. Fujihira, Ann. Rev. Mat. Sci. **29**, 353 (1999); W. Melitz, J. Shen, A.C. Kummel and S. Lee, Surf. Sci. Rep. **66**, 1 (2011); S. Sadewasser and Th. Glatzel (Eds), *Kelvin Probe Force Microscopy* (Springer, Cham, 2012).
[22.305] S.J. Baik, K.S. Lim, W. Choi, H. Yoo, J.-S. Lee and H. Shin, Nanoscale **3**, 2560 (2011).
[22.306] H. Bluhm, A. Wadas, R. Wiesendanger, A. Roshko, J.A. Aust and D. Nam, Appl. Phys. Lett. **71**, 146 (1997).
[22.307] P.R. Potnis, N.-T. Tson and J.E. Huber, Materials **4**, 417 (2011).
[22.308] Y. Cho, S. Kuzuta and K. Matsuura, Appl. Phys. Lett. **75**, 2833 (1999); Y. Cho and K. Ohara, Appl. Phys. Lett. **79**, 3842 (2001).
[22.309] P. Güthner and K. Dransfeld, Appl. Phys. Lett. **61**, 1137 (1992).
[22.310] M. Zhao, X. Gu, S.E. Lowther, C. Park, Y.C Jean and T. Nguyen, Nanotechnology **21**, 225702 (2010).
[22.311] M.G. Stanford, P.R. Pudasaini, A. Belianov, N. Cross, J.H. Noh, M.R. Koehler, D.G. Mandrus, G. Duscher, A.J. Roudinone, I.N. Ivanov, T.Z. Ward and P.D. Rack, Sci. Rep. **6**, 27276 (2016).
[22.312] T. Mélin, M. Zdrajek and D. Brunnel, *Electrostatic Force Microscopy and Kelvin Force Microscopy as a Probe of the Electrostatic and Electronic Properties of Carbon Nanotubes*, in: B. Bhushan (Ed.) *Scanning Probe Microscopy in Nanoscience and Nanotechnology* (Springer, Berlin, 2010).
[22.313] M. Paillet, P. Poucharal and A. Zahub, Phys. Rev. Lett. **94**, 186801 (2005).
[22.314] M. Zdrajek, T. Mélin, H. Diesinger, D. Stiévenard, W. Gebicki and L. Adamowicz, J. Appl. Phys. **100**, 114326 (2006).
[22.315] Z. Wang, M. Zdrajek, T. Mélin and M. Devel, Phys. Rev. B **78**, 085425 (2008).
[22.316] X. Cui, M. Freitag, R. Martel, L. Brus and Ph. Avouris, Nano Lett. **3**, 783 (2003).

[22.317] A. Bachtold, M.S. Fuhrer, S. Plyasunov, M. Forero, E.H. Anderson, A. Zettl and L. McEuen Phys. Rev. Lett. **84**, 26 (2000).
[22.318] Y. Miyato, K. Kobayashi, K. Matsushige and H. Yamada, Jpn. J. Appl. Phys. **44**, 1633 (2005).
[22.319] J. Appenzeller, J. Knoch, V. Derycke, R. Martel, S. Wind and Ph. Avouris, Phys. Rev. Lett. **89**, 126801 (2002); S. Heinze, J. Tersoff, R. Martel, V. Derycke, J. Appenzeller and Ph. Avouris Phys. Rev. Lett. **89**, 106801 (2002).
[22.320] L. Collins, A. Belianinov, S. Somnath, N. Balke, S.V. Kalinin and S. Jesse, Sci. Rep. **6**, 30557 (2016).
[22.321] M. de Graef and Y. Zhu (Eds), *Magnetic Imaging and its Application to Materials* (Academic Press, San Diego, 2001); H. Hopster and H. Oepen (Eds), *Magnetic Microscopy of Nanostructures* (Springer, Berlin, 2005).
[22.322] H. Kuramochi, T. Manago, D. Koltsov, M. Takenaka, M. Iitake and H. Akinaga, Surf. Sci. **601**, 5289 (2007).
[22.323] P. Leinenbach, U. Memmert, J. Schelten and U. Hartmann, Appl. Surf. Sci. **144-145**, 492 (1999).
[22.324] M.R. Koblischka, J.D. Wei and U. Hartmann, J. Magn. Magn. Mat. **322**, 1694 (2010).
[22.325] M.R. Koblischka, J.D. Wei, C. Richter, T.H. Sulzbach and U. Hartmann, Scan. **30**, 27 (2008).
[22.326] A. Schwarz and R. Wiesendanger, Nano Today **3**, 28 (2008).
[22.327] I.L. Prejbeanu, L.D. Buda, U. Ebels and K. Ounadjela, Appl. Phys. Lett. **77**, 3066 (2008).
[22.328] P. Milde, D. Köhler, J. Seidel, L.M. Eng, A. Bauer, A. Chacon, J. Kindervater, S. Mühlbauer, C. Pfleiderer, S. Buhrandt, C. Schütte and A. Rosch, Science **340**, 1076 (2013).
[22.329] Ö. Karc, M. Dede and A. Oral, Rev. Sci. Instrum. **85**, 103705 (2014).
[22.330] J.A. Sidles, Appl. Phys. Lett. **58**, 2854 (1991); Phys. Rev. Lett. **68**, 1124 (1992).
[22.331] U. Hartmann, *Scanning Probe Methods for Magnetic Imaging*, in: H. Hopster and H. Oepen (Eds), *Magnetic Microscopy of Nanostructures* (Springer, Berlin, 2005).
[22.332] P.E. Wigen, M.L. Roukes and P.C. Hammel, *Ferromagnetic Resonance Force Microscopy*, in: B. Hillebrands and A. Thiaville (Eds), *Spin Dynamics in Confined Magnetic Structures III* (Springer, Berlin, 2006).
[22.333] J.A. Sidles, J.L. Garbini, K.J. Bruland, D. Rugar, O. Züger, S. Hoen and C.S. Yannoni, Rev. Mod. Phys. **67**, 249 (1995).
[22.334] L. Ciobanu and C.H. Pinnington, J. Magn. Res. **158**, 178 (2002).
[22.335] A. Blank, C.R. Dunnam, P.P. Borbat and J.H. Freed, J. Magn. Res. **165**, 116 (2003).
[22.336] D. Rugar, C.S. Yannoni and J.A. Sidles, Nature **360**, 563 (1992).
[22.337] S. Kuehn, S.A. Hickman and J.A. Marohn, J. Chem. Phys. **128**, 052208 (2008).
[22.338] D. Rugar, D. Budakian, H.J. Mamin and B.W. Chui, Nature **430**, 329 (2004).
[22.339] C.L. Degen, M. Poggio, H.J. Mamin, C.T. Rettner and D. Rugar, Proc. Natl. Acad. Sci. USA **106**, 1313 (2009).
[22.340] M. Matsuo, E. Saitoh and S. Maekawa, J. Phys. Soc. Jpn **86**, 011011 (2017).
[22.341] C.P. Slichter, *Principles of Magnetic Resonance* (Springer, Heidelberg, 1982).
[22.342] A.H. Morrish, *The Physical Principles of Magnetism* (Wiley-IEEE Press, Piscataway, 2001).
[22.343] A. Abrayam, *The Principles of Nuclear Magnetism* (Oxford Univ. Press, Oxford, 1961).
[22.344] G.P. Berman, F. Borgonovi and V.I. Tsifrinovich, Phys. Lett. A **337**, 161 (2005).
[22.345] G.P. Berman, V.N. Gorshkov, D. Rugar and V.I. Tsifrinovich, J. Magn. Res. **68**, 94402 (2003)
[22.346] B.C. Stipe, H.J. Mamin, C.S. Yannoni, T.D. Stowe, T.W. Kenny and D. Rugar, Phys. Rev. Lett. **87**, 277602 (2001).
[22.347] G.P. Berman, D.I. Kamenenov and V.I. Tsifrinovich, Phys. Rev. A **66**, 234051 (2002).
[22.348] H.J. Mamin, R. Budakian, B.W. Chui and D. Rugar, Phys. Rev. Lett. **91**, 207604 (2003).

[22.349] R. Garner, S. Kuehn, J.M. Dawlaty, N.E. Jenkins and J.A. Marohn, Appl. Phys. Lett. **84**, 5091 (2004).

[22.350] B.W. Chui, Y. Hishinuma, R. Budakian, H.J. Mamin, T.W. Kenny and D. Rugar, Transducers Conf. Proc., IEEE Digest of Technical Papers.

[22.351] D. Mounce, IEEE Instrum. Meas. Mag., July 20 (2005).

[22.352] H.J. Mamin, M. Poggio, C.L. Degen and D. Rugar, Nature Nanotechn. **2**, 301 (2007).

[22.353] C.L. Degen, C.T. Rettner, H.J. Mamin and D. Rugar, Appl. Phys. Lett. **90**, 263111 (2007).

[22.354] H.J. Mamin, T.H. Oosterkamp, M. Poggio, C.L. Degen, C.T. Rettner and D. Rugar, Nano Lett. **9**, 3020 (2009).

[22.355] M. Poggio and C.L. Degen, Nanotechnology **21**, 342001 (2010).

[22.356] F. Bloch, Phys. Rev. **70**, 460 (1946).

[22.357] H.J. Mamin, R. Budakian, B.W. Chui and D. Rugar, Phys. Rev. B **72**, 024413 (2005).

[22.358] V. Vinante, G. Wijts, O. Usenko, L. Schinkelshoek and T.H. Oosterkamp, Nature Commun. **2**, 572 (2011).

[22.359] C.L. Degen, M. Poggio, H.J. Mamin and D. Rugar, Phys. Rev. Lett. **100**, 1376107 (2008).

[22.360] E. Nazaretski, J.D. Thompson, R. Movshovich, M. Zalalutdinov, J.W. Baldwin, B. Houston, T. Mewes, D.V. Pelekhov, P. Wigen and P.C. Hammel, J. Appl. Phys. **101**, 074405 (2007).

[22.361] A. Jander, J. Moreland and P. Kabos, J. Appl. Phys. **89**, 7089 (2001).

[22.362] Y.J. Wang, M. Eardley, S. Knappe, J. Moreland, L. Hollberg and J. Kitching, Phys. Rev. Lett. **97**, 227602 (2006).

[22.363] M. Kisiel, M. Samadashvili, U. Gysin and E. Meyer, *Noncontact Friction*, in: S. Morita, F.J. Giessibl, E. Meyer and R. Wiesendanger, *Noncontact Atomic Force Microscopy* (Springer, Cham, 2015).

[22.364] B.N.J. Persson and Z. Zhang, Phys. Rev. B **57**, 7327 (1998); A.I. Volokitin and B.N.J. Persson, J. Phys. C **11**, 345 (1999); J.B. Pendry, J. Phys. C **9**, 10301 (1997).

[22.365] S.M. Rytov, Y.A. Kravtsov and V.I. Tatarsiki, *Principles of Statistical Radiophysics* (Springer, Berlin, 1989); I. Dorofeyev, H. Fuchs, G. Wenning and B. Gotsmann, Phys. Rev. Lett. **83**, 2402 (1999).

[22.366] S. Kuehn, J.A. Marohn and R.F. Loring, J. Phys. Chem. B **110**, 14525 (2006).

[22.367] B.C. Stipe, H.J. Mamin, T.D. Stowe, T.W. Kenny and D. Rugar, Phys. Rev. Lett. **87**, 096801 (2001).

[22.368] W. Denk and D. Pohl, Appl. Phys. Lett. **59**, 2171 (1991); S. Kuehn, R.F. Loring and J.A. Marohn, Phys. Rev. Lett. **96**, 156103 (2006).

[22.369] G.P. Berman, G.D. Doolen, P.C. Hammel and V.I. Tsifrinovich, Phys. Rev. B **61**, 14694 (2000); Phys. Rev. Lett. **86**, 2894 (2001); G.P. Berman, F. Borgonovi, G. Chapline, P.C. Hammel and V.I. Tsifrinovich, Phys. Rev. A **66**, 032106 (2002); G.P. Berman, F. Borgonovi, V.N. Gorshkov and V.I. Tsifrinovich, *Magnetic Resonance Force Microscopy and a sigle-Spin Measurement* (World Scientific, Singapore, 2006).

[22.370] G.P. Berman, F. Borgonovi, G. Chapline, S.A. Gurvitz, P.C. Hammel, D.V. Pelekhov, A. Suter and V.I. Tsifrinovich, J. Phys. A **36**, 4417 (2003); G.P. Berman, F. Borgonovi, G.V. López and V.I. Tsifrinovich, Phys. Rev. A **68**, 012102 (2003); T.A. Brun and H.S. Goan, Phys. Rev. A **68**, 032301 (2003); G.P. Berman, F. Borgonovi and V.I. Tsifrinovich, Phys. Lett. A **331**, 187 (2004).

[22.371] H. Gassmann, M.S. Choi, H. Yi and C. Bruder, Phys. Rev. B **69**, 115419 (2004); S. Muncini, D. Vitali and H. Moya-Cessa, Phys. Rev. B **71**, 054406 (2005); T.A. Brun and H.S. Goan, Int. J. Quantum Inf. **3**, 1 (2005).

[22.372] A.G. Redfield, Phys. Rev. **116**, 315 (1959); A.Z. Genack and A.G. Redfield, Phys. Rev. B **12**, 78 (1975).

[22.373] W.M. Dougherty, K.J. Bruland, S.H. Chao, J.L. Garbini, S.E. Jensen and J.A. Sidles, J. Magn. Res. **143**, 106 (2000).

[22.374] O. Custance, R. Perez and S. Morita, Nature Nanotechnol. **4**, 803 (2009).

[22.375] N. Oyabu, O. Custance, I. Yi, Y. Sugawara and S. Morita, Phys. Rev. Lett. **90**, 176102 (2003).

[22.376] N. Oyabu, Y. Sugimoto, M. Abe, O. Custance and S. Morita, Nanotechnology **16**, S 112 (2005).

[22.377] L. Pizzagalli and A. Baratoff, Phys. Rev. B **68**, 115427 (2003); P. Dieška, I. Stich and R. Pérez, Phys. Rev. Lett. **95**, 126103 (2005).

[22.378] S. Morita, J. Electron. Microsc. **60**, S 199 (2011); Y. Sugimoto, P. Pou, O. Custance, P. Jelinek, M. Abe, R. Pérez and S. Morita, Science **322**, 413 (2008); Y. Sugimoto, *Atomic Manipulation on Semiconductor Surfaces*, in: S. Morita, F.J. Giessibl and R. Wiesendanger (Eds), *Noncontact Atomic Force Microscopy* (Springer, Berlin, 2009); N. Ternes, C.P. Lutz and A.J. Heinrich, *Atomic Manipulation on Metal Surfaces*, in: S. Morita, F.J. Giessibl and R. Wiesendanger (Eds), *Noncontact Atomic Force Microscopy* (Springer, Berlin, 2009): S. Hirth, F. Ostendorf and M. Reichling, *Atomic Manipulation on an Insulator Surface*, in: S. Morita, F.J. Giessibl and R. Wiesendanger (Eds), *Noncontact Atomic Force Microscopy* (Springer, Berlin, 2009); P. Pou, P. Jelinek and R. Pérez, *Basic Mechanisms for Single Atom Manipulation in Semiconductor Systems with the FM-AFM*, in: S. Morita, F.J. Giessibl and R. Wiesendanger (Eds), *Noncontact Atomic Force Microscopy* (Springer, Berlin, 2009).

[22.379] N. Pavliček and L. Gross, Nature Rev. Chem. **1**, 0005 (2017); A.-S. Duwez and N. Willet, *Molecular Manipulation with Atomic Force Microscopy* (CRC Press, Boca Raton, 2012); M.C. Giocondi, P.E. Milhiet, E. Lesniewska and C. Le Grimellec, Med. Sci. **19**, 92 (2003).

[22.380] M. Ternes, C.P. Lutz, C.F. Hirjibehedin, F.J. Giessibl and A.J. Heinrich, Science **319**, 1066 (2008).

[22.381] L. Santinacci, Y. Zhang and P. Schmuki, Surf. Sci. **597**, 11 (2005).

[22.382] H.C. Day and R.R. Allee, Appl. Phys. Lett. **62**, 2691 (1993).

[22.383] R. Garcia, R.V. Martinez and J. Martinez, Chem. Soc. Rev. **35**, 29 (2006).

[22.384] A. Fuhrer, S. Lüscher, T. Ihn, T. Heinzel, K. Ensslin, W. Wegscheider and M. Bichler, Nature **413**, 822 (2001).

[22.385] C.F. Chen, S.D. Tzeng, H.Y. Chen and S. Gwo, Opt. Lett. **30**, 652 (2005).

[22.386] J.E. Stern, B.D. Terris, H.J. Mamin and D. Rugar, Appl. Phys. Lett. **53**, 2717 (1988); B.D. Terris, J.E. Stern, D. Rugar and H.J. Mamin, Phys. Rev. Lett. **63**, 2669 (1989).

[22.387] C. Dumas, L. Ressier, J. Grisola, A. Arbouet, V. Paillard, G. BenAssayag, S. Schamm and P. Normand, Microelectron. Eng. **85**, 2358 (2008).

[22.388] J. de Blauwe, IEEE Trans. Nanotechnol. **1**, 72 (2003).

[22.389] J. Kim, D. Song, M. Lee, C. Song, J.-K. Song, J.H. Koo, D.J. Lee, H.J. Shim, J.H. Kim, M. Lee, T. Hyeon and D.-H. Kim, Sci. Adv. **2**, 1501101 (2016).

[22.390] J. Repp, G. Meyer, F.E. Olsson and M. Persson, Science **305**, 493 (2004); F.E. Olsson, S. Paavilainen, M. Persson, J. Repp and G. Meyer, Phys. Rev. Lett. **98**, 176803 (2007).

[22.391] L. Gross, F. Mohn, P. Liljeroth, J. Repp, F.J. Giessibl and G. Meyer, Science **324**, 1428 (2009).

[22.392] J. Liu, W. Zhang, Y. Li, H. Zhu, R. Qiu and Z. Song, J. Magn. Magn. Mat. **443**, 184 (2017).

[22.393] A. Lewis, M. Isaacson, A. Harootunian and A. Murray, Ultramicroscopy **13**, 227 (1984); D.W. Pohl, W. Denk and M. Lanz, Appl. Phys. Lett. **44**, 651 (1984); E. Betzig, A. Lewis, A. Harootunian, M. Isaacson and E. Kratschmer, Biophys. J. **49**, 269 (1986).

[22.394] E.H. Synge, Phil. Mag. **6**, 356 (1928); **13**, 297 (1932); J.O'Keefe, J. Opt. Soc. Am. **46**, 359 (1956).

[22.395] E.A. Ash and G. Nichols, Nature **237**, 510 (1972).

[22.396] E. Betzig, P.L. Finn and F.S. Weiner, Appl. Phys. Lett. **60**, 2484 (1992).
[22.397] K. Karrai and I. Tiemann, Phys. Rev. B **62**, 13174 (2000).
[22.398] B. Hecht, B. Sick, U.P. Wild, V. Deckert, R. Zenobi, O. Martin and D. Pohl, J. Chem. Phys. **112**, 7761 (2000).
[22.399] Y. Saito and P. Verma, Eur. Phys. J. Appl. Phys. **46**, 20101 (2009).
[22.400] H. Heinzelmann and D.W. Pohl, Appl. Phys. A **59**, 89 (1994).
[22.401] A.V. Zayats, I.I. Smolyaninov and A.A. Maradudin, Phys. Rep. **408**, 131 (2005).
[22.402] A. Zayats and D. Richards, *Nano-Optics and Near-Field Optical Microscopy* (Artech Housse, Boston, 2009); S.V. Gaponenko, *Introduction to Nanophotonics* (Cambridge Univ. Press, Cambridge, 2010); D.W. Pohl and D. Courjon (Eds), *New Field Optics* (Springer, Dodrecht, 1993).
[22.403] L. Landau, E. Lifshitz and L. Pitaevskii, *Electrodynamics of Continuous Media* (Pergamon, Oxford, 1984); R. Carminati, M. Nieto-Vesperinas and J.H. Greffet, J. Opt. Soc. Am. A **15**, 706 (1998).
[22.404] J.A. Porto, R. Carminati and J.-J. Greffet, J. Appl. Phys. **88**, 4845 (2000).
[22.405] R. Carminati and J.H. Sáenz, Phys. Rev. Lett. **84**, 5156 (2000).
[22.406] A. Dereux, Ch. Girard and J.-C. Weeber, J. Chem. Phys. **112**, 7775 (2000).
[22.407] J.J. Bowman, T.B.A. Senior and P.L.E. Uslenghi (Eds), *Electromagnetic and Acoustic Scattering by Simple Shapes* (North-Holland, Amsterdam, 1969).
[22.408] H. Cory, A.C. Boccara, J.C. Rivoal and A. Lahrech, Microwave Opt. Technol. Lett. **18**, 120 (1998).
[22.409] L. Aigouy, A. Lahrech, S. Grésillon, H. Cory, A.C. Boccara and J. C. Rivoal, Opt. Lett. **24**, 187 (1999).
[22.410] L. Aigouy, F.X. Andréani, A.C. Boccara, J.C. Rivoal, J.A. Porto, R. Carminati, J.-J. Greffet and R. Mégy, Appl. Phys. Lett. **76**, 397 (2000).
[22.411] M. Esslinger and R. Vogelgesang, ACS Nano **6**, 8173 (2012).
[22.412] J.D. Jackson, *Classical Electrodynamics* (Wiley, New York, 1998).
[22.413] J. Schwinger, L. Deraad Jr, K. Milton, W. Tsai and J. Norton, *Classical Electrodynamics* (Westview Press, Oxford, 1998).
[22.414] C.A. Balanis, *Advanced Engineering Electrodynamics* (Wiley, New York, 1989).
[22.415] A.S. Marathy, J. Opt. Soc. Am. **65**, 964 (1975); A.J. Devanay and E. Wolf, J. Math. Phys. **15**, 234 (1974); K. Kvien, J. Opt. Soc. Am. A **15**, 636 (1998).
[22.416] M. Fleischer, Nanotechnol. Rev. **1**, 313 (2012).
[22.417] NMI TT GmbH, Reutlingen, Germany; www.nmi-tt.de.
[22.418] T. Kalkbrenner, M. Ramstein, J. Mlynek and V. Bandoghdar, J. Microsc. **202**, 72 (2001).
[22.419] L. Wang, S.M. Uppuluri, E.X. Jin and X. Xu, Nano Lett. **6**, 361 (2006); J.A. Matteo, D.P. Fromm, Y. Yuen, P.J. Schuck, W.E. Moerner and L. Hesselink, Appl. Phys. Lett. **85**, 648 (2004).
[22.420] M. Mivelle, I.A. Ibrahim, F. Baida, G.W. Burr, D. Nedeljkovic, D. Charraut, J-Y. Rauch, R. Salut and T. Grosjean, Opt. Expr. **18**, 15964 (2010).
[22.421] A. Weber-Bargioni, A.M. Schwartzenberg, M. Cornaglia, A. Ismach, J.J. Urban, Y. Pang, R. Gordon, J. Bokor, M.B. Salmeron, D.F. Orgletree, P. Ashby, S. Cabrini and P.J. Schuck, Nano Lett. **11**, 1201 (2011).
[22.422] H.G. Frey, F. Keilmann, A. Kriele and R. Guckenberger, Appl. Phys. Lett. **81**, 5030 (2002).
[22.423] L. Novotny and N. van Hulst, Nature Photon. **5**, 83 (2011).
[22.424] J.N. Forahani, D.W. Pohl, M.J. Eisler and B. Hecht, Phys. Rev. Lett. **95**, 017402 (2005).
[22.425] N.C. Lindquist, P. Naypal, A. Lesuffleur, D.J. Norris and S.H. Oh, Nano Lett. **10**, 1369 (2010).

[22.426] F. De Angelis, F. Gentile, F. Mecarini, G. Das, M. Moretti, P. Candeloro, M.L. Caluccio, G. Gojoc, A. Accardo, C. Liberale, R.P. Zaccaria, G. Perozzielle, L. Tirinato, A. Toma, G. Cuda, R. Cingolani and E. Di Fabrizzio, Nature Photon. **5**, 682 (2011).

[22.427] C. Ropers, C.C. Neacsu, T. Elsaesser, M. Albrecht, M.B. Raschke and C. Lienau, Nano Lett. **7**, 2784 (2007).

[22.428] S. Berweger, J.M. Atkin, R.C. Olmon and M.B. Raschke, J. Phys. Chem. Lett. **3**, 945 (2012).

[22.429] T.J. Antosiewicz, M. Marciniak and T. Szoplik, *On SNOM Resolution Improvement*, in: C. Sibilia, T.M. Benson, M. Marciniak and T. Szoplik, *Photonic Crystals: Physics and Technology* (Springer, Milano, 2008).

[22.430] E. Betzig and J.K. Trautman, Science **257**, 189 (1992).

[22.431] G. Webb-Wood, A. Ghoshal and P.G. Kik, Appl. Phys. Lett. **89**, 193110 (2006).

[22.432] S. Sugano and N. Kojima (Eds), *Magnetooptics* (Springer, Berlin, 2000).

[22.433] E. Betzig, J.K. Trautman, R. Wolfe, E.M. Gyorgy and P.L. Finn, Appl. Phys. Lett. **61**, 142 (1992).

[22.434] M. Mansuripur, *The Physical Principles of Magneto-Optical Recording* (Cambridge Univ. Press, Cambridge, 1995).

[22.435] Y. Chen, L. Shao, Z. Ali, J. Cai and Z.W. Chen, Blood **111**, 4220 (2008).

[22.436] J.W.P. Hsu, Mat. Sci. Eng. Rep. **33**, 1 (2001).

[22.437] T.Saiki and Y. Narita, JSAP International **5**, 22 (2002).

[22.438] P. Toda, T. Sugimoto, M. Nishioka and Y. Arakawa, Appl. Phys. Lett. **76**, 3887 (2000).

[22.439] Y.N. Hayazawa, Y. Inouye, Z. Sekkart and S. Kawata, Chem. Phys. Lett. **335**, 369 (2001).

[22.440] P. Bazylewski, S. Ezugwu and G. Fanchini, Appl. Sci. **7**, 973 (2017).

[22.441] N. Rotenberg, T.L. Krijger, B. le Féber, M. Spasenović, F.J.G. de Abajo and L. Kuipers, Phys. Rev. B **88**, 241408 (2013); N. Rotenberg, M. Spasenović, T.L. Krijger, B. le Féber, F.J.G. de Abajo and F.G. Kuipers, Phys. Rev. Lett. **108**, 127402 (2012).

[22.442] M. Burresi, D. van Oosten, T. Kampfrath, H. Schoenemaker, R. Heideman, A. Leinse and L. Kuipers, Science **326**, 550 (2009).

[22.443] J.W. Kihm, J. Kim, S. Koo, J. Ahn, K. Ahn, K. Lee, N. Park and D.S. Kim, Opt. Exp. **21**, 5625 (2013).

[22.444] T. Ouyang, A. Akbari-Sharbaf, J. Park, R. Bauld, M.G. Cottam and G. Fanchini, RSC Adv. **5**, 98814 (2015).

[22.445] N. Rotenberg and L. Kuipers, Nature Photon. **8**, 919 (2014).

[22.446] S. Ezugwu, H. Yea and G. Fanchini, Nanoscale **7**, 252 (2017).

[22.447] B. Hecht, H. Bielefeldt, L. Novotny, Y. Inouye and D.W. Pohl, Phys. Rev. Lett. **77**, 1889 (1996).

[22.448] Y. Li, N. Zhou, A. Raman and X. Xu, Opt. Exp. **23**, 18730 (2015).

[22.449] B. le Féber, N. Rotenberg, D.M. Beggs and L. Kuipers, Nature Photon. **8**, 43 (2014).

[22.450] E. Cefalì, S. Patanè and M. Allegrini, *Near-Field Optical Lithography*, in: B. Bushan (Ed.), *Scanning Probe Microscopy in Nanoscience and Nanotechnology* (Springer, Heidelberg, 2010).

[22.451] H. Bethe, Phys. Rev. **66**, 163 (1944); C. Bowkamp, Philips Res. Rep. **5**, 321 (1950).

[22.452] H. Heinzelmann, T.R. Huser, T.D. Lacoste, H.J. Güntherodt, D.W. Pohl, B. Hecht, L. Novotny, O.J. Martin, C.H. Hafner, H. Baggenstos, U.P. Wild and A. Renn, Opt. Eng. **34**, 2441 (1995); L. Novotny, D. W. Pohl and P. Regli, J. Opt. Soc. Am. A **11**, 1768 (1994); Y. Leviatan, J. Appl. Phys. **60**, 1577 (1986); S.Patanè, E. Cefalì, S. Spadaro, R. Gardelli, M. Albani and M.J. Allegrini, J. Microsc. **229**, 377 (2008); J.A. Veerman, A.M. Otter, L. Kuipers and N.F. van Hulst, Appl. Phys. Lett. **72**, 3115 (1998).

[22.453] A. Naber, H. Kock and H. Fuchs, Scanning **18**, 567 (1996).

[22.454] C.C. Williams and H.K. Wickramasinghe, Appl. Phys. Lett. **49**, 1587 (1986).

[22.455] L. Cui, W. Jeong, V. Fernández-Hurtado, J. Feist, F.J. García-Vidal, J.C. Cuevas, E. Meyhofer and P. Reddy, Nature Commun. **8**, 14479 (2017).
[22.456] K. Kim, B. Song, V. Fernández-Hurtado, W. Lee, W. Jeong, L. Cui, D. Thompson, J. Feist, M.T.H. Reid, F.J. García-Vidal, J.C. Cuevas, E. Meyhofer and P. Reddy, Nature **528**, 387 (2015); B. Song, D. Thompson, A. Fiorino, Y. Ganjeh, P. Reddy and E. Meyhofer, Nature Nanotechnol. **11**, 509 (2016); S. Basu, Z.M. Zhang and C. Fu, Int. J. Energ. Res. **33**, 1203 (2009); B. Song, A. Fiorino, E. Meyhofer and P. Reddy, AIP Adv. **5**, 053503 (2015); A.I. Volokitin and P.N.J. Persson, Rev. Mod. Phys. **79**, 1291 (2007).
[22.457] D. Polder and M. van Hove, Phys. Rev. B **4**, 3303 (1971); K. Joulain, J.P. Mulet, F. Marquier, R. Carminati and J.J. Greffet, Surf. Sci. Rep. **57**, 59 (2005).
[22.458] E. Rousseau, A. Siria, G. Jourdan, S. Volz, F. Comin, J. Chevrier and J.J. Greffet, Nature Photon. **3**, 514 (2009); B. Song, Y. Ganjeh, S. Sadat, D. Thompson, A. Fiorino, V. Fernández-Hurtado, J. Feist, F.J. Garcia-Vidal, J.C. Cuevas, P. Reddy and E. Meyhofer, Nature Nanotechnol. **10**, 253 (2015); M.P. Bernardi, D. Milovich and M. Francoeur, Nature Commun. **7**, 12900 (2016).
[22.459] W.P. Knig, T.W. Kenny and K.E. Goodson, Appl. Phys. Lett. **78**, 1300 (2001); B.W. Chui, T.D. Stowe, T.W. Kenny, H.J. Mamin, B.D. Terris and D. Rugar, Appl. Phys. Lett. **69**, 2767 (1996).
[22.460] E.N. Esfahani, F. Ma, S. Wang, Y. Ou, J. Yang and J. Li, Natl. Sci. Rev. **5**, 59 (2017).
[22.461] P.K. Hansma, B. Drake, O. Marti. S.A. Gould and C.B. Prater, Science **243**, 641 (1989).
[22.462] A.I. Shevchuk, G.I. Frolenkov, D. Sánchez, P.S. James, N. Freedman, M.J. Lab, R. Jones, D. Klenerman and Y.E. Korchev, Angew. Chem. Int. Ed. **45**, 2212 (2006); R.W. Clarke, P. Novak, A. Zhukov, E.J. Tyler, M. Cano-Jaimez, A. Drews, O. Richards, K. Volynski, C. Bishop and D. Klenerman, Soft Matter **12**, 7953 (2016).
[22.463] P. Happel, D. Thatenhorst and I.D. Dietzel, Sensors **12**, 14983 (2012).
[22.464] J. Rheinländer and T.E. Schäffer, J. Appl. Phys. **105**, 094905 (2009).
[22.465] F. Anariba, J.H. Anh, G.E. Jung, N.J. Cho and S.J. Cho, Modern Phys. Lett. B **26**, 1130003 (2012).
[22.466] H. Nitz, J. Kamp and H. Fuchs, Probe Microsc. **1**, 187 (1998); T.E. Schäffer, B. Anczykowski and H. Fuchs, *Scanning Ion Conductance Microscopy*, in: B. Bushan and H. Fuchs (Eds), *Scanning Probe Methods II* (Springer, Berlin, 2006).
[22.467] P. Happel and I.D. Dietzel, J. Nanobiotechnol. **7**, 7 (2009).
[22.468] J. Rheinländer, N.A. Geisse, R. Proksch and T.E. Schäffer, Langmuir **27**, 697 (2011).
[22.469] Y.E. Korchev, M. Raval, M.J. Lab, J. Gorelik, C.R. Edwards, T. Rayment and D. Klenerman, Biophys. J. **78**, 2675 (2000); A.M. Rothery, J. Gorelik, A. Bruckbauer, W. Yu, Y.E. Korchev and D. Klenerman, J. Microsc. **209**, 94 (2003).
[22.470] J. Gorelik, Y. Gu, H.A. Spohr, A.I. Shevchuk, M.J. Lab, S.F. Harding, C.R.W. Edwards, M. Whitaker, G.W.J. Moss, D.C.H. Benton, D. Sánchez, A. Darszon, I. Vodyanoy, D. Klenerman and Y.E. Korchev, Biophys. J. **83**, 3296 (2002); H. Dudolier, Biochem. Biophys. Res. Commun. **334**, 1135 (2005); A.K. Dutta, Y.E. Korchev, A.I. Shevchuk, S. Hayashi, Y. Okada and R.Z. Sabirov, Biophys. J. **94**, 1646 (2008); A.F. James, R.Z. Sabirov and Y. Okada, Biochem. Biophys. Res. Commun. **39**, 841 (2010).
[22.471] I.L. Walker, Anal. Chem. **43**, 89A (1971); F. Vyskocil and N. Kríz, Pflügers Arch. **337**, 365 (1972); K. Krnjevíc and M.E. Morris, Can. J. Physiol. Pharmacol. **50**, 1214 (1972).
[22.472] D. Sánchez, N. Johnson, C. Li, P. Novak, J. Rheinländer, Y. Zhang, U. Anand, P. Anand, J. Gorelik, G.I. Frolenkov, Ch. Benham, M. Lab, V.P. Ostanin, T.E. Schäffer, D. Klenerman and Y.E. Korchev, .Biophys. J. **95**, 3017 (2008); M. Pellegrino, M. Pellegrini, P. Orsini, E. Tognoni, C. Ascoli, P. Baschieri and F. Dinelli, Pflügers Arch. **464**, 307 (2012).

[22.473] D. Sánchez, U. Anand, J. Gorelik, C.D. Benham, C. Bountra, M. Lab, D. Klenerman, R. Birch, P. Anand and Y.J. Korchev, J. Neurosci. Methods **159**, 26 (2007).
[22.474] A.J. Bard, F.R.F. Fan, J. Kwak and O. Lev, Anal. Chem. **61**, 132 (1989).
[22.475] A.J. Bard, F.R.F. Fan, D.T. Pierce, P.R. Unwin, D.O. Wipf and F. Zhou, Science 294, 68 (1991); A. Schulte, M. Nebel and W. Schuhmann, Annu. Rev. Anal. Chem. **3**, 299 (2010); S. Amemiya, A.J. Bard, F.R. Fan, M.V. Mirkin and P.R. Unwin, Annu. Rev. Anal. Chem. **1**, 95 (2008).
[22.476] A.J. Bard and M.V. Mirkin (Eds), *Scanning Electrochemical Microscopy* (CRC Press, Boca Raton, 2012).
[22.477] R.C. Engstrom, M. Weber, D.J. Wunder, R. Burgess and S. Winguist, Anal. Chem. **58**, 844 (1986).
[22.478] C.A. Morris, C.-C. Chen and L.A. Baker, Analyst **137**, 2933 (2012).
[22.479] J. Clarke and A.I. Braginski (Eds), *The SQUID Handbook* (VCH-Wiley, Weinheim, 2004-2006).
[22.480] J.R. Kirtley and J.P. Wikswo Jr. Annu. Rev. Mat. Sci. **29**, 117 (1999).
[22.481] M.J. Martinéz-Pérez and D. Koelle, Phys. Sci. Rev. 20175001 (2017).
[22.482] J.R. Kirtley, Physica C **368**, 55 (2002).
[22.483] D. Vasyukov, Y. Anahory, L. Embon, D. Halbertal, J. Cuppens, L. Neeman, A. Finkler, Y. Segev, Y. Myasoedov, M.L. Rappaport, M.E. Huber and E. Zeldov, Nature Nanotechnol. **8**, 639 (2013).
[22.484] J. Kirtley, Rep. Prog. Phys. **73**, 126501 (2010); D.L. Tilbrook, Supercond. Sci. Technol. **22**, 064003 (2009).
[22.485] C.L. Degen, Appl. Phys. Lett. **92**, 243111 (2008); G. Balasubramanian, I.Y. Chan, R. Kolesov, M. Al-Hmoud, J. Tisler, C. Shin, C. Kim, A. Wojcik, P.R. Hemmer, A. Krüger, T. Hanke, A. Leitenstorfer, R. Bratschitsch, F. Jelezko and J. Wrachtrup, Nature **455**, 648 (2008).
[22.486] F. Jelezko and J. Wrachtrup, Phys. Stat. Sol. (a) **203**, 3207 (2006).
[22.487] A. Gruber, A. Dräbenstädt, C. Tietz, L. Fleury, J. Wrachtrup, C.V. Borcysowski, Science **276**, 2012 (1997).
[22.488] J. Loubser and J. van Wak, Diamond Res. **1**, 11 (1977); N. Reddy, N. Manson and E. Krausz, J. Lumin. **38**, 46 (1987).
[22.489] G.D. Fuchs, V.V. Dobrovitski, R. Hanson, A. Batra, C.D. Weis, T. Schenkel, and D.D. Awschalom, Phys. Rev. Lett. **101**, 117601 (2008); P. Neumann, R. Kolesov, V. Jacques, J. Beck, J. Tisler, A. Batalov, L. Rogers, N.B. Manson, G. Balasubramanian and F. Jelezko, New J. Phys. **11**, 013017 (2009).
[22.490] L. Childress and R. Hanson, MRS Bull. **38**, 134 (2013).
[22.491] D. Budker and M. Romalis, Nature Phys. **3**, 227 (2007).
[22.492] J.M. Taylor, P. Cappellaro, L. Childress, L. Jiang, D. Budger, P.R. Hemmer, A. Yacoby, R. Walsworth and M.D. Lukin, Nature Phys. **4**, 810 (2008).
[22.493] V.M. Acosta, A. Jarmola, E. Bauch and D. Budger, Phys. Rev. B **82**, 201202 (2010); V.M. Acosta, E. Bauch, A. Jarmola, L.J. Zipp, M.P. Ledbetter and D. Budker, Appl. Phys. Lett. **97**, 174104 (2010).
[22.494] L. Rondin, J.-P. Tetienne, T. Hingant, J.-F. Roch, P. Maletinsky and V. Jacques, Rep. Prog. Phys. **77**, 056503 (2014).
[22.495] F. Dolde, H. Fedder, M.W. Doherty, T. Nobauer, F. Rempp, G. Balasubramanian, T. Wolf, F. Reinhard, L.C.L. Hollenberg, F. Jelezko and J. Wrachtrup, Nature Phys. **7**, 459 (2011).
[22.496] J.-P. Tetienne, L. Rondin, P. Spinicelli, M. Chipaux, T. Debuisschert, J.-F. Roch and V. Jacques, New J. Phys. **14**, 103033 (2012).
[22.497] R.J. Epstein, F.M.Mendoza, Y.K. Kato and D.D. Awschalom, Nature Phys. **1**, 94 (2005); N. Lai, D. Zheng, F. Jelezko, F. Treussart and J.-F. Roch, Appl. Phys. Lett. **95**, 133101 (2009).
[22.498] S. Kotler, N. Akerman, Y. Glickman, A. Keselman and R. Ozeri, Nature **473**, 61 (2011).

[22.499] H.Y. Carr and E.M. Purcell, Phys. Rev. **94**, 630 (1954); S. Meiboom and D. Gill, Rev. Sci. Instrum. **29**, 688 (1958).
[22.500] G. Balasubramanian, P. Neumann, D. Twitchen, M. Markham, R. Kolesov, J. Isoya, J. Achard, J. Beck, J. Tissler, V. Jacques, P.R. Hemmer, F. Jelezko and J. Wrachtrup, Nature Mat. **8**, 383 (2009).
[22.501] M.S. Grinolds, S. Hong, P. Maletinsky, L. Luan, M.D. Lukin, R.L. Walsworth and A. Yacoby, Nature Phys. **9**, 215 (2013).
[22.502] H.J. Mamin, M. Kim, M.H. Sherwood, C.T. Rettner, K. Ohno, D.D. Awschalom and D. Rugar, Science **339**, 557 (2013); T. Staudacher, F. Shi, S. Pezzagna, J. Meijer, J. Du, C.A. Merites, F. Reinhard and J. Wrachtrup, Science **339**, 561 (2013).
[22.503] T.M. Babinec, B.J.M. Hausmann, M. Khan, Y. Zhang, J.R. Maze, P.R. Hemmer and M. Lončar, Nature Nanotechnol. **5**, 195 (2010).
[22.504] P. Siyushev, F. Kaiser, V. Jacques, I. Gerhardt, S. Bischof, H. Fedder, J. Dodsen, M. Markham, D. Twitchen, F. Jelezko and J. Wrachtrup, Appl. Phys. Lett. **97**, 241902 (2010).
[22.505] J.P. Hadden, J.P. Harrison, A.C. Stanley-Clarke, L. Marseglia, Y.-L.D. Ho, B.R. Patton, J.L. O'Brien and J.G. Rarity, Appl. Phys. Lett. **97**, 241901 (2010).
[22.506] R.Kalisch, C.Uzan-Saguy, B.Philosoph, V.Richter, J.P.Lagrange, E.Gheeraert, A.Deneuville and A.T.Collins, Diamond Relat. Mat. **6**, 516 (1997).
[22.507] L. Rondin, J.-P. Tetienne, P. Spinicelli, C.D. Savio, K. Karrai, C. Dantelle, A. Thiaville, S. Rohart, J.-F. Roch and V. Jacques, Appl. Phys. Lett. **100**, 153118 (2012).
[22.508] P. Maletinsky, S. Hong, M.S. Grinolds, B. Hausmann, M.D. Lukin, R.L. Walsworth, M. Loncar and A. Yacoby, Nature Nanotechnol. **7**, 320 (2012).
[22.509] G. Balasubramanian, I.Y. Chan, R. Kolesov, M. Al-Hmoud, J. Tisler, C. Shin, C. Kim, A. Wojcik, P.R. Hemmer, A. Krueger, T. Hanke, A. Leitenstorfer, R. Bratschitsch, F. Jelezko and J. Wrachtrup, Nature **455**, 648 (2008).
[22.510] H.J. Mamin, M.H. Sherwood and D. Rugar, Phys. Rev. B **86**, 195422 (2012).
[22.511] M.S. Grinolds, P. Maletinsky, S. Hong, M. D. Lukin, R. L. Walsworth and A. Yacoby, Nature Phys. **7**, 687 (2011).
[22.512] B. Grotz, J. Beck, P. Neumann, B. Neydenov, R. Reuter, F. Reinhard, F. Jelezko, J. Wrachtrup, D. Schweinfurth, B. Sarkar and P. Hemmer, New J. Phys. **13**, 055004 (2011).
[22.513] L. Rondin, J.-P. Tetienne, S. Rohart, A. Thiaville, T. Hingant, P. Spinicelli, J.-F. Roch and V. Jacques, Nature Commun. **4**, 2279 (2013).
[22.514] J.-P. Tetienne, T. Hingant, L. Rondin, S. Rohart, A. Thiaville, E. Jué, G. Gaudin, J.-F. Roch and V. Jacques, J. Appl. Phys. **115**, 17D501 (2014).
[22.515] V.S. Perunicic, L.T. Hall, D.A. Simpson, C.D. Hill and L.C.L. Hollenberg, Phys. Rev. B **89**, 054432 (2014).
[22.516] L.P. McGuinness, Y. Yan, A. Stacey, D.A. Simpson, L.T. Hall, D. Maclaurin, S. Prawer, P. Mulvaney, J. Wrachtrup, F. Caruso, R.E. Scholten and L.C.L. Hollenberg, Nature Nanotechnol. **6**, 358 (2011).
[22.517] D. Le Sage, K. Arai, D.R. Glenn, S.J. DeVience, L.M. Pham, L. Rahn-Lee, M.D. Lukin, A. Yacoby, A. Komeili and R.L. Walsworth, Nature **496**, 486 (2013).
[22.518] V.M. Acosta, E. Bauch, M.P. Ledbetter, A. Waxman, L.-S. Bouchard and D. Budker, Phys. Rev. Lett. **106**, 209901 (2011); D.M. Toyli, C.F. de las Casas, D.J. Christle, V.V. Dobrovitski and D.D. Awschalom, Proc. Natl. Acad. Sci. USA **110**, 8417 (2013); D.M. Toyli, D.J. Christle, A. Alkauskas, B.B. Buckley, C.G. Van de Walle and D.D. Awschalom, Phys. Rev. X **2**, 031001 (2012).
[22.519] A. Laraoui, H. Aycock-Rizzo, Y. Gao, X. Lu, E. Riedo and C.A. Meriles, Nature Commun. **6**, 8954 (2015).

[22.520] P. Tamarat, T. Gaebel, J.R. Rabeau, M. Khan, A.D. Greentree, H. Wilson, L.C.L. Hollenberg, S. Prawer, P. Hemmer, F. Jelezko and J. Wrachtrup, Phys. Rev. Lett. **97**, 083002 (2006); E. Vanoort and M. Glasbeck, Chem. Phys. Lett. **168**, 529 (1990).

Stichwortverzeichnis

Abbe-Limit 219
Abbildung von Spindichten 207
Ab initio-DFT-Rechnung 27
Ab initio-Molekulardynamiksimulation 3, 17
Ab initio-Pseudopotential 33
Abreißkraft 165
Abschirmfaktor 252
Abschirmstrom 92
Adhäsion 165
Adhäsionshysterese 165
Adhäsionskraft 151
Adiabatic Fast Passage 206
Adiabatische Inversionsbedingung 202
AFM 138
AFM-induzierte lokale Oxidation 215
AFM-Lithographie 214
AFM-Nanoindentation 166
AFM-Oxidationslithographie 215, 216
AFM-Strukturierung 210
AFP 206
Ag_{10}-Kette 133
α-Atom 75
α-Helix 19
AM-Modus 141
Amplitudenmodulationsmodus 141
Andersen-Thermostat 45
Andreev-Reflexion 92
Antennenform 230
Antiferromagnetische Sonde 102
Antiferromagnetisches Material 104
Äquipartitionstheorem 209
Asymptotische Komplexität 19
Atomare Korrugation 69
Atomare Kraftmikroskopie 138
Atomare Magnetisierungskurve 111
Atomare Manipulation 56, 118, 210
Atomare Modulation der Reibungskraft 169
Atomic Force Microscopy 138
Au-Cr-Thermoelement 244
Aufbau eines typischen Rastersondenmikroskops 56
Auflösung von Domänenwandprofilen 106
Auflösung von SNOM 233
Au-S-Streckmode 88
Austausch-Korrelations-Potential 29

Austauschaufspaltung 105
Austauschenergie eines gleichförmigen Elektronengases 27
Austauschintegral 182
Austauschwechselwirkung 26, 183

Back-Scattered Electron 246
Ballistic Electron Emission Microscopy 136
Ballistische Elektronenemissionsmikroskopie 136
B3LYP-Hybrid-Funktional 32
Beam Deflection 140
Becke-Lee-Yang-Parr-Funktional 32
BEEM 136
Belastungslose elastische Deformation 164
Belastungslose plastische Indentation 164
Berendsen-Thermostat 45
Bernoulli-Experiment 34
β-Atom 75
Bethe-Salpeter-Gleichung 12
Betriebsmodi des STM 131
Bildladung 60
Bindungskraft 138
Bindungsordnungspotential 46
Biphenylsynthese 129, 130
Bipotentiostat 131
Bitter-Technik 92
BLYP-Funktional 32
Bolometrisches SThM 246
Boltzmannsche Transporttheorie 1
Born-Oppenheimer-Näherung 28, 45
Bose-Hubbard-Modell 25
Bottom up-Synthese von funktionalen Nanostrukturen 124
Bowtie-Antenne 240
Brenner-Potential 46
BSE 246
Buckingham-Potential 47, 138

Cantilever 139
Cantilever Enabled Readout of Magnetization Inversion Transient 205
Cantilever-Auslenkung 140
Cantilever-basierter Kraftsensor 151
Car-Parinello-Methode 6

Carr-Purcell-Meiboom-Gill-Pulssequenz 259
CDW 89
CERMIT 205
Chachiyo-Funktional 29, 31
Charge Density Waves 89
CH_2-Biegemode 88
CNTFET 190
CO-Trimer 125
Coarse Grained Model 48
Confinement-Effekt 97, 133
Confinement-Zustand 109
Contact Mode 163
Cooper-Paar-Dichte 92
Cooper-Paar-Tunneln 93, 95
Coulomb-Blockade 86
Coulomb-Treppe 86
Cr-Sonde 102
C-S-Streckmode 88
Cyclovoltammetriemessung 131

DC-SQUID 251
Debye-Hückel-Gleichung 157
Debyesche Abschirmlänge 156
Dekohärenzphänomen 8
Dekorrelationszeit 40
Density Functional Theory 26
Dephasierungszeit 258
Derjaguin-Müller-Toporov-Theorie 164
Derjaguin-Näherung 157, 158
Detektion der Protonenkonzentration 207
DFT 1, 6, 26
Dichtefunktionaltheorie 1, 6, 17, 26
Dielektrische Fluktuation 208, 209
Dip Pen-Lithographie 215
Dissipative Kraft 144
Dissoziation von Oberflächengruppen 156
DLVO-Theorie 158
DMFT 26
DMT-Modell 165
DMT-Theorie 164
Domänenkontrast 104
Domänenwand 106, 107
Domänenwandsubstruktur 197, 198
Domänenwandweite 107
Doppelschichtkräfte 158
3D-SNOM 238
360°-Domänenwand 106, 114
Dynamic Mean-Field Theory 26

Dynamik von Rezeptor-Ligand-Wechselwirkungen 181
Dynamische Eigenschaft kleiner Spinensemble 207
Dzyaloshinskii-Moriya-Wechselwirkung 112

EAM 47
Effektive Barrierenhöhe 86
Effektive Cantilever-Masse 142
Effektivfeldtheorie 41
EFM 154, 187
Einbettungsfunktion 47
180°-Domänenwand 106
Einteilchen-Schrödinger-Gleichung 23
Einzelphotonenquelle 254
Einzelteilchen-Green-Funktion 12
Electric Force Microscopy 187
Electrochemical Scanning Tunneling Microscopy 131
Electron Spin Resonance 201
Electrostatic Force Microscopy 154
Elektrische Rasterkraftmikroskopie 187
Elektrochemische Rastermikroskopie 249
Elektrochemische Rastertunnelmikroskopie 131
Elektrolytische Doppelschicht 156
Elektron-Elektron-Wechselwirkung 25, 28
Elektroneninterferometer 87
Elektronenrückstreuabbildung 246
Elektronenstrahlholographie 195
Elektronenwellen 87
Elektrostatische Kraftmikroskopie 153
Embedded Atom Modell 47
Emissionseigenschaft des NV-Zentrums 255
Emissionsmuster eines Fluorophors 235
Empirisches Potential 46
Energieaufgelöste Rastertunnelspektroskopie 83
Ensemble von „Wanderern" 36
Entfaltungs-Zurückfaltungs-Kinetik 182
Ergodentheorem 37, 38, 42
Erkennungsabbildung 179
Erkennungskraftspektroskopie 181
ESR 201
ESR-Spektrum 256
ESTM 131
Evaneszente Welle 222
Evolutionärer Pfad 20
Ewald-Summation 44

Exzitonischer Zustand in nanoskaligen
    Bausteinen 12

Faraday-Effekt 235
Faraday-Strom 249
Fe-Doppellage 106, 107
Feedback Loop 56
Feinstruktur von Domänenwänden 106
Feldemissionsmodus 127
Feldemissionsstrom 58
Feldemissionsultramikrometer 58
Feldemitter 58
Femtosekundenspektroskopie 236
Fe-Nanostreifensystem 106
Fermi-Energie 31
Fermis Goldene Regel 62, 135
Fernfeldfluoreszenzmikroskopie 248
Ferritin 265
Ferroelektrische Domäne 187
Ferromagnetic Resonance Force Microscopy 201
Ferromagnetische Fermi-Flüssigkeit 31
Ferromagnetische Resonanzkraftmikroskopie 201
Ferromagnetische Sonde 102
Ferromagntische Monolage 107
Fe-Sonde 102
Feynman-Kac-Teilchenabsorptionsmodell 41
FFM 141
FIB 232
Finnis-Sinclair-Potential 46
Flash Memory 216
Flash-Speicher 216
Floating Gate 216
Floating Gate-Speicherzelle 187
Fluoreszenzlebensdauer 235
Fluoreszenzmarkiertes Molekül 235
Fluoreszenzmikroskopie 235
Flussantenne 252
Flusskonzentrator 252
Flux-Locked Loop-Betrieb 252
FM-Modus 141
FM-stimulierter substitutioneller
    Austauschprozess 211
Fockschke Austauschwechselwirkung 31
Focused Ion Beam 232
Force Field 46
Fowler-Nordheim-Regime 87
Frequenzmodulationsmodus 141
FRFM 201

Friction Force Microscopy 141
Friedel-Oszillation 30

Gap Map 99
Gebundener Andreev-Zustand 92
Gegenion 156
Generalized Gradient Approximation 29
Genetischer Algorithmus 12
Gesetz großer Zahlen 34
Gesteuerte MD-Simulation 49
GGA 29
Gibbs-Analyse 36
Gibbs-Sampler 36
Glasfasersonde 230
Glasfaserspitze 230
Glockenturmspitze 231
Gradientenunterstützte Spektroskopie 261
Grundzustandseigenschaften eines Viel-
    elektronensystems 27
Gültigkeitsbereich des Mikromagnetismus 112
Gundlach-Oszillation 87
Guy-Chapman-Modell 157
GW-Näherung 12

Halbmetallischer Magnet 102
Hall-Sonde 243
Hamaker-Konstante 153
Hamilton-Jacobi-Methode 143
HAMR 197
Hartee-Fock-Methode 28
Hartree-Fock-Näherung 41
Hartree-Fock-Theorie 27
Hartree-Term 29
Hauptkomponentenanalyse 17
Heat-Assisted-Magnetic Recording 197
Heißes Elektron 136
Helmholtz-Modell 157
Hertz-Modell 165
Hertz-Theorie 164
Heusler-Legierung 102
Hexagonale Skyrmionphase 114
HF-MFM 196
Hierarchie von Kräften 152
High-Throughput Materials Engineering 2
High-Throughput Materials Screening 32
Hilfsintegral-Monte Carlo-Methode 41
Hochaufgelöste STM-Abbildung 74
Hochfrequenz-MFM 196
Hochtemperatursupraleitung 25

Hohenberg-Kohn-Theorem 27
Homochirale Spinkonfiguration 112
Homokontakt 189
HOPG-Oberfläche 76
Hopping-Barriere 120
Hopping-Integral 25
Hopping-Prozess 25
Hubbard-Modell 25
Hybrid-MD-Simulation 48
Hydratationskraft 159
Hydratationswechselwirkung 160
Hyperfeinwechselwirkung 257

IETS 87
IETS-Modus 123
Immersionslinse 260
Importance Sampling 40
Inelastische Tunnelspektroskopie 87
Inelastischer Tunnelprozess 123
Intensives Nahfeld 230
Interatomare Sonden-Proben-Wechselwirkungen 173
Intergitter-Transferoperator 17
Intermediärer Tunnelstrom 70
Intermittent Contact 163
Intermittierendes Regime 146
Interrupted OSCAR 205
Intersystem Crossing 256
Ionenleitfähigkeitsmikroskopie 246
iOSCAR 205
Isofeldstärkekontur 261
Itineranter Ferromagnetismus 31
$I(t)$-Spektroskopie 82
$I(z)$-Spektroskopie 87

Jellium 30
Jellium-Hamiltonian 30
JKR-Theorie 164, 165
Johnson-Kendall-Roberts-Theorie 164
Josephson-Kontakt 251
JTC 173
Jump Off Contact 149
Jump To Contact 149
Juxtaposition 6

Kanonisches Ensemble 45
Kapazitäts-Rasterkraftmikroskopie 189
Kapillarkraft 154
Kaskadenprozess 125

Kelvin Probe Force Microscopy 187
Kelvin-Sonden-Rasterkraftmikroskopie 187
Kernresonanztomographie 201
Kernspinresonanz 201
kfci 197
Kilo flux changes per inch 197
Koaxialapertursonde 231
Kohärenzlänge 92
Kohlenstoffnanoröhrchen-Feldeffekttransistor 190
Kohn-Sham-Eigenzustand 33
Kohn-Sham-Gleichung 27
Kohn-Sham-Theorie 27
Kollineare Spinstruktur 112
Komplexe Spinstruktur 112
Komplexitätstheorie 3
Kondo-Resonanz 109
Konfigurationsfreiheitsgrad 126
Konfokale Mikroskopie 248
Kontaktlose Reibung 208
Kontaktloser Modus 163
Kontaktmodus 163
Kontaminationslithographie 194
Kontinuierliche Spinrotation 108
Koronaentladung 215
Korrelationswechselwirkung 27
Korrelierte elektronische Phase 89
Korrugation 68
KPFM 187
Kraftfeld 42, 46
Kraftspektroskopie 148
Krümmung der Magnetisierung 113

Lactococcus lactis 181
Ladungsakkumulation 215
Ladungsdichtewellen 89
Ladungsspeicherung in NOS-Strukturen 188
Ladungsträgerdynamik 236
Lagrange-Formalismus 29
Lanczos-Algorithmus 26
Landé-Faktor 256
Lander-Familie 126
Lander-Molekül 126
Langevin-Dynamik 45
Laplace-Druck 154
Larmor-Bedingung 203
Lateral Force Microscopy 141
Laterale Manipulation 119
Laterale Translation 126

Lateralkraftmikroskopie 141
LCAO-Methode 22
LDA 27
LDOS 68
LDOS-Effekte 88
LDOS-Oszillation 109
LE-STM 132
Leistungsfähiger DFT-Algorithmus 18
Lennard-Jones-Potential 47, 138, 161
LFM 141
Lichtemissions-Rastertunnelmikroskopie 132
Lichtleitende Spitze mit Apertur 220
Lichtzeigerprinzip 140
Light Emission STM 132
Linear Combination of Atomic Orbitals 22
Linearer Solver 18
Linker-Molekül 179
Local Density Approximation 27
Local Density of States 68
Lokale Zustandsdichte 68
Lokale-Dichte-Approximation 27
Londonsche Eindringtiefe 92
Longitudinale Spindichtewelle 105
LSC 256

Magnet-auf-Cantilever-Anordnung 202
Magnet-on-Cantilever Arrangement 202
Magnetic Exchange Force Microscopy 182
Magnetic Force Microscopy 154, 193
Magnetic Resonance Force Microscopy 201
Magnetic Resonance Imaging 201
Magnetische Austauschkraftmikroskopie 182
Magnetische Kraftmikroskopie 154
Magnetische Monopolladung 194
Magnetische Rasterkraftmikroskopie 193
Magnetische Resonanzabbildung 201
Magnetischer Vortex 108
Magnetisches Skyrmion 113
Magnetisiertes Wandsegment 197
Magnetisierung einzelner Adatome 110
Magnetisierungskonfiguration in ultradünnen Schichten 107
Magnetokraftmikroskopie 193
Magnetooptik 235
Magnetooptisches Speichermedium 235
Magnetostatische Wechselwirkung 154
Magnetresonanzkraftmikroskopie 201
Magnetresonanztomographie 201
Magnetspeichertechnologie 196

MAMR 197
Markow-Kette 35
Markow-Ketten-Monte Carlo-Methode 35
Materialermüdung 15
Mathematische Homogenisierung 15
MD-Simulation 42
Mean Field Theory 41
Mechanische Eigenschaft der Zellmembran 249
Mechanische Manipulation mittels AFM 215
Mechanosensitiver Ionenstrom 249
Mechanosynthese 124
Mehrfachanregungsprozess 123
Mehrgitterverfahren 16
Mehrsegmentphotodetektor 141
Metall-Halbleiter-Grenzfläche 136
Metall-Isolator-Übergang 25
Metropolis-Hastings-Algorithmus 36
MExFM 182
MFM 154, 193
Microwave-Assisted Magnetic Recording 197
Mie-Streuung 238
Mikrofabrizierte Bolometersonde 245
Mikrokanonisches Ensemble 44
Mikromagnetismus 1
Mikroskopie mit NV-Zentren 254
Modell des homogenen Elektronengases 32
Modus konstanten Abstands 57
Modus konstanter Wechselwirkung 57, 142
Molekulardynamiksimulation 42
Molekulare Erkennung 178
Molekulare Kaskade 126
Molekularelektronik 73
Molekulares Fragment 127
Monte Carlo-Integration 38
Monte Carlo-Methode 6, 34
Monte Carlo-Test 38
Morse-Potential 47, 161
Mott-Hubbard-Isolator 25
MRFM 201
MRI 201
MRT 201
Multi-Level-Renormierung 16
Multi-Try-Metropolis-Algorithmus 36
Multigrid Approach 16
Multiquantenvortex 98

Néel-Kappe 199
Néel-Temperatur 105
Nahfeld-Raman-Spektroskopie 238

Nahfeldbereich 221
Nahfeldeffekt 245
Nahfeldfluoreszenzmikroskopie 235
Nahfeldoptischer Effekt 233
Nahfeldspektrum 237
Nano-SQUID 251
Nanogasbläschen 171
Nanoindentation 164
Nanomanipulation 56
Nanoporöses Silizium 11
Nanosäule 260
Nanoskalige Variationen der Zustandsdichte 88
Nanoskalige Verteilung von Temperaturunterschieden 243
Navier-Stokes-Gleichung 16
$NbSe_2$-Monolage 90
Near-Field Scanning Optical Microscopy 219
Negative Antennenform 230
Nicht frustriertes Bosonisches System 41
Nichtgleichgewichts-Molekulardynamiksimulation 3
Nichtlineare dielektrische Rastermikroskopie 187
Nitrid-Oxid-Silizium-Struktur 187
NMR 201
Noncontact Friction 208
Noncontact Mode 163
NOS-Struktur 187
Nosé-Hoover-Kette 45
Nosé-Hoover-Thermostat 45
NSOM 219
Nuclear Magnetic Resonance 201
NV-Defekt 255
NV-Magnetometrie 259
NV-Mikroskopie 261
NV-Zentrum in Diamant 254
NV^--Zustand 255

Oberflächendiffusion 214
Oberflächenmanipulation 210
Oberflächenphonon 126
Oberflächenplasmon 232, 234
Oberflächenstrukturierung 210
Oberflächenzustand 103
On-Site Repulsion 25
Open Loop-Modus 82
Oppenheimer-Störungstheorie 62
Optimierungsalgorithmen 19
Optische Antenne 230

Optische Eigenschaften nanoskaliger Bausteine 11
Optische Koaxialsonde 231
Optische Rasternahfeldlithographie 241
Optische Rasternahfeldmikroskopie 219
Optischer Energieerhaltungssatz 227
Optisches Rasternahfeldmikroskop 55
OSCAR 205
Oscillating Cantilever-Driven Adiabatic Reversal 205
Oxidationslithographie 215
Oxopnictid 96
Oxyanion 215

Paarpotential 47
Paarwellenfunktion 92
Parallelisierbarkeit 19
Pauli-Repulsion 175
Peierls-Übergang 90
Peierls-Übergangstemperatur 90
Peierls-Lücke 90
Pentacen 176
Perdew-Burke-Enzerhof-Funktional 32
Pfadintegral-Monte Carlo-Methode 41
PFM 188
Phase Locked Loop 142
Phasenraum 40
Phasenverhalten des Jellium-Modells 31
Phason 82
Photolithographie 242
Photolumineszenzintensität des NV-Defekts 256
Photolumineszenzspektroskopie 235
Photon Scanning Tunneling Microscopy 222
Photonenemission 134
Pick-Up Loop 252
Piezoelektrische Rasterkraftmikroskopie 188
Piezoelektrischer Positionierer 56
Piezomotor 56
Piezoröhrchen 56
Piezoresponse Force Microscopy 188
Plasmonenanregung 221, 233
Plasmoneninduzierte Nahfeldfokussierung 234
Plasmonische Nanoantenne 237
Plasmonische Pyramide 232
PLL 142
Pnictid 96
Pnictidsupraleiter 96
Pnictogen 96

Poisson-Zahl 164
Polarisationsmikroskopie 235
Pollenkitt 156
Post-Hartree-Fock-Methode 28
Potential der mittleren Kraft 49
Potentiallandkarte 213
Prandtl-Tomlinson-Modell 170
Principal Component Analysis 17
Proteinfaltung 19, 42
Pseudoatom 48
Pseudopotential 33
PSTM 222
Pt-Nanodraht 84
Pull-Off Force 165
Pulling Mode 120
Pump Probe-Technik 82
Punktsondenapproximation 194
Pushing Mode 120

Q-Control 146
qPlus-Sensor 151
Quanten-Lock In-Verstärkung 259
Quanten-MD-Simulation 48
Quanten-Monte Carlo-Methode 6, 17, 29, 41
Quanteninformationstechnologie 209, 236
Quantenkorral 121
Quantenoszillation 15
Quantenphasenübergänge 25
Quantum Corral 121
Quantum Lock-In Amplification 259
Quarz-Cantilever 174
Quasi-Fermi-Energie 67
Quasiteilchentunnelprozess 95
Quasiteilchenzustandsdichte 91

Rabi-Frequenz 203
Raman-SNOM 236
Raman-Spektroskopie 236
Raman-Streuquerschnitt 236
Ramsey-Puls-Sequenz 259
Random Walk Monte Carlo Method 35
Raster-SQUID-Mikroskopie 251
Rasterkraftmikroskop 55
Rasterkraftmikroskopie 139
Rastersondenmikroskopie 55
Rastersondenverfahren 55
Rasterthermomikroskopie 244
Rastertunnelmikroskop 55
Rastertunnelmikroskopie 58

Rastertunnelpotentiometrie 131
Rastertunnelspektroskopie 81
Raumteilung 16
Recognition Imaging 179
Regelkreis 56
Reibungsmikroskopie 141
Rekonstruktionsdomäne 84
Relaxationsprozess an Halbleiternanosystemen 236
Residenzzeit 83
Retardierungseffekt 226
Rezeptor-Ligand-Bindung 179
Reziprozitätstheorem des Elektromagnetismus 223
Reziprozitätstheorie 227
RF-SQUID 251
Rheologisches Modell für einen Cantilever 147
Rhodopsin 43
Richtmyer-Meshkov-Instabilität 16
RKKY-Wechselwirkung 111

Scanning Capacitance Force Microscopy 189
Scanning Electrochemical Microscopy 249
Scanning Force Microscopy 139
Scanning Ion Conductance Microscopy 246
Scanning Near-Field Optical Lithography 241
Scanning Near-Field Optical Microscopy 219
Scanning Nonlinear Dielectric Microscopy 188
Scanning SQUID Microscopy 251
Scanning Thermal Microscopy 244
Scanning Tunneling Microscope 59
Scanning Tunneling Potentiometry 131
Scanning Tunneling Spectroscopy 81
Scattering SNOM 222
SCFM 189
Scheibenanalyse 36
Scherkraftdetektion 219
Scherkraftregelung 244
Schlüssel-Schloss-Prinzip 178
Schmelzen eines 2D-Vortexgitters 99
Schnelle adiabatische Passage 206
Schottky-Barriere 136
Schrotrauschen 258
Schur-Komplement 15
Schwaches Tunneln 61
SECM 249
Selbstorganisationsphänomene 8
SET-Effekt 86
SFA 151

SFM 139
Shaker 141
Shear Force Detection 219
Shot Noise 258
Si(111)-7 × 7-Oberfläche 79
SICM 246
7:8-Mosaikstruktur 112
Simulated Annealing 12, 37
Simulierte Abkühlung 37
S/I/N-Kontakt 93
S/I/S-Tunnelkontakt 93
Skalierungsverhalten von Simulationen 5
Skyrmion 112, 185, 198, 262
Skyrmiongitter 199
Slater-Determinante 28
Slice Sampling 36
Sliding Mode 120
Slope Detection 142
Smart Patch Clamp 249
SMD 49
Smoluchowski-Effekt 175
SNDM 188
SNOL 241
SNOM 219
SNOM an Oberflächenplasmonen 222
SNOM-Fluoreszenzaufnahme 221
SNOM-Immunofluoreszenzabbildung 236
SNOM-Photolithographie 243
Solvatationsdruck 158
Solvatationswechselwirkung 158
Sonde für SP-STM 102
SOT 252
Space Sharing 16
Spezifisch lichtmikroskopischer Betriebsmodus 233
Spin Flip-Prozess 207
Spin Flip-Temperatur 105
Spin Mechatronics 202
Spin Mixing 262
Spin-Gitter-Relaxationsrate 208
Spin-Korrelations-Energiedichte 30
Spin-Torque-Effekt 10
Spinabhängige Photolumineszenz 256
Spinabhängige Reibung 182
Spinabhängige Zustandsdichte 101
Spinabhängigkeit der Korrelationsenergie 30
Spinaufgelöste Verteilung von Streuzuständen 111
Spindichteoperator 26

Spindichtewelle 105, 112
Spindynamik der NV-Zentren 256
Spinlebensdauer 207
Spinmechatronik 202
Spinmosaikstruktur 112
Spinpolarisation 25, 100, 108, 111
Spinpolarisiertes Tunneln 100
Spin-Polarized STM 100
Spinpräzession 202
Spinreibung 186
Spinrelaxationszeit 207
Spinselektivität der Streuung an Adatomen 111
Spinspirale 112
Spintransfereffekt 116
Spintransport 10
Spinwelle 105, 112
SP-STM 100
SQUID 251
SQUID on Tip 252
SSM 251
Stabilität nanofabrizierter Oberflächenstrukturen 214
Stark korreliertes Elektronensystem 26
Stark-Effekt 267
Statistische Polarisation kleiner Ensemble von Kernspins 207
Statistische Simulation 38
Steered Molecular Dynamic 49
Stern-Modell 157
Stern-Schicht 158
SThM 244, 245
Stick-Slip 169
Stillinger-Weber-Parameter 162
Stillinger-Weber-Potential 47, 161
STM 59
STM-basierte atomare Manipulation 118
STM/STS-Abbildung 97
Stone-Wales-Defekt 7
STP 131
Streurate für Minoritätsspins 112
Strukturelle Inversionssymmetrie 112
STS 81
Subatomare Auflösung von NC-AFM 177
Subwellenlängenapertur 230
Subwellenlängendetektoreinheit 230
Subwellenlängenlichtquelle 221, 230, 242
Superconducting Quantum Interference Device 251
Superlinse 219, 233

Supraleitender Quanteninterferenzdetektor 251
Surface Force Apparatus 151
Symmetrieauswahlregeln der Dzyaloshinskii-Moriya-Wechselwirkung 114
Symplektischer Integrator 45
System wechselwirkender Fermionen 41

T-Lymphozyten 236
Tabakmosaikvirus 207
Tapping Mode 145
Tapping-Regime 163
TDDFT 27
Teilchennetz-Ewald-Methode 44
Temperaturabhängigkeit der Spinpolarisation 111
Tersoff-Hamann-Theorie 66, 73
Tersoff-Potential 46
Thermische Nahfeldstrahlung 208
Thermographie 268
Thomas-Fermi-Modell 27
Tight Binding-Ansatz 22
Tight Binding-Matrixelement 24
Tight Bindung-Orbital 48
Tight Bindung-Potential 46
Time-Dependent DFT 27
Time-Resolved STM 82
Titin 182
Topografiner 58
Topologisch stabiler Solitonenwirbel 112
Topologische Ladung 113
Topologischer Antiferromagnetismus 105
Torsionsmoment 141
Transversale Spindichtewelle 105
TRSTM 82
Tschebyscheff-Ungleichung 34
Tuning Fork 220
Tunnelmagnetowiderstandseffekt 110
Tunnelmikroskopie 58

Übergangsdipolmoment 230
Übergangsmetall 105
Überlappintegral 24
Ubiquitin 49
UHV-Bedingung 70
Ullmann-Reaktion 130
Ultrahochvakuumbedingung 70
Ultrakaltes Atom 25
Ultramikroelektrode 249
UME 249
UME-Sonde 249

Umgebungsterm 47

Vakuumreibung 208
van der Waals-Kraft 153
Vancomycin 181
Verallgemeinerte Gradientenapproximation 29
Vergröberunsmodell 48
Verlet-Integration 45
Versetzungsnetzwerk 137
Vertical Recording 197
Vertikale Manipulation 121
Vibrationsmodus eines Moleküls 123
Vielelektronensystem 27
Vielkörperpotential 47
Vielteilchen-Hilbert-Raum 41
Vielteilchen-Schrödinger-Gleichung 41
Vielteilchenquantenkorrelation 41
Vielteilchenstörungstheorie 29
Visualisierung einzelner Elementarladungen 215
Vorhersagbarkeit von Eigenschaften 19
Vortex 197, 262
Vortex-Antivortex-Paar 98
Vortexgitter 98
Vortexkern 97

Wärmetransfer zwischen Sonde und Probe 244
Wahrscheinlichkeitsindikator 20
Wang-Landau-Algorithmus 41
Wasserkette 177
Weak Link 253
Wellenleiterstruktur 231
Wheatstone-Brücke 131
Wiener-Prozess 38
Wiensche Länge 245
Wigner-Kristallisation 30, 31
Wigner-Seitz-Radius 31

Zeeman-Verschiebung 256
Zeitabhängige Monte Carlo-Variationsmethode 41
Zeitabhängige Vielelektronen-Schrödinger-Gleichung 28
Zeitaufgelöste Tunnelspektroskopie 83
Zetapotential 157
Zufallsphasenmodell 22
Zufallsweg-Monte Carlo-Methode 35
Zustandsraum 20
Zwei-Elektronen-Spinwellenfunktion 183
Zweidimensionales Vortexgitter 99